大学数学改革系列教材

复变函数与积分变换

第2版

主编　薛有才　卢柏龙

机 械 工 业 出 版 社

复变函数与积分变换是高等院校理工类各专业的一门重要基础课程。本书是根据国家教育部高等教育本科复变函数与积分变换课程的基本要求，结合目前高中实行新的课程标准后学生对本课程的要求，并结合作者多年教授本课程的体会而编写的一本教材。

本书包含了复变函数与积分变换的传统内容：复数与复变函数、解析函数、复变函数的积分、级数、留数、共形映射、傅里叶变换、拉普拉斯变换以及它们的应用；同时，为了适应科学技术的发展和读者工作、发展的需要，本书还增加了相关的计算方法和语言及实验，以帮助读者掌握现代科学计算方法；本书中有许多应用型例题与练习题，以帮助读者了解和学习复变函数、积分变换的方法与应用；本书中包括了较多的阅读材料，供学有余力的同学参考。本书中有 * 号的内容，可以供不同学校或不同专业选用。

本书可供高等学校工程类各专业使用，可以满足 32 ~ 48 等不同学时的需要。

图书在版编目（CIP）数据

复变函数与积分变换/薛有才，卢柏龙主编. —2 版. —北京：机械工业出版社，2014.3（2023.2 重印）
大学数学改革系列教材
ISBN 978-7-111-45608-7

Ⅰ.①复… Ⅱ.①薛…②卢… Ⅲ.①复变函数-高等学校-教材②积分变换-高等学校-教材 Ⅳ.①O174.5②O177.6

中国版本图书馆 CIP 数据核字（2014）第 017837 号

机械工业出版社（北京市百万庄大街 22 号 邮政编码 100037）
策划编辑：郑 玫 责任编辑：郑 玫 薛颖莹
版式设计：常天培 责任校对：樊钟英
封面设计：张 静 责任印制：张 博
北京雁林吉兆印刷有限公司印刷
2023 年 2 月第 2 版第 6 次印刷
169mm×239mm · 19.25 印张 · 370 千字
标准书号：ISBN 978-7-111-45608-7
定价：35.00 元

电话服务
客服电话：010-88361066
010-88379833
010-68326294

网络服务
机 工 官 网：www.cmpbook.com
机 工 官 博：weibo.com/cmp1952
金 书 网：www.golden-book.com
机工教育服务网：www.cmpedu.com

第2版前言

《复变函数与积分变换》第 1 版出版后，得到了许多教师的关注与支持。第 2 版是在第 1 版的基础上遵循以下原则修订的。

（1）按照出版精品教材的要求，在保持原教材特色的基础上，努力体现当代创新教育理念，反映国内外复变函数与积分变换课程改革与学科建设的最新成果，激发学生自主学习，提高学生的综合素质与创新能力。

（2）教材定位进行适当调整，以使本教材能适应更多的专业要求，并符合非数学类专业数学基础课程教学指导分委员会制定的《工科类本科数学基础课程教学基本要求》。为此，在第 2 版中部分内容用 * 号标出，使教师在教学中与学生在学习中有更多的弹性。

（3）本次修订，对于习题配置做了调整，吸收了一些国内外优秀教材中的习题，也调整了一些习题，并使得习题总数量有所增加。

（4）发挥数学史在教育中的作用，在教材中增加了复变函数发展过程中的重要史实，并对部分重要数学家做了介绍。

本次修订由薛有才完成。

限于作者自身的水平，新版中仍然存在不足之处，谬误也在所难免，故恳请各位专家、教师与读者不吝赐教，继续给予批评指正。

编　者

第1版前言

复变函数与积分变换是高等院校理工类各专业的一门重要基础课程，是现代科学技术的重要理论基础。同时，它也是解决实际问题的重要工具，它在现代科学技术的学习中占有重要的地位。本书是根据国家教育部高等教育本科复变函数与积分变换课程的基本要求，结合目前高中实行新的课程标准后学生对本课程的要求，并结合作者多年教授本课程的体会而编写的，其目的是为普通高等学校非数学专业的学生提供一本适用面较宽、容易阅读和学习、能够帮助学生较好地掌握本课程的基本知识、基本方法、基本应用的教材。

本书包含了复变函数与积分变换的传统内容：复数与复变函数、解析函数、复变函数的积分、级数、留数、共形映射、傅里叶变换、拉普拉斯变换以及它们的应用；同时，为了适应科学技术的发展和读者工作、发展的需要，本书还增加了相关的计算方法和语言及实验，以帮助读者掌握现代科学计算方法；本书中有许多应用型例题与练习题，以帮助读者了解和学习复变函数、积分变换的方法与应用。

本书具有鲜明的特色：

（1）突出应用。本书采用了从读者熟悉的实例和知识出发，用大家熟悉的语言、知识和思想方法进行自然的扩展来泛化复变函数的基本概念；大量的应用实例为课程提供了活力和应用方法；各种不同类型的习题为培养各种能力而服务，同时提供了大量的几何模型作为背景与大量的几何图形帮助读者理解教学内容。

（2）起点较低，坡度适中。结合现代中学教学改革，比较详细地介绍了复数概念及其运算；本书坡度也较适中。尽量采用提出问题、讨论问题、解决问题的方式来展开，以适应学生的思维习惯。

（3）注重创新能力的培养。本书各章中均编排了一些讨论与研究性习题，供教学中参考。同时，特别注重思想方法的培养。

（4）本书各章中都有“小结”，可以帮助读者复习知识、理清关系、加深理解与进一步提高。

（5）适用面广。本书内容较多，但采用不同的编排方法，以适应不同的专业和学校、不同的学时要求。本书可以适用于 32 ~ 48 学时等不同层次的教学要求。

（6）与中学数学课程有较好的衔接。本书考虑到实行高中新的课程标准后学生数学基础的变化这一部分的要求，降低了起点，并设置了阅读材料，以满足不同学生的要求。作为大学数学课程改革系列教材的一门课程，本书与整个教学改革与教材体系是相配套的。

（7）本教材中标有（*）号的部分为选学内容，教师可根据学时情况酌情处理。

此教材是作者多年教学的一些心得体会。第1章至第5章与第10章的10.1节由浙江科技学院薛有才编写；第6章由上海工程技术大学许伯生编写；第7、8章由上海工程技术大学卢柏龙编写；第9章与第10章的10.2节由浙江科技学院王祖尧编写；第10章的10.3节、附录及部分图稿由上海工程技术大学江开忠博士完成；全书由薛有才教授和卢柏龙教授统稿。本教材由西安邮电学院李昌兴教授担任主审。在编写的过程中得到了上海工程技术大学、浙江科技学院的支持，在此一并表示感谢。本书中引用了参考文献中的众多内容以及例题、习题，在此谨向各位作者表示衷心的感谢。

限于作者自身的水平，写作过程中常深感言不及义，谬误也在所难免，故恳请读者不吝赐教，多多指正。

编　者

目 录

第1章 复数与复变函数

复变函数论中所研究的函数变量都是复数，所以我们首先应对复数及其性质、运算有一个清晰的认识。在这一章里，我们先介绍复数的基本概念、简单性质与基本运算，并介绍复数的各种表示方法，然后介绍复变量函数——复变函数，进而介绍它的极限和连续性。本章是复变函数论最基础的部分。

1.1 复数及其四则运算

1.1.1 复数的概念

在高中数学中已经讲述过复数（Complex Number）。为了便于以后讨论，我们回顾一下有关复数的基本定义及结论。

设 x，y 为两个实数，则

$$z=x+\mathrm{i}y \qquad (\text{或 } x+y\mathrm{i})$$

表示复数，这里 i 为**虚单位**，具有性质 $\mathrm{i}^2=-1$。x 及 y 分别叫做 z 的**实部**（Real Part）与**虚部**（Imaginary Part），常记为

$$x=\mathrm{Re}(z),\ y=\mathrm{Im}(z)$$

虚部为零的复数为实数，即 $x+\mathrm{i}0=x$。因此，全体实数是全体复数的一部分。

实部为零且虚部不为零的复数称为**纯虚数**（Pure Imaginary Number）。

如果两复数的实部和虚部分别相等，则称两复数**相等**。由此得出，对于复数 $z=x+\mathrm{i}y$，当且仅当 $x=y=0$ 时，$z=0$。

设 $z=x+\mathrm{i}y$ 是一个复数，称 $x-\mathrm{i}y$ 为 z 的**共轭复数**（Complex Conjugate），记作 $\bar{z}$。易知，一个实数 x 的共轭复数还是 x。

1.1.2 复数的四则运算

复数的四则运算，可以按照多项式的四则运算进行，只要注意将 i^2 换成 -1。设

$$z_1=x_1+\mathrm{i}y_1,\ z_2=x_2+\mathrm{i}y_2$$

则

$$z_1+z_2=(x_1+\mathrm{i}y_1)+(x_2+\mathrm{i}y_2)=(x_1+x_2)+\mathrm{i}(y_1+y_2) \tag{1.1.1}$$

$$z_1-z_2=(x_1+\mathrm{i}y_1)-(x_2+\mathrm{i}y_2)=(x_1-x_2)+\mathrm{i}(y_1-y_2) \tag{1.1.2}$$

$$z_1\cdot z_2=(x_1+\mathrm{i}y_1)(x_2+\mathrm{i}y_2)=(x_1x_2-y_1y_2)+\mathrm{i}(x_1y_2+y_1x_2) \tag{1.1.3}$$

对任一复数 $z=x+\mathrm{i}y$，由复数的乘法运算，有

$$z\cdot\bar{z}=(x+\mathrm{i}y)(x-\mathrm{i}y)=(x^2+y^2)+\mathrm{i}(xy-yx)=x^2+y^2=(\mathrm{Re}z)^2+(\mathrm{Im}z)^2$$

显然，当 $z\neq0$ 时，$z\cdot\bar{z}=x^2+y^2\neq0$。由此，我们规定

$$|z|=\sqrt{x^2+y^2}$$

为复数 z 的模（Modulus）。

如果复数 $z_2\neq0$，则

$$\frac{z_1}{z_2}=\frac{x_1+\mathrm{i}y_1}{x_2+\mathrm{i}y_2}=\frac{(x_1+\mathrm{i}y_1)(x_2-\mathrm{i}y_2)}{(x_2+\mathrm{i}y_2)(x_2-\mathrm{i}y_2)}=\frac{x_1x_2+y_1y_2}{x_2^2+y_2^2}+\mathrm{i}\frac{x_2y_1-x_1y_2}{x_2^2+y_2^2} \tag{1.1.4}$$

从式（1.1.1）~式(1.1.4) 即知复数经过四则运算得到的仍是复数。又从式（1.1.1)、式（1.1.2）以及实部与虚部的定义得出

$$\begin{aligned}\mathrm{Re}(z_1\pm z_2)&=\mathrm{Re}(z_1)\pm\mathrm{Re}(z_2)\\ \mathrm{Im}(z_1\pm z_2)&=\mathrm{Im}(z_1)\pm\mathrm{Im}(z_2)\end{aligned} \tag{1.1.5}$$

读者可以自行验证，同实数的四则运算一样，复数加法满足结合律与交换律；复数乘法也满足结合律与交换律；加法与乘法满足分配律。我们也可以很容易地验证以下有关共轭复数的几个运算性质（作为练习，请读者自证)。

$$\overline{(z_1\pm z_2)}=\bar{z}_1\pm\bar{z}_2;\quad \overline{(z_1\cdot z_2)}=\bar{z}_1\cdot\bar{z}_2;\quad \overline{\left(\frac{z_1}{z_2}\right)}=\frac{\bar{z}_1}{\bar{z}_2}\quad (z_2\neq0)$$

$$2\mathrm{Re}(z)=z+\bar{z};2\mathrm{i}\mathrm{Im}(z)=z-\bar{z};|\bar{z}|=|z|$$

例 1.1.1 化简 $\dfrac{\mathrm{i}}{1-\mathrm{i}}+\dfrac{1-\mathrm{i}}{\mathrm{i}}$。

解 $\dfrac{\mathrm{i}}{1-\mathrm{i}}+\dfrac{1-\mathrm{i}}{\mathrm{i}}=\dfrac{\mathrm{i}^2+(1-\mathrm{i})^2}{(1-\mathrm{i})\mathrm{i}}=\dfrac{-1-2\mathrm{i}}{1+\mathrm{i}}=\dfrac{(-1-2\mathrm{i})(1-\mathrm{i})}{2}=-\dfrac{3}{2}-\dfrac{1}{2}\mathrm{i}$

例 1.1.2 计算

（1）$\dfrac{2+3\mathrm{i}}{2-3\mathrm{i}}$；（2）$\dfrac{2\mathrm{i}}{\sqrt{3}-\mathrm{i}}-\dfrac{3}{\sqrt{3}\mathrm{i}-1}$。

解 （1）$\dfrac{2+3\mathrm{i}}{2-3\mathrm{i}}=\dfrac{(2+3\mathrm{i})^2}{(2-3\mathrm{i})(2+3\mathrm{i})}=\dfrac{4+12\mathrm{i}-9}{4+9}=-\dfrac{5}{13}+\dfrac{12}{13}\mathrm{i}$

(2) $\dfrac{2i}{\sqrt{3}-i}-\dfrac{3}{\sqrt{3}i-1}=\dfrac{2i}{\sqrt{3}-i}-\dfrac{3}{i(\sqrt{3}+i)}=\dfrac{2i}{\sqrt{3}-i}+\dfrac{3i}{\sqrt{3}+i}=\dfrac{1}{4}+\dfrac{5\sqrt{3}}{4}i$

例 1.1.3 已知 $x+yi=(2x-1)+y^2i$，求 $z=x+iy$。

解 因为 $x=2x-1$，则 $x=1$。又因为 $y=y^2$，所以 $y=0$ 或 $y=1$。由此，$z=1$ 或 $z=1+i$。

例 1.1.4 对任一非零复数 $z=x+iy$，是否存在一个复数 z^{-1} 或 $\dfrac{1}{z}$，使得 $z\cdot z^{-1}=1$?

解 为了寻找 z^{-1}，我们令 $z^{-1}=u+iv$。由复数乘法意义可知，u，v 应满足方程

$$xu-yv=1,\qquad yu+xv=0$$

解之可得唯一的解为

$$u=\frac{x}{x^2+y^2},\qquad v=\frac{-y}{x^2+y^2}$$

所以

$$z^{-1}=\frac{x}{x^2+y^2}-i\frac{y}{x^2+y^2}$$

由式 (1.1.3)，我们知道，对于复数我们仍有：若 $z_1\cdot z_2=0$，则 z_1，z_2 至少有一个为零，也即是说，如果 z_1，z_2 都是非零复数，则它们的积也为非零复数。

例 1.1.5 设 z_1，z_2 是两个复数，则

$$(z_1+z_2)^n=\sum_{k=0}^{n}C_n^k z_1^{n-k}z_2^k$$

其中，仍然约定 $0!=1$。

利用共轭复数乘法的性质，易证明以下重要的不等式

$$|z_1+z_2|\leqslant|z_1|+|z_2| \tag{1.1.6}$$

$$|z_1-z_2|\geqslant\big||z_1|-|z_2|\big| \tag{1.1.7}$$

事实上，从共轭复数的性质，我们有

$$\begin{aligned}|z_1+z_2|^2&=(z_1+z_2)(\overline{z_1+z_2})=z_1\overline{z_1}+z_2\overline{z_1}+z_1\overline{z_2}+z_2\overline{z_2}\\&=|z_1|^2+\overline{z_1\overline{z_2}}+z_1\overline{z_2}+|z_2|^2=|z_1|^2+2\mathrm{Re}(z_1\overline{z_2})+|z_2|^2\\&\leqslant|z_1|^2+2|z_1||z_2|+|z_2|^2=(|z_1|+|z_2|)^2\end{aligned}$$

由此即可得不等式 (1.1.6)。如将上式中 z_2 换成 $-z_2$，则由此即可推出不等式 (1.1.7)。

有时利用复数的代数运算来证明平面几何问题也很方便。

例 1.1.6 证明等式 $|z_1+z_2|^2-|z_1-z_2|^2=2(|z_1|+|z_2|)^2$，并对此等式作出几何解释。

证 $|z_1+z_2|^2=(z_1+z_2)(\overline{z_1}+\overline{z_2})=|z_1|^2+|z_2|^2+(z_1\overline{z_2}+\overline{z_1}z_2)$

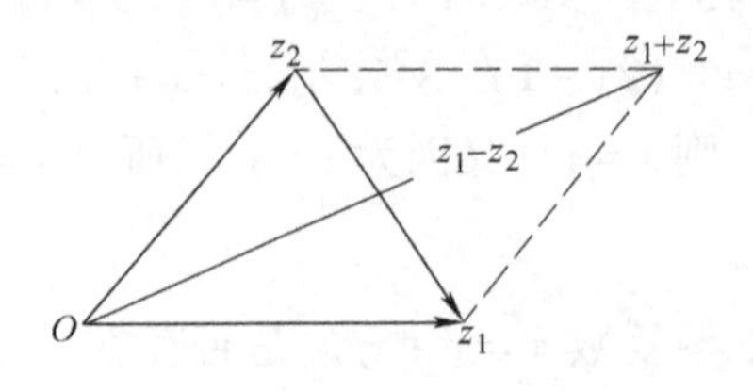

图 1.1.1

$$\begin{aligned}|z_1-z_2|^2&=(z_1-z_2)(\overline{z_1}-\overline{z_2})\\&=|z_1|^2+|z_2|^2-(z_1\overline{z_2}+\overline{z_1}z_2)\end{aligned}$$

此两式相加得

$$|z_1+z_2|^2+|z_1-z_2|^2=2(|z_1|^2+|z_2|^2)$$

这个等式的几何意义是：平行四边形的对角线的平方和等于四条边的平方和（见图 1.1.1）。

历史寻根

历史上第一个遇到“虚数”的人是印度数学家 Bhaskara Acharya（约 1114—1185），他在解方程时认为方程“$x^2=-1$”没有意义。1484 年，法国数学家 N. ChuQuet（约 1445—1500）在解方程 $x^2-3x+4=0$ 时得到的根是 $x=\frac{3}{2}\pm\sqrt{\frac{9}{4}-4}$，他被这个“怪数”弄得不知所措。1545 年，意大利数学家 G. Cardano（1501—1576）在解方程 $x(10-x)=40$ 时，把这个方程的两个根形式地记为 $5\pm\sqrt{-15}$，从而引进了复数。与他同时期的另一位意大利数学家 Rafael Bombelli（1526—1572）在其《代数》一书中从已知的实数运算法则类推出了复数的四则运算法则。

1629 年，荷兰数学家 A. Girard（1595—1632）在其《代数新发明》一书中引入了符号$\sqrt{-1}$表示虚单位。稍后，法国数学家 R. Descartes（1596—1650）用“i”来记$\sqrt{-1}$，并第一次使用“复数”、“虚数”这些概念。1843 年，瑞士数学家 L. Euler（1707—1783）发现了欧拉公式“$e^{i\theta}=\cos\theta+i\sin\theta$”。1797 年，丹麦数学家 C. Wessel 在坐标平面上引进了实轴与虚轴，使复数 $a+bi$ 与平面上的点一一对应，从而使“复数”有了“立足之地”。

此后，爱尔兰数学家 W. R. Hamilton（1805—1965）发展了复数的一个代数解释：每个复数都用一个通常的实数对 (a,b) 表示。18 世纪以后，以欧拉为首的数学家们发展起来了一门新的数学分支——复变函数论。19 世纪后，法国数学家柯西，德国数学家黎曼、魏尔斯特拉斯等人使复变函数论得到巨大发展，并广泛地应用到空气动力学、流体力学、电学、热学等方面。

1.2 复数的几何表示

1.2.1 用平面上的点和向量表示复数

大家都非常熟悉平面上的坐标系，它建立了 xOy 平面上的点与有序实数对之间的一一对应关系。平面坐标系的方法也提供了一种将复数表示为 xOy 平面上的点的简便方法。由于复数 $z=x+\mathrm{i}y$ 由其实部 x 与虚部 y 唯一确定，也就是说由一对有序实数对（x，y）唯一确定，而有序实数对（x，y）又与平面直角坐标系中的点 $P(x, y)$ 一一对应，于是可用平面直角坐标系中的点来表示复数。如图1.2.1所示，点 P 表示复数 $-2+3\mathrm{i}$，其余的点分别表示复数0，i，$2+2\mathrm{i}$，$-4-3\mathrm{i}$。

每一点（x，y）表示一个复数 $z=x+\mathrm{i}y$ 的直角坐标平面称为**复平面**[㊀]（Complex Plane）或**z 平面**。由于 x 轴上的点对应实数，y 轴上的点对应纯虚数，故称 x 轴为**实轴**（Real Axis），称 y 轴为**虚轴**（Imaginary Axis）。由于复数与复平面上的点是一一对应的，以后把"点 z"和"复数 z"作为同义词而不加区别。由以上意义，易知一个复数与它的共轭复数在复平面上的点关于实轴对称（见图1.2.2）。

例1.2.1 假设质量分别为 m_1，m_2，…，m_n 的 n 个质点分别位于复平面上 z_1，z_2，…，z_n 处，求该系统的质心。

解 设 $z_k=x_k+y_k\mathrm{i}$（$k=1$，2，…，n），$M=\sum_{k=1}^{n} m_k$ 为总质量。易知，所给系统的质心坐标（$\hat{x}$，$\hat{y}$）为

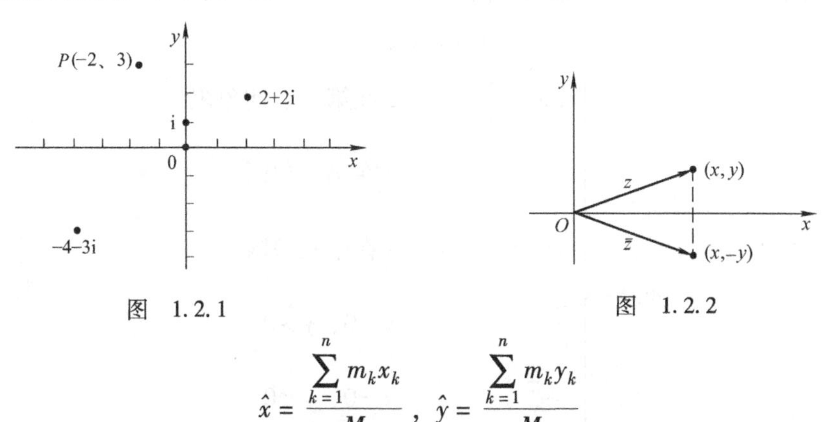

图 1.2.1　　图 1.2.2

$$\hat{x}=\frac{\sum_{k=1}^{n} m_k x_k}{M},\quad \hat{y}=\frac{\sum_{k=1}^{n} m_k y_k}{M}$$

㊀ 历史上，Caspar Wessel 与 Jean Pierre Argand 分别于1797年和1806年独立地提出了复数在平面上的表示。所以，有时也称复平面为 Argand（阿干特）图。

从而，质心点为

$$\hat{z}=\frac{m_1z_1+m_2z_2+\cdots+m_nz_n}{m_1+m_2+\cdots+m_n}$$

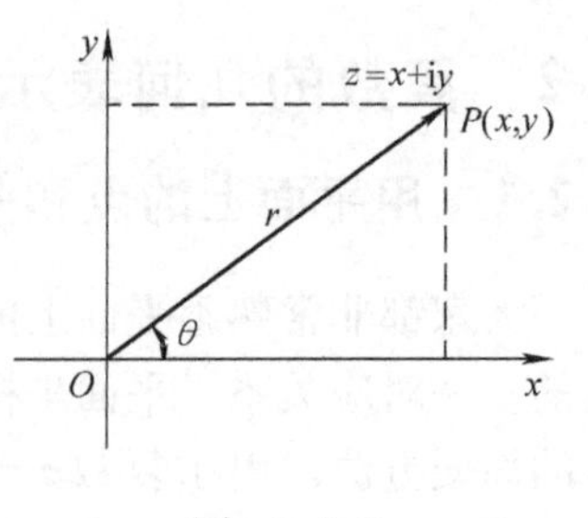

图　1.2.3

在复平面上，如图1.2.3所示，从原点O到点$P(x, y)$引向量$\overrightarrow{OP}$。我们看到$\overrightarrow{OP}$与这个复数z也构成一一对应关系（复数0对应着零向量），因此也可以用向量$\overrightarrow{OP}$来表示复数$z=x+iy$，其中x，y顺次等于$\overrightarrow{OP}$沿x轴与y轴的分量。今后把“复数z”与其对应的“向量z”也视为同义词。

在物理学中，如力、速度、加速度等都可用向量表示，说明复数可以用来表示实际的物理量，如例1.2.1。

1.2.2　模与辐角

向量$\overrightarrow{OP}$的长度r叫做复数z的**模**或**绝对值**，记作$|z|$，即$|z|=r$。读者容易明白这里以几何意义定义的复数的模与前面的定义是一致的。从实轴正向转到与向量$\overrightarrow{OP}$方向一致时所成的角度θ叫做复数的**辐角**（Argument），记作Arg$z$。

复数0的模为零，即$|0|=0$，其辐角是不确定的。任何不为零的复数z的辐角Arg$z$均有无穷多个值，彼此之间相差2π的整数倍。通常把满足$-\pi<\theta_0\leqslant\pi$的辐角值$\theta_0$称为Arg$z$的**主值**，记为arg$z$，于是

$$\operatorname{Arg}z=\arg z+2k\pi\ (k=0,\ \pm1,\ \pm2,\ \cdots)$$

由直角坐标与极坐标的关系（见图1.2.4），我们立即得到不为零的复数的实部、虚部与该复数的模、辐角之间的关系

$$r=|z|=\sqrt{x^2+y^2}$$

$$\arg z=\begin{cases}\arctan\dfrac{y}{x} & z\text{在第一、四象限}\\ \arctan\dfrac{y}{x}+\pi & z\text{在第二象限}\\ \arctan\dfrac{y}{x}-\pi & z\text{在第三象限}\\ \dfrac{\pi}{2} & x=0,\ y>0\\ -\dfrac{\pi}{2} & x=0,\ y<0\\ 0 & x>0,\ y=0\\ \pi & x<0,\ y=0\end{cases}\tag{1.2.1}$$

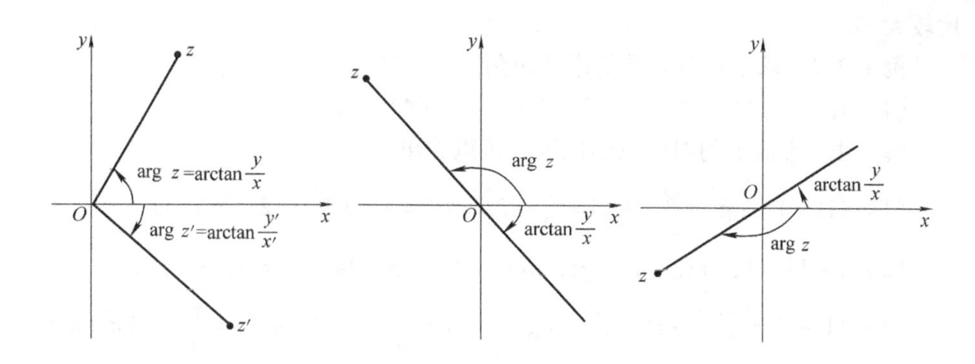

图　1.2.4

又由于

$$\begin{cases} x = r\cos\theta \\ y = r\sin\theta \end{cases} \tag{1.2.2}$$

于是复数又可表示为

$$z = x + \mathrm{i}y = r(\cos\theta + \mathrm{i}\ \sin\theta) \tag{1.2.3}$$

式（1.2.3）通常称为复数 z 的**三角表示式**。如果再利用欧拉（Euler）公式

$$\mathrm{e}^{\mathrm{i}\theta} = \cos\theta + \mathrm{i}\ \sin\theta \tag{1.2.4}$$

我们又可以得到

$$z = r\mathrm{e}^{\mathrm{i}\theta} \tag{1.2.5}$$

这种形式称为复数 z 的**指数表示式**。

人物小传

欧拉（Leonhard Euler 1707—1783）

欧拉，瑞士数学家及自然科学家。1707 年生于瑞士巴塞尔，13 岁时入读巴塞尔大学，15 岁大学毕业，16 岁获硕士学位。欧拉是 18 世纪世界上最杰出的数学家之一，不仅为数学作出了巨大贡献，是数学史上最多产的数学家，还写了大量的力学、分析学、几何学、变分法的课本，研究领域涉及建筑学、弹道学、航海学等，担任过瑞士科学院首席数学家、柏林科学院数学部指导者等许多重要学术职位。法国数学家拉普拉斯认为“他是所有人的老师”。

在 1.1 节中已经指出：两复数的实部与虚部分别相等，则称两复数相等。于是由式（1.2.1）与式（1.2.2）知两复数相等，其模必定相等，其辐角可以差 2π 的整数倍（辐角如果都取主值，则应相等）。反之，如果复数的绝对值及辐角分别相等，则从式（1.2.3）即知这两个复数相等。

复数用向量表示，既有大小，又有方向，所以两个复数如果不都是实数，就无法比较大小。但是，两个复数的模都是实数，可以比较大小。在几何上，数 $|z|$ 是点（x，y）到原点的距离，或表示 z 的向量长度，这也说明复数的模可以

比较大小。

例 1.2.2　求下列各复数的模及辐角。

(1) i;　(2) -1;　(3) $1+\mathrm{i}$;　(4) $-1+\mathrm{i}$。

解　由 z 平面上的对应点的位置，可以看出

(1) $|\mathrm{i}|=1$, $\arg \mathrm{i}=\dfrac{\pi}{2}$, $\mathrm{Arg}\,\mathrm{i}=\dfrac{\pi}{2}+2k\pi$ $(k=0, \pm1, \pm2, \cdots)$。

(2) $|-1|=1$, $\arg(-1)=\pi$, $\mathrm{Arg}(-1)=\pi+2k\pi$ $(k=0, \pm1, \pm2, \cdots)$。

(3) $|1+\mathrm{i}|=\sqrt{1^2+1^2}=\sqrt{2}$, $\arg(1+\mathrm{i})=\dfrac{\pi}{4}$, $\mathrm{Arg}(1+\mathrm{i})=\dfrac{\pi}{4}+2k\pi$ $(k=0, \pm1, \pm2, \cdots)$。

(4) $r=|-1+\mathrm{i}|=\sqrt{2}$, $\arg(-1+\mathrm{i})=\arctan\dfrac{1}{-1}+\pi=\dfrac{3}{4}\pi$,

$\mathrm{Arg}(-1+\mathrm{i})=\dfrac{3}{4}\pi+2k\pi$ $(k=0, \pm1, \pm2, \cdots)$。

例 1.2.3　将复数 $z=1-\sqrt{3}\mathrm{i}$ 分别化为三角表达式和指数表达式。

解　因为 $x=1$，$y=-\sqrt{3}$，所以，$r=\sqrt{1^2+(-\sqrt{3})^2}=2$。

又因为 z 在第四象限内，于是 $\theta=\arg z=\arctan\dfrac{-\sqrt{3}}{1}=-\dfrac{\pi}{3}$。

所以
$$z=2\left[\cos\left(-\frac{\pi}{3}\right)+\mathrm{i}\sin\left(-\frac{\pi}{3}\right)\right]$$
由于辐角的多值性，亦可表示为
$$z=2\left[\cos\left(-\frac{\pi}{3}+2k\pi\right)+\mathrm{i}\sin\left(-\frac{\pi}{3}+2k\pi\right)\right]$$
其指数表达式为
$$z=2\mathrm{e}^{-\frac{\pi}{3}\mathrm{i}+2k\pi\mathrm{i}}\quad(k=0, \pm1, \pm2, \cdots)$$

例 1.2.4　如图 1.2.5 所示为一曲柄活塞连接装置。当活塞臂 c 作水平运动时，曲柄臂 a 绕定点 O 转动。(如果是一个汽油发动机，燃烧力将推动活塞，使连接臂 b 将能量转化成机轴的旋转。）对于工程分析来说，建立曲柄的角坐标（位置、速度以及加速度）与对应的活塞的线性坐标的联系是重要的。尽管这种计算可以用向量分析去做，但下面的复分析技巧更加自然。

设机轴的中心位置 O 为坐标系的原点，活塞杆的最低位置用复数 z 表示，则
$$z=l+\mathrm{i}d$$
其中，l 是活塞的（线性）偏移，d 是一个固定的偏移量。曲柄臂和连接臂分别由方程
$$A=a(\cos\theta_1+\mathrm{i}\sin\theta_1),\ B=b(\cos\theta_2+\mathrm{i}\sin\theta_2)$$

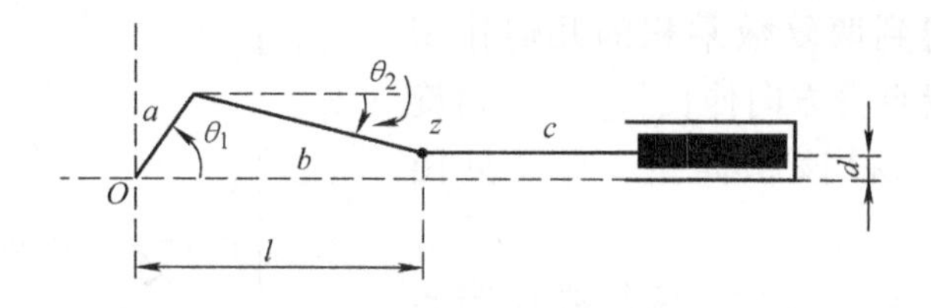

图　1.2.5

来描述（在图1.2.6中，θ_2 是负角）。显然有恒等式 $A+B=z=l+\mathrm{i}d$ 成立。由此可推导出涉及机轴角度的活塞位置表达式为

$$l=a\cos\theta_1+b\cos\left[\arcsin\left(\frac{d-a\sin\theta_1}{b}\right)\right]$$

1.2.3　加法与减法

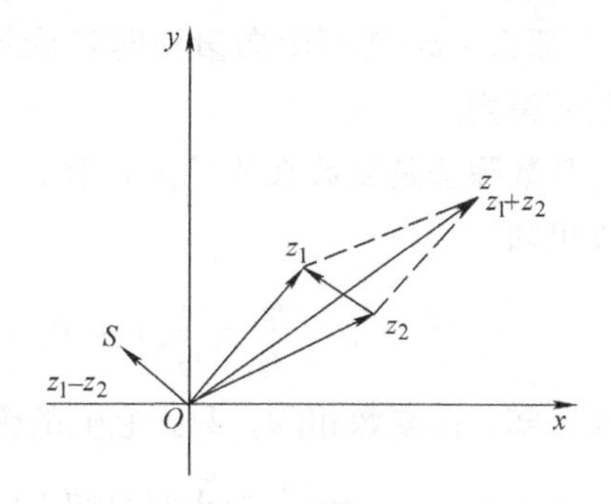

图　1.2.6

以 $\overrightarrow{Oz_1}$ 和 $\overrightarrow{Oz_2}$ 为两邻边作一平行四边形 Oz_1zz_2，通过图1.2.6可以说明，复数的加法、减法法则与向量的加法、减法法则一致。

通过两向量的和与差的几何作图法，在复平面中可以求出相应两复数的和 z_1+z_2 与差 z_1-z_2 的对应点。在图1.2.6中，以向量 $\overrightarrow{Oz_1}$，$\overrightarrow{Oz_2}$ 为邻边的平行四边形的两条对角线向量 $\overrightarrow{Oz}$ 及 $\overrightarrow{z_2z_1}$ 就分别对应于复数 z_1+z_2 及 z_1-z_2。由于 $\overrightarrow{Oz}$ 的始点为原点 O，因而终点 z 所对应的复数就是 z_1+z_2；而向量 $\overrightarrow{z_2z_1}$ 的始点不是原点，经平移得始点为原点 O 的向量 $\overrightarrow{OS}$，则终点 S 所对应的复数就是 z_1-z_2。

从图1.2.6还可以看到：$|z_1-z_2|$ 表示复平面上两点 z_1 与 z_2 之间的距离。事实上，

$$|z_1-z_2|=|(x_1-x_2)+\mathrm{i}(y_1-y_2)|=\sqrt{(x_1-x_2)^2+(y_1-y_2)^2}$$

这正是平面上两点距离的表达式。

1.2.4　用复数的三角表示与指数表示作乘除法

设 $z_1=r_1(\cos\theta_1+\mathrm{i}\ \sin\theta_1)$，$z_2=r_2(\cos\theta_2+\mathrm{i}\ \sin\theta_2)$，这里，$r_j=|z_j|$，$\theta_j$ 是 z_j 的某一个辐角（$j=1$，2），则

$$\begin{aligned}z_1z_2&=[r_1(\cos\theta_1+\mathrm{i}\ \sin\theta_1)][r_2(\cos\theta_2+\mathrm{i}\ \sin\theta_2)]\\&=r_1r_2[\cos(\theta_1+\theta_2)+\mathrm{i}\ \sin(\theta_1+\theta_2)]\end{aligned}\tag{1.2.6}$$

由此可见，把两复数相乘，只要把它们的模相乘、辐角相加即可，也就是

$$|z_1z_2|=r_1r_2=|z_1||z_2|,\ \mathrm{Arg}(z_1z_2)=\theta_1+\theta_2+2k\pi=\mathrm{Arg}z_1+\mathrm{Arg}z_2$$

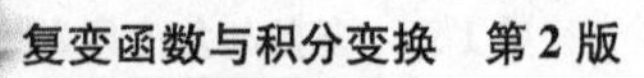

由此也可得到两复数乘积的几何作图法：将向量 z_1 沿自身方向伸长 $|z_2|$ 倍，再旋转一个角 $\arg z_2$，得该积向量 z_1z_2（见图1.2.7）。

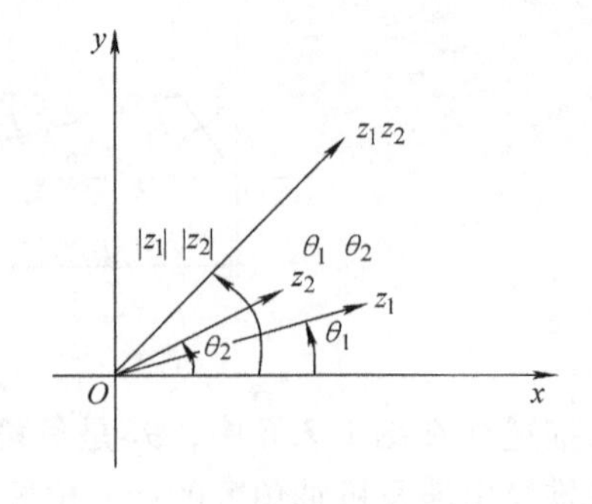

图　1.2.7

特别地，当 $|z_2|=1$ 时，两复数 z_1 与 z_2 的乘积就只是旋转。比如，$z_2=\mathrm{i}$，由于 i 的辐角主值是 $\pi/2$，那么 $\mathrm{i}z_1$ 就可由向量 z_1 逆时针旋转 $\pi/2$ 弧度的角而得到；再如 $z_2=-1$，那么 $-z_1$ 就可由向量逆时针旋转 π 弧度角而得到。

复数除法是复数乘法的逆运算，即若 $z_2\neq0$，则 $r_2>0$。于是仿式（1.2.6）计算可知

$$\frac{z_1}{z_2}=\frac{r_1}{r_2}[\cos(\theta_1-\theta_2)+\mathrm{i}\sin(\theta_1-\theta_2)] \tag{1.2.7}$$

由此可知，两复数相除，只把它们的模相除、辐角相减即可。

例 1.2.5　化简 $\dfrac{(1-\sqrt{3}\mathrm{i})(\cos\theta+\mathrm{i}\sin\theta)}{(1-\mathrm{i})(\cos\theta-\mathrm{i}\sin\theta)}$

解　因为

$$1-\sqrt{3}\mathrm{i}=2\left(\frac{1}{2}-\frac{\sqrt{3}}{2}\mathrm{i}\right)=2\left[\cos\left(-\frac{\pi}{3}\right)+\mathrm{i}\sin\left(-\frac{\pi}{3}\right)\right]$$

$$1-\mathrm{i}=\sqrt{2}\left(\frac{\sqrt{2}}{2}-\frac{\sqrt{2}}{2}\mathrm{i}\right)=\sqrt{2}\left[\cos\left(-\frac{\pi}{4}\right)+\mathrm{i}\sin\left(-\frac{\pi}{4}\right)\right]$$

$$\cos\theta-\mathrm{i}\sin\theta=\cos(-\theta)+\mathrm{i}\sin(-\theta)$$

所以

$$\begin{aligned}\frac{(1-\sqrt{3}\mathrm{i})(\cos\theta+\mathrm{i}\sin\theta)}{(1-\mathrm{i})(\cos\theta-\mathrm{i}\sin\theta)}&=\frac{2\left[\cos\left(-\frac{\pi}{3}\right)+\mathrm{i}\sin\left(-\frac{\pi}{3}\right)\right](\cos\theta+\mathrm{i}\sin\theta)}{\sqrt{2}\left[\cos\left(-\frac{\pi}{4}\right)+\mathrm{i}\sin\left(-\frac{\pi}{4}\right)\right][\cos(-\theta)+\mathrm{i}\sin(-\theta)]}\\&=\sqrt{2}\left[\cos\left(-\frac{\pi}{3}+\frac{\pi}{4}\right)+\mathrm{i}\sin\left(-\frac{\pi}{3}+\frac{\pi}{4}\right)\right](\cos2\theta+\mathrm{i}\sin2\theta)\\&=\sqrt{2}\left[\cos\left(2\theta-\frac{\pi}{12}\right)+\mathrm{i}\sin\left(2\theta-\frac{\pi}{12}\right)\right]\end{aligned}$$

1.3 复数的乘方与开方运算

1.3.1 乘方

令
$$z_i = r_i(\cos\theta_i + \mathrm{i}\sin\theta_i)\ (i = 1, 2, \cdots, n)$$
则
$$z_1 z_2 \cdots z_n = r_1 r_2 \cdots r_n[\cos(\theta_1 + \theta_2 + \cdots + \theta_n) + \mathrm{i}\sin(\theta_1 + \theta_2 + \cdots + \theta_n)]$$

如果 $z_1 = z_2 = \cdots = z_n = z = r(\cos\theta + \mathrm{i}\sin\theta)$，则上式可化为
$$z^n = [r(\cos\theta + \mathrm{i}\sin\theta)]^n = r^n(\cos n\theta + \mathrm{i}\sin n\theta) \tag{1.3.1}$$

由此可知，求复数的 n 次方（n 为整数），只要求它的模的 n 次方，辐角的 n 倍即可。

特别地，当 $r=1$ 时，式（1.3.1）就是有名的棣莫弗（De Moivre）公式
$$(\cos\theta + \mathrm{i}\sin\theta)^n = \cos n\theta + \mathrm{i}\sin n\theta = \mathrm{e}^{\mathrm{i}n\theta} \tag{1.3.2}$$
可以证明，式（1.3.2）对一切整数都是成立的。

例 1.3.1 求 i^3，i^4，$\cdots$，i^n.

解 $\mathrm{i}^1 = \mathrm{i}$，$\mathrm{i}^2 = -1$，$\mathrm{i}^3 = \mathrm{i}^2 \cdot \mathrm{i} = -\mathrm{i}$，$\mathrm{i}^4 = \mathrm{i}^2 \cdot \mathrm{i}^2 = (-1)(-1) = 1$，$\mathrm{i}^5 = \mathrm{i}^4 \cdot \mathrm{i} = \mathrm{i}$，$\mathrm{i}^6 = \mathrm{i}^4 \cdot \mathrm{i}^2 = -1$，$\cdots$，$\mathrm{i}^{4k} = 1$，$\cdots$，$\mathrm{i}^n = \mathrm{i}^{4k+m} = \mathrm{i}^m$。其中，$n = 4k + m$，$m = 0, 1, 2, 3$。图 1.3.1 表示了虚单位 i 的幂的各种情况。

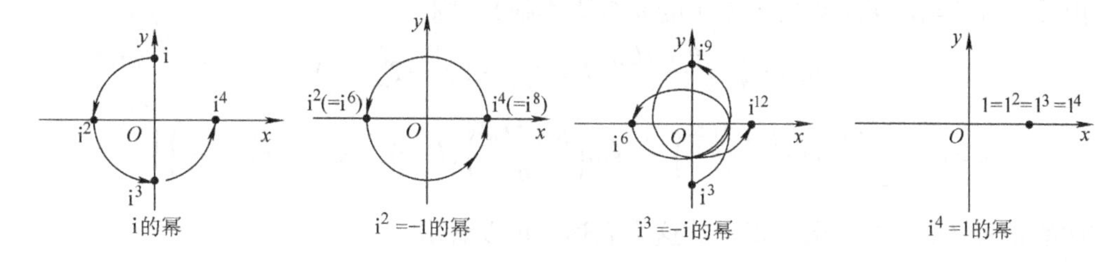

图 1.3.1

例 1.3.2 设 n 为正整数，试证明
$$\left(\frac{-1+\sqrt{3}\mathrm{i}}{2}\right)^{3n+1} + \left(\frac{-1-\sqrt{3}\mathrm{i}}{2}\right)^{3n+1} = -1$$

证 因 $\dfrac{-1+\sqrt{3}\mathrm{i}}{2} = \cos\dfrac{2\pi}{3} + \mathrm{i}\sin\dfrac{2\pi}{3}$，$\dfrac{-1-\sqrt{3}\mathrm{i}}{2} = \cos\dfrac{4\pi}{3} + \mathrm{i}\sin\dfrac{4\pi}{3}$

于是

$$\left(\frac{-1+\sqrt{3}\mathrm{i}}{2}\right)^{3n+1}+\left(\frac{-1-\sqrt{3}\mathrm{i}}{2}\right)^{3n+1}$$

$$=\left(\frac{-1+\sqrt{3}\mathrm{i}}{2}\right)^{3n}\left(\frac{-1+\sqrt{3}\mathrm{i}}{2}\right)+\left(\frac{-1-\sqrt{3}\mathrm{i}}{2}\right)^{3n}\left(\frac{-1-\sqrt{3}\mathrm{i}}{2}\right)$$

$$=(\cos 2n\pi+\mathrm{i}\sin 2n\pi)\left(\frac{-1+\sqrt{3}\mathrm{i}}{2}\right)+(\cos 4n\pi+\mathrm{i}\sin 4n\pi)\left(\frac{-1-\sqrt{3}\mathrm{i}}{2}\right)$$

$$=\frac{-1+\sqrt{3}\mathrm{i}}{2}+\frac{-1-\sqrt{3}\mathrm{i}}{2}=-1$$

1.3.2　开方

对于复数 z，若存在复数 ω 满足等式：$\omega^n=z$（n 是大于1的整数），则称 ω 为 z 的 n 次方根，记为$\sqrt[n]{z}$，即 $\omega=\sqrt[n]{z}$。求方根的运算叫做**开方**。

为由已知的 z 求 ω，我们把 z 及 ω 均用三角表示式写出。设

$$z=r(\cos\theta+\mathrm{i}\sin\theta),\ \omega=\rho(\cos\varphi+\mathrm{i}\sin\varphi)$$

则由 $\omega^n=z$ 及乘方运算有

$$\rho^n(\cos n\varphi+\mathrm{i}\sin n\varphi)=r(\cos\theta+\mathrm{i}\sin\theta)$$

考虑到辐角的多值性，得到

$$\rho^n=r,\ n\varphi=\theta+2k\pi\ (k=0,\ \pm1,\ \pm2,\ \cdots)$$

由此，$|\omega|=\rho=r^{\frac{1}{n}}$（此处 $r^{\frac{1}{n}}$ 是 r 的 n 次算术根），则

$$\mathrm{Arg}\omega=\varphi=\frac{\theta+2k\pi}{n}\ (k=0,\ \pm1,\ \pm2,\ \cdots)$$

$$\omega=\sqrt[n]{z}=\left\{r^{\frac{1}{n}}\left[\cos\left(\frac{\theta+2k\pi}{n}\right)+\mathrm{i}\sin\left(\frac{\theta+2k\pi}{n}\right)\middle|\,k=0,\ \pm1,\ \pm2,\ \cdots\right]\right\}$$

这就是所求的 z 的 n 次方根。从这个表达式可以看出

（1）当 $k=0,\ 1,\ 2,\ \cdots,\ n-1$ 时，得到 n 个相异的值

$$\omega_0=r^{\frac{1}{n}}\left(\cos\frac{\theta}{n}+\mathrm{i}\sin\frac{\theta}{n}\right)$$

$$\omega_1=r^{\frac{1}{n}}\left[\cos\left(\frac{\theta}{n}+\frac{2\pi}{n}\right)+\mathrm{i}\sin\left(\frac{\theta}{n}+\frac{2\pi}{n}\right)\right]$$

$$\vdots$$

$$\omega_{n-1}=r^{\frac{1}{n}}\left[\cos\left(\frac{\theta}{n}+\frac{2(n-1)\pi}{n}\right)+\mathrm{i}\sin\left(\frac{\theta}{n}+\frac{2(n-1)\pi}{n}\right)\right]$$

当 k 取其他整数值时，将重复出现上述 n 个值。因此，一个复数 z 的 n 次方根有且仅有 n 个相异值，即

$$\omega=\sqrt[n]{z}=\left\{r^{\frac{1}{n}}\left[\cos\left(\frac{\theta+2k\pi}{n}\right)+\mathrm{i}\sin\left(\frac{\theta+2k\pi}{n}\right)\middle| k=0,1,2,\cdots,n-1\right]\right\}$$

(1.3.3)

由此可见，在复数范围内，任何非零复数的 n 次方根都有 n 个不同的值，即 $\sqrt[n]{z}$ 是多值的。

（2）上述 n 个方根的相异值 $\omega_k(k=0, 1, 2, \cdots, n-1)$ 具有相同的模 $r^{\frac{1}{n}}$，而每两个相邻值的辐角的差为 $2\pi/n$，故在几何上 ω 的 n 个值分布在以原点为中心，$r^{\frac{1}{n}}$ 为半径的圆内接正 n 边形的 n 个顶点上。第一个顶点是

$$\omega_0=r^{\frac{1}{n}}\left(\cos\frac{\theta}{n}+\mathrm{i}\sin\frac{\theta}{n}\right)$$

其他顶点依次为

$$\omega_k=\omega_0\left(\cos\frac{\theta+2k\pi}{n}+\mathrm{i}\sin\frac{\theta+2k\pi}{n}\right)\ (k=1, 2, \cdots, n-1)$$

可由 ω_0 依次绕原点旋转 $\frac{2\pi}{n}$，$2\cdot\frac{2\pi}{n}$，$3\cdot\frac{2\pi}{n}$，…而得到。但当 $k=n$ 时，又与 ω_0 重合了。（图 1.3.3 是 $n=4$ 的情形）

例 1.3.3　求 $\sqrt[3]{1}$。

解　因为 $1=1\cdot(\cos 0+\mathrm{i}\sin 0)$，所以

$$\sqrt[3]{1}=\left\{\left(\cos\frac{2k\pi}{3}+\mathrm{i}\sin\frac{2k\pi}{3}\right)\middle| k=0, 1, 2\right\}$$

其 3 个根依次为

$$1,\ \cos\frac{2\pi}{3}+\mathrm{i}\sin\frac{2\pi}{3}=\frac{-1+\sqrt{3}\mathrm{i}}{2},\ \cos\frac{4\pi}{3}+\mathrm{i}\sin\frac{4\pi}{3}=\frac{-1-\sqrt{3}\mathrm{i}}{2}$$

习惯上我们常依次用 1，ω，ω^2 来记以上 3 个根。图 1.3.2 表示了单位数 1 的 3 次、4 次、5 次方根在单位圆周上的位置。

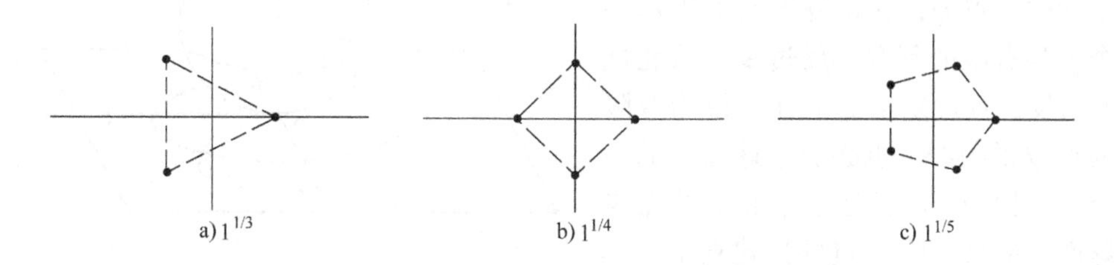

图　1.3.2

例 1.3.4　求 $\sqrt[4]{1+\mathrm{i}}$。

解　因为 $1+\mathrm{i}=\sqrt{2}\left(\cos\frac{\pi}{4}+\mathrm{i}\sin\frac{\pi}{4}\right)$，所以

$$\sqrt[4]{1+\mathrm{i}}=\sqrt[8]{2}\left(\cos\frac{\frac{\pi}{4}+2k\pi}{4}+\mathrm{i}\sin\frac{\frac{\pi}{4}+2k\pi}{4}\right)\quad(k=0,\ 1,\ 2,\ 3)$$

即

$$\omega_0=\sqrt[8]{2}\left(\cos\frac{\pi}{16}+\mathrm{i}\sin\frac{\pi}{16}\right)$$

$$\omega_1=\sqrt[8]{2}\left(\cos\frac{9}{16}\pi+\mathrm{i}\sin\frac{9}{16}\pi\right)$$

$$\omega_2=\sqrt[8]{2}\left(\cos\frac{15}{16}\pi-\mathrm{i}\sin\frac{15}{16}\pi\right)$$

$$\omega_3=\sqrt[8]{2}\left(\cos\frac{7}{16}\pi-\mathrm{i}\sin\frac{7}{16}\pi\right)$$

这四个根是内接于中心在原点，半径为$\sqrt[8]{2}$的圆的正方形的四个顶点（见图1.3.3）。

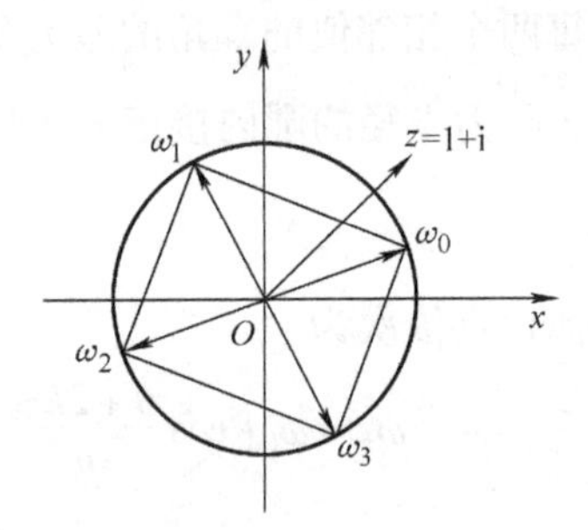

图　1.3.3

1.4　复球面与无穷远点

在1.2节中我们建立了复数与复平面上的点的一一对应关系。为了更好地表述与理解复数，下面我们再建立一个复数的模型——使复数与球面上的点的一一对应，并引进无穷远点的概念。

将 xOy 平面看作复平面，取球面将其南极点 S 与复平面上原点相切（图1.4.1）。设 P 为球面上任意一点，从球面北极 N 作射线 NP，必交于复平面的一点 Q，它在复平面上表示一个模为有限的复数。反过来，从北极 N 出发，且过复平面上任一模为有限的点 Q 的射线，也必交于球面上的一个点，记为 P。于是复平面上的点与球面上的点（除 N 点外）建立了一一对应的关系。

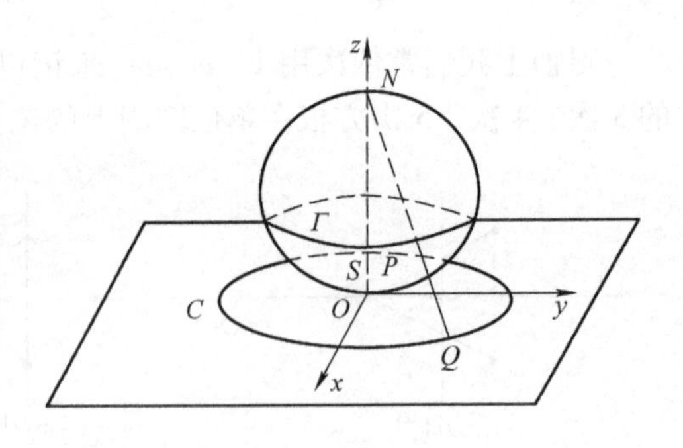

图　1.4.1

考虑复平面上一个以原点为中心的圆周 C，在球面上对应的也是一个圆周 Γ。当圆周 C 的半径越大时，圆周 Γ 就越趋于北极 N，因此，北极 N 可看成是与复平面上的一个模为无穷大的假想点相对应，这个假想点称为**无穷远点**（Point

at Infinity)，并记为∞。复平面上加点∞后，称为**扩充复平面**（Extended），与它对应的就是整个球面，称为**复球面**（Complex Sphere），并且扩充复平面上的点与复球面上的点构成一一对应。简单来说，扩充复平面的一个几何模型就是复球面。对于模为有限的复数，我们称为**有限复数**，除去∞的复平面称为**有限复平面**。

有限复平面常记为 C，扩充复平面常记为 $\overline{C}$，我们有 $\overline{C}=C\cup\{\infty\}$。对于所有的有限复数 $a\in C$，$a\pm\infty=\infty\pm a=\infty$，对所有有限复数 $b\neq 0$，$\infty\cdot b=b\cdot\infty=\infty$，$\dfrac{b}{0}=\infty$，$\dfrac{b}{\infty}=0$ 以及 $|\infty|=+\infty$。显然，复平面上每一条直线都通过∞点。

1.5　复平面上的点集

1.5.1　基本概念

在高等数学中，我们讨论涉及的函数一般都定义在一个（开的或闭的）区间上。类似地，为了表达的方便，我们先介绍复平面上“邻域”的概念。

由不等式 $|z-z_0|<\delta(\delta>0)$ 所确定的复平面点集，就是以 z_0 为心，δ 为半径的圆的内部，称为点 z_0 的 **δ－邻域**（Neighborhood），常记为 $N_\delta(z_0)$。如果 z_0 不属于其自身的 δ－邻域，则称该邻域为 z_0 的**去心 δ－邻域**（Deleted Neigh Borhood），可用不等式 $0<|z-z_0|<\delta$ 表示。例如下面的不等式

$$|z-2|<3,\quad |z+\mathrm{i}|<\frac{1}{2},\quad 0<|z|<1$$

就分别表示点 2，$-\mathrm{i}$ 的圆邻域和 0 的去心圆邻域。

在扩充复平面上，无穷远点的邻域应理解为以原点为心的某圆周的外部，即∞的 δ－邻域 $N_\delta(\infty)$ 是指满足条件 $|z|>1/\delta$ 的点集。

若点集 D 的点 z_0 有一邻域全含于 D 内，则称 z_0 为 D 的**内点**（Interior Point）；若点集 D 的点皆为内点，则称 D 为**开集**（Open Set）；若在点 z_0 的任意邻域内，同时有属于点集 D 和不属于 D 的点，则称 z_0 为 D 的**边界点**（Boundary Point）；点集 D 的全部边界点所组成的点集称为 D 的**边界**（Boundary），常记为 ∂D。平面上不属于点集 D 的点的全体称为 D 的**余集**，记为 D^c。开集的余集称为**闭集**（Closed Set）。

由定义可知，一个集合是开集的充分必要条件是其中每一点都是它自己的内点。

设 $z_0\in D$，若在 z_0 的某一邻域内除 z_0 外不含 D 的其他点，则称 z_0 为 D 的一个**孤立点**（Isolated Point）；D 的孤立点也是 D 的边界点。

若有正数M，对于点集D内的点z，皆满足条件$|z|\leqslant M$，即若D全含于某一圆之内，则称D为**有界集**（Bound Set），否则称为**无界集**（Unbound Set）。

图1.5.1表示的分别是：a：$\rho_1<|z-z_0|<\rho_2$；b：$|z-3|>2$；c：$\mathrm{Im}z>0$和d：$1<\mathrm{Re}z<2$。它们都是开集。

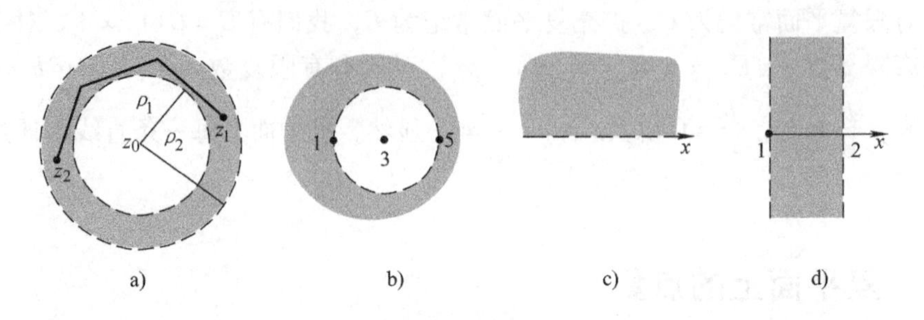

图　1.5.1

如果开集S内的任意一对点z_1，z_2都能被含于S内的折线连接起来，则称S是连通的（Connected）（如图1.5.1a），图1.5.1中表示的每个集合都是连通的。粗略地说，S是由一张“单片”组成。但要注意，开集不一定是连通的。例如，平面上除去圆周$|z|=1$后的点集是开集但不是连通的。这是由于如果z_1是圆内的点，z_2是圆外的点，那么，任何一条连接z_1，z_2点的折线必与这个圆相交。

1.5.2　区域，曲线

定义1.5.1　如果复平面上非空点集D具有下面的两个性质：

（1）（开集性）属于D的点都是D的内点；

（2）（连通性）D内任意两点都可用一条折线把它们连接起来，且这折线上所有的点均属于D，则称点集D为**区域**（Domain）。区域加上它的全部边界点所构成的点集称为**闭区域**，记为$\overline{D}$。

例1.5.1　z平面上以原点为心，R为半径的圆（即圆形区域）为$|z|<R$，它是一个区域；z平面上以原点为心，R为半径的闭圆（即圆形闭域）为$|z|\leqslant R$，它不是一个区域；它们都以圆周$|z|=R$为边界，且都是有界的。

例1.5.2　如图1.5.2所示，阴影部分为单位圆周的外部含在上半z平面的部分，表示为

$$|z|>1;\ \mathrm{Im}(z)>0$$

例1.5.3　如图1.5.3所示，阴影部分为带形区域，表示为

$$y_1<\mathrm{Im}(z)<y_2$$

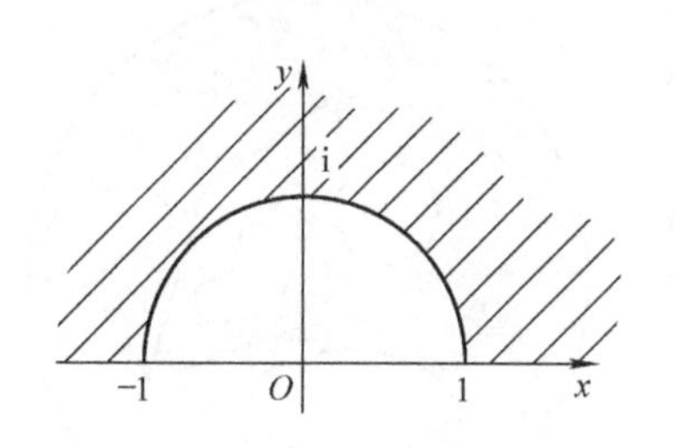

图 1.5.2

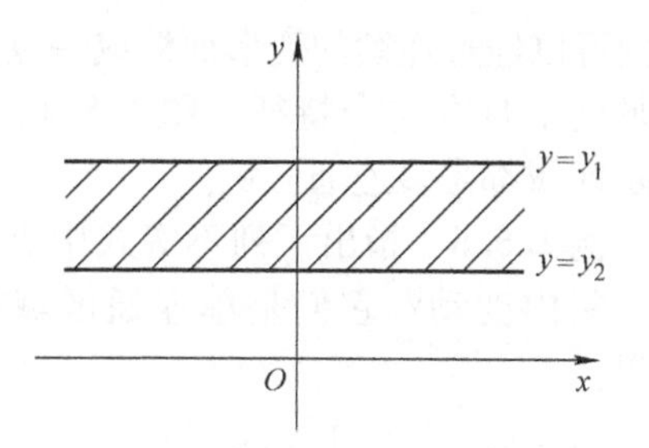

图 1.5.3

例1.5.4 z 平面上以实轴 $\mathrm{Im}(z)=0$ 为边界的两个无界区域是

$$\text{上半平面 } \mathrm{Im}(z)>0,\ \text{下半平面 } \mathrm{Im}(z)<0$$

z 平面上以虚轴 $\mathrm{Re}(z)=0$ 为边界的两个无界区域是

$$\text{左半平面 } \mathrm{Re}(z)<0,\ \text{右半平面 } \mathrm{Re}(z)>0$$

例1.5.5 如图1.5.4所示，阴影部分为同心圆环（即圆环形区域），表示为

$$r<|z|<R$$

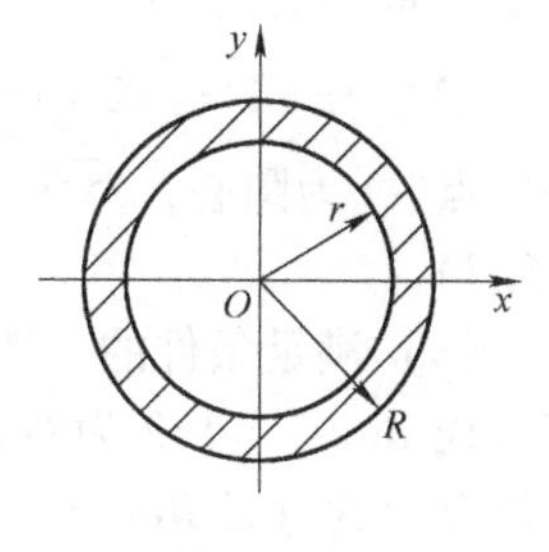

图 1.5.4

如果曲线 Γ：$z=z(t)=x(t)+\mathrm{i}y(t)\,(\alpha\leqslant t\leqslant\beta)$ 的实部 $x(t)$ 与虚部 $y(t)$ 均为 t 的连续函数，那么曲线 Γ 就叫做**连续曲线**（Continuous Curve）。对于连续曲线 Γ：$z=z(t)$，当 $t_1\neq t_2\,(\alpha<t_1,\ t_2<\beta)$ 时，$z(t_1)\neq z(t_2)$，即曲线没有重点（纽结），则称 Γ 为**简单曲线**（Simple Curve）；当 $z(\alpha)=z(\beta)$ 时，则称 Γ 为**简单闭曲线**（Simple Closed）。线段、圆弧和抛物线弧段等都是简单曲线，圆周和椭圆周等都是简单闭曲线。

如果连续曲线 Γ

$$z=z(t)\qquad(\alpha\leqslant t\leqslant\beta)$$

在区间 $\alpha\leqslant t\leqslant\beta$ 上存在连续的 $x'(t)$ 及 $y'(t)$，且二者不同时为零，则在曲线 Γ 上每点均有切线且切线方向是连续变化的。我们称这种曲线为**光滑曲线**（Smooth Curve）。由有限段光滑曲线连接而成的连续曲线称为**逐段光滑曲线**。但要注意的是，这种曲线在连接点处可能不存在切线。特别地，折线是逐段光滑曲线。下面不加证明地给出约当定理：

约当定理 简单闭曲线把扩充复平面分成两部分，一部分是不含 ∞ 的点集，称为该曲线的内部；另一部分是含 ∞ 的点集，称为该曲线的外部；这两个区域都以已给的简单闭曲线（也称为约当曲线）作为边界。

定义1.5.2 在复平面上，如果区域 D 内任意一条简单曲线的内部都含于区域 D 内，则称 D 为**单连通区域**（Simply Connected）；否则就称为**多连通区域**（Multiply Connected）。

由此，单连通区域 D 具有这样的特征：属于 D 的任何一条简单闭曲线，在

D内可以经过连续的变形而缩成一点，而多连通域就不具有这个特征。图1.5.4、图1.5.5所示区域都是多连通区域。

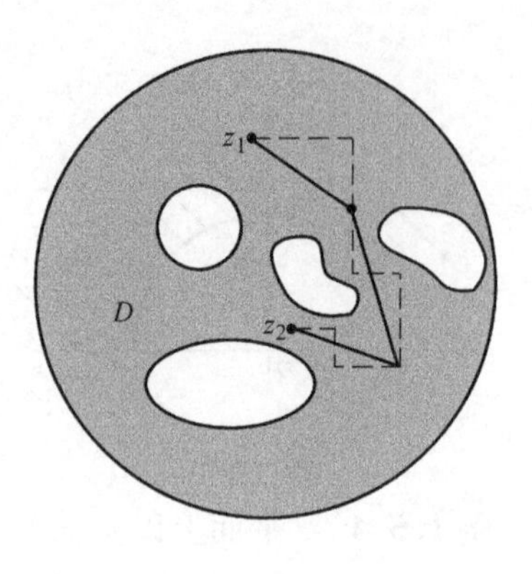

图　1.5.5

例1.5.6　指出下列不等式中点z在怎样的点集内变动？它们是单连通区域吗？是否有界？

(1) $\mathrm{Re}(z)>\frac{1}{2}$；(2) $|z+\mathrm{i}|\leqslant|2+\mathrm{i}|$；

(3) $|z|<1$，$\mathrm{Re}(z)\leqslant\frac{1}{2}$。

解　(1) 满足条件的一切点所组成的点集，是以直线$\mathrm{Re}(z)=1/2$为左界的半平面（不包括$\mathrm{Re}(z)=1/2$），它是单连通区域（见图1.5.6）。

(2) $|z+\mathrm{i}|\leqslant|2+\mathrm{i}|$，即$|z+\mathrm{i}|\leqslant\sqrt{5}$，满足条件的一切点$z$所组成的点集，是以点$-\mathrm{i}$为圆心，$\sqrt{5}$为半径的闭圆盘，它不是区域，而是一个闭区域（见图1.5.7）。

(3) 满足条件的一切点z组成的点集，是以原点为圆心，1为半径的圆盘和以直线$\mathrm{Re}(z)=1/2$为右边界的区域（包括$\mathrm{Re}(z)=1/2$）的公共部分，又因位于圆盘内的直线$\mathrm{Re}(z)=1/2$上的点不是内点，故它不是区域（见图1.5.8）。

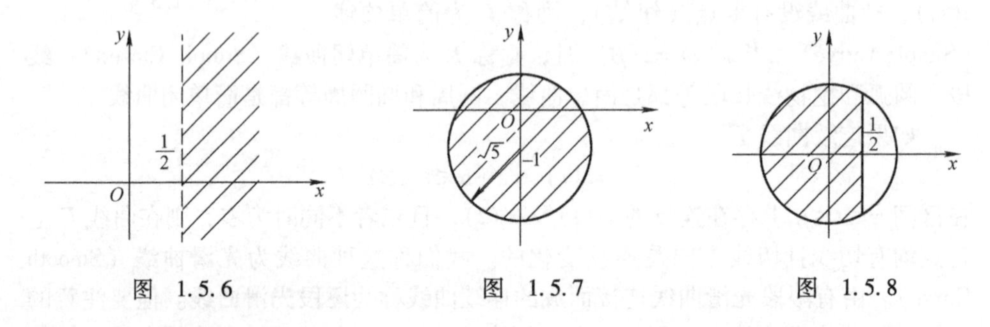

图　1.5.6　　图　1.5.7　　图　1.5.8

1.6　复变函数

1.6.1　复变函数

定义1.6.1　设G是复数$z=x+\mathrm{i}y$的集合。如果存在一个法则，按照这个法则对于G的每一个z，都有一个（或多个）确定的复数$\omega=u+\mathrm{i}v$与之对应，那么就称ω为z的**复变函数**（Complex Variables），记作

$$\omega=f(z)$$

集合G称为函数$\omega=f(z)$的定义集合，与G中z对应的ω值构成的集合G^*称为

函数值集合，记为$f(G)$，即$G^*=f(G)$。

由于给定了复数$z=x+\mathrm{i}y$就相当于给定了两个实数x和y，而复数$\omega=u+\mathrm{i}v$也同样地对应着一对实数u和v，所以，把ω当做复变数z的函数来研究也可转化为研究x和y的两个实函数u和v，即有$f(z)=u(x,y)+\mathrm{i}v(x,y)$。

例1.6.1 证明：$\omega=z^2$是定义在整个复平面上的函数。

证 记$z=x+\mathrm{i}y$，$\omega=u+\mathrm{i}v$，则$\omega=z^2$可写为

$$u+\mathrm{i}v=(x+\mathrm{i}y)^2=x^2-y^2+\mathrm{i}2xy$$

从而$u=x^2-y^2$，$v=2xy$，所以$\omega=z^2$是定义在整个复平面上的函数。

例1.6.2 $\omega=\dfrac{1}{z}$是定义在除原点外的整个复平面上的复变函数。此时

$$\omega=u+\mathrm{i}v=\frac{1}{z}=\frac{\bar{z}}{z\bar{z}}=\frac{\bar{z}}{|z|^2}=\frac{x}{x^2+y^2}-\mathrm{i}\frac{y}{x^2+y^2}$$

故这里的两个实二元函数是

$$u=\frac{x}{x^2+y^2},\quad v=\frac{-y}{x^2+y^2}$$

如果对于G内每个z值，有且仅有一个ω值与之对应，就称$f(z)$为G上的**单值函数**；否则，就称$f(z)$为**多值函数**。

例1.6.3 $\omega=|z|$，$\omega=\bar{z}$，$\omega=z^2$及$\omega=\dfrac{z+1}{z-1}(z\neq1)$均为$z$的单值函数；$\omega=\sqrt[n]{z}(z\neq1,\ n\geqslant2$整数$)$及$\omega=\mathrm{Arg}z(z\neq0)$均为$z$的多值函数。

下面介绍复变函数的反函数概念。在函数$\omega=f(z)$的对应关系中，也可从点集G^*到点集G来看“对应”。对于集合G^*中的每一个ω，一定存在一个或多个z值与之对应，这就定义了G^*上的一个函数

$$z=\varphi(\omega)$$

称为函数$\omega=f(z)$的**反函数**。

当$f(z)$为单值函数时，其反函数$\varphi(\omega)$可能是单值的也可能是多值的。例如，$f(z)=z^2$的反函数是双值的。

当函数及其反函数都是单值函数时，则称这种函数是双方单值的。今后主要研究双方单值函数。如果遇到多值函数则作某种限制，如选定某一单值分支来研究。

复变函数$\omega=f(z)$也可看成是z平面上的点集G到ω平面上的点集$G^*=\{\omega\,|\,\omega=f(z),\ z\in G\}$的一种对应，并且以后我们把由$\omega=f(z)$所确定的这种对应称为**映射**（Mapping）。具体地说，复变函数$\omega=f(z)$给出了从z平面上的点集G到ω平面上的点集G^*间的一个对应关系。与点$z\in G$对应的点$\omega=f(z)$称为点z的**像**（Image），同时点z就为点$\omega=f(z)$的**原像**（Inverse）。

如果复变函数 $\omega=f(z)$ 及其反函数 $z=\varphi(\omega)$ 都是单值的，那么由 $\omega=f(z)$ 所确定的映射是原像集 G 到像集 G^* 之间的一一对应的映射，也称为**双方单值的映射**。

必须指出，像的原像可能不只一点。例如 $\omega=z^2$，则 $z=\pm1$ 的像点均为 $\omega=1$，因此，$\omega=1$ 的原像是两个点 $z=\pm1$。

为了方便，以后把"函数 $\omega=f(z)$"可以说成"映射 $\omega=f(z)$"。

例 1.6.4　试求在映射 $\omega=\bar{z}$ 下，点 $z_1=2+3\mathrm{i}$ 和 $z_2=1-2\mathrm{i}$ 的像。

解　如图 1.6.1 所示，分图 a 表示自变量 $z_1=2+3\mathrm{i}$，$z_2=1-2\mathrm{i}$；分图 b 表示像 ω 平面，其中在映射 $\omega=\bar{z}$ 下的像分别为 $\omega_1=2-3\mathrm{i}$，$\omega_2=1+2\mathrm{i}$。

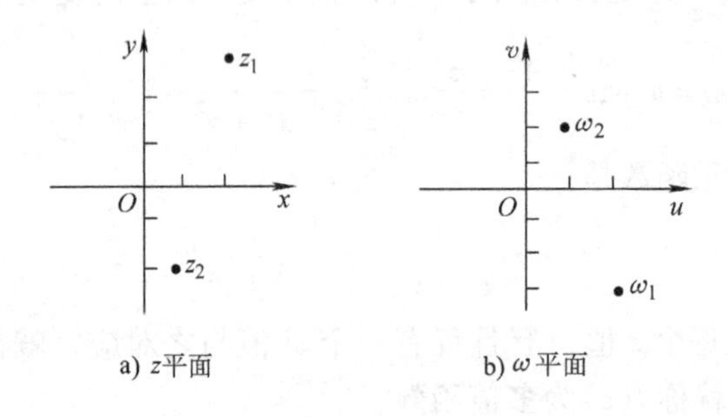

图　1.6.1

例 1.6.5　试求 $u=c_1$ 及 $v=c_2$（c_1，c_2 均为实常数）在 $\omega=f(z)=z^2$ 映射下的原像。

解　将 $f(z)=z^2$ 写成

$$f(z)=x^2-y^2+\mathrm{i}2xy$$

由此得

$$u(x,\ y)=x^2-y^2$$
$$v(x,\ y)=2xy$$

于是，$u=c_1$ 在 $\omega=z^2$ 的映射下的原像为

$$x^2-y^2=c_1$$

这是 z 平面上的一簇等轴双曲线（见图 1.6.2a）。

而 $v=c_2$ 的原像为

$$2xy=c_2$$

这是 z 平面上的另一簇（以坐标轴为渐近线的）双曲线（见图 1.6.2b）。

1.6.2　极限与连续性

定义 1.6.2　设复变函数 $\omega=f(z)$ 在 z_0 的邻域 $0<|z-z_0|<\rho$ 内有定义，如

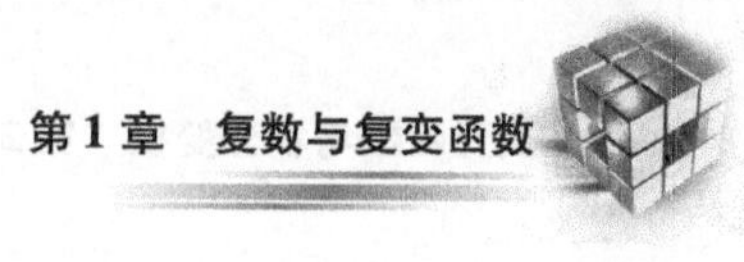

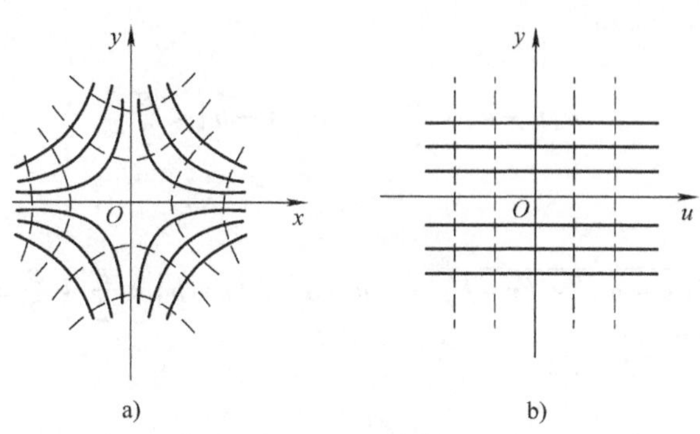

图　1.6.2

果存在一个确定的数 A，对于任意给定的正数 ε，总存在正数 δ，当 $0<|z-z_0|<\delta<\rho$ 时，恒有

$$|f(z)-A|<\varepsilon$$

则称 A 为当 z 趋向于 z_0 时，函数 $f(z)$ 的**极限**，记作 $\lim\limits_{z\to z_0} f(z)=A$ 或当 $z\to z_0$ 时，$f(z)\to A$。

我们可以这样来理解极限概念的几何意义：当点 z 进入 z_0 的充分小的去心邻域时，它们的像点就落入 A 的一个给定的 ε - 邻域内。

定义 1.6.2 与一元实函数的极限定义极为类似，我们可以仿照证明：

定理 1.6.1　若 $f(z)$，$g(z)$ 在 z_0 点有极限，则其和、差、积、商（商的情形，要求分母的极限不等于零）在 z_0 点仍然有极限，并且其极限值等于 $f(z)$，$g(z)$ 在点 z_0 的极限值的和、差、积、商。

但要特别注意的是，$z=x+\mathrm{i}y$ 趋向于 $z_0=x_0+\mathrm{i}y_0$ 的方式是任意的，通俗地说，就是在 z_0 的邻域内，z 可以沿着四面八方通向 z_0 的任何路径趋向于 z_0。对比一元实变函数 $f(x)$ 的极限 $\lim\limits_{x\to x_0} f(x)$，$x\to x_0$ 只在 x 轴上，x 只能沿 x_0 的左右两个方向。我们这里对复变函数极限存在的要求显然苛刻得多。

下述定理给出了复变函数极限与其实部和虚部的关系：

定理 1.6.2　设 $f(z)=u(x,y)+\mathrm{i}v(x,y)$ 在 $0<|z-z_0|<\rho$ 上有定义，其中 $z=x+\mathrm{i}y$，$z_0=x_0+\mathrm{i}y_0$，则 $\lim\limits_{z\to z_0} f(z)=A=a+\mathrm{i}b$ 的充要条件是

$$\lim_{\substack{x\to x_0\\ y\to y_0}} u(x,y)=a,\quad \lim_{\substack{x\to x_0\\ y\to y_0}} v(x,y)=b$$

证　充分性：由 $\lim\limits_{\substack{x\to x_0\\ y\to y_0}} u(x,y)=a$ 及 $\lim\limits_{\substack{x\to x_0\\ y\to y_0}} v(x,y)=b$ 知，对于任意 $\varepsilon>0$ 存在 $\delta>0$，当

$$0<\sqrt{(x-x_0)^2+(y-y_0)^2}<\delta$$

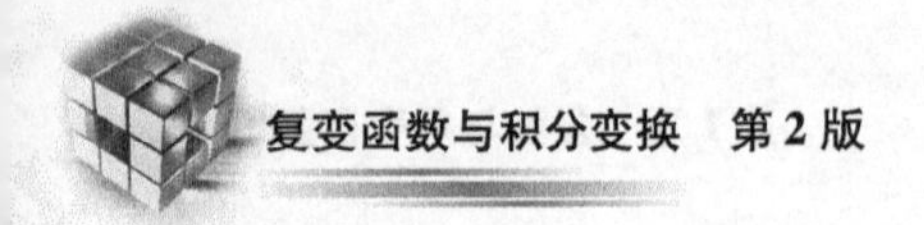

时恒有

$$|u-a|<\frac{\varepsilon}{2} \quad 及 \quad |v-b|<\frac{\varepsilon}{2}$$

于是

$$\sqrt{(u-a)^2+(v-b)^2} \leqslant |u-a|+|v-b|<\frac{\varepsilon}{2}+\frac{\varepsilon}{2}=\varepsilon$$

即

$$|(u-a)+i(v-b)|=|(u+iv)-(a+ib)|<\varepsilon$$

则
$$|f(z)-A|<\varepsilon$$

所以

$$\lim_{z \to z_0} f(z)=A$$

必要性：设$\lim\limits_{z \to z_0} f(z)=A$。对于任意$\varepsilon>0$，存在$\delta>0$，当$0<|z-z_0|<\delta$即$0<\sqrt{(x-x_0)^2+(y-y_0)^2}<\delta$时，恒有$|f(z)-A|<\varepsilon$，即$\sqrt{(u-a)^2+(v-b)^2}<\varepsilon$。

因而
$$|u-a|<\varepsilon \quad 及 \quad |v-b|<\varepsilon$$

于是
$$\lim_{\substack{x \to x_0 \\ y \to y_0}} u(x,y)=a \quad 及 \quad \lim_{\substack{x \to x_0 \\ y \to y_0}} v(x,y)=b$$

这个定理告诉我们，复变函数极限的存在性等价于其实部和虚部的两个二元实函数极限的存在性，即把求复变函数的极限转化为求该函数的实部和虚部的极限，也就是求两个实二元函数的极限。

在极限定义中，若极限A为函数$f(z)$在点z_0的值$f(z_0)$，即

$$\lim_{z \to z_0} f(z)=f(z_0)$$

这就变成了函数$f(z)$在点z_0连续的定义。

定义 1.6.3　设$\omega=f(z)$在z_0的邻域$|z-z_0|<\rho$内有定义，对于任给的$\varepsilon>0$，存在$\delta>0$，使邻域$|z-z_0|<\delta \leqslant \rho$内任一点$z$恒有

$$|f(z)-f(z_0)|<\varepsilon$$

则称函数$f(z)$在点z_0**连续**。如果$f(z)$在区域D内每一点都连续，则说$f(z)$在区域D内连续。

这里复变函数连续性的定义与一元实变函数连续性的定义相似，我们可以仿照证明下述结论：

定理 1.6.3　(1) 如果复变函数$f(z)$，$g(z)$在点z_0连续，则其和、差、积、商（商的情形，要求分母在z_0不为零）在点z_0连续。

（2）如果复变函数 $\eta=f(z)$ 在点 z_0 连续，复变函数 $\omega=g(\eta)$ 在 $\eta=f(z_0)$ 连续，则复变函数 $\omega=g[f(z)]=F(z)$ 在点 z_0 连续。

例 1.6.6　求 $\lim\limits_{z\to \mathrm{i}}\dfrac{\bar{z}+2}{z+1}$。

解　$\dfrac{\bar{z}+2}{z+1}$ 在点 i 连续，得

$$\lim_{z\to \mathrm{i}}\frac{\bar{z}+2}{z+1}=\frac{-\mathrm{i}+2}{\mathrm{i}+1}=\frac{1-3\mathrm{i}}{2}$$

例 1.6.7　$f(z)=\dfrac{1}{2\mathrm{i}}\left(\dfrac{z}{\bar{z}}-\dfrac{\bar{z}}{z}\right)(z\neq 0)$，试证 $f(z)$ 在原点无极限，从而在原点不连续。

证　令 $z=r(\cos\theta+\mathrm{i}\sin\theta)$，则

$$f(z)=\frac{1}{2\mathrm{i}}\cdot\frac{z^2-\bar{z}^2}{z\,\bar{z}}=\frac{1}{2\mathrm{i}}\cdot\frac{(z+\bar{z})(z-\bar{z})}{r^2}=\frac{1}{2\mathrm{i}r^2}2r\cos\theta\cdot 2\mathrm{i}r\sin\theta=\sin 2\theta$$

我们看到当 z 沿正实轴 $\theta=0$ 趋于 0 时，$f(z)\to 0$；当 z 沿第一象限的角平分线 $\theta=\dfrac{\pi}{4}$ 趋于 0 时，$f(z)\to 1$，故 $f(z)$ 在原点无确定的极限，从而在原点不连续。

例 1.6.8　设函数 $f(z)=\begin{cases}\dfrac{xy}{x^2+y^2} & z\neq 0\\ 0 & z=0\end{cases}$，证明 $f(z)$ 在原点不连续。

证　设直线 $l: y=mx$，则在直线 l 上

$$f(z)=\frac{mx^2}{x^2+m^2x^2}=\frac{m}{1+m^2}$$

因此当 z 沿 l 趋向于原点时

$$f(z)\to\frac{m}{1+m^2}$$

当 m 变化时，$\dfrac{m}{1+m^2}$ 随之变化，所以当 z 沿不同的直线趋向于原点时，$f(z)$ 的极限值就不同。这就证明了 $\lim\limits_{z\to 0}f(z)$ 不存在。因而在点 $z=0$ 处，$f(z)$ 不连续。

根据连续的定义及定理 1.6.1，我们马上可以得到下面的定理：

定理 1.6.4　函数 $f(z)=u(x,y)+\mathrm{i}v(x,y)$ 在 $z_0=x_0+\mathrm{i}y_0$ 处连续的充要条件是：$u(x,y)$ 和 $v(x,y)$ 在 (x_0,y_0) 处连续。

第1章小结

一、导学[1]

本章学习了复数概念、复数运算及其表示；复变函数概念及其极限、连续等内容。由于复数全体与平面上点的全体可一一对应，故一个复数集可视为一个平面点集；由于复数（复函数）的实部与虚部都是实数（实函数），所以，我们在学习时一定要注意将复数（复函数）与实数（实函数）进行比较，并注意其几何意义，以及复、实函数的异同。特别是，复函数的极限、连续性的判定都可以转化为其实部函数与虚部函数的极限与连续性来判定。

学习本章的基本要求如下：

(1) 熟练掌握用复数的三角表示式与指数表示式进行运算的技能；掌握根据由给定非零复数 z 在复平面上的位置确定辐角主值的方法；掌握用复数形式的方程（或不等式）表示平面图形来解决有关几何问题的方法。

(2) 注意理解复变函数及与之有关的概念；正确理解区域、单连通区域、多连通区域、简单曲线等概念。

(3) 能够利用复函数的实部函数与虚部函数来判定复函数的极限与连续性。

二、疑难解析

1. 注意复数与实数的不同点：①任一异于零的复数总可以开方，所得结果是多值的。一个复数开 n 次方就有 n 个根；②实数能比较大小，但复数却不能比较大小；③复数模的概念与实数中绝对值的概念在几何上都是描述点与点之间的距离，两者可统称为绝对值，但由于复数有辐角的概念，故作为复数域中的实数也都有一个辐角（0 或 π），这显然与实数域中的实数是不同的。例如，3 作为实数域中的数与作为复数域中的数是不一样的。因为3 在复数域中除了模为3 以外，还有一个辐角是0，但3 在实数域中没有辐角的意义。

2. 对于区域的概念，一定要注意它是一个开的连通集。例如，由两个圆 $|z-1|<1$ 及 $|z+1|<1$ 的内部所构成的点集是开集但不是区域，因为它不连通。

三、杂例

例 1.1 下面的解题过程错在何处？

$$8^{\frac{1}{6}}=(2^3)^{\frac{1}{6}}=2^{\frac{1}{2}}=\sqrt{2}$$

解 在实数范围内，上述方法是正确的，而在复数范围内，应当是

$$8^{\frac{1}{6}}=(2^3)^{\frac{1}{6}}=(2^3\mathrm{e}^{2k\pi\cdot\mathrm{i}})^{\frac{1}{6}}=\pm\sqrt{2}\mathrm{e}^{\frac{k\pi}{3}\mathrm{i}}\ (k=0,1,2)$$

例 1.2 将复数$\dfrac{2\mathrm{i}}{-1+\mathrm{i}}$化为三角形式与指数形式。

[1] 全书的导学部分与思考题参考了参考文献［1］。

解 $\frac{2\mathrm{i}}{-1+\mathrm{i}}=1-\mathrm{i}$，$|1-\mathrm{i}|=\sqrt{2}$，$\arg(1-\mathrm{i})=-\frac{\pi}{4}$，所以

$$\frac{2\mathrm{i}}{-1+\mathrm{i}}=\sqrt{2}\left[\cos\left(-\frac{\pi}{4}\right)+\mathrm{i}\sin\left(-\frac{\pi}{4}\right)\right] \quad (三角形式)$$

$$=\sqrt{2}\mathrm{e}^{-\frac{\pi}{4}\mathrm{i}} \quad (指数形式)$$

例1.3 设$z_1=-1+\sqrt{3}\mathrm{i}$，$z_2=-1+\mathrm{i}$，求$\arg(z_1z_2)$。

解 $\mathrm{Arg}(z_1z_2)=\mathrm{Arg}z_1+\mathrm{Arg}z_2=\frac{2}{3}\pi+\frac{3}{4}\pi+2k\pi=\frac{17}{12}\pi+2k\pi$

$$\arg(z_1z_2)=-\frac{7}{12}\pi$$

注：$-\pi<\arg z\leqslant\pi$。

例1.4 证明：若z在圆周$|z|=2$上，则$\left|\frac{1}{z^4-4z^2+3}\right|\leqslant\frac{1}{3}$。

证 $|z^4-4z^2+3|\geqslant||z^4|-|4z^2|-3|=3$，所以$\left|\frac{1}{z^4-4z^2+3}\right|\leqslant\frac{1}{3}$。

例1.5 证明：双曲线$x^2-y^2=1$可以写成$z^2+\bar{z}^2=2$。

证 $x^2-y^2=\left(\frac{z+\bar{z}}{2}\right)^2-\left(\frac{z-\bar{z}}{2\mathrm{i}}\right)^2=\frac{z^2+\bar{z}^2+2z\bar{z}+z^2+\bar{z}^2-2z\bar{z}}{4}=\frac{z^2+\bar{z}^2}{2}$

所以，该双曲线方程可以写为$z^2+\bar{z}^2=2$。

例1.6 指出下列各情形相应的区域。

（1）$-\pi<\arg z<\pi$；　（2）$\mathrm{Re}(z^2)>0$。

解 （1）复平面上除去原点及负半实轴的区域。

（2）即$x^2-y^2>0$，或$|x|>|y|$，为复平面上第一，三象限分角线与二、四象限分角线所夹的部分区域。

四、思考题

1. 一个复数的实部和虚部是否唯一确定？其模和辐角是否唯一确定？复数0的辐角是否确定？为什么？

2. 如何运用复数的代数表示式进行四则运算？要注意些什么？如何运用复数的三角表示式与指数表示式进行乘法、除法、乘方与开方运算，要注意些什么？

3. 下面的表示式或说法是否成立：

（1）因为$|0|=0$，$|\mathrm{i}|=1$，所以，$0<\mathrm{i}$；

（2）复数之间不能比较大小；

（3）一个复数$z=x+\mathrm{i}y$的辐角为$\mathrm{Arg}z=\mathrm{Arctan}y/x$；

（4）$a-\infty=-\infty$，a是一个有限复数。

习题一

A 类

1. 求下列复数的实部与虚部、共轭复数、模与辐角。

(1) $\dfrac{1}{3+2i}$; (2) $\dfrac{1}{i}-\dfrac{3i}{1-i}$;

(3) $\dfrac{(3+4i)(2-5i)}{2i}$; (4) $i^8-4i^{21}+i$。

2. 求$\dfrac{(3+4i)^2}{(1-2i)(3-i)}$的模。

3. 若复数 a, b 满足：$|a|<1$，$|b|<1$，试证：$\left|\dfrac{a-b}{1-\bar{a}b}\right|<1$。

4. 设 z_1, z_2, z_3 三点适合条件：$z_1+z_2+z_3=0$，$|z_1|=|z_2|=|z_3|=1$。证明 z_1, z_2, z_3 是内接于单位圆 $|z|=1$ 的一个正三角形的顶点。

5. 将下列复数化成三角表示式和指数表示式。

(1) i; (2) -1;

(3) $1+\sqrt{3}i$; (4) $\dfrac{-2i}{-1+i}$。

6. 设复数 $z\neq0$，证明：$\arg\dfrac{1}{z}=-\arg z$。

7. 试证 $\arg z$（$-\pi<\arg z\leqslant\pi$）在负实轴上（包括原点）不连续，除此而外在 z 平面上处处连续。

8. 一个复数乘以 $-i$，它的模与辐角有何变化？

9. 如果多项式 $P(z)=a_0+a_1z+a_2z^2+\cdots+a_nz^n$ 的系数是实数，证明：$P(\bar{z})=\overline{P(z)}$。

10. 试求下列各式的 x 与 y（x，y 都是实数）。

(1) $(1+2i)x+(3-5i)y=1-3i$;

(2) $(x+y)^2i-\dfrac{6}{i}-x=-y+5(x+y)i-1$。

11. 求下列各式的值。

(1) $(\sqrt{3}-i)^5$; (2) $(1+i)^6$;

(3) $\left(\dfrac{1+\sqrt{3}i}{2}\right)^3$; (4) $\sqrt[3]{1-i}$;

(5) $\sqrt{2i}$; (6) $\sqrt[3]{-1}$;

(7) $\sqrt{1-\sqrt{3}i}$; (8) $\sqrt[3]{-4\sqrt{2}+4\sqrt{2}i}$。

12. 指出下列各题中点 z 的存在范围，并作草图。

(1) $|z-i|=6$; (2) $|z+2i|\geqslant1$;

(3) $|z+3|+|z+1|=4$; (4) $\left|\dfrac{z-3}{z-2}\right|\geqslant1$;

(5) $|z+\mathrm{i}|=|z-\mathrm{i}|$；　　(6) $\arg(z-\mathrm{i})=\dfrac{\pi}{4}$。

13. 描述下列不等式所确定的区域，并指明是有界的还是无界的，是闭的还是开的，单连通的还是多连通的。

(1) $\mathrm{Im}(z)>0$；　　(2) $|z-1|>4$；

(3) $0<\mathrm{Re}(z)<1$；　　(4) $1<|z-3\mathrm{i}|<2$；

(5) $|z-1|<|z+3|$；　　(6) $1<\arg z<1+\pi$。

14. 试求

(1) $\lim\limits_{z\to 1+\mathrm{i}}\dfrac{\bar{z}}{z}$；　　(2) $\lim\limits_{z\to 1}\dfrac{z\bar{z}+2z-\bar{z}-2}{z^2-1}$。

15. 试证$\lim\limits_{z\to 0}\dfrac{\mathrm{Re}(z)}{z}$不存在。

16. 证明：邻域$|z-z_0|<\rho$是开集。

17. 设函数$f(z)$在点z_0处连续，且$f(z_0)\neq 0$，证明存在z_0的邻域使$f(z)\neq 0$。

B　类

18. 如果等式$\dfrac{x+1+\mathrm{i}(y-3)}{5+3\mathrm{i}}=1+\mathrm{i}$成立，试求实数$x$，$y$。

19. 求复数$\omega=\dfrac{1+z}{1-z}$（复数$z\neq 1$）的实部、虚部和模。

20. 将下列复数化成三角表示式和指数表示式。

(1) $1-\cos\varphi+\mathrm{i}\sin\varphi(0\leqslant\varphi\leqslant\pi)$；　　(2) $\dfrac{(\cos 5\varphi+\mathrm{i}\sin 5\varphi)^2}{(\cos 3\varphi-\mathrm{i}\sin 3\varphi)^3}$。

21. 当$|z|\leqslant 1$时，求$|z^n+a|$的最大值，其中n为正整数，a为复数。

22. 已知两点z_1与z_2（或已知三点z_1，z_2，z_3），问下列各点位于何处？

(1) $z=\dfrac{1}{2}(z_1+z_2)$；　　(2) $z=\lambda z_1+(1-\lambda)z_2$　（其中λ为实数）；

(3) $z=\dfrac{1}{3}(z_1+z_2+z_3)$。

23. 描述下列不等式所确定的区域，并指明是有界的还是无界的，是闭的还是开的，单连通的还是多连通的。

(1) $|z-1|<4|z+1|$；　　(2) $\dfrac{1}{2}\leqslant\left|z-\dfrac{1}{2}\right|\leqslant\dfrac{3}{2}$；

(3) $|z|+\mathrm{Re}z<1$；　　(4) $z\bar{z}+(6+\mathrm{i})z+(6-\mathrm{i})\bar{z}\leqslant 4$。

24. 证明：z平面上的直线方程可以写成：$a\bar{z}+\bar{a}z=c$（a是非零复常数，c是实常数）。

25. 求下列方程（t是实参数）给出的曲线。

(1) $z=(1+\mathrm{i})t$；　　(2) $z=a\cos t+\mathrm{i}b\sin t$；

(3) $z=t+\dfrac{\mathrm{i}}{t}$；　　(4) $z=t^2+\dfrac{\mathrm{i}}{t^2}$。

26. 试证：复数z_1，z_2，z_3，z_4在同一圆周上或同一直线上的条件是

$$\mathrm{Im}\left(\frac{z_1-z_4}{z_1-z_2}\cdot\frac{z_3-z_2}{z_3-z_4}\right)=0$$

27. 如果复数 z_1，z_2，z_3 满足等式：$\dfrac{z_2-z_1}{z_3-z_1}=\dfrac{z_1-z_3}{z_2-z_3}$，证明 $|z_2-z_1|=|z_3-z_1|=|z_2-z_3|$，并说明这些等式的几何意义。

28. 设 $z=x+\mathrm{i}y$，试证：$\dfrac{|x|+|y|}{\sqrt{2}}\leqslant|z|\leqslant|x|+|y|$。

29. 如果 $z=\mathrm{e}^{\mathrm{i}t}$，试证明：

（1）$z^n+\dfrac{1}{z^n}=2\cos nt$；　　（2）$z^n-\dfrac{1}{z^n}=2\mathrm{i}\sin nt$。

30. 求方程 $z^3+8=0$ 的所有根。

31. 函数 $\omega=1/z$ 将 z 平面上的下列曲线变成 ω 平面上的什么曲线（$z=x+\mathrm{i}y$，$\omega=u+\mathrm{i}v$）？

（1）$x^2+y^2=6$；　　（2）$y=x$；

（3）$y=1$；　　（4）$(x-1)^2+y^2=1$。

32. 设有函数 $\omega=z^2$，试问它把 z 平面上的下列曲线分别变成 ω 平面上的何种曲线？

（1）以原点为中心，2 为半径，在第一象限里的圆弧；

（2）倾角 $\theta=\pi/3$ 的直线（可以看成两条射线 $\arg z=\pi/3$ 及 $\arg z=\pi+\pi/3$）；

（3）双曲线 $x^2-y^2=4$。

33. 已知映射 $\omega=z^3$，求

（1）点 $z_1=\mathrm{i}$，$z_2=1+\mathrm{i}$，$z_3=\sqrt{3}+\mathrm{i}$ 在平面 ω 上的像；

（2）区域 $0<\arg z<\pi/3$ 在平面 ω 上的像。

34. 证明：$|a|=1$ 或者 $|b|=1$ 有一个成立时，则 $\left|\dfrac{a-b}{1-\bar{a}b}\right|=1$。

35. 设 a，b，c 为常数，且 c 为实数，求证：方程 $(a\bar{z}+\bar{a}z)^2=2(b\bar{z}+\bar{b}z)+c$ 是表示最一般的抛物线。

36. 如果 $f(z)$ 在 z_0 处连续，证明：$\overline{f(z)}$，$|f(z)|$ 也在 z_0 处连续。

37. 设 $f(z)=\begin{cases}\dfrac{xy^3}{x^2+y^6} & z\neq 0\\ 0 & z=0\end{cases}$，求证：$f(z)$ 在原点处不连续。

38. A，C 为实数，$A\neq 0$，β 为复数且 $|\beta|^2>AC$，证明 z 平面上的圆周可以写成

$$Az\bar{z}+\beta\bar{z}+\bar{\beta}z+C=0$$

第2章

解析函数

解析函数是复变函数研究的主要内容。本章我们给出复变函数导数的定义及求导法则，并在此基础上介绍解析函数的概念，给出判断复变函数可导和解析的充要条件；然后介绍调和函数的概念及其与解析函数的关系；再把高等数学中熟知的初等函数推广到复变函数上来，并研究其性质。

2.1 解析函数的概念

2.1.1 复变函数的导数

定义 2.1.1 设 $\omega=f(z)$ 为定义在区域 D 内的复变函数，z_0 是 D 内一点，$z_0+\Delta z\in D$，且 $\omega_0=f(z_0)$，并记 $\Delta z=z-z_0$，$\Delta\omega=f(z)-f(z_0)$。如果极限

$$\lim_{z\to z_0}\frac{\Delta\omega}{\Delta z}=\lim_{z\to z_0}\frac{f(z)-f(z_0)}{z-z_0} \tag{2.1.1}$$

存在有限的极限值，就说 $f(z)$ 在点 z_0 处**可导**，并称此极限为 $f(z)$ 在点 z_0 处的**导数**（Derivative），记为 $\left.\frac{\mathrm{d}f(z)}{\mathrm{d}z}\right|_{z=z_0}$，或 $\left.\frac{\mathrm{d}\omega}{\mathrm{d}z}\right|_{z=z_0}$ 或 $f'(z_0)$，也称函数 $f(z)$ 在点 z_0 处**可微**（Differentiable），并称 $\mathrm{d}\omega=f'(z_0)\mathrm{d}z$ 为函数 $\omega=f(z)$ 在点 z_0 处的**微分**。

如果在区域 D 内每一点上 $f(z)$ 均可导，就说 $f(z)$ 在区域 D 内可导。这时，D 内每一点都对应 $f(z)$ 的一个导数值，因而在 D 内定义了一个函数，称为 $f(z)$ 在 D 内的**导函数**，简称 $f(z)$ 的导数，记作 $f'(z)$。于是 $f(z)$ 在 z_0 处的导数可看做是导函数 $f'(z)$ 在 z_0 处的值。由定义易知，如果 $f(z)$ 在点 z_0 处可导（或可微），则函数 $f(z)$ 在点 z_0 处连续。

例 2.1.1 求 $f(z)=z^2$ 的导数。

解 $f(z)=z^2$ 在复平面内处处有定义，对于任意的 z，由导数的定义，有

$$\begin{aligned} f'(z)&=\lim_{\Delta z\to 0}\frac{f(z+\Delta z)-f(z)}{\Delta z}=\lim_{\Delta z\to 0}\frac{(z+\Delta z)^2-z^2}{\Delta z}\\ &=\lim_{\Delta z\to 0}\frac{2z\Delta z+\Delta z^2}{\Delta z}=\lim_{\Delta z\to 0}(2z+\Delta z)=2z \end{aligned}$$

由于z的任意性，所以在复平面内处处有

$$f'(z)=\frac{\mathrm{d}}{\mathrm{d}z}(z^2)=2z$$

设n为正整数，类似地可以证明

$$(z^n)'=nz^{n-1}$$

例 2.1.2　问$f(z)=\bar{z}$是否可导？

解　对复平面上任一点z，有

$$f'(z)=\lim_{\Delta z\to 0}\frac{f(z+\Delta z)-f(z)}{\Delta z}=\lim_{\substack{\Delta x\to 0\\ \Delta y\to 0}}\frac{x+\Delta x-\mathrm{i}(y+\Delta y)-(x-\mathrm{i}y)}{\Delta x+\mathrm{i}\Delta y}=\lim_{\substack{\Delta x\to 0\\ \Delta y\to 0}}\frac{\Delta x-\mathrm{i}\Delta y}{\Delta x+\mathrm{i}\Delta y}$$

设$z+\Delta z$沿着平行于x轴的方向趋于z，因而$\Delta y=0$（见图2.1.1）。这时极限

$$\lim_{\substack{\Delta y=0\\ \Delta x\to 0}}\frac{\Delta x-\mathrm{i}\Delta y}{\Delta x+\mathrm{i}\Delta y}=\lim_{\Delta x\to 0}\frac{\Delta x}{\Delta x}=1$$

设$z+\Delta z$沿着平行于y轴的方向趋于z，因而$\Delta x=0$，这时极限

$$\lim_{\substack{\Delta x=0\\ \Delta y\to 0}}\frac{\Delta x-\mathrm{i}\Delta y}{\Delta x+\mathrm{i}\Delta y}=\lim_{\Delta y\to 0}\frac{-\mathrm{i}\Delta y}{\mathrm{i}\Delta y}=-1$$

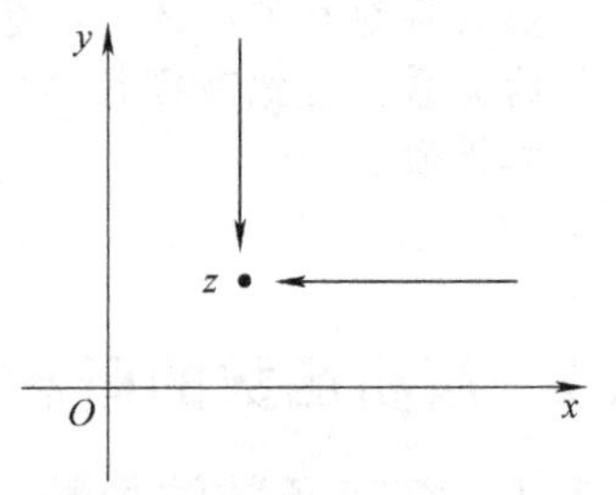

图　2.1.1

所以$f(z)=\bar{z}$的导数不存在。

由此例我们可知，复变量$z_0+\Delta z\to z_0$（即$\Delta z\to 0$）的方式是任意的，这一点要比实变量的情况复杂得多。另外，我们知道，在一元实变函数中可导函数是连续的，而连续函数不一定可导。在复变函数中，由例2.1.2知道这个结论仍然成立。在复变函数里，类似的例子还很多。

类似于实函数的求导法则，我们也有以下复变函数$\omega=f(z)$的导数运算法则，这里不再一一验证。

（1）（常数的导数）$C'=0$。

（2）（和与差的导数）若单值函数$f(z)$，$g(z)$在z_0点可导，则单值函数$f(z)\pm g(z)$也在点z_0可导，且有

$$[f(z)\pm g(z)]'\big|_{z=z_0}=f'(z_0)\pm g'(z_0)$$

（3）（积的导函数）若单值函数$f(z)$，$g(z)$在z_0点可导，则单值函数$f(z)g(z)$在z_0点也可导，且有

$$[f(z)g(z)]'\big|_{z=z_0}=f'(z_0)g(z_0)+f(z_0)g'(z_0)$$

（4）（商的导数）若单值函数$f(z)$，$g(z)$在z_0点都可导，而且$g(z_0)\neq 0$，则单值函数$\dfrac{f(z)}{g(z)}$在z_0点也可导，且有

$$\left[\frac{f(z)}{g(z)}\right]'\bigg|_{z=z_0}=\frac{f'(z_0)g(z_0)-f(z_0)g'(z_0)}{g^2(z_0)}$$

(5)（复合函数的导数）设单值函数 $z=z(s)$ 在 s_0 点可导，单值函数 $\omega=f(z)$ 在 z_0 点可导，而且 $z_0=z(s_0)$，则单值函数 $\omega=f(z(s))$ 在点 s_0 也可导，且有

$$\frac{\mathrm{d}}{\mathrm{d}s}f(z(s))\bigg|_{s=s_0}=\frac{\mathrm{d}}{\mathrm{d}z}f(z)\bigg|_{z=z_0}\frac{\mathrm{d}}{\mathrm{d}s}z(s)\bigg|_{s=s_0}$$

(6)（反函数的导数）设函数 $\omega=f(z)$ 将区域 D 双方单值连续映射成区域 D^*，又 $\omega_0=f(z_0)$ $(z_0\in D)$，那么若函数 $f(z)$ 在 z_0 点可导且 $f'(z_0)\neq 0$，则区域 D^* 上的单值连续反函数 $z=f^{-1}(\omega)$ 在 ω_0 点也可导，且有

$$\frac{\mathrm{d}}{\mathrm{d}\omega}f^{-1}(\omega)\bigg|_{\omega=\omega_0}=\frac{1}{f'(z_0)}$$

例 2.1.3 已知 $f(z)=\dfrac{2z}{1-z}$，求 $f'(0)$ 及 $f'(\mathrm{i})$。

解 因为 $f'(z)=\left(\dfrac{2z}{1-z}\right)'=\dfrac{2}{(1-z)^2}$，所以

$$f'(0)=2,\ f'(\mathrm{i})=\frac{2}{(1-\mathrm{i})^2}=\mathrm{i}$$

2.1.2 解析函数的概念

定义 2.1.2 如果函数 $f(z)$ 在点 z_0 及 z_0 的某个领域内处处可导，那么称 $f(z)$ 在 z_0 点**解析**（Analytic）。如果 $f(z)$ 在区域 D 每一点解析，那么称 $f(z)$ 在 D 内解析，或称 $f(z)$ 是 D 内的一个**解析函数**（Analytic Function），并把 D 叫做 $f(z)$ 的**解析区域**（Analytic Domain）。如果函数 $f(z)$ 在 z_0 点处不解析，则 z_0 叫做**奇点**（Singular Point）。

由上定义可知，解析函数这一概念是与定义的区域密切相关的。我们说函数 $f(z)$ 解析，总是指它在某个区域上处处可导，所以解析性是复函数在一个区域上的性质，而不是其在一个孤立点的性质。进一步地，由定义知，函数在区域内解析与在区域内可导是等价的。但是，函数在一点处解析和可导是两个不等价的概念。就是说，函数在一点处可导，不一定在该点处解析。

例 2.1.4 函数 $f(z)=\dfrac{1}{z}$，当 $z\neq 0$ 时，有

$$\lim_{\Delta x\to 0}\frac{\dfrac{1}{z+\Delta z}-\dfrac{1}{z}}{\Delta z}=\lim_{\Delta x\to 0}\frac{-1}{z(z+\Delta z)}=-\frac{1}{z^2}$$

因此，在复平面上除去 $z=0$ 点外，$f(z)$ 处处可导，因此解析。但在点 $z=0$

处，$f(z)$没有意义，导数当然也不存在，所以$f(z)$不解析，即$z=0$是$f(z)=\dfrac{1}{z}$的奇点。

根据求导法则可以得到，对于任意两个在点z_0解析的函数，它们的和、差、积、商（分母函数$\neq 0$）在点z_0仍然解析。另外，解析函数的复合函数也是解析函数。

例2.1.5 讨论函数$f(z)=\dfrac{2z^5-z+3}{4z^2+1}$的解析区域并求函数在该区域上的导数。

解 设$p(z)=2z^5-z+3$，$q(z)=4z^2+1$，则知$p(z)$，$q(z)$都在全平面解析，所以，当$q(z)\neq 0$时，函数$f(z)$解析。又方程$q(z)=4z^2+1=0$的解是$z=\pm\dfrac{\mathrm{i}}{2}$，因此在全平面上除去这两个点外的区域内解析。此时，函数的导数为

$$f'(z)=\frac{(4z^2+1)(10z^4-1)-(2z^5-z+3)(8z)}{(4z^2+1)^2}=\frac{24z^6+10z^4+4z^2-24z-1}{(4z^2+1)^2}$$

2.2 函数解析的充要条件

在第1章中我们曾指出：如果仅研究极限或连续方面的问题，则研究一个复变函数$\omega=f(z)$与研究一对实变函数$u=u(x,y)$，$v=v(x,y)$是等价的。在例2.1.2中我们又看到：函数$f(z)=\bar{z}=x-\mathrm{i}y$在复平面上其实部与虚部处处有偏导数，但该函数却处处不可导。由此看出：研究$\omega=f(z)$是否有导数的问题与研究$u=u(x,y)$，$v=v(x,y)$是否有偏导数的问题不再等价了。自然我们会问：作为解析函数的实部与虚部的两个二元函数满足什么条件时函数才是解析的？下面就来讨论这一问题。

设函数$f(z)=u(x,y)+\mathrm{i}v(x,y)$在区域$D$上有定义，在$D$内一点$z=x+\mathrm{i}y$可导，即

$$f'(z)=\lim_{\Delta z\to 0}\frac{f(z+\Delta z)-f(z)}{\Delta z}=\lim_{\substack{\Delta x\to 0\\ \Delta y\to 0}}\frac{\Delta u+\mathrm{i}\Delta v}{\Delta x+\mathrm{i}\Delta y} \tag{2.2.1}$$

这里，$$\Delta z=\Delta x+\mathrm{i}\Delta y,\ f(z+\Delta z)-f(z)=\Delta u+\mathrm{i}\Delta v$$

其中，$\Delta u=u(x+\Delta x,y+\Delta y)-u(x,y)$，$\Delta v=v(x+\Delta x,y+\Delta y)-v(x,y)$。

因为$\Delta z=\Delta x+\mathrm{i}\Delta y$无论按什么方式趋于零，式（2.2.1）总是成立的。先设$\Delta y=0$，$\Delta x\to 0$，即变点$z+\Delta z$为沿平行于实轴的方向趋于点z。此时式（2.2.1）成为

$$\lim_{\Delta x\to 0}\frac{\Delta u}{\Delta x}+\mathrm{i}\lim_{\Delta x\to 0}\frac{\Delta v}{\Delta x}=f'(z)$$

于是知$\partial u/\partial x$，$\partial v/\partial x$必然存在，且有

$$\frac{\partial u}{\partial x}+\mathrm{i}\frac{\partial v}{\partial x}=f'(z) \tag{2.2.2}$$

同样，设$\Delta x=0$，$\Delta y\to 0$，即变点$z+\Delta z$沿平行于虚轴的方向趋于点z。此时式(2.2.1)为

$$-\mathrm{i}\lim_{\Delta y\to 0}\frac{\Delta u}{\Delta y}+\lim_{\Delta y\to 0}\frac{\Delta v}{\Delta y}=f'(z)$$

故知$\partial u/\partial y$，$\partial v/\partial y$亦必存在，且有

$$-\mathrm{i}\frac{\partial u}{\partial y}+\frac{\partial v}{\partial y}=f'(z) \tag{2.2.3}$$

比较式(2.2.2)及式(2.2.3)得出

$$\frac{\partial u}{\partial x}=\frac{\partial v}{\partial y},\ \frac{\partial u}{\partial y}=-\frac{\partial v}{\partial x} \tag{2.2.4}$$

这是关于u及v的偏微分方程组，称为**柯西－黎曼**（Cauchy－Riemann）**方程**或**柯西－黎曼条件**（简记为C－R方程或C－R条件）。进一步，我们还可得出二元实函数$u=u(x,y)$，$v=v(x,y)$在点$z=(x,y)$可微。事实上，由式(2.2.1)，令

$$\varepsilon=\rho_1+\mathrm{i}\rho_2=\frac{\Delta u+\mathrm{i}\Delta v}{\Delta x+\mathrm{i}\Delta y}-f'(z) \tag{2.2.5}$$

这里ρ_1，ρ_2为实变数，当$\Delta z\to 0$时，$\varepsilon\to 0(\rho_1\to 0,\ \rho_2\to 0)$。整理得

$$\begin{aligned}\Delta u+\mathrm{i}\Delta v&=f'(z)(\Delta x+\mathrm{i}\Delta y)+\varepsilon(\Delta x+\mathrm{i}\Delta y)\\&=\left(\frac{\partial u}{\partial x}+\mathrm{i}\frac{\partial v}{\partial x}\right)(\Delta x+\mathrm{i}\Delta y)+(\rho_1+\mathrm{i}\rho_2)(\Delta x+\mathrm{i}\Delta y)\end{aligned}$$

将上式展开，再利用C－R条件，比较实、虚两部得

$$\Delta u=\frac{\partial u}{\partial x}\Delta x+\frac{\partial u}{\partial y}\Delta y+\rho_1\Delta x-\rho_2\Delta y \tag{2.2.6}$$

$$\Delta v=\frac{\partial v}{\partial x}\Delta x+\frac{\partial v}{\partial y}\Delta y+\rho_1\Delta y+\rho_2\Delta x \tag{2.2.7}$$

由式(2.2.6)、式(2.2.7)，当$\Delta z\to 0$时，$\rho_1\to 0$，$\rho_2\to 0$，知$u=u(x,y)$，$v=v(x,y)$在$z=x+\mathrm{i}y$点可微。

总结上面的结论，得到复变函数可导的必要条件。事实上，它也是充分的，于是我们得出下面重要的定理：

定理2.2.1 设$f(z)=u(x,y)+\mathrm{i}v(x,y)$是区域$D$上的复变函数，则在$D$内一点$z=x+\mathrm{i}y$上$f(z)$可导的充分必要条件是：$u(x,y)$和$v(x,y)$在此点$z=x+\mathrm{i}y$可微，而且满足C－R方程。且有

$$f'(z)=\frac{\partial u}{\partial x}+\mathrm{i}\frac{\partial v}{\partial x}$$

证 定理的必要性前面已经证明，下面证明充分性。

由于$f(z+\Delta z)-f(z)=\Delta u+\mathrm{i}\Delta v$，而且$u(x, y)$和$v(x, y)$在$z=x+\mathrm{i}y$可微，可知

$$\Delta u=\frac{\partial u}{\partial x}\Delta x+\frac{\partial u}{\partial y}\Delta y+\rho_1\Delta x+\rho_2\Delta y,\ \Delta v=\frac{\partial v}{\partial x}\Delta x+\frac{\partial v}{\partial y}\Delta y+\rho_3\Delta x+\rho_4\Delta y$$

这里，$\lim\limits_{\substack{\Delta x\to 0\\ \Delta y\to 0}}\rho_k=0 \quad (k=1, 2, 3, 4)$。

因此，$f(z+\Delta z)-f(z)=\left(\frac{\partial u}{\partial x}+\mathrm{i}\frac{\partial v}{\partial x}\right)\Delta x+\left(\frac{\partial u}{\partial y}+\mathrm{i}\frac{\partial v}{\partial y}\right)\Delta y+(\rho_1+\mathrm{i}\rho_3)\Delta x+(\rho_2+\mathrm{i}\rho_4)\Delta y$。

根据C-R方程有

$$\frac{\partial u}{\partial y}=-\frac{\partial v}{\partial x}=\mathrm{i}^2\frac{\partial v}{\partial x},\ \frac{\partial v}{\partial y}=\frac{\partial u}{\partial x}$$

所以

$$f(z+\Delta z)-f(z)=\left(\frac{\partial u}{\partial x}+\mathrm{i}\frac{\partial v}{\partial x}\right)(\Delta x+\mathrm{i}\Delta y)+(\rho_1+\mathrm{i}\rho_3)\Delta x+(\rho_2+\mathrm{i}\rho_4)\Delta y$$

或

$$\frac{f(z+\Delta z)-f(z)}{\Delta z}=\left(\frac{\partial u}{\partial x}+\mathrm{i}\frac{\partial v}{\partial x}\right)+(\rho_1+\mathrm{i}\rho_3)\frac{\Delta x}{\Delta z}+(\rho_2+\mathrm{i}\rho_4)\frac{\Delta y}{\Delta z}$$

因为$\left|\frac{\Delta x}{\Delta z}\right|\leqslant 1$，$\left|\frac{\Delta y}{\Delta z}\right|\leqslant 1$，故当$\Delta z$趋于零时，上式右端的最后两项都趋于零。因此

$$f'(z)=\lim_{\Delta z\to 0}\frac{f(z+\Delta z)-f(z)}{\Delta z}=\frac{\partial u}{\partial x}+\mathrm{i}\frac{\partial v}{\partial x}$$

这就是说，函数$f(z)=u(x, y)+\mathrm{i}v(x, y)$在$z$点可导。

由C-R方程，可得函数$f(z)=u(x, y)+\mathrm{i}v(x, y)$在$z$点的导数的不同形式

$$f'(z)=\frac{\partial u}{\partial x}+\mathrm{i}\frac{\partial v}{\partial x}=\frac{\partial v}{\partial y}+\mathrm{i}\frac{\partial v}{\partial x}=\frac{\partial u}{\partial x}-\mathrm{i}\frac{\partial u}{\partial y}=\frac{\partial v}{\partial y}-\mathrm{i}\frac{\partial u}{\partial y} \tag{2.2.8}$$

我们可以根据问题的实际情况灵活运用这些导数形式。

如果函数$f(z)$在区域D内每一点皆可导，那么$f(z)$便在D内解析。由上述定理，我们得到如下刻画函数在区域D内解析的定理：

定理2.2.2 函数$f(z)=u(x, y)+\mathrm{i}v(x, y)$在其定义的区域$D$内解析的充要条件是：$u(x, y)$和$v(x, y)$在$D$内任一点$z=x+\mathrm{i}y$可微，而且满足C-R方程。

根据这个定理，如果函数$f(z)=u(x, y)+\mathrm{i}v(x, y)$在$D$内满足C-R方程，而且$u$和$v$具有一阶连续偏导数（因而$u$和$v$在$D$内可微），那么，$f(z)$在$D$内

解析。我们可以用这个条件来方便地判断一个函数是否在 D 内解析。

历史寻根

柯西在1814年的一篇论文中考虑了复数域上的积分问题，并用欧拉的思想导出了柯西—黎曼方程。1851年，黎曼在其论文《单复变函数一般理论的基础》一文中也导出了柯西—黎曼方程并给予证明，并把它作为复变函数论的中心理论之一。

人物小传

柯西（Augustin - Louis Cauchy 1789—1857）

法国数学家，物理学家。1807—1810年柯西在工学院学习道路桥梁建设，毕业后曾作过道桥工程师，后在拉格朗日建议下开始数学研究。柯西在数学上的最大贡献是在微积分中引入了严格的极限概念，建立了逻辑清晰的微积分体系。复变函数的微积分理论也是他创立的。而且，他在代数、理论物理、光学、弹性理论方面都有突出贡献。

人物小传

黎曼（Georg Bernhard Riemann 1826—1866）

1846年黎曼进入哥廷根大学开始学习数学，先是师从狄利克雷，后又师从高斯学习，1851年获博士学位。1851年他论证了复函数可导的充要条件，并借助狄利克雷原理阐述了黎曼映射定理，成为函数几何理论的基础；1853年定义了黎曼积分；1854年提出了用“流形”的概念来理解空间的实质，建立了黎曼空间，把欧氏空间、非欧几何引进了他的体系之中，1857年引入黎曼曲面，创造了一系列对代数拓扑发展影响深远的概念。他是德国伟大的数学家、物理学家。

例 2.2.1 讨论（1）$\omega=\bar{z}$；（2）$\omega=\mathrm{Re}z$；（3）$\omega=z\mathrm{Re}z$ 的可导性。

解 （1）$\bar{z}=x-\mathrm{i}y$，所以 $u=x$，$v=-y$。从而$\dfrac{\partial u}{\partial x}=1$，$\dfrac{\partial v}{\partial y}=-1$。由此可知，在复平面上任何一点 $\omega=\bar{z}$ 的导数都不存在。

（2）$\omega=\mathrm{Re}z=x$，所以，$u=x$，$v=0$。$\dfrac{\partial u}{\partial x}=1$，$\dfrac{\partial v}{\partial y}=0$。由 C－R 方程，显然 $\omega=\mathrm{Re}z$ 在整个复平面上处处不可导，处处不解析。

（3）$\omega=z\mathrm{Re}z=(x+\mathrm{i}y)x=x^2+\mathrm{i}xy$，所以，$u=x^2$，$v=xy$，从而

$$\frac{\partial u}{\partial x}=2x,\ \frac{\partial u}{\partial y}=0,\ \frac{\partial v}{\partial x}=y,\ \frac{\partial v}{\partial y}=x$$

这四个偏导数都连续，但只有 $x=y=0$ 时才满足 C－R 条件，故只有在原点 $\omega=z\mathrm{Re}z$ 有导数，在其他点导数不存在，因而函数在整个复平面上处处不解析。

例 2.2.2 设函数 $f(z)=x^2+axy+by^2+\mathrm{i}(cx^2+dxy+y^2)$，常数 a，b，c，d 取何值时，$f(z)$ 在平面内处处解析？

解 由于

$$\frac{\partial u}{\partial x}=2x+ay,\ \frac{\partial u}{\partial y}=ax+2by,\ \frac{\partial v}{\partial x}=2cx+dy,\ \frac{\partial v}{\partial y}=dx+2y$$

由 C－R 方程得

$$2x+ay=dx+2y,\ 2cx+dy=-ax-2by$$

因此，当 $a=2$，$b=-1$，$c=-1$，$d=2$ 时，此函数在整个复平面上处处解析。

例 2.2.3　试证 $f(z)=\mathrm{e}^{x}(\cos y+\mathrm{i}\ \sin y)$ 在整个复平面 z 上解析，且 $f'(z)=f(z)$。

证　$u=\mathrm{e}^{x}\cos y$，$v=\mathrm{e}^{x}\sin y$，则

$$\frac{\partial u}{\partial x}=\mathrm{e}^{x}\cos y,\frac{\partial u}{\partial y}=-\mathrm{e}^{x}\sin y,\ \frac{\partial v}{\partial x}=\mathrm{e}^{x}\sin y,\ \frac{\partial v}{\partial y}=\mathrm{e}^{x}\cos y$$

由于这四个偏导数在复平面内处处连续，且

$$\frac{\partial u}{\partial x}=\mathrm{e}^{x}\cos y=\frac{\partial v}{\partial y},\ \frac{\partial v}{\partial x}=\mathrm{e}^{x}\sin y=-\frac{\partial u}{\partial y}$$

所以，$f(z)$ 是复平面内的解析函数，且

$$f'(z)=\frac{\partial u}{\partial x}+\mathrm{i}\frac{\partial v}{\partial x}=\mathrm{e}^{x}(\cos y+\mathrm{i}\ \sin y)=f(z)$$

例 2.2.4　证明：如果函数 $f(z)$ 在区域 D 内解析且满足下列条件之一，则 $f(z)$ 在 D 内为常函数。

(1) $f'(z)=0$；(2) $\mathrm{Re}f(z)=$ 常数；(3) $|f(z)|=$ 常数。

证　(1) 因为　$f'(z)=\frac{\partial u}{\partial x}+\mathrm{i}\frac{\partial v}{\partial x}=\frac{\partial v}{\partial y}-\mathrm{i}\frac{\partial u}{\partial y}=0$

所以

$$\frac{\partial u}{\partial x}=\frac{\partial u}{\partial y}=0,\ \frac{\partial v}{\partial x}=\frac{\partial v}{\partial y}=0$$

从而，$u=$ 常数，$v=$ 常数，于是函数 $f(z)$ 为一常函数。

(2) 因为 $u(x,\ y)$ 为常数，故 $\frac{\partial u}{\partial x}=\frac{\partial u}{\partial y}=0$，由 C－R 条件知 $\frac{\partial v}{\partial x}=\frac{\partial v}{\partial y}=0$，即函数 $v(x,\ y)$ 也为常数，从而，函数 $f(z)$ 为一常函数。

(3) $|f(z)|^2=u^2+v^2=$ 常数，分别对 x，y 求导数得

$$u\frac{\partial u}{\partial x}+v\frac{\partial v}{\partial x}=0,\ u\frac{\partial u}{\partial y}+v\frac{\partial v}{\partial y}=0$$

由 C－R 条件得

$$u\frac{\partial u}{\partial x}-v\frac{\partial u}{\partial y}=0,\ v\frac{\partial u}{\partial x}+u\frac{\partial u}{\partial y}=0$$

所以，$(u^2+v^2)\frac{\partial u}{\partial x}=0$，$(u^2+v^2)\frac{\partial u}{\partial y}=0$。

当 $u^2+v^2=0$ 时，$u(x,\ y)=v(x,\ y)=0$，$\Rightarrow f(z)=0$；

当 $u^2+v^2\neq 0$ 时，$\dfrac{\partial u}{\partial x}=\dfrac{\partial u}{\partial y}=0$。

故 u = 常数，由（2），函数 $f(z)$ 为一常函数。

2.3 解析函数与调和函数

在第3章我们将证明：解析函数的实部和虚部有任意阶偏导数。为了讨论问题的方便，我们暂且承认这一结论。此种情形下，在方程

$$\frac{\partial u}{\partial x}=\frac{\partial v}{\partial y},\ \frac{\partial u}{\partial y}=-\frac{\partial v}{\partial x}$$

的两端分别对 x 与 y 求偏导数，得

$$\frac{\partial^2 u}{\partial x^2}=\frac{\partial^2 v}{\partial y\partial x},\ \frac{\partial^2 u}{\partial y^2}=-\frac{\partial^2 v}{\partial x\partial y}$$

由于 $f(z)$ 在区域 D 内解析，从而其实部 u 与虚部 v 具有二阶连续偏导数，所以

$$\frac{\partial^2 v}{\partial x\partial y}=\frac{\partial^2 v}{\partial y\partial x}$$

于是有

$$\frac{\partial^2 u}{\partial x^2}+\frac{\partial^2 u}{\partial y^2}=0 \tag{2.3.1}$$

这就是我们所知道的拉普拉斯（Laplace）方程。同理有

$$\frac{\partial^2 v}{\partial x^2}+\frac{\partial^2 v}{\partial y^2}=0 \tag{2.3.1'}$$

定义2.3.1 凡具有连续二阶偏导数而且满足拉普拉斯方程的二元实函数，称为**调和函数**（Harmonic Function）。

由此，我们证明了：

定理2.3.1 设函数 $f(z)=u(x,y)+\mathrm{i}v(x,y)$ 在区域 D 内解析，则 $f(z)$ 的实部 $u(x,y)$ 和虚部 $v(x,y)$ 都是区域 D 内的调和函数。

由此，一个解析函数的实部和虚部都是调和函数。另一个问题是：设实函数 $u(x,y)$ 和 $v(x,y)$ 都是区域 D 内的调和函数，则由它们组成的函数 $f(z)=u(x,y)+\mathrm{i}v(x,y)$ 在 D 内解析吗？由定理2.2.2可以猜想，$f(z)=u(x,y)+\mathrm{i}v(x,y)$ 在区域 D 内解析，$u(x,y)$ 及 $v(x,y)$ 还必须满足 C-R 条件。为此，我们先定义：

定义2.3.2 在区域 D 内满足 C-R 方程的两个调和函数 $u(x,y)$，$v(x,y)$ 中，$v(x,y)$ 称为 $u(x,y)$ 的**共轭调和函数**（Conjugate Harmonic Function）。

下面我们讨论如何由一对共轭调和函数构造一个解析函数。假设 D 是一个

单连通区域，函数 $u(x, y)$ 是 D 内的调和函数，因此 $u(x, y)$ 在 D 内有二阶连续偏导数，且 $\frac{\partial^2 u}{\partial x^2}+\frac{\partial^2 u}{\partial y^2}=0$ 即 $-\partial u/\partial y$，$\partial u/\partial x$ 在 D 内有一阶连续偏导数，且 $\frac{\partial}{\partial y}\left(-\frac{\partial u}{\partial y}\right)=\frac{\partial}{\partial x}\left(\frac{\partial u}{\partial x}\right)$。

由高等数学知

$$-\frac{\partial u}{\partial y}\mathrm{d}x+\frac{\partial u}{\partial x}\mathrm{d}y \tag{2.3.2}$$

是某一函数的全微分，令

$$-\frac{\partial u}{\partial y}\mathrm{d}x+\frac{\partial u}{\partial x}\mathrm{d}y=\mathrm{d}v(x, y)$$

则

$$v(x, y)=\int_{(x_0,y_0)}^{(x,y)}\left(-\frac{\partial u}{\partial y}\right)\mathrm{d}x+\frac{\partial u}{\partial x}\mathrm{d}y+c \tag{2.3.3}$$

其中，(x_0, y_0) 是 D 内的定点，(x, y) 是 D 内的动点，c 是一个任意常数。因 D 是单连通区域，故积分与路径无关。

将式（2.3.3）分别对 x，y 求偏导数，得

$$\frac{\partial v}{\partial x}=-\frac{\partial u}{\partial y},\ \frac{\partial v}{\partial y}=\frac{\partial u}{\partial x}$$

这就是 C－R 条件，由定理2.2.1，知 $f(z)=u(x, y)$（或虚部 $v(x, y)$），就可以求出它的虚部 $v(x, y)$（或实部 $u(x, y)$）。

综上所述，我们有下面的定理及推论：

定理2.3.2 复变函数 $f(z)=u(x, y)+\mathrm{i}v(x, y)$ 在区域 D 内解析的充要条件是：在 D 内，$f(z)$ 的虚部 $v(x, y)$ 是实部 $u(x, y)$ 的共轭调和函数。

推论 给定单连通区域 D 内的调和函数 $\varphi(x, y)$，总可以作出一族解析函数，使其实部（或虚部）为 $\varphi(x, y)$，这族解析函数中的任何两个至多相差一个纯虚数（或实数）。

从几何性质来看，一对共轭调和函数有一个很大的特点，这就是他们的等值线（见图2.3.1）$u(x, y)=c_1$，$v(x, y)=c_2$ 在其公共点上永远是相互正交的。事实上，这两条曲线的法线的方向数分别为

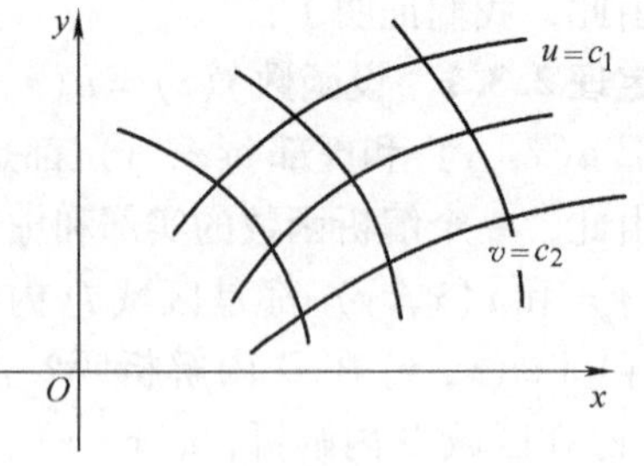

图 2.3.1

$$\left(\frac{\partial u}{\partial x}, \frac{\partial u}{\partial y}\right), \left(\frac{\partial v}{\partial x}, \frac{\partial v}{\partial y}\right)$$

在二者的交点上我们有

$$\frac{\partial u}{\partial x}\frac{\partial v}{\partial x}+\frac{\partial u}{\partial y}\frac{\partial v}{\partial y}=\frac{\partial u}{\partial x}\left(-\frac{\partial u}{\partial y}\right)+\frac{\partial u\partial u}{\partial y\partial x}=0$$

所以它们相交成直角。

例 2.3.1 求一解析函数，使其实部为x^3-3xy^2。

解 设$u(x,\ y)=x^3-3xy^2$，在复平面内任一点上有

$$\frac{\partial u}{\partial x}=3x^2-3y^2,\ \frac{\partial u}{\partial y}=-6xy;\ \frac{\partial^2 u}{\partial x^2}=6x,\ \frac{\partial^2 u}{\partial y^2}=-6x$$

$u(x,\ y)$ 满足方程（2.3.1），从而是调和函数，可由式（2.3.3）求出$v(x,\ y)$。由于积分（2.3.3）与积分路径无关，于是可取从（x_0，y_0）到（x，y_0）再到（x，y）的线段作为积分路径，就得

$$v(x,\ y)=\int_{x_0}^{x}6xy_0\mathrm{d}x+\int_{y_0}^{y}(3x^2-3y^2)\mathrm{d}y+c=3x^2y-y^3+c$$

其中，c 为一个实常数。所以

$$f(z)=u(x,\ y)+\mathrm{i}v(x,\ y)=(x+\mathrm{i}y)^3+\mathrm{i}c=z^3+\mathrm{i}c$$

在复变函数中，处理上述问题我们还可以利用 C－R 方程来求解。例如：

例 2.3.2 已知调和函数 $u(x,\ y)=x^2-y^2+xy$，求一满足条件$f(0)=0$ 的解析函数$f(z)=u(x,\ y)+\mathrm{i}v(x,\ y)$。

解 因为$\partial u/\partial x=2x+y$，$\partial u/\partial y=-2y+x$，由方程得

$$\frac{\partial v}{\partial y}=\frac{\partial u}{\partial x}=2x+y$$

于是

$$v=\int(2x+y)\,\mathrm{d}y=2xy+\frac{1}{2}y^2+\varphi(x) \qquad (2.3.4)$$

又由 $\frac{\partial v}{\partial x}=-\frac{\partial u}{\partial y}$得

$$2y+\varphi'(x)=2y-x$$

即 $\varphi'(x)=-x$，所以，$\varphi(x)=-\frac{1}{2}x^2+c$，由式（2.3.4）得

$$v(x,\ y)=2xy+\frac{1}{2}y^2-\frac{1}{2}x^2+c$$

根据定理 2.3.2 作函数

$$f(z)=x^2-y^2+xy+\mathrm{i}\left(2xy+\frac{1}{2}y^2-\frac{1}{2}x^2+c\right)$$

或写成

$$f(z)=[x^2+2\mathrm{i}xy+(\mathrm{i}y)^2]-\frac{\mathrm{i}}{2}[x^2+2x(\mathrm{i}y)+(\mathrm{i}y)^2]+\mathrm{i}c=\left(1-\frac{\mathrm{i}}{2}\right)z^2+\mathrm{i}c$$

由条件$f(0)=0$，得$c=0$，则

$$f(z)=\left(1-\frac{i}{2}\right)z^2$$

为所求解析函数。

例 2.3.3　求一解析函数，使其虚部为$v=2x^2-2y^2+x$。

解
$$\frac{\partial^2 v}{\partial x^2}=4,\ \frac{\partial^2 v}{\partial y^2}=-4,\ \frac{\partial^2 v}{\partial x^2}+\frac{\partial^2 v}{\partial y^2}=0$$

可知这个函数是一个调和函数，可以作为一个解析函数的虚部。

为了求得相应的u，应有

$$\frac{\partial u}{\partial x}=\frac{\partial v}{\partial y}=-4y \tag{2.3.5}$$

$$\frac{\partial u}{\partial y}=-\frac{\partial v}{\partial x}=-4x-1 \tag{2.3.6}$$

式（2.3.5）两边对x积分，得

$$u(x,\ y)=\int -4y\mathrm{d}x=-4xy+\varphi(y)$$

其中$\varphi(y)$为一待定的函数。由式（2.3.6）知

$$\frac{\partial u}{\partial y}=-4x+\varphi'(y)=-4x-1$$

由此得$\varphi'(y)=-1$，从而，$\varphi(y)=-y+c$。所以

$$u(x,\ y)=-4xy-y+c$$

而所求的解析函数为

$$\begin{aligned}\omega=u+\mathrm{i}v&=-4xy-y+c+\mathrm{i}(2x^2-2y^2+x)\\&=2\mathrm{i}(x^2-y^2+2\mathrm{i}xy)+\mathrm{i}(x+\mathrm{i}y)+c=2\mathrm{i}z^2+\mathrm{i}z+c\end{aligned}$$

2.4　复初等函数

与实初等函数一样，复初等函数也是最简单、最基本而常用的函数类。本节中，我们将具体地讨论几个复初等函数以及它们的性质。这些函数是高等数学中实初等函数在复数域中的自然推广。

2.4.1　指数函数

定义 2.4.1　对于任何复变数$z=x+\mathrm{i}y$，由关系式

$$\mathrm{e}^z=\mathrm{e}^{x+\mathrm{i}y}=\mathrm{e}^x(\cos y+\mathrm{i}\sin y) \tag{2.4.1}$$

所确定的函数称为**复指数函数**，记为e^z，也记作$\exp z$。

由定义立刻看出e^z的模是e^x，而y是e^z的一个辐角。因为$|\mathrm{e}^z|=\mathrm{e}^x>0$，所

以$e^z\neq 0$。当z为实数时，由于$y=0$，$\cos y+\mathrm{i}\sin y=1$，所以定义式（2.4.1）与实指数函数相符合。

指数函数具有以下的性质：

（1）对于任意的实数y，有

$$e^{\mathrm{i}y}=\cos y+\mathrm{i}\sin y$$

这个公式称为**欧拉**（Euler）**公式**。

（2）指数的加法公式

$$e^{z_1+z_2}=e^{z_1}\cdot e^{z_2}$$

证

$$\begin{aligned}e^{z_1}e^{z_2}&=e^{x_1}(\cos y_1+\mathrm{i}\sin y_1)e^{x_2}(\cos y_2+\mathrm{i}\sin y_2)\\&=e^{x_2+x_2}[\cos(y_1+y_2)+\mathrm{i}\sin(y_1+y_2)]=e^{z_2+z_2}\end{aligned}$$

（3）$\omega=e^z$是以$2k\pi\mathrm{i}(k=\pm 1,\ \pm 2,\ \cdots)$为周期的周期函数，如图2.4.1所示。

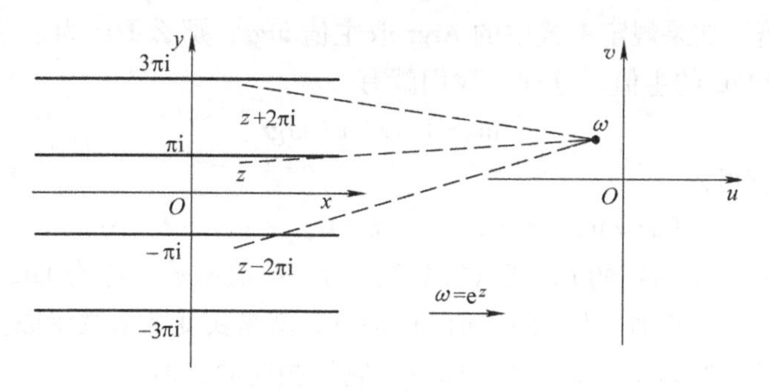

图 2.4.1

事实上，由于$e^{2k\pi\mathrm{i}}=\cos 2k\pi+\mathrm{i}\sin 2k\pi=1$，故$e^{z+2k\pi\mathrm{i}}=e^z\cdot e^{2k\pi\mathrm{i}}=e^z$，所以$e^z$具有虚的周期$2k\pi\mathrm{i}$。

（4）函数e^z当$z\to\infty$时没有极限。

事实上，当z沿实轴正向趋于∞时，有$\lim\limits_{\substack{z\to\infty\\z=x>0}}e^z=\lim\limits_{x\to+\infty}e^x=+\infty$；

当z沿实轴负向趋于∞时，有$\lim\limits_{\substack{z\to\infty\\z=x<0}}e^z=\lim\limits_{x\to-\infty}e^x=0$。

（5）e^z是复平面内的解析函数，且$(e^z)'=e^z$。这可由例2.2.3知。

例2.4.1 计算$e^{-2+\frac{\pi}{3}\mathrm{i}}$的值。

解 根据指数函数的定义

$$e^{-2+\frac{\pi}{3}\mathrm{i}}=e^{-2}\left(\cos\frac{\pi}{3}+\mathrm{i}\sin\frac{\pi}{3}\right)=e^{-2}\left(\frac{1}{2}+\mathrm{i}\frac{\sqrt{3}}{2}\right)=\frac{e^{-2}}{2}+\mathrm{i}\frac{\sqrt{3}e^{-2}}{2}$$

例 2.4.2 在电路分析中，常用复指数来描述。例如，对于正弦电流 $i=\sqrt{2}I\cos(\omega t+\varphi_i)$ 常表示为 $i=\mathrm{Re}[\sqrt{2}I\mathrm{e}^{\mathrm{j}\varphi_i}\mathrm{e}^{\mathrm{j}\omega t}]$。其中，$\mathrm{e}^{\mathrm{j}\varphi_i}$ 是以正弦量的有效值为模，以初相为辐角的一个复常数，电路分析中称其为正弦量的相量。[㊀]

2.4.2 对数函数

与实变量函数一样，对数函数是作为指数函数的反函数来给出的。

定义 2.4.2 对于 $z\neq0$，满足方程 $z=\mathrm{e}^{\omega}$ 的函数，则把 $\omega=f(z)$ 叫做复变量 z 的**对数函数**，记作 $\mathrm{Ln}z$，即 $\omega=\mathrm{Ln}z$。

根据这个定义，$\mathrm{Ln}z$ 的实部和虚部可以用 z 的模和辐角表示。令 $z=r\mathrm{e}^{\mathrm{i}\theta}$，$\omega=u+\mathrm{i}v$，则 $\mathrm{e}^{u+\mathrm{i}v}=\mathrm{e}^{u}\mathrm{e}^{\mathrm{i}v}=r\mathrm{e}^{\mathrm{i}\theta}$，所以，$u=\ln r$，$v=\theta+2k\pi$（$k$ 为任意整数）。因此

$$\omega=\mathrm{Ln}z=\ln r+\mathrm{i}(\theta+2k\pi)=\ln|z|+\mathrm{i}\,\mathrm{Arg}z \tag{2.4.2}$$

由于 $\mathrm{Arg}z$ 为多值函数，所以对数函数 $\omega=\mathrm{Ln}z$ 是多值函数，且每两个值相差 $2\pi\mathrm{i}$ 的整数倍。如果规定上式中的 $\mathrm{Arg}z$ 取主值 $\arg z$，那么 $\mathrm{Ln}z$ 为一单值函数，记作 $\ln z$，称为 $\mathrm{Ln}z$ 的主值。这样，我们就有

$$\ln z=\ln|z|+\mathrm{i}\,\arg z$$

而其他各分支可由

$$\mathrm{Ln}z=\ln z+2k\pi\mathrm{i}\qquad(k=0,\ \pm1,\ \pm2,\ \cdots) \tag{2.4.3}$$

表达。对于每一个固定的 k，式（2.4.3）为一单值函数，称为 $\mathrm{Ln}z$ 的一个分支。特别地，当 $z=x>0$ 时，$\mathrm{Ln}z$ 的主值 $\ln z=\ln x$，就是实变数对数函数。

例 2.4.3 求 $\mathrm{Ln}2$，$\mathrm{Ln}(-1)$ 以及与它们相应的主值。

解 因为 $\mathrm{Ln}2=\ln2+2k\pi\mathrm{i}$，故它的主值就是 $\ln2$。

$\mathrm{Ln}(-1)=\ln1+\mathrm{i}\,\mathrm{Arg}(-1)=(2k+1)\pi\mathrm{i}$（$k$ 为整数），故它的主值是 $\ln(-1)=\pi\mathrm{i}$。

此例说明，复对数是实对数在复数范围内的推广：在实数范围内“负数无对数”的说法，在复数范围内不成立。但可说成“负数无实对数，且正实数的对数也有无穷多值”。

例 2.4.4 求 $\ln\mathrm{i}$，$\mathrm{Ln}\,\mathrm{i}$ 及 $\mathrm{Ln}(3+4\mathrm{i})$ 的值。

解
$$\ln\mathrm{i}=\ln|\mathrm{i}|+\frac{\pi}{2}\mathrm{i}=\frac{\pi}{2}\mathrm{i}$$

$$\mathrm{Ln}\,\mathrm{i}=\frac{\pi}{2}\mathrm{i}+2k\pi\mathrm{i}=\left(\frac{1+4k}{2}\right)\pi\mathrm{i}\qquad(k=0,\ \pm1,\ \pm2,\ \cdots)$$

$$\mathrm{Ln}(3+4\mathrm{i})=\ln5+\mathrm{i}\arctan\frac{4}{3}+2k\pi\mathrm{i}\qquad(k=0,\ \pm1,\ \pm2,\ \cdots)$$

㊀ 在工程中，由于“i”经常用来表示电流，所以虚单位经常用“j”表示。

对数函数 Lnz 有如下的性质：

（1）运算法则

$$\mathrm{Ln}(z_1z_2) = \mathrm{Ln}z_1 + \mathrm{Ln}z_2$$

$$\mathrm{Ln}\left(\frac{z_1}{z_2}\right) = \mathrm{Ln}z_1 - \mathrm{Ln}z_2$$

要注意的是，上述两式在“集合相等”的意义下成立。还应注意的是等式

$$\mathrm{Ln}z^n = n\mathrm{Ln}z \quad 与 \quad \mathrm{Ln}\sqrt[n]{z} = \frac{1}{n}\mathrm{Ln}z$$

不再成立，其中 n 为大于 1 的正整数。

（2）Lnz 的主值 $\ln z = \ln|z| + \mathrm{i}\ \arg z$ 在复平面上除去 $z=0$ 和负半实轴的单连通区域$\{|z|>0,\ -\pi<\arg z\leqslant\pi\}$内解析，且

$$(\ln z)' = \frac{1}{z}$$

事实上，在区域$\{|z|>0,\ -\pi<\arg z\leqslant\pi\}$内，任给一点 z，由于 $\omega=\ln z$ 的反函数 $z=\mathrm{e}^{\omega}$ 是单值的，且有$(\mathrm{e}^{\omega})'=\mathrm{e}^{\omega}$，则由反函数的求导法则得

$$\frac{\mathrm{d}\ \ln z}{\mathrm{d}z} = \frac{1}{(\mathrm{e}^{\omega})'} = \frac{1}{\mathrm{e}^{\omega}} = \frac{1}{z}$$

由于 z 的任意性，所以在$\{|z|>0,\ -\pi<\arg z\leqslant\pi\}$内，$\omega=\ln z$ 解析。又由于 $\mathrm{Ln}z=\ln z+2k\pi\mathrm{i}$（$k$ 为任意整数），因此 Lnz 的各分支在除去原点及负实轴的平面内也解析，并且有相同的导数值。

2.4.3 幂函数

定义 2.4.3 对于任意复数 α，当 $z\neq0$，函数

$$\omega = z^{\alpha} = \mathrm{e}^{\alpha\mathrm{Ln}z} \tag{2.4.4}$$

称为 z 的 α 次**幂函数**，并且规定：当 α 为正实数且 $z=0$ 时，$z^{\alpha}=0$。

由于 Lnz 是多值函数，所以 $\mathrm{e}^{\alpha\mathrm{Ln}z}$ 一般是多值函数。由式（2.4.3），可将式（2.4.4）中 Lnz 用其主值 $\ln z$ 来表示

$$\omega = z^{\alpha} = \mathrm{e}^{\alpha\mathrm{Ln}z} = \mathrm{e}^{\alpha[\ln|z|+\mathrm{i}(\arg z+2k\pi)]} = |z|^{\alpha}\mathrm{e}^{\mathrm{i}\alpha\arg z+\mathrm{i}2\alpha k\pi} \quad (k=0,\ \pm1,\ \pm2,\ \cdots) \tag{2.4.5}$$

下面讨论式（2.4.5）中 α 为整数和有理数两种较常见的特殊情形：

（1）当 α 为整数 n 时，有

$$\omega = z^{n} = |z|^{n}\mathrm{e}^{\mathrm{i}n\arg z+\mathrm{i}2nk\pi} = |z|^{n}\mathrm{e}^{\mathrm{i}n\arg z}$$

这是整数幂的幂函数，是复平面上的单值函数。其几何意义为，函数 $\omega=z^{\alpha}$ 将 z 平面上的角形区域 $0<\arg z<\theta\leqslant\dfrac{2\pi}{n}$ 映射为 ω 平面上的角形区域 $0<\arg\omega<n\theta$，如

图 2.4.2 所示。

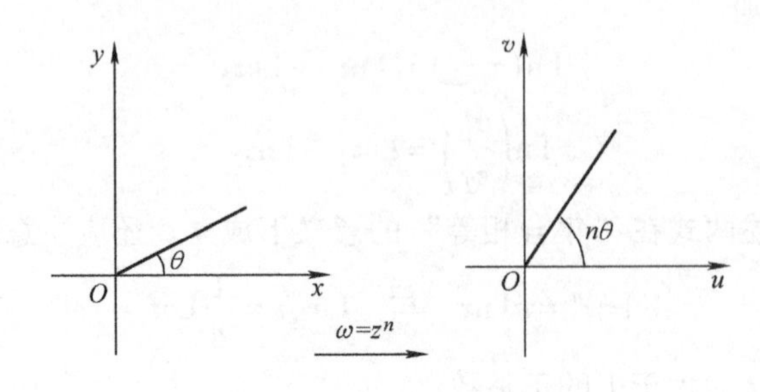

图　2.4.2

当 α 为负整数 $-n$ 时，有

$$z^{-n}=e^{-n\ln z}=\frac{1}{e^{n\ln z}}=\frac{1}{z^n}$$

当 α 为零时，有

$$z^0=e^{0\ln z}=e^0=1$$

（2）当 α 为有理数 p/q（p 与 q 为互质的整数，$q>0$）时，有

$$z^{\frac{q}{p}}=|z|^{\frac{q}{p}}e^{i\frac{q}{p}\arg z+i\frac{q}{p}2k\pi}\quad(k=0,\ 1,\ \cdots,\ p-1)$$

这是一个 p 值函数，即 $\omega=z^{\frac{q}{p}}$ 有 p 个不同的分支。它的各个分支在除去原点及负实轴的平面内解析，且 $(z^{\frac{q}{p}})'=\frac{q}{p}z^{\frac{q}{p}-1}$。

（3）当 α 为无理数或复数（$\text{Im}\alpha\neq0$）时，易知 z^α 有无穷多值，如下例所示：

例 2.4.5　求 $1^{\sqrt{2}}$ 及 i^i 的所有值。

解　由定义

$$1^{\sqrt{2}}=e^{\sqrt{2}(\ln 1+i2k\pi)}=e^{i2\sqrt{2}k\pi}=\cos(2\sqrt{2}k\pi)+i\sin(2\sqrt{2}k\pi)\quad(k=0,\ \pm1,\ \pm2,\ \cdots)$$

$$i^i=e^{i\,\text{Ln}\,i}=e^{i(\ln|i|+i\arg i+i2k\pi)}=e^{i(i\frac{\pi}{2}+i2k\pi)}=e^{-(\frac{\pi}{2}+2k\pi)}\quad(k=0,\ \pm1,\ \pm2,\ \cdots)$$

我们看到 $1^{\sqrt{2}}$ 的主值是 1，i^i 是正实数，它的主值是 $e^{-\frac{\pi}{2}}$。

由于对数函数 $\text{Ln}z$ 的各个分支在除去原点与负实轴的复平面内是解析的，因而不难看出幂函数 z^α 的各个分支在除去原点与负实轴的复平面内也是解析的。

2.4.4　三角函数与双曲函数

由欧拉公式我们有

$$e^{iy}=\cos y+i\sin y,\quad e^{-iy}=\cos y-i\sin y$$

其中 y 是实数。将上两式相加、相减分别得到

$$\cos y=\frac{1}{2}(e^{iy}+e^{-iy}),\quad \sin y=\frac{1}{2i}(e^{iy}-e^{-iy}) \tag{2.4.6}$$

这给出了实变数的三角函数与复变数的指数函数之间的关系。现把式（2.4.6）中的实变量推广到复变量 z，由复指数函数的性质知道，函数

$$\frac{1}{2}(e^{iz}+e^{-iz}) \quad 和 \quad \frac{1}{2i}(e^{iz}-e^{-iz})$$

在整个复平面内处处有定义，且保持实变数的余弦函数和正弦函数的若干特征，例如可导性和周期性。特别当复数 z 为实数 x 时，式（2.4.6）的两个函数正是实变量余弦函数和正弦函数。自然地，我们给出如下定义：

定义 2.4.4 对于任意复数 $z=x+iy$，函数

$$\sin z=\frac{e^{iz}-e^{-iz}}{2i},\ \cos z=\frac{e^{iz}+e^{-iz}}{2}$$

分别称为复变量 z 的**正弦函数**和**余弦函数**。

显然，$\sin z$ 是奇函数，$\cos z$ 是偶函数，且这两个函挲都是以 2π 为周期的函数，即

$$\cos(z+2\pi)=\cos z,\sin(z+2\pi)=\sin z$$

普通的三角函数关系式现在仍然成立，这可以直接从定义出发来加以证明。例如

$$\cos^2 z+\sin^2 z=\left(\frac{e^{iz}+e^{-iz}}{2}\right)^2+\left(\frac{e^{iz}-e^{-iz}}{2i}\right)^2=\frac{e^{2iz}+2+e^{-2iz}}{4}-\frac{e^{2iz}-2+e^{-2iz}}{4}=1$$

$$\begin{aligned}\sin z_1\cos z_2+\cos z_1\sin z_2&=\frac{e^{iz_1}-e^{-iz_1}}{2i}\cdot\frac{e^{iz_2}+e^{-iz_2}}{2}+\frac{e^{iz_1}+e^{-iz_1}}{2}\cdot\frac{e^{iz_2}-e^{-iz_2}}{2i}\\&=\frac{e^{i(z_1+z_2)}-e^{-i(z_1+z_2)}}{2i}=\sin(z_1+z_2)\end{aligned}$$

类似地，可以验证对于实变数三角函数成立的通常恒等式，在复变数的情形都成立。但必须注意，在复变数的情形，不等式 $|\cos z|\leqslant 1$ 和 $|\sin z|\leqslant 1$ 不再成立，而且 $\sin z$ 与 $\cos z$ 都是无界的。例如，当 y 为实数时，有

$$\lim_{y\to+\infty}\cos(iy)=\lim_{y\to+\infty}\frac{1}{2}(e^{-y}+e^{y})=+\infty$$

余弦函数与正弦函数在复平面上均为解析函数，且

$$(\sin z)'=\left(\frac{e^{iz}-e^{-iz}}{2i}\right)'=\frac{1}{2i}[e^{iz}i-e^{-iz}(-i)]=\frac{1}{2i}i(e^{iz}+e^{-iz})=\frac{1}{2}(e^{iz}+e^{-iz})=\cos z$$

由于 z 为复平面内的任一点，因而 $\sin z$ 在复平面内处处解析。同理，$\cos z$ 也在复平面内处处解析且 $(\cos z)'=-\sin z$。

例 2.4.6 求解方程 $\sin z=0$ 与 $\cos z=0$。

解 方程 $\sin z=0$ 相当于

$$e^{iz}=e^{-iz} \quad 或 \quad e^{2iz}=1$$

令 $z=x+iy$，则有 $e^{2i(x+iy)}=1$，或 $e^{-2y}e^{2ix}=1$。因此 $e^{-2y}=1$，$2x=2k\pi(k=$

0，±1，±2，…）。从而$y=0$，$x=k\pi$，故这个方程的根是$z=k\pi(k=0,\ \pm1,\ \pm2,\ \cdots)$。

再由$\cos z=\sin\left(z+\dfrac{\pi}{2}\right)$，显然方程$\cos z=0$的根是$z=\dfrac{\pi}{2}+k\pi(k=0,\ \pm1,\ \pm2,\ \cdots)$。

引进了函数$\sin z$及$\cos z$的定义后，我们就可以定义并且研究其他复变三角函数，如

$$\tan z=\frac{\sin z}{\cos z},\ \cot z=\frac{\cos z}{\sin z},\ \sec z=\frac{1}{\cos z},\ \csc z=\frac{1}{\sin z}$$

它们分别称为复变量z的正切、余切、正割及余割函数。这四个函数都在z平面上分母不为零的点处解析，且

$$(\tan z)'=\sec^2 z,\ (\cot z)'=-\csc^2 z,\ (\sec z)'=\sec z\tan z,\ (\csc z)'=-\csc z\cot z$$

正切和余切的基本周期为π，正割及余割的基本周期为2π。例如，就函数$\tan z$来说，它在$z\neq\left(n+\dfrac{1}{2}\right)\pi(n=0,\ \pm1,\ \pm2,\ \cdots)$的各点处解析，且有$\tan(z+\pi)=\tan z$，因为

$$\tan(z+\pi)=\frac{\sin(z+\pi)}{\cos(z+\pi)}=\frac{-\sin z}{-\cos z}=\frac{\sin z}{\cos z}=\tan z$$

此外，我们还定义

$$\mathrm{sh}z=\frac{e^z-e^{-z}}{2},\ \mathrm{ch}z=\frac{e^z+e^{-z}}{2}$$

$$\mathrm{th}z=\frac{\mathrm{sh}z}{\mathrm{ch}z}=\frac{e^z-e^{-z}}{e^z+e^{-z}},\ \mathrm{cth}z=\frac{1}{\mathrm{th}z}=\frac{e^z+e^{-z}}{e^z-e^{-z}}$$

并分别称为z的双曲正弦、双曲余弦、双曲正切、双曲余切函数。由于e^z及e^{-z}皆以$2\pi i$为基本周期，故双曲正弦及双曲余弦函数也以$2\pi i$为基本周期。$\mathrm{ch}z$为偶函数，$\mathrm{sh}z$为奇函数，而且它们都是复平面内的解析函数，导数分别为

$$(\mathrm{ch}z)'=\mathrm{sh}z,\ (\mathrm{sh}z)'=\mathrm{ch}z$$

而其他双曲函数都在分母不为零的点处解析。

根据定义，不难证明以下等式

$$\mathrm{ch}^2z-\mathrm{sh}^2z=1$$

$$\mathrm{sh}(z_1+z_2)=\mathrm{sh}z_1\mathrm{ch}z_2+\mathrm{ch}z_1\mathrm{sh}z_2$$

$$\mathrm{ch}(z_1+z_2)=\mathrm{ch}z_1\mathrm{ch}z_2+\mathrm{sh}z_1\mathrm{sh}z_2$$

$$\mathrm{ch}z=\cos iz;\ \mathrm{sh}z=-i\sin iz;\ \sin z=-i\,\mathrm{sh}\,iz;\ \cos z=\mathrm{ch}\,iz$$

2.4.5　反三角函数与反双曲函数

三角函数和双曲函数都可以用指数函数表示；因为对数函数是指数函数的反

函数，所以反三角函数和反双曲函数也都可以用对数函数表示。我们以余弦函数为例。

如果 $\cos\omega = z$，则 ω 叫做复变量 z 的反余弦函数，记为 $\omega = \mathrm{Arccos}z$。由

$$z = \cos\omega = \frac{1}{2}(\mathrm{e}^{\mathrm{i}\omega} + \mathrm{e}^{-\mathrm{i}\omega})$$

得到 $\mathrm{e}^{\mathrm{i}\omega}$ 的二次方程

$$\mathrm{e}^{2\mathrm{i}\omega} - 2z\mathrm{e}^{\mathrm{i}\omega} + 1 = 0$$

其根为

$$\mathrm{e}^{\mathrm{i}\omega} = z + \sqrt{z^2 - 1}$$

其中，$\sqrt{z^2-1}$ 应理解为双值函数。因此，两端取对数，得

$$\omega = \mathrm{Arccos}z = -\mathrm{i}\ \mathrm{Ln}(z + \sqrt{z^2 - 1})$$

显然，Arccos$z$ 是一个多值函数。

用同样的方法可以确定反正弦函数和反正切函数等，并且重复上述步骤。可以得到他们的表达式

$$\mathrm{Arcsin}z = -\mathrm{i}\ \mathrm{Ln}(\mathrm{i}z + \sqrt{1 - z^2})$$

$$\mathrm{Arctan}z = \frac{\mathrm{i}}{2}\mathrm{Ln}\frac{\mathrm{i} + z}{\mathrm{i} - z}$$

反双曲函数定义为双曲函数的反函数，用与推导反三角函数表达式完全类似的步骤，可以得到各反双曲函数的表达式：

反双曲正弦 $\quad \mathrm{Arsh}z = \mathrm{Ln}(z + \sqrt{z^2 + 1})$

反双曲余弦 $\quad \mathrm{Arch}z = \mathrm{Ln}(z + \sqrt{z^2 - 1})$

反双曲正切 $\quad \mathrm{Arth}z = \frac{1}{2}\mathrm{Ln}\frac{1 + z}{1 - z}$

它们都是多值函数。

例 2.4.7 求 Arcsin2 的值。

解 根据定义，有

$$\begin{aligned}\mathrm{Arcsin}2 &= -\mathrm{i}\ \mathrm{Ln}(2\mathrm{i} + \mathrm{i}\sqrt{3}) = -\mathrm{i}\ \mathrm{Ln}[(2 + \sqrt{3})\mathrm{i}] \\ &= -\mathrm{i}\left[\ln(2+\sqrt{3}) + \frac{\pi}{2}\mathrm{i} + 2k\pi\mathrm{i}\right] = \left(2k + \frac{1}{2}\right)\pi - \mathrm{i}\ln(2+\sqrt{3})\quad (k = 0, \pm 1, \pm 2, \cdots)\end{aligned}$$

第 2 章小结

一、导学

解析函数是复变函数的主要研究对象。一个复变量函数 $f(z) = u(x, y) +$

$iv(x, y)$的极限、连续性和导数的定义与高等数学中相应的定义表面上看是一样的，但是由于z是二维的，所以实际上定义中的条件得到了加强。特别当$\Delta z\to 0$时，极限$\lim\limits_{\Delta z\to 0}\dfrac{f(z+\Delta z)-f(z)}{\Delta z}$的存在蕴涵着函数$u(x, y)$，$v(x, y)$之间一个很重要的关系，即柯西-黎曼方程。若函数$f(z)$在一个区域$D$内可微，则称它在区域$D$内解析。一个解析函数的实部与虚部都是调和函数，即它们满足拉普拉斯方程，并且它们的二阶偏导数都是连续的。在一个区域D内给定一个调和函数$u(x, y)$，可以构造另一个调和函数$v(x, y)$，使得$f(z)=u(x, y)+iv(x, y)$在这区域D内解析；这样的函数$v(x, y)$称为$u(x, y)$的共轭调和函数。

学习本章的基本要求如下：

（1）正确理解复变函数的导数与解析函数等基本概念，熟练掌握判断复变函数可导与解析的方法，掌握解析函数的和、差、积、商，复合函数以及反函数的求导公式。

（2）了解调和（共轭调和）函数的性质，掌握利用共轭调和函数构造解析函数的方法。

（3）熟悉复变量初等函数的定义和主要性质，特别要注意那些实初等函数所不具有的性质，掌握复初等函数的运算。

二、疑难解析

1. 利用定理2.2.2判断一个复变量函数在一点可导或解析时一定要注意定理中的两个条件缺一不可，仅有$u(x, y)$，$v(x, y)$可微或仅有柯西-黎曼方程成立都不能推出函数解析的结论。

例如，函数$f(z)=\bar{z}=x-iy$，其实部与虚部均可微，但它在整个复平面上不满足柯西-黎曼方程，所以它在整个复平面上处处不可导，处处不解析。

又如，函数$f(z)=\dfrac{x^3-y^3}{x^2+y^2}+i\dfrac{x^3+y^3}{x^2+y^2}(z\neq 0)$，$f(0)=0$，在原点满足柯西-黎曼方程，事实上，由二元函数导数的定义，有

$$\frac{\partial u}{\partial x}=\lim_{x\to 0}\frac{x-0}{x-0}=1,\ \frac{\partial u}{\partial y}=\lim_{y\to 0}\frac{-y-0}{y-0}=-1,\ \frac{\partial v}{\partial x}=\lim_{x\to 0}\frac{x-0}{x-0}=1,\ \frac{\partial v}{\partial y}=\lim_{y\to 0}\frac{y-0}{y-0}=1$$

但是，$\lim\limits_{z\to 0}\dfrac{f(z)-0}{z-0}$当$z$沿$y=0$趋于原点时的极限为$1+i$，沿$y=x$趋于原点时的极限为$\dfrac{1+i}{2}$，故$f(z)$在原点不可导，不解析。

2. 复变量函数在一个点解析，不仅要求函数在该点可导，而且要求函数在该点的某一个邻域内处处可导。有时，一个复变量函数即使在一条曲线（直线）上可导，也不能判定该函数是否解析。例如，函数$f(z)=(x^2-y^2-x)+i(2xy-y^2)$，其四个偏导数

$$u_x = 2x - 1,\ u_y = -2y,\ v_x = 2y,\ v_y = 2x - 2y$$

在复平面上处处存在且连续，但仅当 $y = 1/2$ 时，柯西 - 黎曼方程成立，故 $f(z)$ 在直线 $y = 1/2$ 上可导，但由于它在复平面上其他点处不可导，所以它在复平面上处处不解析（即使在直线 $y = 1/2$ 上也是处处不解析）。

3. 复指数函数 e^z 何时为实数？

答 由于 $e^z = e^x(\cos y + i\sin y)$，所以要 e^z 为实数，只要其虚部 $e^x \sin y = 0$，也即只要 $\sin y = 0 \Rightarrow y = k\pi(k = 0,\ \pm 1,\ \pm 2,\ \cdots)$，也就是当点 z 在实轴上或在实轴上下每相距为 π 的直线上时，e^z 为实数。

4. 复指数函数 e^z 是以 $2k\pi i$ 为周期的周期函数。这一性质是实指数函数所没有的。

5. 复三角函数 $\cos z$，$\sin z$ 的模可能大于 1，甚至是无界的。

6. 能否用函数 $u(x,\ y) = xy^2$ 作为实部做一个解析函数？

答 不能。因为 $u_x = y^2$，$u_{xx} = 0$，$u_y = 2xy$，$u_{yy} = 2x$，故当 $x \neq 0$ 时，$u(x,\ y) = xy^2$ 不是一个调和函数。虽然其在直线 $x = 0$ 上满足拉普拉斯方程，但直线不是区域。因此，在复平面的任何区域内，函数 $u(x,\ y) = xy^2$ 都不能成为一个解析函数的实部。

7. 在复数运算中，一定要注意一些在实数范围内的运算公式不一定成立。例如，$\ln(z_1 z_2) \neq \ln z_1 + \ln z_2$；$\ln z^2 \neq 2\ln z$ 等。事实上，对任何非零复数 z_1，z_2

$$\ln(z_1 z_2) = \ln z_1 + \ln z_2 + 2k\pi i\ (k = 0,\ \pm 1)$$

因为，当 $\mathrm{Re} z_1 > 0$，$\mathrm{Re} z_2 > 0$ 时，z_1，z_2 的辐角都在 $-\frac{\pi}{2}$ 与 $\frac{\pi}{2}$ 之间，从而

$$\ln(z_1 z_2) = \ln z_1 + \ln z_2 + 2k\pi i\ (k = 0)$$

当 $\mathrm{Re} z_1 > 0$ 或 $\mathrm{Re} z_2 > 0$ 时，

$$\arg(z_1 z_2) = \begin{cases} \arg z_1 + \arg z_2, & |\arg z_1 + \arg z_2| \leqslant \pi \\ \arg z_1 + \arg z_2 \pm 2\pi, & |\arg z_1 + \arg z_2| > \pi \end{cases}$$

从而

$$\ln|z_1 z_2| = \ln|z_1| + \ln|z_2|$$

$$\ln(z_1 z_2) = \ln z_1 + \ln z_2 + 2k\pi i(k = 0,\ \pm 1)$$

三、杂例

例 2.1 判断下列命题的真假，并说明理由。

（1）若 $f'(z_0)$ 存在，则函数 $f(z)$ 在 z_0 点解析；

（2）若 z_0 是函数 $f(z)$ 的奇点，则 $f(z)$ 在 z_0 点不可导；

（3）若 $u(x,\ y)$ 和 $v(x,\ y)$ 的偏导数存在，则函数 $f(z) = u(x,\ y) + iv(x,\ y)$ 可导。

解 都是假命题。（1）例如函数 $f(z) = |z|^2$ 在 $z_0 = 0$ 处可导，但不解析。

（2）$z_0 = 0$ 为函数 $f(z) = |z|^2$ 的奇点，但它在该点可导。

(3) 例如，$u(x, y)=x^2$，$v(x, y)=xy$ 的偏导数存在且连续，但 $f(z)=u+\mathrm{i}v$ 在整个复平面上除去原点外不可导。

例 2.2 证明：$\ln \mathrm{i}^2 \neq 2\ln \mathrm{i}$。

证 $\ln \mathrm{i}^2=\ln(-1)=(2k+1)\pi\mathrm{i}$， $2\ln \mathrm{i}=2(\pi/2+2k\pi)\mathrm{i}=(4k+1)\pi\mathrm{i}$，所以，$\ln \mathrm{i}^2 \neq 2\ln \mathrm{i}$。

例 2.3 (1) 讨论函数 $f(z)=x^3+\mathrm{i}(1-y)^3$ 的解析性；

(2) 设 $f(z)=my^3+nx^2y+\mathrm{i}(x^3+lxy^2)$ 为解析函数，确定 l, m, n 的值。

解 (1) $u=x^3$，$v=(1-y)^3$，所以，

$$\frac{\partial u}{\partial x}=3x^2,\ \frac{\partial u}{\partial y}=0,\ \frac{\partial v}{\partial x}=0,\ \frac{\partial v}{\partial y}=-3(1-y)^2$$

这四个偏导数连续（即 u, v 可微），C-R 方程在 $x=0$，$y=1$ 时成立，即 $f(z)$ 在 $z=\mathrm{i}$ 处可导，在全平面上不解析。

(2) $u=my^3+nx^2y$， $v=x^3+lxy^2$，则

$$\frac{\partial u}{\partial x}=2nxy,\ \frac{\partial u}{\partial y}=3my^2+nx^2,\ \frac{\partial v}{\partial x}=3x^2+ly^2,\ \frac{\partial v}{\partial y}=2lxy$$

因为 $f(z)$ 为解析函数，所以，$2nxy=2lxy$；$3my^2+nx^2=-(3x^2+ly^2)$，解得 $m=1$，$l=n=-3$。

例 2.4 计算 (1) $\mathrm{Ln}(-3-4\mathrm{i})$； (2) $(1-\mathrm{i})^{4\mathrm{i}}$。

解 (1)
$$\begin{aligned}\mathrm{Ln}(-3-4\mathrm{i})&=\ln 5+\mathrm{i}(\arctan 4/3-\pi+2k\pi)\\&=\ln 5+\mathrm{i}[\arctan 4/3+(2k-1)\pi];\end{aligned}$$

(2) $(1-\mathrm{i})^{4\mathrm{i}}=\mathrm{e}^{4\mathrm{i}\,\mathrm{Ln}(1-\mathrm{i})}=\mathrm{e}^{4\mathrm{i}(\ln\sqrt{2}-\frac{\pi}{4}\mathrm{i}+2k\pi\mathrm{i})}=\mathrm{e}^{-(8k-1)\pi}\mathrm{e}^{\mathrm{i}2\ln 2}$。

例 2.5 证明洛比达法则：若函数 $f(z)$ 与 $g(z)$ 在点 z_0 解析，且 $f(z_0)=g(z_0)=0$，$g'(z_0)\neq 0$，则 $\lim\limits_{z\to z_0}\dfrac{f(z)}{g(z)}=\dfrac{f'(z_0)}{g'(z_0)}$。

证
$$\lim_{z\to z_0}\frac{f(z)}{g(z)}=\lim_{z\to z_0}\frac{\dfrac{f(z)-f(z_0)}{z-z_0}}{\dfrac{g(z)-g(z_0)}{z-z_0}}=\frac{f'(z_0)}{g'(z_0)}$$，结论成立。

例 2.6 证明极坐标形式的柯西-黎曼方程为

$$\frac{\partial u}{\partial r}=\frac{1}{r}\frac{\partial v}{\partial \theta},\ \frac{\partial v}{\partial r}=-\frac{1}{r}\frac{\partial u}{\partial \theta}$$

证 设 $x=r\cos\theta$，$y=r\sin\theta$，$f(z)=u(x, y)+\mathrm{i}v(x, y)$，则

$$\frac{\partial u}{\partial r}=\frac{\partial u}{\partial x}\frac{\partial x}{\partial r}+\frac{\partial u}{\partial y}\frac{\partial y}{\partial r}=\cos\theta\frac{\partial u}{\partial x}+\sin\theta\frac{\partial u}{\partial y},\ \frac{\partial v}{\partial r}=\cos\theta\frac{\partial v}{\partial x}+\sin\theta\frac{\partial v}{\partial y}$$

$$\frac{\partial u}{\partial \theta}=\frac{\partial u}{\partial x}\frac{\partial x}{\partial \theta}+\frac{\partial u}{\partial y}\frac{\partial y}{\partial \theta}=-r\sin\theta\frac{\partial u}{\partial x}+r\cos\theta\frac{\partial u}{\partial y},\ \frac{\partial v}{\partial \theta}=-r\sin\theta\frac{\partial v}{\partial x}+r\cos\theta\frac{\partial v}{\partial y}$$

利用C-R公式$\frac{\partial u}{\partial x}=\frac{\partial v}{\partial y}$，$\frac{\partial u}{\partial y}=-\frac{\partial v}{\partial x}$，比较上面的4个式子，可得上面的极坐标形式的柯西-黎曼方程。

例2.7 证明，若v是u在D内的共轭调和函数，则v在D内的共轭调和函数是$-u$。

证 因v是u在D内的共轭调和函数，则$\frac{\partial u}{\partial x}=\frac{\partial v}{\partial y}$，$\frac{\partial u}{\partial y}=-\frac{\partial v}{\partial x}$，所以$\frac{\partial v}{\partial x}=-\frac{\partial u}{\partial y}$，$\frac{\partial v}{\partial y}=-\frac{\partial(-u)}{\partial x}$，即$-u$是$v$在$D$内的共轭调和函数。

四、思考题

1. 复变函数$f(z)$在点z_0处“可导”与“解析”有什么不同？在一个区域呢？
2. 能否说“实部与虚部满足柯西-黎曼方程的复变函数是解析函数”？
3. 若函数$u(x,y)$是$v(x,y)$的共轭调和函数，那么$v(x,y)$是不是$u(x,y)$的共轭调和函数？
4. 复初等函数与实初等函数的性质有哪些不同？

习题二

A 类

1. 下列函数何处可导？何处解析？

(1) $f(z)=x^2-\mathrm{i}y$；　(2) $f(z)=xy^2-\mathrm{i}x^2y$；

(3) $f(z)=x^3-3xy^2+\mathrm{i}(3x^2y-y^3)$；　(4) $f(z)=\frac{x+y}{x^2+y^2}+\mathrm{i}\frac{x-y}{x^2+y^2}$；

(5) $f(z)=\mathrm{Im}z$。

2. 试确定下列函数的解析区域和奇点，并求出导数。

(1) $f(z)=(z-1)^2(z^2+3)$；　(2) $f(z)=z^3+2\mathrm{i}z$；

(3) $f(z)=\frac{1}{z^2-1}$；　(4) $f(z)=\frac{2z+1}{z^3+1}$。

3. 试证下列函数在复平面上任何点都不解析。

(1) $f(z)=x+2y\mathrm{i}$；　(2) $f(z)=x+y$；

(3) $f(z)=\mathrm{Re}z$；　(4) $f(z)=\frac{1}{\bar{z}}$。

4. 若$f(z)$在z_0点解析，试证$f(z)$在z_0点连续。

5. 判断下述命题的真假，并举例说明。

(1) 如果$f'(z_0)$存在，那么$f(z)$在z_0解析；

(2) 如果$f(z)$在z_0点连续，那么$f'(z_0)$存在；

(3) 实部与虚部满足柯西-黎曼方程的复变函数是解析函数；

(4) 实部与虚部均为区域 D 内的调和函数的复变函数是 D 内的解析函数。

6. 证明：如果函数 $f(z)=u+\mathrm{i}v$ 在区域 D 内解析，并满足下列条件之一，那么 $f(z)$ 是常数。

(1) $\overline{f(z)}$ 在 D 内解析； (2) $\arg f(z)$ 在 D 内是一个常数；

(3) $au+bv=c$，其中 a，b 与 c 为不全为零的实常数；

(4) $v=u^2$。

7. 验证下列函数是调和函数，并求出相应的解析函数 $\omega=f(z)=u+\mathrm{i}v$。

(1) $v=2xy+3x$； (2) $u=\mathrm{e}^x(x\cos y-y\sin y)$，$f(0)=0$；

(3) $u=(x-y)(x^2+4xy+y^2)$； (4) $u=2(x-1)y$，$f(0)=-\mathrm{i}$。

8. 证明 $u=x^2-y^2$ 和 $v=\dfrac{y}{x^2+y^2}$ 都是调和函数，但 $u+\mathrm{i}v$ 不是解析函数。

9. 如果 $f(z)=u+\mathrm{i}v$ 是 z 的解析函数，证明：$\left[\dfrac{\partial^2}{\partial x^2}+\dfrac{\partial^2}{\partial y^2}\right]|f(z)|^2=4|f'(z)|^2$。

10. 证明下列函数是整函数（即在全平面上解析的函数）。

(1) $f(z)=3x+y+\mathrm{i}(3y-x)$； (2) $f(z)=(z^2-2)\mathrm{e}^{-x-\mathrm{i}y}$。

11. 若函数 $f(z)$，$g(z)$ 在点 z_0 解析，且 $f(z_0)=g(z_0)=0$，$g'(z_0)\neq 0$，证明：

$$\lim_{z\to z_0}\frac{f(z)}{g(z)}=\frac{f'(z_0)}{g'(z_0)}$$

12. 证明：

(1) $\cos(z_1+z_2)=\cos z_1\cos z_2-\sin z_1\sin z_2$；

(2) $\sin(z_1+z_2)=\sin z_1\cos z_2+\cos z_1\sin z_2$；

(3) $\sin^2 z+\cos^2 z=1$； (4) $\sin 2z=2\sin z\cos z$；

(5) $\tan 2z=\dfrac{2\tan z}{1-\tan^2 z}$。

13. 化简：

(1) $\mathrm{e}^{1+\pi\mathrm{i}}+\cos\mathrm{i}$； (2) $\mathrm{ch}\dfrac{\pi}{4}\mathrm{i}$； (3) $\cos(\mathrm{i}\ln 5)$。

14. 求 $\mathrm{Ln}(-\mathrm{i})$，$\mathrm{Ln}(-3+4\mathrm{i})$ 和它们的主值。

15. 求值：(1) $\mathrm{e}^{1-\mathrm{i}\frac{\pi}{2}}$； (2) $(1+\mathrm{i})^{\mathrm{i}}$； (3) 3^{i}。

16. 解方程 $\ln z=2-\mathrm{i}(\pi/6)$。

B 类

17. 决定实常数 k 使得下列函数解析。

(1) $f(z)=\dfrac{(x+k)-\mathrm{i}y}{x^2+y^2+2x+1}(z\neq -1)$； (2) $f(z)=\mathrm{e}^x(\cos ky+\mathrm{i}\sin ky)$。

18. 设 $z=r\mathrm{e}^{\mathrm{i}\theta}$，试证：

$$\mathrm{Re}[\ln(z-1)]=\frac{1}{2}\ln(1+r^2-2r\cos\theta)$$

19. 已知 $f(z)=\dfrac{\ln\left(\dfrac{1}{2}+z^2\right)}{\sin\left(\dfrac{1+\mathrm{i}}{4}\pi z\right)}$，求 $|f'(1-\mathrm{i})|$ 及 $\arg f'(1-\mathrm{i})$。

20. 若函数 $f(z)$ 在上半 z 平面内解析，试证 $\overline{f(\bar{z})}$ 函数在下半 z 平面内解析。

21. 下列关系是否正确？

(1) $\overline{e^z}=e^{\bar{z}}$；　(2) $\overline{\cos z}=\cos\bar{z}$；　(3) $\overline{\sin z}=\sin\bar{z}$。

22. 找出下列方程的全部解。

(1) $1+e^z=0$；　(2) $\sin z+\cos z=0$；　(3) $\sin z=\mathrm{ch}4$。

23. 用复数的指数式表示下列各式。

(1) $|z+i\sqrt{2}|=6$；　(2) $\arg z=\frac{\pi}{4}$。

24. 试证:对任意的复数 z 及整数 m 有 $(e^z)^m=e^{mz}$。

25. 设 $z=x+iy$，试求

(1) $|e^{i-2z}|$；　(2) $|e^{z^2}|$；　(3) $\mathrm{Re}(e)^{\frac{1}{z}}$。

第3章

复变函数的积分

复变函数的积分（简称复积分）是研究解析函数的一个重要工具，在工程技术中有广泛的应用。在这一章中，我们将介绍复积分的概念、性质和计算方法，重点是介绍柯西积分定理与柯西积分公式。这些内容是经典复变函数的主要组成部分。

在本章的学习中，读者要注意联系实变量二元函数的一些性质，如第二型曲线积分、全微分、积分与路径的关系、格林公式等，进一步复习有关高等数学的知识，并对实积分与复积分的方法作出比较，这样会更好地掌握复积分的主要方法。

3.1 复积分

3.1.1 有向曲线

为了讨论复变函数的积分，我们先介绍有向曲线的概念。如果一条光滑或分段光滑曲线规定了其始点和终点，则称该曲线为有向曲线。曲线的方向是这样规定的：

（1）如果曲线 C 是一开口弧段，端点 A 为始点，端点 B 为终点，则沿曲线 C 从 A 到 B 的方向为曲线的正向，记为 C；而把沿曲线 C 从 B 到 A 的方向称为曲线 C 的负向，记为 C^-。

（2）如果曲线 C 是一简单闭曲线，通常规定沿逆时针的方向为曲线 C 的正向，顺时针为曲线 C 的负向，也记为 C^-（见图3.1.1）。

（3）如果曲线 C 是复平面上某一复连通区域 D 的边界曲线，则规定，当观察者沿曲线环行时，区域在观察者的左方，则称此环行方向为曲线 C 关于区域 D 的正向，相反为负向。因此，当区域 D 为复连通区域时，其外部边界部分曲线正向取逆时针方向，内部边界部分曲线正向取顺时针方向（见图3.1.2）。

（4）若曲线 C 的方程为

$$Z = z(t) = x(t) + \mathrm{i}y(t) \qquad (\alpha \leqslant t \leqslant \beta)$$

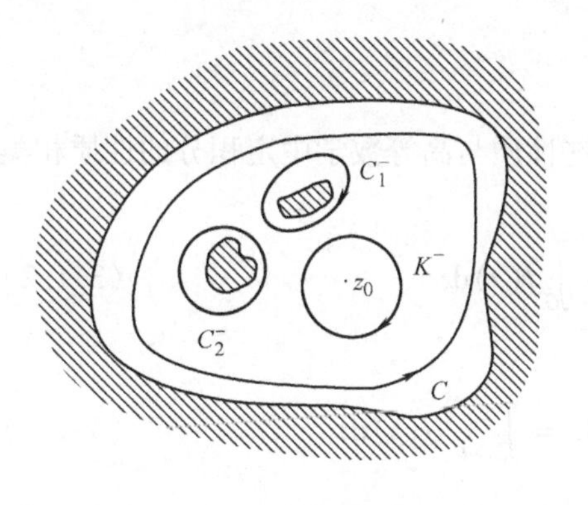

图 3.1.1

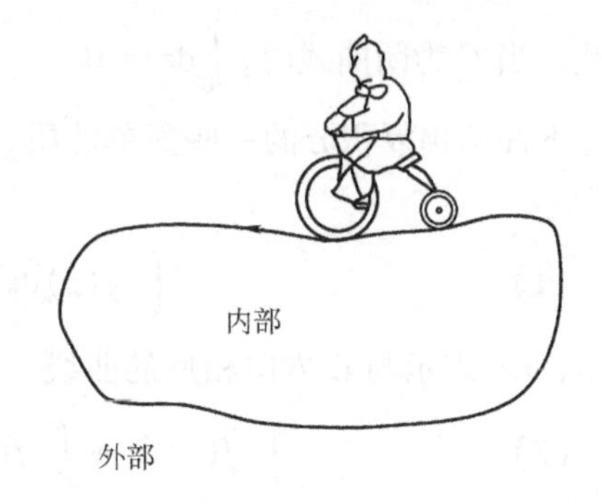

图 3.1.2

其中，t 为实参数，通常规定 t 增加的方向为正方向，即由 $a=z(\alpha)$ 到 $b=z(\beta)$ 的方向为正方向。

3.1.2 复积分的定义

现在我们来定义一个单值复变函数沿一曲线的积分。

定义 3.1.1 设 C 是以 z_0 为始点、z 为终点的曲线，复变函数 $f(z)$ 在 C 上有定义，在 C 上沿从 z_0 到 z 的方向依次取分点 z_0，z_1，z_2，…，$z_n=z$，其中，$z_k=x_k+\mathrm{i}y_k$（$k=0$，1，2，…，n），将 C 分成许多小弧段，在各小弧段 $z_{k-1}z_k$ 上任取一点 $\zeta_k=\xi_k+\mathrm{i}\eta_k$（见图 3.1.3）并做出和式

$$S_n=\sum_{k=0}^{\infty}f(\zeta_k)\Delta z_k$$

其中，$\Delta z_k=z_k-z_{k-1}$。令 δ 为所有小弧段的弧长的最大值，当分点无限增多而 $\delta\to 0$ 时，如果不论对 C 的分法及 ζ_k 的取法如何，S_n 有唯一极限，那么称这个极限值为函数 $f(z)$ 沿曲线 C 的积分，记作

图 3.1.3

$$\int_C f(z)\,\mathrm{d}z=\lim_{\delta\to 0}\sum_{k=1}^{n}f(\zeta_k)\Delta z_k=\lim_{\delta\to 0}S_n \tag{3.1.1}$$

如果 C 为闭曲线，且为逆时针方向，那么沿此闭曲线的积分可记作 $\oint_C f(z)\,\mathrm{d}z$。

例 3.1.1 设 C 是以 z_0 为始点、z 为终点的光滑曲线，则 $\int_C \mathrm{d}z=z-z_0$。

证 根据积分定义 $\int_C \mathrm{d}z=\lim\limits_{n\to\infty}\sum\limits_{k=1}^{n}\Delta z_k=\lim\limits_{n\to\infty}(z_n-z_0)=z-z_0$

由此，当 C 为闭曲线时，$\int_C \mathrm{d}z=0$。

下面给出复积分的一些简单性质，这些性质与高等数学中定积分的性质相类似：

(1)
$$\int_{C^-} f(z)\mathrm{d}z=-\int_C f(z)\mathrm{d}z \tag{3.1.2}$$

其中，C^- 表示与 C 方向相反的曲线。

(2)
$$\int_{C_1} f(z)\mathrm{d}z+\int_{C_2} f(z)\mathrm{d}z=\int_{C_1+C_2} f(z)\mathrm{d}z \tag{3.1.3}$$

(3)
$$\int_C f(z)\mathrm{d}z \pm \int_C g(z)\mathrm{d}z=\int_C [f(z) \pm g(z)]\mathrm{d}z \tag{3.1.4}$$

(4)
$$\int_C kf(z)\mathrm{d}z=k\int_C f(z)\mathrm{d}z(k\text{ 为复常数}) \tag{3.1.5}$$

(5) 设 C 的长度为 L，$f(z)$ 在 C 上可积，且 $|f(z)| \leqslant M$，则

$$\left|\int_C f(z)\mathrm{d}z\right| \leqslant \int_C |f(z)|\mathrm{d}s \leqslant ML \tag{3.1.6}$$

证　易证 (1)~(4)，至于 (5)，只需将不等式

$$\left|\sum_{k=1}^{n} f(\zeta_k)(z_k-z_{k-1})\right| \leqslant \sum_{k=1}^{n} |f(z)|\Delta s_k \leqslant ML$$

取极限便可，其中 Δs_k 表示 z_k 与 z_{k-1} 之间的弧长。

3.1.3　复积分的存在条件与计算

定理 3.1.1　设 $f(z)=u(x,y)+\mathrm{i}v(x,y)$ 是 C 上的连续函数，则复积分 $\int_C f(z)\mathrm{d}z$ 存在，且

$$\int_C f(z)\mathrm{d}z=\int_C u(x,y)\mathrm{d}x-v(x,y)\mathrm{d}y+\mathrm{i}\int_C v(x,y)\mathrm{d}x+u(x,y)\mathrm{d}y \tag{3.1.7}$$

证　由 $f(z)$ 的连续性，知 $u(x,y)$，$v(x,y)$ 是 C 上的二元实连续函数。令 $\zeta_k=\xi_k+\mathrm{i}\eta_k$，此时式 (3.1.1) 中的 S_n 可以写为

$$\begin{aligned}S_n &= \sum_{k=1}^{n}[u(\xi_k,\eta_k)+\mathrm{i}v(\xi_k,\eta_k)](\Delta x_k+\mathrm{i}\Delta y_k)\\ &= \sum_{k=1}^{n}[u(\xi_k,\eta_k)\Delta x_k-v(\xi_k,\eta_k)\Delta y]+\\ &\quad \mathrm{i}\sum_{k=1}^{n}[v(\xi_k,\eta_k)\Delta x_k+u(\xi_k,\eta_k)\Delta y_k]\end{aligned}$$

由二元实函数曲线积分存在的条件知式 (3.1.1) 存在且可写作

$$\int_C f(z)\,\mathrm{d}z = \int_C u(x, y)\,\mathrm{d}x - v(x, y)\,\mathrm{d}y + \mathrm{i}\int_C v(x, y)\,\mathrm{d}x + u(x, y)\,\mathrm{d}y$$

由此，我们得到复变函数可积的一个充分条件：光滑（或按段光滑）曲线 C 上的连续函数 $f(z)$ 在 C 上可积，且积分可通过两个二元实函数的线积分来计算。

利用式（3.1.7），可以把复积分化为普通的定积分。设曲线 C 的方程是以参数形式给出的

$$x = x(t),\ y = y(t) \qquad (a \leqslant t \leqslant b)$$

即

$$z = z(t) = x(t) + \mathrm{i}y(t)$$

而

$$z'(t) = x'(t) + \mathrm{i}y'(t) \qquad (a \leqslant t \leqslant b)$$

此时便有

$$\begin{aligned}\int_C f(z)\,\mathrm{d}z = &\int_a^b \{u[x(t), y(t)]x'(t) - v[x(t), y(t)]y'(t)\}\,\mathrm{d}t + \\ &\mathrm{i}\int_a^b \{v[x(t), y(t)]x'(t) + u[x(t), y(t)]y'(t)\}\,\mathrm{d}t\end{aligned}$$

上式右端可写成

$$\begin{aligned}&\int_a^b \{u[x(t), y(t)] + \mathrm{i}v[x(t), y(t)]\}\{x'(t) + \mathrm{i}y'(t)\}\,\mathrm{d}t \\ = &\int_a^b f[z(t)]z'(t)\,\mathrm{d}t\end{aligned}$$

即

$$\int_C f(z)\,\mathrm{d}z = \int_a^b f[z(t)]z'(t)\,\mathrm{d}t \tag{3.1.8}$$

利用这个公式可以进行积分计算。

例 3.1.2 计算积分 $\int_C \mathrm{Re}(z)\,\mathrm{d}z$。其中，$C$ 是（1）连接 0 到 $1+\mathrm{i}$ 的直线段；（2）从 0 到 1 的直线段 C_1 与从 1 到 $1+\mathrm{i}$ 的直线段 C_2 所连成的折线；（3）半圆 $|z|=1$，$0 \leqslant \arg z \leqslant \pi$（始点为 1）。

解 （1）C 的参数方程可以写作 $x=t$，$y=t$（$0 \leqslant t \leqslant 1$），表成复数形式则为

$$z = (1+\mathrm{i})t,\ z'(t) = 1+\mathrm{i}$$

于是

$$\int_C \mathrm{Re}(z)\,\mathrm{d}z = \int_0^1 t(1+\mathrm{i})\,\mathrm{d}t = (1+\mathrm{i})\int_0^1 t\,\mathrm{d}t = (1+\mathrm{i})\left.\frac{t^2}{2}\right|_0^1 = \frac{1+\mathrm{i}}{2}$$

（2）C_1 的参数方程可以写作 $x=t$，$y=0$（$0 \leqslant t \leqslant 1$），所以

$$\int_{C_1} \mathrm{Re}(z)\,\mathrm{d}z = \int_0^1 t\,\mathrm{d}t = \frac{1}{2}$$

C_2 的参数方程为 $x=1$，$y=t$，$z=z(t)=1+\mathrm{i}t$（$0\leqslant t\leqslant 1$），所以

$$\int_{C_2}\mathrm{Re}(z)\,\mathrm{d}z=\int_0^1\mathrm{i}\,\mathrm{d}t=\mathrm{i}$$

于是

$$\int_C\mathrm{Re}(z)\,\mathrm{d}z=\int_{C_1}\mathrm{Re}(z)\,\mathrm{d}z+\int_{C_2}\mathrm{Re}(z)\,\mathrm{d}z=\frac{1}{2}+\mathrm{i}$$

由此例可以看出：尽管两条路线始点、终点相同，但积分值不同，也就是说，复积分一般与积分路径有关。

（3）C 的参数方程可以写为 $z=\mathrm{e}^{\mathrm{i}\theta}$（$0\leqslant\theta\leqslant\pi$），于是

$$\int_C\mathrm{Re}(z)\,\mathrm{d}z=\int_0^{\pi}\cos\theta\cdot\mathrm{i}\mathrm{e}^{\mathrm{i}\theta}\mathrm{d}\theta=\mathrm{i}\int_0^{\pi}\frac{\mathrm{e}^{2\mathrm{i}\theta}+1}{2}\mathrm{d}\theta=\frac{\mathrm{i}\pi}{2}$$

例 3.1.3 求积分 $\oint_C\frac{\mathrm{d}z}{(z-a)^n}$。其中，$n$ 是任意整数，C 是以点 a 为中心，R 为半径的圆周，积分路线方向取逆时针方向。

解 C 的参数方程可以写作 $z=a+R\mathrm{e}^{\mathrm{i}\theta}$（$0\leqslant\theta\leqslant 2\pi$），这时，$z'(\theta)=\mathrm{i}R\mathrm{e}^{\mathrm{i}\theta}$。

$$\begin{aligned}\oint_C\frac{\mathrm{d}z}{(z-a)^n}&=\frac{\mathrm{i}}{R^{n-1}}\int_0^{2\pi}\mathrm{e}^{\mathrm{i}(1-n)\theta}\mathrm{d}\theta\\&=\frac{\mathrm{i}}{R^{n-1}}\int_0^{2\pi}[\cos(n-1)\theta-\mathrm{i}\sin(n-1)\theta]\mathrm{d}\theta\\&=\begin{cases}2\pi\mathrm{i}, & n=1\\0, & n\neq 1\end{cases}\end{aligned}$$

这个积分值与 R 和 a 无关。这是一个很重要的结论，以后常要用到，希望读者能熟记。

例 3.1.4 设曲线 C 是单位圆周，证明 $\left|\int_C\frac{\sin z}{z^2}\mathrm{d}z\right|\leqslant 2\pi\mathrm{e}$。

证 在 C 上，$|z|=1$，于是

$$\left|\int_C\frac{\sin z}{z^2}\mathrm{d}z\right|=\left|\int_C\frac{\mathrm{e}^{\mathrm{i}z}-\mathrm{e}^{-\mathrm{i}z}}{2\mathrm{i}z^2}\mathrm{d}z\right|\leqslant\int_C\left|\frac{\mathrm{e}^{\mathrm{i}z}-\mathrm{e}^{-\mathrm{i}z}}{2\mathrm{i}z^2}\right|\mathrm{d}s\leqslant\int_C\frac{\mathrm{e}^{y}+\mathrm{e}^{-y}}{2}\mathrm{d}s\leqslant 2\pi\mathrm{e}$$

例 3.1.5 试证：$\lim\limits_{r\to 0}\int_{|z|=r}\frac{z^3}{1+z^2}\mathrm{d}z=0$。

证 不妨设 $r<1$，在 $|z|=r$ 上，

$$\left|\int_{|z|=r}\frac{z^3}{1+z^2}\mathrm{d}z\right|\leqslant\int_{|z|=r}\left|\frac{z^3}{1+z^2}\right||\mathrm{d}z|\leqslant\frac{2\pi r^4}{1-r^2}\xrightarrow{r\to 0}0$$

所以，原极限式成立。

3.2 柯西积分定理

3.2.1 单连通区域的柯西积分定理

上节积分的存在及计算是对一般连续函数给出的，而且积分一般与路径有关。但是，它对于解析函数却有非常好的结果，这就是下面的定理：

定理 3.2.1（柯西积分定理） 如果函数 $f(z)$ 在单连通区域 D 内解析，则 $f(z)$ 在 D 内沿任一条简单闭曲线 C 的积分

$$\oint_C f(z)\mathrm{d}z = 0 \tag{3.2.1}$$

证 因为 $f(z)$ 在 D 内解析，所以 $f'(z)$ 存在。我们再进一步假定 $f'(z)$ 在 C 上及其内部 D 内连续的情形下证明这一定理，一般情形不再证明。因 $u(x, y)$ 及 $v(x, y)$ 的一阶偏导数存在且连续，由格林公式

$$\oint_C f(z)\mathrm{d}z = \oint_C u\mathrm{d}x - v\mathrm{d}y + \mathrm{i}\oint_C v\mathrm{d}x + u\mathrm{d}y = -\iint\limits_D \left(\frac{\partial v}{\partial x} + \frac{\partial u}{\partial y}\right)\mathrm{d}x\mathrm{d}y + \mathrm{i}\iint\limits_D \left(\frac{\partial u}{\partial x} - \frac{\partial v}{\partial y}\right)\mathrm{d}x\mathrm{d}y \tag{3.2.2}$$

又由 C－R 条件，则得

$$\oint_C f(z)\mathrm{d}z = 0$$

注：(1) 上面我们“假定 $f'(z)$ 在 C 上及其内部 D 内连续”，以后我们会证明，只要函数 $f(z)$ 在 D 内解析，则 $f'(z)$ 必连续，即 $f'(z)$ 的连续性已经包含在定理的条件中了。

(2) 以上的论证是在“D 是单连通区域”条件下证明的，如果 D 不是单连通区域，则结论不一定成立。如由例 3.1.3，积分

$$\oint_{|z|=r} \frac{1}{z}\mathrm{d}z = 2\pi\mathrm{i} \neq 0$$

另一方面定理的条件是一个充分条件，例如，由例 3.1.3，积分 $\oint_{|z|=r} \frac{1}{z^2}\mathrm{d}z = 0$，其中，$z=0$ 是积分区域内的一个奇点。

历史寻根

1811 年，高斯在给朋友 F·W·贝塞尔（1784—1846）的一封信中，首先提到了现在被称为柯西积分定理的结论。1825 年，柯西在他的《论取虚界限的定积分》一文中明确地定义了复积分并证明了柯西积分定理。黎曼于 1851 年在其论文《单复变函数一般理论的基础》中给出了柯西积分定理的一个详细证明。

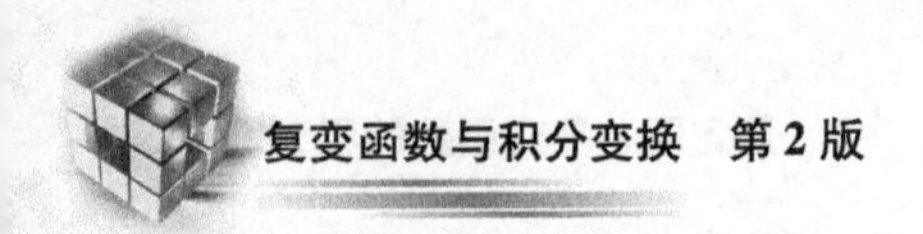

例3.2.1　求积分 $\oint_C \sin(e^{z^2})\,dz$。其中，$C$ 是单位正方形。

解　被积函数 $f(z)=\sin(e^{z^2})$ 在 C 上及其内部解析，由柯西定理有

$$\oint_C \sin(e^{z^2})\,dz = 0$$

由柯西积分定理出发，我们有

定理3.2.2　设 $f(z)$ 是单连通区域 D 内的一个解析函数，则 $f(z)$ 在 D 内任意逐段光滑曲线 C 上的积分与路径无关，只与 C 的始点与终点有关。

证　设 C_1 和 C_2 是在 D 内任意两条起点为 z_0，终点为 z 的逐段光滑曲线，C_1 与 C_2 不再有交点，则 C_1 与 C_2 构成 D 内的一条简单闭曲线（见图3.2.1），则

$$\int_{C_1} f(z)\,dz - \int_{C_2} f(z)\,dz = \int_{C_1+C_2^-} f(z)\,dz = 0$$

于是定理成立。若 C_1 与 C_2 还有其他交点，可再作一条连接 z_0 与 z 且与 C_1、C_2 无其他交点的光滑曲线 C（见图3.2.2），则由上面的讨论，有

$$\int_C f(z)\,dz = \int_{C_1} f(z)\,dz = \int_{C_2} f(z)\,dz$$

于是，定理成立。

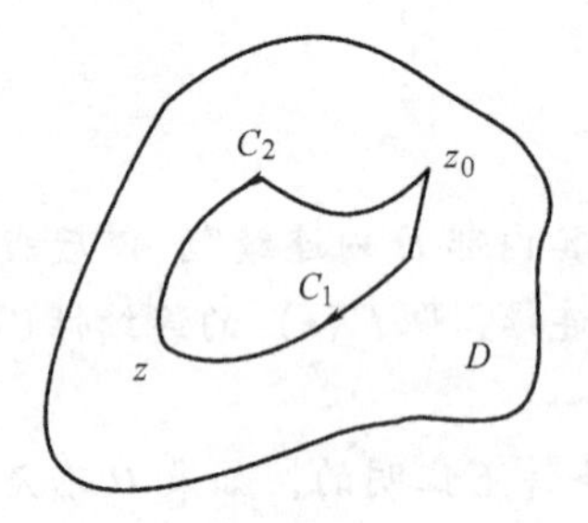

图　3.2.1

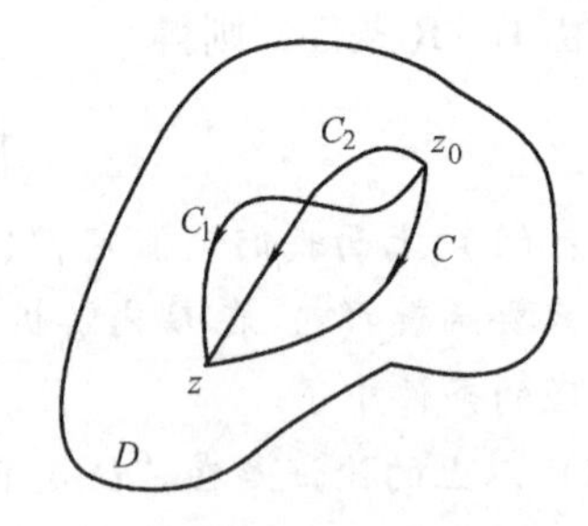

图　3.2.2

定理3.2.2说明单连通区域上的解析函数的积分完全由它的上下限决定，而与所沿路径无关。在许多理论和实际问题中，往往考虑 D 是单连通区域，D 的边界 C 是逐段光滑闭曲线，函数 $f(z)$ 在 D 内解析，在闭区域 $\overline{D}=D+C$ 上连续，对于这样的区域及函数，我们不加证明地给出下面的推广定理：

定理3.2.3　设 D 是由逐段光滑闭曲线 C 围成的单连通区域，函数 $f(z)$ 在 D 内解析，在闭区域 $\overline{D}=D+C$ 上连续，则

$$\int_C f(z)\,dz = 0$$

（关于这个定理的证明可以参考文献［14］）

例3.2.2　求 $\int_C (2z^2+8z+1)\,dz$。其中，C 是连接原点 O 到点（0，$2\pi a$）的

摆线

$$\begin{cases}x=a(\theta-\sin\theta)\\y=a(1-\cos\theta)\end{cases}$$

解　如图3.2.3所示，直线段L与C构成一条闭曲线。因$f(z)=2z^2+8z+1$在全平面上解析，则

$$\int_{C^-+L}(2z^2+8z+1)\mathrm{d}z=0$$

即

$$\int_C(2z^2+8z+1)\mathrm{d}z=\int_L(2z^2+8z+1)\mathrm{d}z$$

这样，就把函数沿曲线C的积分化为沿着直线段L的积分。由于

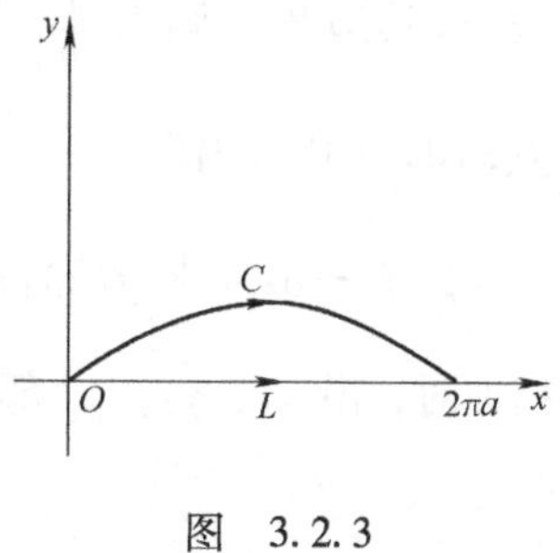

图　3.2.3

$$\int_L(2z^2+8z+1)\mathrm{d}z=\int_0^{2a\pi}(2x^2+8x+1)\mathrm{d}x$$
$$=2a\pi\left(\frac{8}{3}a^2\pi^2+8a\pi+1\right)$$

故$\int_C(2z^2+8z+1)\mathrm{d}z=2a\pi(\frac{8}{3}a^2\pi^2+8a\pi+1)$

3.2.2　多连通区域的柯西积分定理

在理论和实际问题中，碰到的大量问题并不是单连通区域，而是多连通区域。现在我们把单连通区域的柯西积分定理推广到多连通区域的情形。设函数$f(z)$在多连通区域D内解析，C为D内的任一条简单闭曲线，如果C的内部完全含于D，则$f(z)$在C上及其内部解析，从而有$\oint_C f(z)\mathrm{d}z=0$。如果$C$的内部不完全含于$D$，则$f(z)$沿$C$的积分就不一定为零。这时，我们在$C$的内部作简单闭曲线$C_1$，$C_2$，…，$C_n$，使其把不属于$D$的部分包围起来，且它们之间互不相交，互不包含，这样以C，C_1，C_2，…，C_n为边界的区域含于D，取C的方向为正向，C_1，C_2，…，C_n的方向为负向，组成复合闭路

$$\Gamma=C+C_1^-+\cdots+C_n^-\tag{3.2.3}$$

于是，我们有下面的定理：

定理3.2.4（复合闭路定理）　设函数$f(z)$在以式（3.2.3）表示的复合闭路Γ上及以其为边界的区域G内解析，则

$$\oint_C f(z)\mathrm{d}z=0$$

即

$$\oint_C f(z)\,\mathrm{d}z = \sum_{k=1}^{n} \oint_{C_k} f(z)\,\mathrm{d}z \tag{3.2.4}$$

证 不妨看 $n=2$ 的情形，如图3.2.4所示，作辅助线段 γ_1，γ_2，γ_3 将闭路 C，C_1，C_2 连接起来，区域 G 就被分为两个单连通区域 D_1 和 D_2，以 Γ_1，Γ_2 表示其边界，则有 $\oint_{\Gamma_1} f(z)\,\mathrm{d}z = 0$，$\oint_{\Gamma_2} f(z)\,\mathrm{d}z = 0$。因而

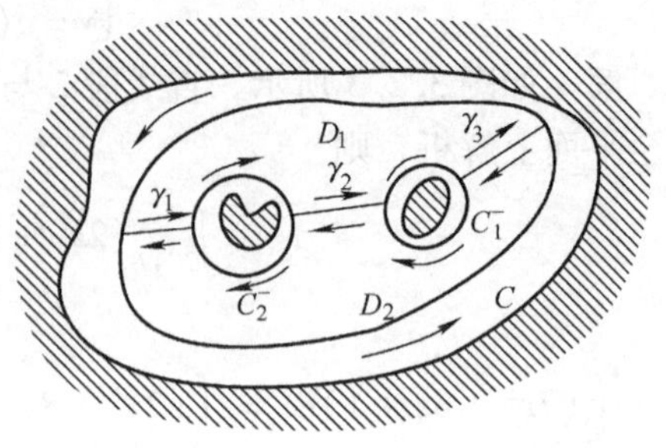

图 3.2.4

$$\oint_{\Gamma_1} f(z)\,\mathrm{d}z + \oint_{\Gamma_2} f(z)\,\mathrm{d}z = 0$$

在相加时，沿 γ_1，γ_2，γ_3 部分的积分相互消去，沿 C_1^-，C_2^- 的积分则合成为积分

$$-\oint_{C_1} f(z)\,\mathrm{d}z - \oint_{C_2} f(z)\,\mathrm{d}z$$

因此有

$$\oint_{\Gamma} f(z)\,\mathrm{d}z = \oint_C f(z)\,\mathrm{d}z - \oint_{C_1} f(z)\,\mathrm{d}z - \oint_{C_2} f(z)\,\mathrm{d}z = \oint_{\Gamma_1} f(z)\,\mathrm{d}z + \oint_{\Gamma_2} f(z)\,\mathrm{d}z = 0$$

即

$$\oint_C f(z)\,\mathrm{d}z = \oint_{C_1} f(z)\,\mathrm{d}z + \oint_{C_2} f(z)\,\mathrm{d}z$$

特别地，如果 D 是由内外两条闭路 C，C_1 所围成的环形域，而 $f(z)$ 在 D 内及其边界上是解析的，则有

$$\oint_C f(z)\,\mathrm{d}z = \oint_{C_1} f(z)\,\mathrm{d}z \tag{3.2.5}$$

这个结论很重要，说明在区域 D 内的一个解析函数沿闭曲线的积分，不因闭曲线在区域内作连续变形而改变它的值。这一重要事实称为**闭路变形原理**。

例3.2.3 设 Γ 为任意一条简单逐段光滑闭曲线，z_0 为 Γ 内一定点，求 $\oint_{\Gamma} \frac{\mathrm{d}z}{z-z_0}$。

解 由于 Γ 的形状的任意性，直接计算很不方便，但是由闭路变形原理，我们可以在 Γ 内以 z_0 为心，充分小的正数 r 为半径作圆 C，则有

$$\oint_{\Gamma} \frac{\mathrm{d}z}{z-z_0} = \oint_C \frac{\mathrm{d}z}{z-z_0}$$

由例3.1.3知

$$\oint_C \frac{\mathrm{d}z}{z-z_0} = 2\pi\mathrm{i}$$

例3.2.4　求积分$\oint_{\Gamma}\dfrac{\mathrm{d}z}{z^2-\dfrac{z}{2}}$，$\Gamma$为包含$z=0$，$z=1/2$在其中的任意闭路。

解　$\dfrac{1}{z^2-\dfrac{z}{2}}=2\left(\dfrac{1}{z-\dfrac{1}{2}}-\dfrac{1}{z}\right)$

如图3.2.5所示，分别以$z=0$，$z=1/2$为圆心，充分小的正数r为半径作圆C_1，C_2，使其互不相交，互不包含，且全在Γ内。于是由定理3.2.4可得

$$\oint_{\Gamma}\frac{\mathrm{d}z}{z^2-\dfrac{z}{2}}=\oint_{C_1}\frac{\mathrm{d}z}{z^2-\dfrac{z}{2}}+\oint_{C_2}\frac{\mathrm{d}z}{z^2-\dfrac{z}{2}}$$

$$=\oint_{C_1}\frac{2}{z-\dfrac{1}{2}}\mathrm{d}z-\oint_{C_1}\frac{2}{z}\mathrm{d}z+\oint_{C_2}\frac{2}{z-\dfrac{1}{2}}\mathrm{d}z-\oint_{C_2}\frac{2}{z}\mathrm{d}z$$

$$=0-4\pi\mathrm{i}+4\pi\mathrm{i}-0=0$$

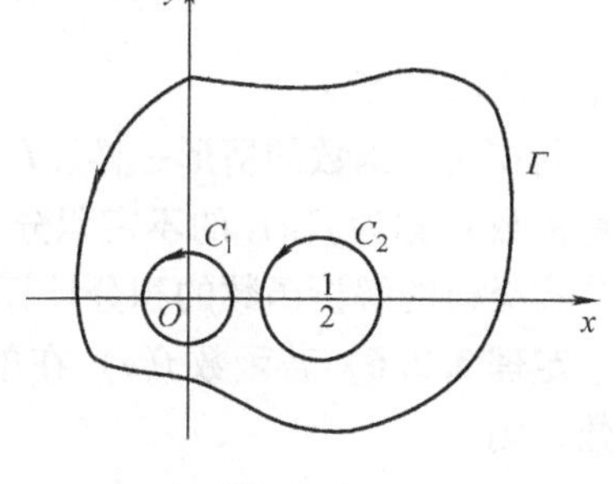

图　3.2.5

3.2.3　解析函数的不定积分

设函数$f(z)$在单连通区域D内解析，由定理3.2.2，则$f(z)$在D内的积分与路径无关而仅仅与积分路径的始点与终点有关。此时，我们约定它写为

$$\int_C f(\xi)\,\mathrm{d}\xi=\int_{z_0}^{z}f(\xi)\,\mathrm{d}\xi$$

这时就有类似于高等数学中牛顿－莱布尼茨（Newton－Leibniz）公式。设$z_0\in D$，现在如果令点z_0固定而点z在D内变动，则积分

$$F(z)=\int_{z_0}^{z}f(\xi)\,\mathrm{d}\xi$$

与所沿路径无关，因而是z的一个单值函数，我们有：

定理3.2.5　若函数$f(x)$在单连通区域D内解析，则

$$F(z)=\int_{z_0}^{z}f(\xi)\,\mathrm{d}\xi$$

也在D内解析，并且$F'(z)=f(z)$。

*证 在 D 内再取一点 $z+\Delta z$（图 3.2.6），根据积分与路径无关性，可以假定这个积分是由 z 到 $z+\Delta z$ 的直线段进行的，于是

$$\frac{F(z+\Delta z)-F(z)}{\Delta z}-f(z)=\frac{1}{\Delta z}\int_{z}^{z+\Delta z}[f(\zeta)-f(z)]\mathrm{d}\zeta$$

由于$f(z)$的连续性，对任意 $\varepsilon>0$ 可取 $\delta>0$，使当 $|\zeta-z|<\delta$ 时，有 $|f(\zeta)-f(z)|<\varepsilon$，现在取 $0<|\Delta z|<\delta$，则

$$\left|\frac{F(z+\Delta z)-F(z)}{\Delta z}-f(z)\right|<\frac{1}{|\Delta z|}\cdot\varepsilon\cdot|\Delta z|=\varepsilon$$

于是，$F'(z)=f(z)$。

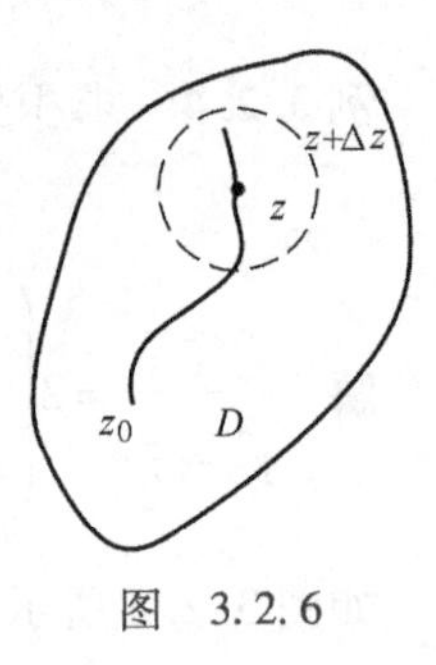

图 3.2.6

同在实变函数的情形一样，$F(z)$ 称为 $f(z)$ 的**原函数**，而 $F(z)+C$（C 是任意常数）称为 $f(z)$ 的**不定积分**。利用原函数，我们可以推得与牛顿－莱布尼茨公式类似的解析函数的积分计算公式。

定理 3.2.6 若函数 $f(z)$ 在单连通区域 D 内解析，$H(z)$ 是 $f(z)$ 的一个原函数，则

$$\int_{z_0}^{z}f(\zeta)\mathrm{d}\zeta=H(z)-H(z_0) \tag{3.2.6}$$

其中，z_0 为 D 内的点。

证 由定理 3.2.5 知道 $F(z)=\int_{z_0}^{z}f(\xi)\mathrm{d}\xi$ 是 $f(z)$ 的一个原函数，现在 $H(z)$ 也是 $f(z)$ 的一个原函数，则存在一个复常数 C，使得 $F(z)=H(z)+C$，即

$$\int_{z_0}^{z}f(\xi)\mathrm{d}\xi=H(z)+C$$

但当 $z=z_0$ 时，上式左端为 0，故 $H(z_0)+C=0$，故 $C=-H(z_0)$。这样我们就得到

$$\int_{z_0}^{z}f(\zeta)\mathrm{d}\zeta=H(z)-H(z_0)$$

式（3.2.6）也可看做一个以原函数表达解析函数积分的公式，因此许多关于初等函数的积分公式形式上和实函数的相应公式一样，例如

$$\int_{z_0}^{z}z^n\mathrm{d}z=\frac{1}{n+1}(z^{n+1}-z_0^{n+1})\,(n\text{ 为自然数}) \tag{3.2.7}$$

$$\int_{z_0}^{z}\mathrm{e}^z\mathrm{d}z=\mathrm{e}^z-\mathrm{e}^{z_0} \tag{3.2.8}$$

$$\int_{z_0}^{z}\cos z\mathrm{d}z=\sin z-\sin z_0 \tag{3.2.9}$$

例 3.2.5 计算 $\int_C\ln(1+z)\mathrm{d}z$，其中 C 是从 $-\mathrm{i}$ 到 i 的直线段。

解 因为 $\ln(1+z)$ 是在全平面除去负实轴上 $x\leqslant -1$ 的区域 D 内单值解析，且 D 是但连通的，所以由定理3.2.6，在 D 内有

$$\begin{aligned}\int_C \ln(1+z)\,\mathrm{d}z &= z\ln(1+z)\Big|_{-\mathrm{i}}^{\mathrm{i}} - \int_{-\mathrm{i}}^{\mathrm{i}} \frac{z}{1+z}\mathrm{d}z \\ &= \mathrm{i}\ln(1+\mathrm{i}) + \mathrm{i}\ln(1-\mathrm{i}) - \int_{-\mathrm{i}}^{\mathrm{i}}\left(1-\frac{1}{1+z}\right)\mathrm{d}z \\ &= \mathrm{i}\ln(1+\mathrm{i}) + \mathrm{i}\ln(1-\mathrm{i}) - [z-\ln(1+z)]\Big|_{-\mathrm{i}}^{\mathrm{i}} \\ &= (-2+\ln 2+\pi/2)\cdot \mathrm{i}\end{aligned}$$

例3.2.6 计算 $\int_a^b z^n \mathrm{d}z$ （$n=0,1,2,\cdots$；a，b 均为有限复数）。

解 $z^n(n=0,1,2,\cdots)$ 在复平面内处处解析，所以

$$\int_a^b z^n \mathrm{d}z = \frac{1}{n+1}z^{n+1}\Big|_a^b = \frac{1}{n+1}(b^{n+1}-a^{n+1})$$

3.3 柯西积分公式

3.3.1 柯西积分公式

在复函数理论与应用中，柯西积分定理的作用是通过下面的柯西积分公式表现出来的。

定理3.3.1（柯西积分公式） 设函数 $f(z)$ 在简单闭曲线 C 上及其内部 D 内是解析的，而 z_0 是 D 内的任意一点，则

$$f(z_0) = \frac{1}{2\pi \mathrm{i}}\oint_C \frac{f(z)}{z-z_0}\mathrm{d}z \tag{3.3.1}$$

证 任给 $\varepsilon>0$，以 z_0 为中心，以正数 ρ 为半径，作一圆周 K 使其内部包含在 D 内（见图3.3.1）。由于 $f(z)$ 的连续性，我们总可取 ρ 充分小，使对 $|z-z_0|\leqslant\rho$ 上的点 z，满足不等式

$$|f(z)-f(z_0)|<\varepsilon/2\pi$$

在圆 K 和 C 所围成的环形域中，函数 $\dfrac{f(z)}{z-z_0}$ 是解析的，因此由闭路变形原理有

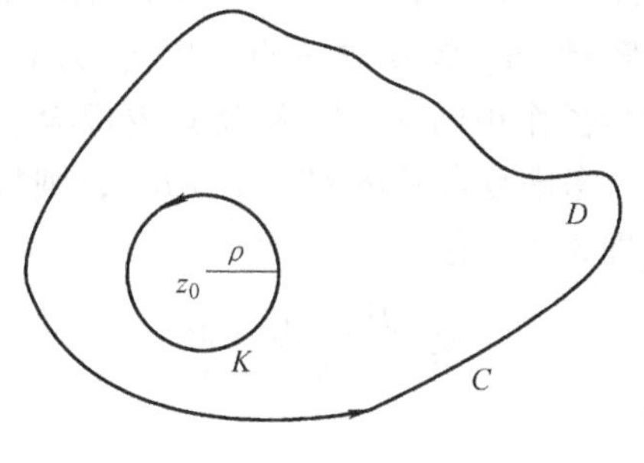

图 3.3.1

$$\oint_C \frac{f(z)}{z-z_0}\mathrm{d}z = \oint_K \frac{f(z)}{z-z_0}\mathrm{d}z$$

$$= \oint_K \frac{f(z_0) + f(z) - f(z_0)}{z - z_0} dz$$

$$= f(z_0) \oint_K \frac{1}{z - z_0} dz + \oint_K \frac{f(z) - f(z_0)}{z - z_0} dz$$

$$= 2\pi i f(z_0) + \oint_K \frac{f(z) - f(z_0)}{z - z_0} dz$$

从而

$$\left| \oint_C \frac{f(z)}{z - z_0} dz - 2\pi i f(z_0) \right| = \left| \oint_K \frac{f(z) - f(z_0)}{z - z_0} dz \right| \leqslant \frac{\varepsilon}{2\pi\rho} \cdot 2\pi\rho = \varepsilon$$

由于 ε 的任意性，可知

$$f(z_0) = \frac{1}{2\pi i} \oint_C \frac{f(z)}{z - z_0} dz$$

注：定理3.3.1的条件“函数 $f(z)$ 在简单闭曲线 C 上及其内部 D 内解析”可以改为“函数 $f(z)$ 在简单闭曲线 C 所围成的 D 内是解析的，在 $\overline{D} = D \cup C$ 上连续”。

由柯西积分公式可知，对于解析函数，只要知道了它在区域边界上的值，那么通过上述积分，区域内部的点上的值就完全确定了。也就是说，在定理的条件下，函数在区域内部的值完全可由它的边界上的值而定。特别地，从这里我们可以得到这样一个重要的结论：如果两个解析函数在区域的边界上处处相等，则它们在整个区域上也恒等。

注：柯西积分公式（3.3.1）也可以推广到多连通区域，即它在定理3.2.4中所给出的复合闭路 Γ 上仍然成立。我们以 $n = 2$ 为例来说明，其方法可通过数学归纳法推广到一般情形。

如图3.3.2所示，函数 $f(z)$ 在复合闭路 $\Gamma = C + C_1^- + C_2^-$ 及其所围成的区域内解析，z_0 是 D 内一点，以 z_0 为心、ρ 为半径作小圆 K，使 K 及其内部全在 D 内。考虑复合闭路 $\Gamma' = \Gamma + K^-$，则根据定理3.2.4有

$$\oint_{\Gamma'} \frac{f(z)}{z - z_0} dz = 0$$

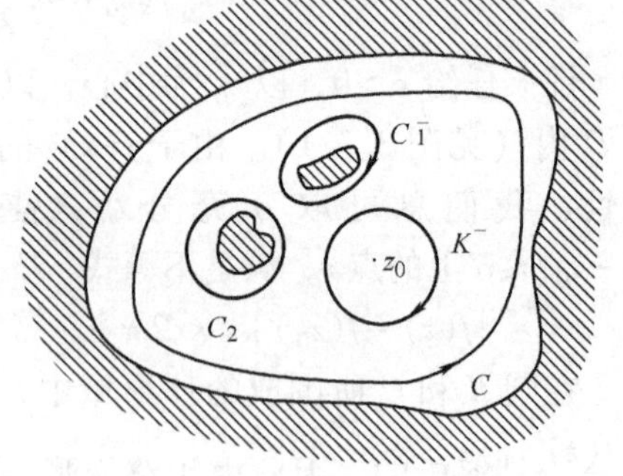

图 3.3.2

即

$$\oint_\Gamma \frac{f(z)}{z - z_0} dz = \oint_K \frac{f(z)}{z - z_0} dz = 2\pi i f(z_0)$$

所以有

$$f(z_0) = \frac{1}{2\pi i} \oint_{\Gamma} \frac{f(z)}{z - z_0} dz = \frac{1}{2\pi i}\left[\oint_C \frac{f(z)}{z - z_0} dz - \oint_{C_1} \frac{f(z)}{z - z_0} dz - \oint_{C_2} \frac{f(z)}{z - z_0} dz\right] \tag{3.3.2}$$

特别地，设函数$f(z)$在由简单闭曲线C_1，C_2所围成的二连域D内解析，并在C_1，C_2上解析，z_0是D内的任意一点，则

$$f(z_0) = \frac{1}{2\pi i}\left[\oint_{C_1} \frac{f(z)}{z - z_0} dz - \oint_{C_2} \frac{f(z)}{z - z_0} dz\right] \tag{3.3.3}$$

推论（平均值公式）设函数$f(z)$在$|z-z_0|<R$内解析，在$|z-z_0|=R$上连续，则

$$f(z_0) = \frac{1}{2\pi} \int_0^{2\pi} f(z_0 + Re^{i\theta}) d\theta \tag{3.3.4}$$

证 C上的点可表示成

$$z = z_0 + Re^{i\theta}\ (0 \leqslant \theta < 2\pi),\ dz = Rie^{i\theta} d\theta$$

由柯西积分公式有

$$f(z_0) = \frac{1}{2\pi i} \oint_C \frac{f(z)}{z - z_0} dz = \frac{1}{2\pi} \int_0^{2\pi} f(z_0 + Re^{i\theta}) d\theta$$

这个公式告诉我们，函数$f(z)$在圆心的值，恰好等于它在圆周上的值的平均。因此这个公式称为**平均值公式**。

例 3.3.1 （1）求积分$\oint_C \frac{e^z}{z(z-2i)} dz$。其中，$C$是中心在3i、半径为2的圆周；

（2）求积分$\oint_{|z|=2} \frac{z}{(9-z^2)(z+i)} dz$。

解 （1）函数$f(z) = e^z/z$在这个圆的内部都是解析的，因此，利用柯西积分公式有

$$\oint_C \frac{e^z}{z(z-2i)} dz = \oint_C \frac{f(z)}{(z-2i)} dz = 2\pi i f(2i) = 2\pi i \frac{e^{2i}}{2i} = \pi(\cos 2 + i \sin 2)$$

$$(2)\ \oint_{|z|=2} \frac{z}{(9-z^2)(z+i)} dz = \oint_{|z|=2} \frac{\frac{z}{9-z^2}}{z+i} dz = 2\pi i \left.\frac{z}{9-z^2}\right|_{z=-i} = \frac{\pi}{5}$$

例 3.3.2 利用积分$\oint_{|z|=1} \frac{e^z}{z} dz$计算实积分$\int_0^{2\pi} e^{\cos\theta} \sin(\sin\theta) d\theta$与$\int_0^{2\pi} e^{\cos\theta} \cos(\sin\theta) d\theta$。

解 由柯西积分公式即知

$$\oint_{|z|=1} \frac{e^z}{z} dz = 2\pi i e^z \Big|_{z=0} = 2\pi i \tag{3.3.5}$$

另一方面，因为令$z = e^{i\theta}$ $(0 \leqslant \theta < 2\pi)$，有

$$\oint_{|z|=1}\frac{e^z}{z}dz=\int_0^{2\pi}\frac{e^{e^{i\theta}}}{e^{i\theta}}ie^{i\theta}d\theta=\int_0^{2\pi}ie^{\cos\theta+i\sin\theta}d\theta$$

$$=-\int_0^{2\pi}e^{\cos\theta}\sin(\sin\theta)d\theta+i\int_0^{2\pi}e^{\cos\theta}\cos(\sin\theta)d\theta$$

比较实、虚部，结合式（3.3.5），得

$$\int_0^{2\pi}e^{\cos\theta}\sin(\sin\theta)d\theta=0,\int_0^{2\pi}e^{\cos\theta}\cos(\sin\theta)d\theta=2\pi$$

例 3.3.3 计算积分 $\oint_{|z|=2}\frac{1}{1+z^2}dz$。

解 $1+z^2=(z+i)(z-i)$，由复合闭路原理

$$\oint_{|z|=2}\frac{1}{1+z^2}dz=\oint_{|z-i|=\frac{1}{2}}\frac{\frac{1}{z+i}}{z-i}dz+\oint_{|z+i|=\frac{1}{2}}\frac{\frac{1}{z-i}}{z+i}dz=\pi-\pi=0$$

3.3.2 高阶导数公式

利用柯西积分公式，可以进一步证明解析函数的一个非常重要的性质：解析函数在其解析区域内有任意阶导数，并且这些导数也可以通过函数在边界上的值表示出来，即

定理 3.3.2 如果函数 $f(z)$ 在简单闭曲线 C 上及其所围成的单连通区域 D 内是解析的，则在 D 内任意一点 z_0，函数 $f(z)$ 有任意阶导数，并且在 D 内公式

$$f^{(n)}(z_0)=\frac{n!}{2\pi i}\oint_C\frac{f(z)}{(z-z_0)^{n+1}}dz\quad(n=1,2,\cdots)\tag{3.3.6}$$

成立。

***证** 用归纳法来证明。当 $n=1$ 时，如图 3.3.3 所示，设 z_0 是 D 内任意一点，δ 是 z_0 到边界 C 的最短距离。取 $0<|\Delta z|<\delta/2$，则点 $z_0+\Delta z$ 也在 D 内，由定理 3.3.1 有

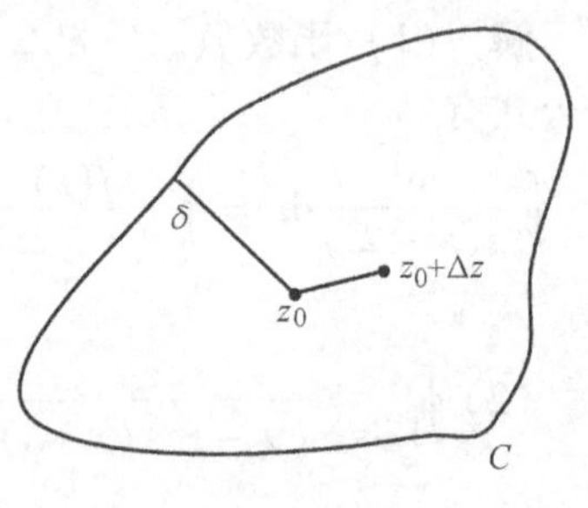

图 3.3.3

$$f(z_0+\Delta z)-f(z_0)$$

$$=\frac{1}{2\pi i}\oint_C f(z)\left(\frac{1}{z-z_0-\Delta z}-\frac{1}{z-z_0}\right)$$

$$=\frac{\Delta z}{2\pi i}\oint_C\frac{f(z)}{(z-z_0-\Delta z)(z-z_0)}dz$$

或

$$\frac{f(z_0+\Delta z)-f(z_0)}{\Delta z}=\frac{1}{2\pi i}\oint_C\frac{f(z)}{(z-z_0-\Delta z)(z-z_0)}dz$$

于是

$$\frac{f(z_0+\Delta z)-f(z_0)}{\Delta z}-\frac{1}{2\pi i}\oint_C\frac{f(z)}{(z-z_0)^2}dz$$

$$=\frac{1}{2\pi i}\oint_C f(z)\left[\frac{1}{(z-z_0-\Delta z)(z-z_0)}-\frac{1}{(z-z_0)^2}\right]dz$$

$$=\frac{\Delta z}{2\pi i}\oint_C\frac{f(z)}{(z-z_0-\Delta z)(z-z_0)^2}dz$$

当 $z\in C$ 时，我们有

$$|z-z_0|\geqslant\delta$$

$$|z-z_0-\Delta z|\geqslant|z-z_0|-|\Delta z|\geqslant\delta-\frac{\delta}{2}>\frac{\delta}{2}$$

此外注意到 $|f(z)|$ 在 C 上是连续的，故存在 M 使 $|f(z)|\leqslant M$，因此当 $0<|\Delta z|<\frac{\delta}{2}$ 时有

$$\left|\frac{f(z_0+\Delta z)-f(z_0)}{\Delta z}-\frac{1}{2\pi i}\oint_C\frac{f(z)}{(z-z_0)^2}\right|=\left|\frac{\Delta z}{2\pi i}\oint_C\frac{f(z)}{(z-z_0)^2(z-z_0-\Delta z)}\right|$$

$$\leqslant\frac{|\Delta z|}{2\pi}\frac{M}{\delta^2\left(\frac{\delta}{2}\right)}L=\frac{ML}{\pi\delta^3}|\Delta z|$$

其中，L 为 C 的长度。因此有

$$\lim_{\Delta z\to 0}\frac{f(z_0+\Delta z)-f(z_0)}{\Delta z}=\frac{1}{2\pi i}\oint_C\frac{f(z)}{(z-z_0)^2}dz$$

即

$$f'(z_0)=\frac{1}{2\pi i}\oint_C\frac{f(z)}{(z-z_0)^2}dz$$

即 $n=1$ 时导数公式成立。假设公式对于正整数 $n-1$ 成立，再证其对于正整数 n 也成立，这就是要证明下面这个式子

$$\frac{f^{(n-1)}(z_0+\Delta z)-f^{(n-1)}(z_0)}{\Delta z}=\frac{1}{\Delta z}\frac{(n-1)!}{2\pi i}\oint_C f(z)\left[\frac{1}{(z-z_0-\Delta z)^n}-\frac{1}{(z-z_0)^n}\right]dz$$

在 $\Delta z\to 0$ 时，以

$$\frac{n!}{2\pi i}\oint_C\frac{f(z)}{(z-z_0)^{n+1}}dz$$

为极限，即定理对于 n 也成立。由数学归纳法，定理结论成立。

注：(1) 类似地，定理 3.3.1 的条件“函数 $f(z)$ 在简单闭曲线 C 上及其内

部D内解析”可以改为“函数$f(z)$在简单闭曲线C所围成的D内是解析的，在$\overline{D}=D\cup C$上连续”。

(2) 定理3.3.2中的闭曲线C换成定理3.2.4中复合闭路时Γ时结论仍然成立。

(3) 公式(3.3.3)称为解析函数的高阶导数公式。可以从两方面来应用这个公式：一方面用求积分来代替求导数，另一方面可用求导的方法来求积分。

对于D内任意点z（即把公式中的z_0换成任意的z），式(3.3.1)及式(3.3.3)也可写成

$$f(z)=\frac{1}{2\pi i}\oint_C\frac{f(\zeta)}{\zeta-z}d\zeta,\quad f^{n}(z)=\frac{n!}{2\pi i}\oint_C\frac{f(\zeta)}{(\zeta-z)^{n+1}}d\zeta$$

例3.3.4 求下列积分。

(1) $\oint_C\frac{\cos z}{(z-i)^3}dz$，其中$C$为正向圆周：$|z-i|=1$；

(2) $\oint_C\frac{1}{z^3(z-1)}dz$，其中$C$为正向圆周：$|z|=r$。

解 (1) 函数$f(z)=\cos z$在$|z-i|\leqslant1$上解析，由题意得

$$\oint_C\frac{\cos z}{(z-i)^3}dz=\oint_{|z-i|=1}\frac{\cos z}{(z-i)^3}dz$$
$$=\frac{2\pi i}{2!}(\cos z)''|_{z=i}=-\pi i\cos i=\frac{-\pi(e+e^{-1})i}{2}$$

(2) 当$0<r<1$时，$z=0$为一个奇点，函数$\frac{1}{z-1}$在$|z|\leqslant r$上解析，则

$$\oint_C\frac{1}{z^3(z-1)}dz=\oint_C\frac{\frac{1}{z-1}}{z^3}dz=\frac{2\pi i}{2!}\left(\frac{1}{z-1}\right)''\Big|_{z=0}=-2\pi i$$

当$r>1$时，$z=0$，$z=1$为两个奇点，在C内分别以$z=0$，$z=1$为圆心，适当小的正数为半径做小圆C_1，C_2，且使它们不相交（见图3.3.4），则

$$\oint_C\frac{1}{z^3(z-1)}dz=\oint_{C_1}\frac{1}{z^3(z-1)}dz+\oint_{C_2}\frac{1}{z^3(z-1)}dz$$
$$=-2\pi\cdot i+2\pi\cdot i\frac{1}{z^3}\Big|_{z=1}=0$$

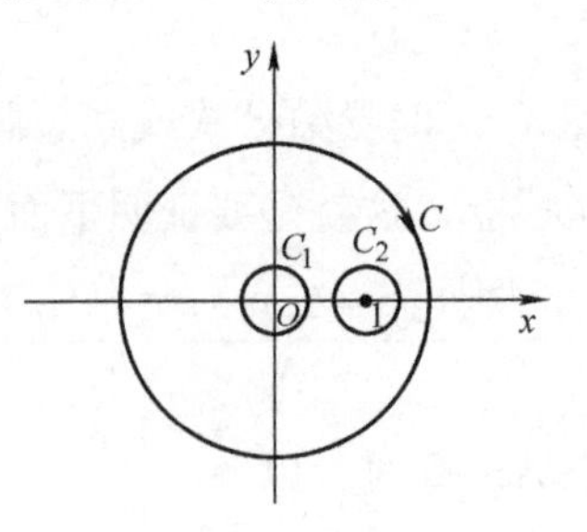

图 3.3.4

例3.3.5 设C表示圆周$x^2+y^2=9$，$f(z)=\int_C\frac{3\xi^2+7\xi+1}{\xi-z}d\xi$，求$f'(1+i)$。

解 因为$3z^2+7z+1$在全平面上处处解析，所以

$$f(z)=\int_C\frac{3\xi^2+7\xi+1}{\xi-z}d\xi=\begin{cases}0, & |z|>3\\ 2\pi i(3z^2+7z+1), & |z|<3\end{cases}$$

又 $f'(z)=\begin{cases}0, & |z|>3\\ 2\pi i(6z+7), & |z|<3\end{cases}$，故$f'(1+i)=2\pi i[6(1+i)+7]=2\pi(13i-6)$。

*3.3.3 几个重要结论

利用高阶导数公式，我们可以得出关于导数模的一个估计式，叫做**柯西不等式**。

定理 3.3.3（柯西不等式） 设函数 $f(z)$ 在圆 $|z-z_0|\leqslant R$ 内解析，且 $|f(z)|\leqslant M$，则

$$|f^{(n)}(z_0)|\leqslant\frac{n!}{R^n}M \qquad (n=1,\ 2,\ \cdots) \tag{3.3.7}$$

证 由高阶导数公式

$$|f^n(z_0)|=\left|\frac{n!}{2\pi\cdot i}\oint_{|z-z_0|=R}\frac{f(z)}{(z-z_0)^{n+1}}dz\right|\leqslant\frac{n!}{2\pi}\cdot\frac{M}{R^{n+1}}2\pi R=\frac{n!M}{R^n}$$

特别地，当 $n=1$ 时有

$$|f'(z_0)|\leqslant\frac{M}{R} \tag{3.3.8}$$

我们不加证明地给出下面定理：

定理 3.3.4（最大模原理） 设函数$f(z)$ 在区域 D 内解析，又$f(z)$ 不是常数，则在 D 内$|f(z)|$没有最大值。

由柯西不等式可得出关于整函数的一个有用的结果。

定义 3.3.1 所谓**整函数**是指在整个 z 平面上均解析的函数。

例如，多项式、$\sin z$、e^z 等都是整函数的例子。下面给出关于整函数的刘维尔（Liouville）定理。

定理 3.3.5 如果整函数 $f(z)$ 在整个平面上是有界的，即满足不等式 $|f(z)|\leqslant M$，则$|f(z)|$必定是一个常数。

证 对于 z 平面上任一点 z，我们都可以画一个以 z 为心、以任意正数 R 为半径的圆。既然$|f(z)|$有上界 M，由式（3.3.7），有

$$|f'(z)|\leqslant\frac{M}{R}$$

由于 R 是任意正数，必有$|f'(z)|\equiv0$，因而$f'(z)\equiv0$，所以$f(z)$ 必是常数。

作为刘维尔定理的一个应用，我们证明下面的定理：

定理 3.3.6（代数学基本定理） 任意一个复系数多项式

$$f(z)=a_0z^n+a_1z^{n-1}+\cdots+a_{n-1}z+a_n \quad (n\geqslant1,\ a_0\neq0)$$

必有零点，亦即，方程$f(z)=0$ 必有根。

证 假如不然，因为$f(z)$ 在全平面解析，且处处不为零，所以 $F(z)=1/f(z)$也是整函数。因为

$$\lim_{z\to\infty}F(z)=\lim_{z\to\infty}\frac{1}{f(z)}=0$$

故 $F(z)$ 在全平面有界。由定理3.3.5，$F(z)$ 必为常数，$f(z)$ 也必为常数，这与假设矛盾，所以至少存在一个复数 z_1，使 $f(z_1)=0$。

下面的定理可视为柯西积分定理的逆定理。

定理3.3.7（莫累拉（Morera）定理）　设 $f(z)$ 是区域 D 内的连续函数，并且对于 D 内任意一条其内部属于 D 的简单光滑闭曲线 C，都有

$$\oint_C f(z)\,\mathrm{d}z=0$$

则 $f(z)$ 是 D 内的解析函数。

证　既然 $f(z)$ 沿 D 内任意闭路 C 的积分为零，当 z_0 为 D 中一定点时，积分

$$F(z)=\int_{z_0}^{z}f(\zeta)\,\mathrm{d}\zeta$$

只与 z 有关，是 D 内一个单值函数。用证明定理3.2.5用过的方法可证，$F(z)$ 在 D 内解析，并且 $F'(z)=f(z)$。

但由定理3.3.2可知，解析函数有任意阶导数，所以 $f(z)$ 是 D 内的解析函数。

第3章小结

一、导学

本章研究了解析函数的积分理论，介绍了复变函数积分的概念与积分的基本性质；给出了柯西积分定理与柯西积分公式，使得闭区域上一点的函数值与其边界上的积分相联系，从而揭示了解析函数的一些内在联系；又从柯西积分公式得出一系列推论，如平均值公式、最大模原理等。

学习本章的基本要求如下：

（1）明确复变函数积分的意义，掌握复变函数积分的基本性质与由曲线的参数方程积分的方法。

（2）掌握柯西积分定理与柯西积分公式，以及应用多种方法进行复变函数积分的方法，如牛顿-莱布尼茨公式、复合闭路原理、高阶柯西积分公式等，明了解析函数的导函数也是解析函数。

（3）了解最大模原理与代数基本定理等。

二、疑难解析

1. 对于复积分来说，其结果一般与积分路径有关；而对于解析函数来说，其结果与积分路径无关。如下面杂例中的例3.1与例3.2。

2. 等式 $\mathrm{Re}\left[\int_C f(z)\mathrm{d}z\right]=\int_C \mathrm{Re}[f(z)]\mathrm{d}z$ 成立吗？

答 不成立。例如，取 $f(z)=z$，C：$z=\mathrm{i}t(0\leqslant t\leqslant 1)$，则

$$\mathrm{Re}\left[\int_C f(z)\mathrm{d}z\right]=\mathrm{Re}\left[\int_C z\mathrm{d}z\right]=\mathrm{Re}\left[\int_0^1 \mathrm{i}t(\mathrm{i}\mathrm{d}t)\right]=-\frac{1}{2}$$

而

$$\int_C \mathrm{Re}[f(z)]\mathrm{d}z=\int_0^1 \mathrm{Re}(\mathrm{i}t)(\mathrm{i}\mathrm{d}t)=0$$

3. 证明 $\left|\int_C \mathrm{d}z\right|\leqslant\int_C|\mathrm{d}z|$，并说明这两个积分的几何意义。

证 $\left|\int_C \mathrm{d}z\right|=\left|\lim\sum_{k=1}^{n}(z_k-z_{k-1})\right|\leqslant\lim\sum_{k=1}^{n}|z_k-z_{k-1}|=\int_C|\mathrm{d}z|$

几何意义是曲线弧的内接折线长小于（不超过）相应的弧之长。

4. 对什么样的封闭曲线 C 有 $\int_C\frac{1}{z^2+z+1}\mathrm{d}z=0$？

解 z^2+z+1 的两个根为 $z_{1,2}=-\frac{1}{2}\pm\frac{\sqrt{3}}{2}\mathrm{i}$，仅当曲线 C 有以下两种情形时积分才为0。

（1）z_1，z_2 全在 C 的外部，这时由柯西积分定理知其积分为0。

（2）z_1，z_2 全在 C 的内部，则有

$$\int_C\frac{1}{z^2+z+1}\mathrm{d}z=\frac{1}{z_1-z_2}\int_C\left(\frac{1}{z-z_1}-\frac{1}{z-z_2}\right)\mathrm{d}z=\frac{1}{z_1-z_2}(2\pi\mathrm{i}-2\pi\mathrm{i})=0$$

注：请读者自己验证另两种积分不为0的情形。

5. 下面解题过程是否正确？如果不正确，指出错误原因并改正。

$$\oint_{|z|=\frac{3}{2}}\frac{1}{z(z-1)}\mathrm{d}z=\oint_{|z|=\frac{3}{2}}\frac{\frac{1}{z}}{z-1}\mathrm{d}z=2\pi\mathrm{i}\left[\frac{1}{z}\right]_{z=1}=2\pi\mathrm{i}$$

答 错误。原因为在应用柯西积分公式时没有考虑公式的条件是否满足。柯西积分公式要求其中的函数 $f(z)$ 在 C 的内部处处解析。现在函数为 $f(z)=1/z$ 在圆周 C 的内部的 $z=0$ 处不解析，所以不能应用柯西积分公式来解。正确的解法是

$$\oint_{|z|=\frac{3}{2}}\frac{1}{z(z-1)}\mathrm{d}z=\oint_{|z|=\frac{3}{2}}\frac{1}{z-1}\mathrm{d}z-\oint_{|z|=\frac{3}{2}}\frac{1}{z}\mathrm{d}z=2\pi\mathrm{i}-2\pi\mathrm{i}=0$$

三、杂例

例3.1 计算积分 $\int_C|z|\mathrm{d}z$，其中积分路径为：

（1）自原点到 $1+\mathrm{i}$ 的直线段；　　（2）圆周 $|z|=2$。

解 （1）直线段的参数方程为 $\frac{z-0}{(1+\mathrm{i})-0}=t\quad(0\leqslant t\leqslant 1)$，即 $z=(1+\mathrm{i})t$，

$dz=(1+i)dt$，$|z|=|1+i|\cdot|t|=\sqrt{2}t$，所以

$$\int_C |z|dz = \int_0^1 \sqrt{2}t(1+i)dt = \sqrt{2}(1+i)\int_0^1 tdt = \frac{\sqrt{2}}{2}(1+i)$$

（2）$|z|=2$ 的参数方程为 $z=2e^{i\theta}$ $(0\leqslant\theta<2\pi)$，$dz=2ie^{i\theta}d\theta$，所以

$$\int_C |z|dz = \int_0^{2\pi} 2\cdot 2ie^{i\theta}d\theta = 4i\int_0^{2\pi}(\cos\theta + i\sin\theta)d\theta = 0$$

例 3.2 计算下列积分，积分路径为任意曲线。

(1) $\int_i^{\frac{i}{2}} e^{\pi z}dz$；　　(2) $\int_1^3 (z-1)^3 dz$。

解 （1）由于被积函数是一个指数函数，在全平面解析，故积分与路径无关，所以

$$\int_i^{\frac{i}{2}} e^{\pi z}dz = \frac{1}{\pi}e^{\pi z}\bigg|_i^{\frac{i}{2}} = \frac{1}{\pi}(e^{\frac{\pi}{2}i} - e^{\pi i}) = \frac{1}{\pi}(1+i)$$

（2）由于被积函数是一个多项式函数，在全平面解析，故积分与路径无关，所以

$$\int_1^3 (z-1)^3 dz = \frac{(z-1)^4}{4}\bigg|_1^3 = 4$$

例 3.3 下面积分是否正确？为什么？

$$\int_{|z|=1} \frac{1}{(2z+1)(z-2)}dz = \int_{|z|=1}\frac{\frac{1}{z-2}}{(2z+1)}dz = 2\pi i\lim_{z\to -\frac{1}{2}}\frac{1}{z-2} = -\frac{4\pi}{5}i$$

解 不正确。正确积分过程为

$$\int_{|z|=1} \frac{1}{(2z+1)(z-2)}dz = \frac{1}{2}\int_{|z|=1}\frac{\frac{1}{z-2}}{(z+1/2)}dz = \pi i\lim_{z\to -\frac{1}{2}}\frac{1}{z-2} = -\frac{2\pi}{5}i$$

例 3.4 计算积分 $\int_{|z|=\frac{3}{2}} \frac{e^z}{(z+2)(z-1)^2}dz$

解 积分区域内只有一个不解析点 $z=1$，应用高阶导数的柯西积分公式

$$\int_{|z|=\frac{3}{2}} \frac{e^z}{(z+2)(z-1)^2}dz = \int_{|z|=\frac{3}{2}}\frac{\frac{e^z}{z+2}}{(z-1)^2}dz = 2\pi i\left(\frac{e^z}{z+2}\right)'\bigg|_{z=1} = \frac{4e\pi}{9}i$$

例 3.5 设 n 是自然数，证明

$$I_1 = \int_0^{2\pi} e^{r\cos\varphi}\cos(r\sin\varphi - n\varphi)d\varphi = \frac{2\pi}{n!}r^n$$

$$I_2 = \int_0^{2\pi} e^{r\cos\varphi}\sin(r\sin\varphi - n\varphi)d\varphi = 0$$

分析 观察两个积分的特征，可以想到应该应用欧拉公式 $e^{i\theta}=\cos\theta+i\sin\theta$。

解 $I_1+iI_2=\int_0^{2\pi}e^{r\cos\varphi}\left[\cos(r\sin\varphi-n\varphi)+i\sin(r\sin\varphi-n\varphi)\right]d\varphi$

$$=\int_0^{2\pi}e^{r\cos\varphi}e^{i(r\sin\varphi-n\varphi)}d\varphi=\int_0^{2\pi}e^{r(\cos\varphi+i\sin\varphi)}e^{-in\varphi}d\varphi=\int_0^{2\pi}e^{re^{i\varphi}}\frac{d\varphi}{(e^{i\varphi})^n}$$

令 $z=e^{i\varphi}$，则当 φ 由0变到 2π 时，z 的轨迹是逆时针的圆周 C：$|z|=1$，且 $dz=ie^{i\varphi}d\varphi$，故

$$I_1+iI_2=\oint_C e^{rz}\frac{1}{iz^{n+1}}dz=\frac{1}{i}\oint_C e^{rz}\frac{1}{(z-0)^{n+1}}dz=\frac{1}{i}\frac{2\pi\cdot i}{n!}\left[\frac{d^n}{dz^n}(e^{rz})\right]=\frac{2\pi}{n!}r^n$$

比较等式两端的实部与虚部，即得证明。

四、思考题

1. 复变函数的积分与实函数的曲线积分有什么不同？
2. 柯西积分定理与柯西积分公式有什么异同与联系？
3. 复积分与路径有关吗？
4. 设 $f(z)$ 在单连通区域 D 内解析，C 为 D 内任一条简单闭曲线，则等式

$$\int_C \mathrm{Re}[f(z)]dz=\int_C \mathrm{Im}[f(z)]dz$$

是否成立，为什么？

习 题 三

A 类

1. 计算积分 $\int_0^{3+i}z^2dz$，积分路径为（1）自原点到 $3+i$ 的直线段；（2）自原点沿实轴至3，再由3沿垂直向上至 $3+i$；（3）自原点沿虚轴至 i，再由 i 水平向右至 $3+i$。

2. 计算积分 $\oint_C\frac{\bar{z}}{|z|}dz$。其中 C 为正向圆周：（1）$|z|=2$；（2）$|z|=4$。

3. 求证：$\left|\int_C\frac{dz}{z^2}\right|\leqslant\frac{\pi}{4}$。其中 C 为 $1-i$ 到1的直线段。

4. 观察得出下列积分的结果，并说明理由。

(1) $\oint_{|z|=1}\frac{3z+5}{z^2+2z+4}dz$； (2) $\oint_{|z|=1}\frac{e^z}{\cos z}dz$；

(3) $\oint_{|z|=1}e^z(z^2+1)dz$； (4) $\oint_{|z|=\frac{1}{2}}\frac{1}{(z^2-1)(z^3-1)}dz$。

5. 计算下列积分，其中 C 为正向圆周。

(1) $\oint_C\frac{1}{z^2+4}dz$, C: $|z|=1$； (2) $\oint_C\frac{\cos z}{z+i}dz$, C: $|z+3i|=1$；

(3) $\oint_C\frac{1}{z^2-2}dz$, C: $|z-1|=1$； (4) $\oint_C\frac{2z-1}{z(z-1)}dz$, C: $|z|=2$。

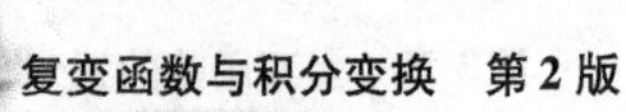

6.　沿指定曲线的正向计算下列各积分。

(1) $\oint_C \frac{e^z}{z-2}dz$, $C: |z-2| = 1$;　　(2) $\oint_C \frac{\cos\pi z}{(z-1)^5}dz$, $C: |z| = r > 1$;

(3) $\oint_C \frac{\sin z}{\left(z-\frac{\pi}{2}\right)^5}dz$, $C: |z| = 2$;　　(4) $\oint_C \frac{dz}{(z^2+1)(z^2+4)}$, $C: |z| = \frac{3}{2}$

(5) $\oint_C \frac{3z^2+7z+1}{(z+1)^3}dz$, $C: |z+i| = 1$;

(6) $\oint_C \frac{1}{z^2+9}dz$, C:不过 $z = \pm 3i$ 的任意简单正向闭曲线;

(7) $\oint_C \frac{\cos z}{z^3}dz$, $C = C_1 + C_2^-$, $C_1: |z| = 2$, $C_2: |z| = 3$;

(8) $\oint_C \frac{e^z \sin z}{z^2}dz$, $C: |z-i| = 2$。

7. 设 C 为不经过 a 与 $-a$ 的正向简单闭曲线，a 为不等于零的任何复数，试就 a 与 $-a$ 同 C 的各种不同位置，计算积分 $\oint_C \frac{z dz}{z^2 - a^2}$。

8. 设 $f(z) = \int_{|\xi|=3} \frac{2\xi^3+7\xi^2+1}{(\xi-z)^2}d\xi$, $|z| \neq 3$，求 (1) $f(1+i)$; (2) $f'(1+i)$。

9. 设 $f(z)$ 与 $g(z)$ 在区域 D 内处处解析，C 为 D 内任何一条简单光滑闭曲线，它的内部全属于 D。如果 $f(z) = g(z)$ 在 C 上所有点都成立，试证在 C 的内部所有处点 $f(z) = g(z)$ 也成立。

10. 如果 $f(z)$ 在单位圆盘上及内部解析，那么证明

$$f(re^{i\varphi}) = \frac{1}{2\pi}\int_0^{2\pi} \frac{f(e^{i\theta})}{1 - re^{i(\varphi-\theta)}}d\theta \qquad r < 1$$

11. 设 $f(z)$ 在区域 D 内解析，C 是 D 上的一条闭曲线。证明对任意不在 C 上的 $z_0 \in D$,

$$\oint_C \frac{f'(z)dz}{z-z_0} = \oint_C \frac{f(z)dz}{(z-z_0)^2}$$

12. 证明最大模原理:

设函数 $f(z)$ 在给定区域 D 内解析且不为常数，那么 $|F(z)|$在 D 内取不到最大值。

并证明以下推论:

推论1　在区域 D 内解析的函数 $f(z)$，若其模在 D 的内点达到最大值，则此函数必恒为常数。

推论2　若 $f(z)$ 在有界区域 D 内解析，在 $\overline{D}$ 上连续，则 $|f(z)|$必在 D 的边界上达到最大值。

13. 证明泊松公式: $u(r, \varphi) = \frac{1}{2\pi}\int_0^{2\pi} u(R, \theta)d\theta \frac{R^2 - r^2}{R^2 - 2rR\cos(\theta+\varphi)}d\theta$。

B　类

14.　分别沿 $y = x$ 与 $y = x^2$ 算出积分 $\int_0^{1+i} (x^2 + iy)dz$ 的值。

15. 计算积分 $\oint_C |z|\bar{z}\mathrm{d}z$，其中 C 是一条闭路，由直线段：$-1\leqslant x\leqslant 1$，$y=0$ 与上半单位圆周组成。

16. 设 $f(z)$ 在单连通区域 D 内解析，C 为 D 内任何一条正向简单闭曲线，问

$$\oint_C \mathrm{Re}[f(z)]\mathrm{d}z = \oint_C \mathrm{Im}[f(z)]\mathrm{d}z = 0$$

是否成立。如果成立，给出证明；如果不成立，举例说明。

17. 利用在单位圆上 $\bar{z}=1/z$ 的性质及柯西积分公式说明 $\oint_C \bar{z}\mathrm{d}z = 2\pi\mathrm{i}$，其中 C 表示单位圆周 $|z|=1$，沿正向积分。

18. 证明：若 $f(z)$ 在单位圆 $|z|<1$ 内解析，且 $f(z)\leqslant\dfrac{1}{1-|z|}$，则 $f^{(n)}(0)<\mathrm{e}(n+1)!$，$n=1, 2, \cdots$。

19. 设 $f(z)$ 在单连通区域 D 内解析，且不为零，C 为 D 内任何一条简单闭曲线，问积分 $\oint_C \dfrac{f'(z)}{f(z)}\mathrm{d}z$ 是否为零？为什么？

20. 设函数 $f(z)$ 在 $0<|z|<1$ 内解析，且沿任何圆周 C：$|z|=r$，$0<r<1$ 的积分为零，问 $f(z)$ 是否必须在 $z=0$ 处解析？试举例说明。

21. 设 $f(z)$ 是单连通区域 D 内除 z_0 点以外解析的函数，且 $\lim\limits_{z\to z_0}(z-z_0)f(z)=0$，则于任一属于 D 而不通过 z_0 的简单光滑闭曲线 C，恒有 $\oint_C f(z)\mathrm{d}z = 0$。

22. 设 C 为一内部包含实轴上线段 $[a, b]$ 的简单光滑闭曲线，函数 $f(z)$ 在 C 内及其上解析且在 $[a, b]$ 上取实值。证明对于任两点 z_1，$z_2\in[a, b]$，总有 $z_0\in[a, b]$ 使

$$\oint_C \frac{f(z)}{(z-z_1)(z-z_2)}\mathrm{d}z = \oint_C \frac{f(z)}{(z-z_0)^2}\mathrm{d}z$$

23. 设函数 $f(z)$ 在 $|z|\leqslant 1$ 上解析，且 $f(0)=1$。计算积分

$$\frac{1}{2\pi\mathrm{i}}\oint_{|z|=1}\left[2\pm\left(z+\frac{1}{z}\right)f(z)\right]\frac{\mathrm{d}z}{z}$$

再利用极坐标导出下列等式：

$$\frac{2}{\pi}\int_0^{2\pi} f(\mathrm{e}^{\mathrm{i}\theta})\cos^2\frac{\theta}{2}\mathrm{d}\theta = 2+f'(0);$$

$$\frac{2}{\pi}\int_0^{2\pi} f(\mathrm{e}^{\mathrm{i}\theta})\sin^2\frac{\theta}{2}\mathrm{d}\theta = 2-f'(0)。$$

24. 设函数 $f(z)$ 在区域 D 内解析，$z_0\in D$ 且 $f'(z_0)\neq 0$。证明若 C 是以 z_0 为心充分小的圆周，那么

$$\frac{2\pi\mathrm{i}}{f'(z_0)} = \oint_C \frac{\mathrm{d}z}{f(z)-f(z_0)}$$

第4章 级　数

在高等数学中，我们学习过有关实函数级数的理论，并且知道级数有广泛的应用。本章中我们引进复函数的级数理论并把级数作为工具继续研究解析函数的性质。我们首先引入有关级数的一些基本概念和性质，并从解析函数的柯西积分公式出发，给出解析函数的级数表示——泰勒（Taylor）级数，并研究复函数在圆环域内的级数表示——洛朗（Laurent）级数。我们将看到函数在一点的解析性等价于函数在该点的邻域可展开为幂级数，而有关洛朗级数的讨论为下一章研究解析函数的孤立奇点的分类及函数在孤立奇点的邻域内的性质提供了必要的准备。

4.1 复数项级数与复变函数项级数

4.1.1 复数序列

给定一列有序的复数：$z_1=a_1+\mathrm{i}b_1$，$z_2=a_2+\mathrm{i}b_2$，…，$z_n=a_n+\mathrm{i}b_n$，…称为**复数序列**，简记作 $\{z_n\}$。

定义 4.1.1 给定一个复数序列 $\{z_n\}$，设 $z_0=a+\mathrm{i}b$ 是一个复常数，若对于任意给定的正数 $\varepsilon>0$，存在一个充分大的正整数 N，当 $n>N$ 时，有

$$|z_n-z_0|<\varepsilon$$

则说$\{z_n\}$当 n 趋向于 $+\infty$ 时，以 z_0 为极限，或者说复数序列$\{z_n\}$收敛于极限 z_0，记作

$$\lim_{n\to\infty}z_n=z_0 \text{ 或 } z_n\to z_0\ (n\to\infty)$$

如果复数序列 $\{z_n\}$ 不收敛，则说 $\{z_n\}$ 是发散的。

由不等式

$$|a_n-a|\leqslant|z_n-z_0|\leqslant|a_n-a|+|b_n-b|$$
$$|b_n-b|\leqslant|z_n-z_0|\leqslant|a_n-a|+|b_n-b|$$

我们立即得到如下定理：

定理4.1.1 给定一个复数序列$\{z_n\}$，其中$z_n=a_n+\mathrm{i}b_n$（$n=1, 2, \cdots$），$z_0=a+\mathrm{i}b$，则$\lim\limits_{n\to\infty}z_n=z_0$当且仅当$\lim\limits_{n\to\infty}a_n=a$和$\lim\limits_{n\to\infty}b_n=b$。

定理4.1.1的结论使得我们可以把有关实数序列极限的相关性质推广到复数序列上，即有：

定理4.1.2 若$\lim\limits_{n\to\infty}z_n=z$，$\lim\limits_{n\to\infty}w_n=w$，则：

（1）$\lim\limits_{n\to\infty}(z_n+w_n)=z+w$；

（2）$\lim\limits_{n\to\infty}z_n\cdot w_n=z\cdot w$；

（3）$\lim\limits_{n\to\infty}(z_n/w_n)=z/w$，$w\neq 0$。

4.1.2 复数项级数

定义4.1.2 给定一个复数序列$\{z_n\}$，称表达式

$$z_1+z_2+\cdots+z_n+\cdots$$

为一个**复数项级数**，记作$\sum\limits_{n=1}^{\infty}z_n$。

类似实数项级数，我们给出复数项级数收敛的概念。

定义4.1.3 称复数项级数$\sum\limits_{n=1}^{\infty}z_n$的前$n$项和$S_n=z_1+z_2+\cdots+z_n$为级数的**部分和**。若$n$分别取自然数，得一复数序列$\{S_n\}$。当部分和序列$\{S_n\}$存在极限时，称复数项级数$\sum\limits_{n=1}^{\infty}z_n$是**收敛**的，极限$S=\lim\limits_{n\to\infty}S_n$称为$\sum\limits_{n=1}^{\infty}z_n$的和，记作$S=\sum\limits_{n=1}^{\infty}z_n$。若$\{S_n\}$不收敛，则称复数项级数$\sum\limits_{n=1}^{\infty}z_n$是**发散**的。

例4.1.1 当$|z|<1$时，判断级数$1+z+z^2+\cdots+z^n+\cdots=\sum\limits_{n=0}^{\infty}z^n$是否收敛？

解 其部分和为

$$S_n=1+z+z^2+\cdots+z^n=\frac{1-z^{n+1}}{1-z}\qquad(n=1, 2, \cdots)$$

由于$|z|<1$，所以$\lim\limits_{n\to\infty}|z|^{n+1}=0$，因而$\lim\limits_{n\to\infty}\left|\frac{z^{n+1}}{1-z}\right|=\lim\limits_{n\to\infty}\frac{|z|^{n+1}}{|1-z|}=0$。

所以$\lim\limits_{n\to\infty}\frac{z^{n+1}}{1-z}=0$，所以$\lim\limits_{n\to\infty}S_n=\lim\limits_{n\to\infty}\left(\frac{1}{1-z}-\frac{z^{n+1}}{1-z}\right)=\frac{1}{1-z}$。

这就是说，当$|z|<1$时，级数$1+z+z^2+\cdots+z^n+\cdots=\sum\limits_{n=0}^{\infty}z^n$收敛于$\frac{1}{1-z}$。

由上面关于复数项级数收敛的概念结合定理4.1.1，我们可以把复数项级数

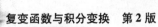

的敛散问题转变成实数项级数的敛散问题。

定理 4.1.3　复数项级数 $\sum_{n=1}^{\infty} z_n(z_n = a_n + ib_n,\ n=1,\ 2,\ \cdots)$ 收敛的充分必要条件是实数项级数 $\sum_{n=1}^{\infty} a_n$，$\sum_{n=1}^{\infty} b_n$ 同时收敛。

事实上，注意到 $\sum_{n=1}^{\infty} z_n$ 的部分和

$$S_n = z_1 + z_2 + \cdots + z_n = (a_1 + a_2 + \cdots + a_n) + \mathrm{i}(b_1 + b_2 + \cdots + b_n) = \sigma_n + \mathrm{i}\tau_n$$

这里 $\sigma_n = \sum_{k=1}^{n} a_k$，$\tau_n = \sum_{k=1}^{n} b_k$ 分别为 $\sum_{n=1}^{\infty} a_n$ 和 $\sum_{n=1}^{\infty} b_n$ 的前 n 项和，而由定理 4.1.1 知，$\sum_{n=1}^{\infty} z_n$ 收敛 $\Leftrightarrow S_n$ 收敛 $\Leftrightarrow \{\sigma_n\}$，$\{\tau_n\}$ 同时收敛 $\Leftrightarrow \sum_{n=1}^{\infty} a_n$，$\sum_{n=1}^{\infty} b_n$ 同时收敛。

假定复数项级数 $\sum_{n=1}^{\infty} z_n$ 收敛，由定理 4.1.3 必有 $\sum_{n=1}^{\infty} a_n$，$\sum_{n=1}^{\infty} b_n$ 同时收敛，因而根据实数项级数收敛的必要条件，可得 $\lim_{n\to\infty} a_n = 0$ 和 $\lim_{n\to\infty} b_n = 0$。于是 $\lim_{n\to\infty} z_n = \lim_{n\to\infty} a_n + \mathrm{i}\lim_{n\to\infty} b_n = 0$。可得如下定理：

定理 4.1.4　复数项级数 $\sum_{n=1}^{\infty} z_n$ 收敛的必要条件是 $\lim_{n\to\infty} z_n = 0$。

例 4.1.2　考查下列级数的敛散性。

(1) $\sum_{n=1}^{\infty}\left(\frac{1}{n} + \mathrm{i}\frac{1}{2^n}\right)$；　　(2) $\sum_{n=1}^{\infty} \frac{\mathrm{i}^n}{n}$。

解　(1) $\sum_{n=1}^{\infty}\left(\frac{1}{n} + \mathrm{i}\frac{1}{2^n}\right) = \sum_{n=1}^{\infty}\frac{1}{n} + \mathrm{i}\sum_{n=1}^{\infty}\frac{1}{2^n}$ 由于调和级数 $\sum_{n=1}^{\infty}\frac{1}{n}$ 发散，故所给级数发散。

(2) $\sum_{n=1}^{\infty}\frac{\mathrm{i}^n}{n} = -\left(\frac{1}{2} - \frac{1}{4} + \frac{1}{6} - \frac{1}{8} + \cdots\right) + \mathrm{i}\left(1 - \frac{1}{3} + \frac{1}{5} - \frac{1}{7} + \cdots\right)$ 由于该级数的实部与虚部的实数项均为收敛的交错级数，故所给级数收敛。

例 4.1.3　继续考查级数 $\sum_{n=1}^{\infty} z^{n-1}$ 的敛散性。

解　当 $|z| < 1$ 时，由例 4.1.1 已知级数 $\sum_{n=1}^{\infty} z^{n-1}$ 收敛，且 $\sum_{n=1}^{\infty} z^{n-1} = \frac{1}{1-z}$。

当 $|z| \geqslant 1$ 时，由于 $\lim_{n\to\infty} z^{n-1} \neq 0$，故此时级数 $\sum_{n=1}^{\infty} z^{n-1}$ 发散。

定义 4.1.4　给定复数项级数 $\sum\limits_{n=1}^{\infty} z_n\ (z_n = a_n + \mathrm{i}b_n,\ n=1,\ 2,\ \cdots)$，若正项级数 $\sum\limits_{n=1}^{\infty} |z_n|$ 收敛，称级数 $\sum\limits_{n=1}^{\infty} z_n$ 是**绝对收敛**的；若 $\sum\limits_{n=1}^{\infty} z_n$ 收敛，而 $\sum\limits_{n=1}^{\infty} |z_n|$ 发散，称级数 $\sum\limits_{n=1}^{\infty} z_n$ 是**条件收敛**的。

显然由不等式

$$|a_n| \leqslant |z_n| \leqslant |a_n| + |b_n|,\quad |b_n| \leqslant |z_n| \leqslant |a_n| + |b_n| \qquad (n=1,\ 2,\ \cdots)$$

可推出 $\sum\limits_{n=1}^{\infty} z_n$ 绝对收敛等价于实数项级数 $\sum\limits_{n=1}^{\infty} a_n$，$\sum\limits_{n=1}^{\infty} b_n$ 同时绝对收敛，进而推出 $\sum\limits_{n=1}^{\infty} a_n$，$\sum\limits_{n=1}^{\infty} b_n$ 同时收敛。再由定理 4.1.3 知 $\sum\limits_{n=1}^{\infty} z_n$ 收敛，于是得到下面的定理：

定理 4.1.5　每个绝对收敛的复数项级数其本身一定是收敛的。

这个定理之逆定理是不成立的，例如级数 $\sum\limits_{n=1}^{\infty} (-1)^{n-1} \dfrac{1}{n}$ 收敛，但级数 $\sum\limits_{n=1}^{\infty} \left| (-1)^{n-1} \dfrac{1}{n} \right| = \sum\limits_{n=1}^{\infty} \dfrac{1}{n}$ 却是发散的。

例 4.1.4　判别下列级数的绝对收敛性与条件收敛性。

(1) $\sum\limits_{n=2}^{\infty} \dfrac{\mathrm{i}^n}{\ln n}$；　　(2) $\sum\limits_{n=1}^{\infty} \dfrac{\mathrm{i}^n}{n^2}$。

解　(1) 令 $z_n = \dfrac{\mathrm{i}^n}{\ln n} = \dfrac{1}{\ln n}\left(\cos\dfrac{\pi}{2} + \mathrm{i}\sin\dfrac{\pi}{2}\right)^n = \dfrac{1}{\ln n}\left(\cos\dfrac{n\pi}{2} + \mathrm{i}\sin\dfrac{n\pi}{2}\right)$

于是

$$\sum_{n=2}^{\infty} \frac{\mathrm{i}^n}{\ln n} = \sum_{n=2}^{\infty} \frac{\cos\frac{n\pi}{2}}{\ln n} + \mathrm{i}\sum_{n=2}^{\infty} \frac{\sin\frac{n\pi}{2}}{\ln n} = \sum_{k=1}^{\infty} \frac{(-1)^k}{\ln(2k)} + \mathrm{i}\sum_{k=1}^{\infty} \frac{(-1)^k}{\ln(2k+1)}$$

可见，$\sum\limits_{n=2}^{\infty} \dfrac{\mathrm{i}^n}{\ln n}$ 的实、虚部均为收敛的交错级数，故它是收敛的。

又 $\sum\limits_{n=2}^{\infty} \left| \dfrac{\mathrm{i}^n}{\ln n} \right| = \sum\limits_{n=2}^{\infty} \dfrac{1}{\ln n}$，且 $\ln n = \ln[1 + (n-1)] < n-1\ (n>1)$，所以 $\dfrac{1}{\ln n} > \dfrac{1}{n-1}$。而 $\sum\limits_{n=2}^{\infty} \dfrac{1}{n-1}$ 为调和级数，发散，由比较判别法知 $\sum\limits_{n=2}^{\infty} \dfrac{1}{\ln n}$ 发散，即 $\sum\limits_{n=2}^{\infty} \dfrac{\mathrm{i}^n}{\ln n}$ 条件收敛。

(2) 因为 $\sum\limits_{n=1}^{\infty}\left|\dfrac{\mathrm{i}^n}{n^2}\right|=\sum\limits_{n=1}^{\infty}\dfrac{1}{n^2}$ 是收敛的正项级数，所以级数 $\sum\limits_{n=1}^{\infty}\dfrac{\mathrm{i}^n}{n^2}$ 收敛且为绝对收敛。

4.1.3　复变函数项级数

给定一个复变函数序列 $\{f_n(z)\}$，其中 $f_n(z)(n=1,2,\cdots)$ 均在集合 E 上有定义，称表达式 $f_1(z)+f_2(z)+\cdots+f_n(z)+\cdots$ 为**复变函数项级数**，记作 $\sum\limits_{n=1}^{\infty}f_n(z)$。

设 z_0 为 E 上固定点，则 $\sum\limits_{n=1}^{\infty}f_n(z_0)$ 为一复数项级数。若 $\sum\limits_{n=1}^{\infty}f_n(z_0)$ 收敛，称 $\sum\limits_{n=1}^{\infty}f_n(z)$ 在点 z_0 处收敛，否则称 $\sum\limits_{n=1}^{\infty}f_n(z)$ 在点 z_0 处发散。级数 $\sum\limits_{n=1}^{\infty}f_n(z)$ 可能在集合 D 上的一些点处收敛，而在另一些点处发散。级数 $\sum\limits_{n=1}^{\infty}f_n(z)$ 的收敛点的全体称为它的**收敛域**，记作 D。另记 $\sum\limits_{n=1}^{\infty}f_n(z)$ 的**部分和**为 $s_n(z)=f_1(z)+f_2(z)+\cdots+f_n(z)$，于是在级数 $\sum\limits_{n=1}^{\infty}f_n(z)$ 的收敛域 D 内得到一个函数 $s(z)=\lim\limits_{n\to\infty}s_n(z)\ (z\in D)$ 称为 $\sum\limits_{n=1}^{\infty}f_n(z)$ 的**和函数**，记作 $s(z)=\sum\limits_{n=1}^{\infty}f_n(z)$。

例如，例4.1.1的级数 $1+z+z^2+\cdots+z^n+\cdots=\sum\limits_{n=0}^{\infty}z^n$ 在区域 $|z|<1$ 内收敛，且在该区域的和函数为 $\dfrac{1}{1-z}$；或者说，在该区域内，该级数收敛于 $\dfrac{1}{1-z}$。

*4.1.4　复变函数项级数的分析性质

下面引入一致收敛的概念，它是研究复变函数项级数的有力工具。对于有关定理，我们一律不加证明，有兴趣的读者可以查阅相关参考书籍。

定义4.1.5　给定复变函数项级数 $\sum\limits_{n=1}^{\infty}f_n(z)$，其中 $f_n(z)(n=1,2,\cdots)$ 均定义在集合 E 上，对于任意给定的正数 $\varepsilon>0$，存在一个充分大的且仅与 ε 有关的正整数 $N=N(\varepsilon)$，当 $n>N$ 时，有 $|s(z)-s_n(z)|<\varepsilon$，在 E 上恒成立，称级数 $\sum\limits_{n=1}^{\infty}f_n(z)$ 在集合 E 上一致收敛于函数 $s(z)$。

定理4.1.6 若复变函数 $f_n(z)(n=1, 2, \cdots)$ 均定义在集合 E 上，并且有不等式 $|f_n(z)| \leqslant M_n(n=1, 2, \cdots)$，而正项级数 $\sum_{n=1}^{\infty} M_n$ 收敛，则级数 $\sum_{n=1}^{\infty} f_n(z)$ 在 E 上一致收敛。

定理4.1.7 若复变函数$f_n(z)(n=1, 2, \cdots)$ 在区域 D 上连续，级数 $\sum_{n=1}^{\infty} f_n(z)$ 在 D 上一致收敛于 $s(z)$，则 $s(z)$ 在 D 上处处连续。

定理4.1.8 若复变函数$f_n(z)(n=1, 2, \cdots)$ 均在光滑或逐段光滑曲线 C 上连续，级数 $\sum_{n=1}^{\infty} f_n(z)$ 在 C 上一致收敛于函数 $s(z)$，则 $s(z)$ 在 C 上可积，并且有

$$\int_C s(z)\mathrm{d}z = \sum_{n=1}^{\infty} \int_C f_n(z)\mathrm{d}z \tag{4.1.1}$$

成立。

式（4.1.1）表明，在定理4.1.8条件下，求和与求积分可以交换次序，即可逐项积分。

定理4.1.9 若复变函数$f_n(z)(n=1, 2, \cdots)$ 均在区域 D 内解析，并且 $\sum_{n=1}^{\infty} f_n(z)$ 在 D 内一致收敛于和函数 $s(z)$，则 $s(z)$ 在 D 内解析，并且有

$$s^{(k)}(z) = \sum_{n=1}^{\infty} f_n^{(k)}(z) \quad (z \in D, k = 1, 2, \cdots) \tag{4.1.2}$$

成立。

可见在定理4.1.9条件下，式（4.1.2）表明求和与求导可以交换次序，即可逐项求导。

4.2 幂级数

在复函数项级数中，如果我们取 $f_n(z)=a_{n-1}(z-z_0)^{n-1}$，$z_0$，$a_n(n=0, 1, 2, \cdots)$ 均为复常数，则得如下一种类型的函数项级数

$$a_0 + a_1(z-z_0) + a_2(z-z_0)^2 + \cdots + a_n(z-z_0)^n + \cdots \tag{4.2.1}$$

称之为**幂级数**，简记作 $\sum_{n=0}^{\infty} a_n(z-z_0)^n$ 。若令 $z_0=0$，得幂级数

$$\sum_{n=0}^{\infty} a_n z^n = a_0 + a_1 z + a_2 z^2 + \cdots + a_n z^n + \cdots \tag{4.2.2}$$

与在高等数学中一样，我们只需作变换：$z = z_1 - z_0$，有关幂级数（4.2.2）的一切结论都可以转移到幂级数（4.2.1）上去，所以我们只讨论形如式（4.2.2）的幂级数。

历史寻根

1668年，麦凯特尔（Nicolaus Mercator 1620—1687）发表了他的《对数课程》，中间出现了对数的幂级数展开式。1670年，格雷戈里（James Gregory）发现了其他一些超越函数的幂级数。1671年，牛顿阐述了幂级数的优越性，他把幂级数简单地看成了可以像处理普通多项式那样来处理的广义多项式。麦克劳林、泰勒、拉格朗日等人对于幂级数理论都有重要贡献。

4.2.1 幂级数的敛散性

对于幂级数（4.2.1），显然，$z = z_0$ 是其一个收敛点；对于幂级数（4.2.2），$z=0$是其一个收敛点。下面的阿贝尔（Abel）定理展示了幂级数的收敛特性。

定理 4.2.1 （1）若幂级数（4.2.2）在点 $z_0(z_0 \neq 0)$ 收敛，则它在以原点为中心，以$|z_0|$为半径的圆周内收敛且绝对收敛。

（2）若幂级数（4.2.2）在点 $z_0(z_0 \neq 0)$ 处发散，则它在满足$|z| > |z_0|$的点 z 处发散。

证 （1）若 $z_0 \neq 0$，且级数 $\sum\limits_{n=0}^{\infty} a_n z_0^n$ 收敛，它的一般项 $a_n z_0^n$ 趋于零，于是序列$\{a_n z_0^n\}$有界，即存在常数 $M > 0$，使得 $|a_n z_0^n| \leqslant M(n = 1, 2, \cdots)$。当$|z| < |z_0|$时，有

$$|a_n z^n| = \left| a_n z_0^n \frac{z^n}{z_0^n} \right| = |a_n z_0^n| \left| \frac{z^n}{z_0^n} \right|^n \leqslant Mq^n$$

这里 $q = \left|\dfrac{z}{z_0}\right| < 1$，级数 $\sum\limits_{n=1}^{\infty} Mq^n$ 收敛。所以 $\sum\limits_{n=0}^{\infty} a_n z^n$ 在$|z| < |z_0|$内绝对收敛。

（2）反证法：若幂级数（4.2.2）在 z_0 点发散，且对于$|z| > |z_0|$内的某一点 $z'(|z'| > |z_0|)$ 处收敛，由（1）的结论知 $\sum\limits_{n=0}^{\infty} a_n z^n$ 必在点 z_0 收敛，此与假设矛盾，原命题得证。

4.2.2 幂级数的收敛圆与收敛半径

利用定理 4.2.1，可以确定幂级数的收敛范围：对于任何一个形如式

(4.2.2) 的幂级数而言，它的收敛情况不外乎下述三种：

(1) 对于除原点外所有正实轴上的点处处都是发散的，这时，根据定理4.2.1可知幂级数 (4.2.2) 在复平面上除原点外处处发散。

(2) 对于所有正实轴上的点处处都是收敛的，这时，根据定理4.2.1可知幂级数 (4.2.2) 在整个复平面上处处收敛，而且是绝对收敛的。

(3) 对于正实轴上的点，既有使幂级数 (4.2.2) 收敛的点，也有使幂级数 (4.2.2) 发散的点。设 $z=R_1(R_1>0)$ 时，幂级数 (4.2.2) 收敛，$z=R_2(R_2>0)$ 时，幂级数 (4.2.2) 发散。根据定理4.2.1，幂级数 (4.2.2) 在以原点为圆心，以正数 R_1 为半径的圆周 C_{R_1} 内是处处收敛的，而且是绝对收敛的，在以原点为心，以正数 R_2 为半径的圆周 C_{R_2} 外处处发散。

显然 $R_1<R_2$，否则幂级数 (4.2.2) 在 $z=R_1$ 点处发散。现在设想把 z 平面上级数收敛的部分染成黄色，发散的部分染成红色。由于此时幂级数 (4.2.2) 在正实轴上的收敛点的全体是一个有上界的数集 (R_2 即为这个数集的一个上界)，故必有上确界，记之为 R，当 R_1 在 R 的左侧逐渐接近于 R 时，C_{R_1} 必定逐渐接近于以原点为圆心，以 R 为半径的圆周 C_R，在 C_R 的内部皆为黄色，外部皆为红色，这个黄红两色的分界圆周 C_R 称为幂级数 (4.2.2) 的收敛圆 (图4.2.1)。在收敛圆的内部，幂级数 (4.2.2) 绝对收敛；在收敛圆的外部，幂级数 (4.2.2) 发散。收敛圆的半径 R 称为收敛半径，而在收敛圆周 C_R 上是收敛还是发散的，不能作出一般的结论，要对于具体的幂级数进行具体分析。

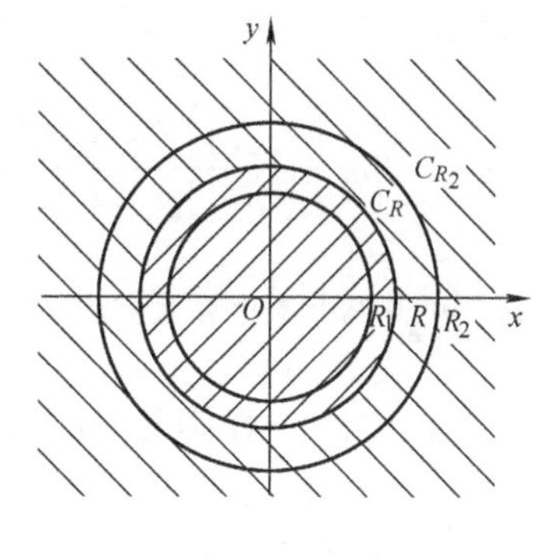

图 4.2.1

对于形如式 (4.2.1) 的幂级数，我们不难理解它一定在以 $z=z_0$ 为圆心的某个圆盘内处处收敛，在圆盘的边界 (收敛圆) 上是收敛还是发散的，同样不能作出一般的结论，而收敛圆的外部则处处发散。

为了统一起见，我们规定收敛情况 (1) 的幂级数的收敛半径为 $R=0$；收敛情况 (2) 的幂级数的收敛半径 $R=+\infty$。

关于幂级数收敛半径 R 的求法，类似高等数学中，我们有如下结论：

定理 4.2.2 (达朗贝尔 (d'Alembert) 法则或比值法) 对于幂级数 (4.2.1)，若极限 $\lim\limits_{n\to\infty}\left|\dfrac{a_{n+1}}{a_n}\right|=\lambda$ (包括为0或 $+\infty$ 的情形)，则它的收敛半径为

$$R=\begin{cases}+\infty & \lambda=0\\ \dfrac{1}{\lambda} & 0<\lambda<+\infty\\ 0 & \lambda=+\infty\end{cases} \tag{4.2.3}$$

*证　当$0<\lambda<+\infty$时，由于

$$\lim_{n\to\infty}\frac{|a_{n+1}||z-z_0|^{n+1}}{|a_n||z-z_0|^n}=\lim_{n\to\infty}\left|\frac{a_{n+1}}{a_n}\right||z-z_0|=\lambda|z-z_0|$$

故知当$|z-z_0|<\dfrac{1}{\lambda}$时，级数$\sum\limits_{n=0}^{\infty}|a_n||z-z_0|^n$收敛。根据定理4.1.5，幂级数$\sum\limits_{n=0}^{\infty}a_n(z-z_0)^n$在圆$|z-z_0|=\dfrac{1}{\lambda}$内处处收敛。

再证当$|z-z_0|>\dfrac{1}{\lambda}$时，级数$\sum\limits_{n=0}^{\infty}a_n(z-z_0)^n$发散。设在圆$|z-z_0|=\dfrac{1}{\lambda}$外有一点$z'$，使级数$\sum\limits_{n=0}^{\infty}a_n(z'-z_0)^n$收敛。在圆外再取一点$z''$，使$|z''-z_0|<|z'-z_0|$，那么根据阿贝尔定理，级数$\sum\limits_{n=0}^{\infty}|a_n||z''-z_0|^n$收敛，然而$|z''-z_0|>\dfrac{1}{\lambda}$，所以

$$\lim_{n\to\infty}\frac{|a_{n+1}||z''-z_0|^{n+1}}{|a_n||z''-z_0|^n}=\lim_{n\to\infty}\left|\frac{a_{n+1}}{a_n}\right||z''-z_0|=\lambda|z''-z_0|>1$$

从而，$\lim\limits_{n\to\infty}|a_n||z''-z_0|^n\neq0$，这与级数$\sum\limits_{n=0}^{\infty}|a_n||z''-z_0|^n$收敛相矛盾，因而级数$\sum\limits_{n=0}^{\infty}a_n(z-z_0)^n$在圆$|z-z_0|=\dfrac{1}{\lambda}$外处处发散。综上所述，知幂级数（4.2.1）的收敛半径为$R=\dfrac{1}{\lambda}$。

当$\lambda=0$时，对于任何复数z，极限

$$\lim_{n\to\infty}\frac{|a_{n+1}||z-z_0|^{n+1}}{|a_n||z-z_0|^n}=\lim_{n\to\infty}\left|\frac{a_{n+1}}{a_n}\right||z-z_0|=\lambda|z-z_0|=0$$

从而知级数$\sum\limits_{n=0}^{\infty}|a_n||z-z_0|^n$收敛，从而级数$\sum\limits_{n=0}^{\infty}a_n(z-z_0)^n$在复平面内处处收敛，即$R=+\infty$。

当$\lambda=+\infty$时，对于任何复数$z\neq z_0$，极限

$$\lim_{n\to\infty}\frac{|a_{n+1}||z-z_0|^{n+1}}{|a_n||z-z_0|^n}=\lim_{n\to\infty}\left|\frac{a_{n+1}}{a_n}\right||z-z_0|=+\infty$$

从而知 $\lim\limits_{n\to\infty} a_n(z-z_0)^n \neq 0$，根据定理4.1.4级数 $\lim\limits_{n\to\infty} a_n(z-z_0)^n$ 发散，即 $R=0$。

定理4.2.3（柯西（Cauchy）法则或根值法）对于幂级数（4.2.1），若极限 $\lim\limits_{n\to\infty}\sqrt[n]{|a_n|}=\lambda$（包括为0或 $+\infty$ 的情形），则它的收敛半径为

$$R=\begin{cases}+\infty & \lambda=0\\ \dfrac{1}{\lambda} & 0<\lambda<+\infty\\ 0 & \lambda=+\infty\end{cases} \tag{4.2.4}$$

证明从略。

例4.2.1 试求下列幂级数的收敛半径 R。

（1）$\sum\limits_{n=0}^{\infty} z^n$；（2）$\sum\limits_{n=1}^{\infty}\dfrac{n^n}{n!}z^n$；（3）$\sum\limits_{n=1}^{\infty}\dfrac{z^n}{n^3}$；（4）$\sum\limits_{n=0}^{\infty} n!z^n$。

解（1）由本章例4.1.3知幂级数 $\sum\limits_{n=0}^{\infty} z^n$ 在 $|z|<1$ 内处处收敛于和函数 $s(z)=\dfrac{1}{1-z}$，当 $|z|\geqslant 1$ 时，处处发散，因此 $\sum\limits_{n=0}^{\infty} z^n$ 的收敛圆为以 $z=0$ 为圆心的单位圆盘，即 $R=1$。

（2）因为 $\lim\limits_{n\to\infty}\left|\dfrac{a_{n+1}}{a_n}\right|=\lim\limits_{n\to\infty}\left|\dfrac{(n+1)^{n+1}}{(n+1)!}\Big/\dfrac{n^n}{n!}\right|=\lim\limits_{n\to\infty}\left(1+\dfrac{1}{n}\right)^n=\mathrm{e}$

故由定理4.2.2得收敛半径为 $R=\dfrac{1}{\mathrm{e}}$。

（3）因为 $\lim\limits_{n\to\infty}\left|\dfrac{a_{n+1}}{a_n}\right|=\lim\limits_{n\to\infty}\left|\dfrac{1}{(n+1)^3}\Big/\dfrac{1}{n^3}\right|=\lim\limits_{n\to\infty}\left(\dfrac{n}{n+1}\right)^3=1$

故由定理4.2.2得收敛半径为 $R=\dfrac{1}{1}=1$。

（4）令 $c_n=n!$，则

$$\lim_{n\to\infty}\sqrt[n]{|c_n|}=\infty$$

所以，$R=0$。

由上面的例子可知，$\sum\limits_{n=0}^{\infty} z^n$ 的收敛半径为 $R=1$，但是在收敛圆 $|z|=1$ 上处处发散。另一方面，$\sum\limits_{n=1}^{\infty}\dfrac{z^n}{n^3}$ 的收敛半径为 $R=1$，但是在收敛圆 $|z|=1$ 上级数却是处处收敛的。这是因为 $|z|=1$ 时，级数 $\sum\limits_{n=1}^{\infty}\left|\dfrac{z^n}{n^3}\right|=\sum\limits_{n=1}^{\infty}\dfrac{1}{n^3}$ 是收敛的。我们再考查

$\sum_{n=1}^{\infty}\frac{z^n}{n}$，它的收敛半径 $R=1$，它在收敛圆上点 $z=1$ 处是发散的，而在 $z=-1$ 点处却是收敛的。可见幂级数在它的收敛圆上的敛散情况是比较复杂的，我们只能对于具体问题具体分析。

4.2.3 幂级数的运算与性质

设级数 $f(z)=\sum_{n=1}^{\infty}\alpha_n z^n$ 的收敛半径为 $R_1(R_1>0)$，级数 $g(z)=\sum_{n=0}^{\infty}\beta_n z^n$ 的收敛半径为 $R_2(R_2>0)$，像实变幂级数一样，复变幂级数也能进行有理运算。我们规定：

$$(1)\quad f(z)\pm g(z)=\left(\sum_{n=0}^{\infty}\alpha_n z^n\right)\pm\left(\sum_{n=0}^{\infty}\beta_n z^n\right)=\sum_{n=0}^{\infty}(\alpha_n+\beta_n)z^n \qquad (4.2.5)$$

记 $\sum_{n=0}^{\infty}(\alpha_n+\beta_n)z^n$ 的部分和为 $s_n(z)=\sum_{n=0}^{n}(\alpha_k\pm\beta_k)z^k$，则当 $|z|<\min\{R_1,R_2\}$时，

$$\lim_{n\to\infty}s_n(z)=\lim_{n\to\infty}\sum_{n=0}^{n}(\alpha_k+\beta_k)z^k=\lim_{n\to\infty}\sum_{n=0}^{n}\alpha_k z^k\pm\lim_{n\to\infty}\beta_k z^k$$

存在，式（4.2.5）的右端级数此时是收敛的，因而幂级数和或差的收敛半径 $R\geqslant\min\{R_1,R_2\}$。

$$(2)\ f(z)g(z)=\left(\sum_{n=0}^{\infty}\alpha_n z^n\right)\left(\sum_{n=0}^{\infty}\beta_n z^n\right)=\sum_{n=0}^{\infty}(\alpha_0\beta_n+\alpha_1\beta_{n-1}+\cdots+a_n\beta_0)z^n \qquad (4.2.6)$$

式（4.2.6）的右端级数也称为级数 $\sum_{n=0}^{\infty}a_n z^n$ 与级数 $\sum_{n=0}^{\infty}\beta_n z^n$ 的柯西乘积。同样，它的收敛半径 $R\geqslant\min\{R_1,R_2\}$。

例 4.2.2 把函数 $f(z)=\frac{1}{z-b}$表示成形如 $\sum_{n=0}^{\infty}c_n(z-a)^n$ 的幂级数，其中 a，b 为不相同的复常数。

解
$$\frac{1}{z-b}=\frac{1}{(z-a)-(b-a)}=-\frac{1}{b-a}\frac{1}{1-\frac{z-a}{b-a}}$$

则当 $\left|\frac{z-a}{b-a}\right|<1$ 时，有

$$\frac{1}{1-\frac{z-a}{b-a}}=1+\frac{z-a}{b-a}+\left(\frac{z-a}{b-a}\right)^2+\cdots+\left(\frac{z-a}{b-a}\right)^n+\cdots$$

所以

$$\frac{1}{z-b}=-\frac{1}{b-a}-\frac{1}{(b-a)^2}(z-a)-\frac{1}{(b-a)^3}(z-a)^2-\cdots-\frac{1}{(b-a)^{n+1}}(z-a)^n-\cdots$$

设$|b-a|=R$，由$\left|\frac{z-a}{b-a}\right|<1$知，当$|z-a|<R$时，上式右端级数收敛于和函数$\frac{1}{z-b}$。因为当$z=b$时，上式右端级数发散，故知上式右端级数的收敛半径为$|b-a|=R$。

在4.1节中，我们已经知道幂级数的和函数是定义在收敛圆盘内的一个函数。我们不加证明地指出幂级数的和函数在收敛圆盘内的所具有的性质。

定理4.2.4　设级数$\sum_{n=0}^{\infty}a_nz^n$的收敛半径为$R>0$，则：

（1）它的和函数$s(z)$在$|z|<R$内解析。

（2）在收敛圆$|z|<R$内，幂级数$\sum_{n=0}^{\infty}a_nz^n=s(z)$可以逐项求导，且其任意阶导数为

$$s^{(k)}(z)=k!\,a_k+\frac{(k+1)!}{1!}a_{k+1}z+\frac{(k+2)!}{2!}a_{k+2}z^2+\cdots\quad(k=1,2,\cdots)\tag{4.2.7}$$

（3）设C为收敛圆盘$|z|<R$内任一条分段光滑曲线，则级数在C上可积，且

$$\int_C s(z)\mathrm{d}z=\sum_{n=0}^{\infty}\int_C a_nz^n\mathrm{d}z=a_n\sum_{n=0}^{\infty}\int_C z^n\mathrm{d}z\tag{4.2.8}$$

证明从略，有兴趣的读者可以参阅参考文献[4]。

例4.2.3　将函数$\ln(1+z)$表示成形如$\sum_{n=0}^{\infty}a_nz^n$的幂级数。

解　已知当$|z|<1$时，有

$$\frac{1}{1+z}=1-z+z^2-\cdots+(-1)^nz^n+\cdots$$

C为从原点出发到点z且完全落在单位圆盘内的任一光滑曲线。由定理4.2.4得

$$\begin{aligned}\ln(1+z)&=\int_C\frac{\mathrm{d}z}{1+z}=\int_C(1-z+z^2-\cdots+(-1)^nz^n+\cdots)\mathrm{d}z\\&=\int_C\sum_{n=0}^{\infty}(-1)^nz^n\mathrm{d}z=\sum_{n=0}^{\infty}\int_C(-1)^nz^n\mathrm{d}z\\&=\sum_{n=0}^{\infty}(-1)^n\frac{z^{n+1}}{n+1}\quad(|z|<1)\end{aligned}$$

例4.2.4　将函数$\frac{1}{(1-z)^2}$表示成形如$\sum_{n=0}^{\infty}a_nz^n$的幂级数。

解　由于$\dfrac{1}{(1-z)^2}=\left(\dfrac{1}{1-z}\right)'$，并且当$|z|<1$时，有

$$\frac{1}{1-z}=1+z+z^2+\cdots+z^n+\cdots$$

根据定理4.2.4得

$$\begin{aligned}\frac{1}{(1-z)^2}&=\left(\frac{1}{1-z}\right)'\\&=(1+z+z^2+\cdots+z^n+\cdots)'=\left(\sum_{n=0}^{\infty}z^n\right)'=\sum_{n=0}^{\infty}(z^n)'\\&=\sum_{n=0}^{\infty}(n+1)z^n\quad(|z|<1)\end{aligned}$$

例4.2.5　将函数$\dfrac{1}{1-z-z^2+z^3}$表示成形如$\sum\limits_{n=0}^{\infty}a_nz^n$的幂级数。

解　由于

$$\frac{1}{1-z-z^2+z^3}=\frac{1}{1+z}\cdot\frac{1}{(1-z)^2}$$

$$\frac{1}{1+z}=\sum_{n=0}^{\infty}(-1)^nz^n,\ \frac{1}{(1-z)^2}=\sum_{n=0}^{\infty}(n+1)z^n,\ |z|<1$$

利用乘积式，得

$$\begin{aligned}\frac{1}{1-z-z^2+z^3}&=1+z+2z^2+2z^3+3z^4+3z^5+\cdots+(n+1)(z^{2n}+z^{2n+1})+\cdots\\&=\sum_{n=0}^{\infty}(n+1)(z^{2n}+z^{2n+1})\ (|z|<1)\end{aligned}$$

4.3　泰勒级数

4.3.1　解析函数的泰勒展开定理

在上一节里曾证明了任一幂级数的和函数在其收敛圆盘内解析。下面借助于柯西积分公式，我们证明任一在圆域内解析的函数都可以用幂级数来表示。

定理4.3.1（泰勒（Taylor）展开定理）设函数$f(z)$在区域D内解析，z_0是D内的一点，R为z_0到D的边界的距离，则当$|z-z_0|<R$时，有

$$f(z)=a_0+a_1(z-z_0)+a_2(z-z_0)^2+\cdots+a_n(z-z_0)^n+\cdots\tag{4.3.1}$$

其中，$a_n=\dfrac{1}{2\pi\mathrm{i}}\oint_{C_r}\dfrac{f(z)}{(z-z_0)^{n+1}}\mathrm{d}z=\dfrac{f^{(n)}(z_0)}{n!}$（$n=1,2,\cdots$），$C_r$为以$z_0$为圆心且落在$|z-z_0|<R$内的任一圆周。

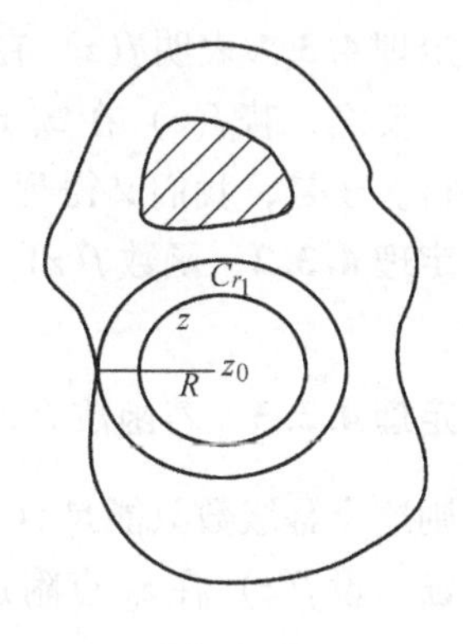

图 4.3.1

证 设z是$|z-z_0|<R$内的任一点，考虑将z包含在其内的以z_0为圆心的圆周$C_{r_1}\subset\{z\,\|\,z-z_0|<R\}$（见图4.3.1），由柯西积分公式

$$f(z)=\frac{1}{2\pi i}\oint_{C_{r_1}}\frac{f(\zeta)}{\zeta-z}d\zeta \quad (4.3.2)$$

$$\frac{f(\zeta)}{\zeta-z}=\frac{f(\zeta)}{\zeta-z_0+z_0-z}=\frac{f(\zeta)}{\zeta-z_0}\cdot\frac{1}{1-\dfrac{z-z_0}{\zeta-z_0}}$$

$$=\sum_{n=0}^{\infty}f(\zeta)\frac{(z-z_0)^n}{(\zeta-z_0)^{n+1}}$$

将上式代入式（4.3.2），则有

$$f(z)=\frac{1}{2\pi i}\oint_{C_{r_1}}\frac{f(\zeta)}{\zeta-z}d\zeta=\frac{1}{2\pi i}\oint_{C_{r_1}}\sum_{n=0}^{N-1}\frac{f(\zeta)(z-z_0)^n}{(\zeta-z_0)^{n+1}}d\zeta+R_N(z) \quad (4.3.3)$$

其中，$R_N(z)=\dfrac{1}{2\pi i}\oint_{C_{r_1}}\sum_{n=N}^{\infty}\dfrac{f(\zeta)(z-z_0)^n d\zeta}{(\zeta-z_0)^{n+1}}$。

下证$\lim\limits_{n\to\infty}R_N(z)=0$。

因为$f(z)$在D内解析，从而在C_{r_1}上连续，因此存在$M>0$，使在C上$|f(z)|\leqslant M$，又$\zeta\in C_{r_1}$，z位于C_{r_1}内部，故$\left|\dfrac{z-z_0}{\zeta-z_0}\right|=\dfrac{|z-z_0|}{r_1}=q<1$。所以

$$|R_N(z)|\leqslant\frac{1}{2\pi}\oint_{C_{r_1}}\left|\sum_{n=N}^{\infty}\frac{f(\zeta)(z-z_0)^n}{(\zeta-z_0)^{n+1}}\right||dz|\leqslant\frac{1}{2\pi}\oint_{C_{r_1}}\left[\sum_{n=N}^{\infty}\frac{|f(\zeta)|}{|\zeta-z_0|}\frac{|z-z_0|^n}{|\zeta-z_0|^n}\right]ds$$

$$\leqslant\frac{1}{2\pi}\sum_{n=N}^{\infty}\frac{M}{r_1}q^n\cdot 2\pi r_1=\frac{Mq^N}{1-q}\to 0 \quad (\text{因为}|q|<1,\lim_{n\to\infty}q^N=0)$$

根据幂级数在收敛圆内可逐项积分的性质与高阶导数公式，式（4.3.3）可写成

$$f(z)=f(z_0)+f'(z_0)(z-z_0)+\frac{f''(z_0)}{2!}(z-z_0)^2+\cdots+\frac{f^{(n)}(z_0)}{n!}(z-z_0)^n+\cdots$$

定理4.3.1得证。

同高等数学的情形类似，如果函数$f(z)$在z_0点附近的某一圆域内表示成式（4.3.1），称式（4.3.1）为$f(z)$在z_0附近的泰勒展开式，而式（4.3.3）的右端的幂级数称为$f(z)$在z_0点的**泰勒级数**。

应当注意的是，函数$f(z)$在z_0处的幂级数的收敛半径至少应等于从z_0到D的边界上各点的最短距离。如果$f(z)$在D内有奇点，则收敛半径等于从z_0到D的最近的一个奇点的距离。

定理4.3.1表明$f(z)$在z_0点解析，则$f(z)$在z_0点附近一定可以展开成幂级数。反之，若$f(z)$在z_0点附近可用幂级数表示，根据定理4.2.4，$f(z)$在z_0点解析。于是，我们又得到一个函数在一点解析的充要条件：

定理4.3.2 函数$f(z)$在z_0点解析当且仅当$f(z)$在z_0点附近可用幂级数表示。

定理4.3.3 若函数$f(z)$在z_0点附近可用形如$\sum\limits_{n=0}^{\infty}\alpha_n(z-z_0)^n$的幂级数表示，则这个幂级数只能是$f(z)$在$z_0$点的泰勒级数。

证 设$f(z)$在z_0点附近展开为幂级数

$$f(z)=a_0+a_1(z-z_0)+a_2(z-z_0)^2+\cdots+a_n(z-z_0)^n+\cdots$$

令$z=z_0$，得$f(z_0)=a_0$ 根据定理4.2.4，得

$$f'(z)=a_1+2a_2(z-z_0)+\cdots+na_n(z-z_0)^{n-1}+\cdots$$

令$z=z_0$，得$f'(z_0)=a_1$，同理可得

$$a_n=\frac{f^{(n)}(z_0)}{n!} \tag{4.3.4}$$

定理4.3.3所刻画的性质称为解析函数的幂级数展开式的唯一性，我们经常利用这一性质采用多种多样的方法来求解析函数的幂级数展开式。上一节里已通过举例介绍过几种方法，如逐项积分，求导的方法，利用幂级数的运算的方法等。

人物小传	泰勒（Brook Taylor 1685—1731）
	泰勒是英国18世纪牛顿学派最优秀代表人物之一，1715年，他发表了《正的和反的增量方法》，其中，首先提出了泰勒定理，并由此开创了“有限差分理论”，其中还讨论了微积分在物理问题上的应用，如弦振问题等。同年，他还出版了另一名著《线性透视论》。

4.3.2 几个初等函数的幂级数展开式

我们已求得

$$\frac{1}{1-z}=1+z+z^2+\cdots+z^n+\cdots\quad(|z|<1) \tag{4.3.5}$$

$$\ln(1+z)=z-\frac{z^2}{2}+\frac{z^3}{3}-\cdots+(-1)^{n-1}\frac{z^n}{n}+\cdots(|z|<1) \tag{4.3.6}$$

下面我们通过求几个初等函数的幂级数展开式，再介绍几种展开方法：

1. 直接展开法

直接展开法即利用泰勒展开式求解析函数$f(z)$在z_0点附近的幂级数展开式，这是一个最基本的方法。其本质问题是计算级数的系数$a_n=\dfrac{f^{(n)}(z_0)}{n!}$（$n=$

1，2，…），即计算函数$f(z)$在z_0点处各阶的导数。

例 4.3.1 求e^z，$\sin z$和$\cos z$在点$z_0=0$处的泰勒展开式。

解 （1）由于$(e^z)^{(n)}\big|_{z=0}=e^z\big|_{z=0}=1$（$n=0,1,2,\cdots$）故

$$e^z=1+\frac{z}{1!}+\frac{z^2}{2!}+\cdots+\frac{z^n}{n!}+\cdots \tag{4.3.7}$$

注意到e^z在整个z平面上处处解析，所以式（4.3.7）在整个z平面上处处成立。

（2）由于$(\sin z)'=\cos z=\sin\left(z+\frac{\pi}{2}\right)$

$$(\sin z)''=\cos\left(z+\frac{\pi}{2}\right)=\sin\left(z+2\,\frac{\pi}{2}\right),\ \cdots,\ (\sin z)^{(n)}=\sin\left(z+\frac{n\pi}{2}\right),\ \cdots$$

从而

$$(\sin z)^{(n)}\Big|_{z=0}=\begin{cases}0, & n=2m\\(-1)^m, & n=2m+1\end{cases}$$

于是

$$\sin z=z-\frac{z^3}{3!}+\frac{z^5}{5!}-\cdots+(-1)^m\frac{z^{2m+1}}{(2m+1)!}+\cdots\quad(|z|<+\infty) \tag{4.3.8}$$

（3）同理可得

$$\cos z=1-\frac{z^2}{2!}+\frac{z^4}{4!}-\cdots+(-1)^m\frac{z^{2m}}{(2m)!}+\cdots\quad(|z|<+\infty) \tag{4.3.9}$$

2. 间接展开法

因为泰勒展开式是唯一的，故可用任意的展开方法将幂级数展开，如待定系数法，高等数学中学习过的间接展开法等。下面通过举例说明。

例 4.3.2 将$f(z)=\dfrac{1}{1+z^2}$在$z=0$的邻域内展开。

解 由于$f(z)$在全平面除$z=\pm i$点外解析，因此$f(z)$可以在$|z|<1$内展开为幂级数，当$|z|<1$时，$|z^2|<1$，套用式（4.3.5）可得

$$\begin{aligned}f(z)&=\frac{1}{1+z^2}=\frac{1}{1-(-z^2)}=1+(-z^2)+(-z^2)^2+\cdots+(-z^2)^n+\cdots\\&=1-z^2+z^4-z^6+\cdots+(-1)^nz^{2n}+\cdots\quad(|z|<1)\end{aligned}$$

例 4.3.3 求函数$f(z)=\dfrac{1}{z-2}$在$z=-1$邻域内的泰勒展开式。

解 因为$f(z)$在全平面只有奇点$z=2$，其收敛半径为$R=|2-(-1)|=3$，所以它可在$|z+1|<3$内展开为$z+1$的幂级数。由式（4.3.5）可得

$$f(z)=\frac{1}{z-2}=\frac{1}{z+1-3}=\frac{1}{-3}\frac{1}{1-\dfrac{z+1}{3}}$$

$$= -\frac{1}{3}\left(1+\frac{z+1}{3}+\left(\frac{z+1}{3}\right)^2+\cdots+\left(\frac{z+1}{3}\right)^n+\cdots\right)$$

$$= \sum_{n=0}^{\infty} -\frac{1}{3^{n+1}}(z+1)^n \quad (|z+1|<3)$$

例 4.3.4　将函数$f(z)=\dfrac{1}{(1-z)^2}$展开为 $z-\mathrm{i}$ 的幂级数。

解　因为$f(z)$ 在全平面只有奇点 $z=1$，其收敛半径为 $R=|1-\mathrm{i}|=\sqrt{2}$，所以它可在$|z-\mathrm{i}|<\sqrt{2}$内展开为 $z-\mathrm{i}$ 的幂级数。由式（4.3.5）及幂级数的性质可得

$$f(z)=\frac{1}{(1-z)^2}=\left(\frac{1}{1-z}\right)'=\left(\frac{1}{1-\mathrm{i}-(z-\mathrm{i})}\right)'=\left(\frac{1}{1-\mathrm{i}}\frac{1}{1-\frac{z-\mathrm{i}}{1-\mathrm{i}}}\right)'$$

$$=\left[\frac{1}{1-\mathrm{i}}\left(1+\frac{z-\mathrm{i}}{1-\mathrm{i}}+\left(\frac{z-\mathrm{i}}{1-\mathrm{i}}\right)^2+\cdots+\left(\frac{z-\mathrm{i}}{1-\mathrm{i}}\right)^n+\cdots\right)\right]'$$

$$=\frac{1}{1-\mathrm{i}}\left[\frac{1}{1-\mathrm{i}}+\frac{2}{1-\mathrm{i}}\frac{z-\mathrm{i}}{1-\mathrm{i}}+\cdots+\frac{n}{1-\mathrm{i}}\left(\frac{z-\mathrm{i}}{1-\mathrm{i}}\right)^{n-1}+\cdots\right]$$

$$=\left(\frac{1}{1-\mathrm{i}}\right)^2\left[1+2\frac{z-\mathrm{i}}{1-\mathrm{i}}+\cdots+n\left(\frac{z-\mathrm{i}}{1-\mathrm{i}}\right)^{n-1}+\cdots\right]\quad(|z-\mathrm{i}|<\sqrt{2})$$

例 4.3.5　求对数函数$f(z)=\ln(1+z)$ 在 $z=0$ 邻域内的泰勒展开式。

解　由于$\ln(1+z)$ 在从 -1 向左沿负实轴剪开的平面内是解析的，而 -1 是它的一个奇点，其收敛半径为 $R=|-1-0|=1$，所以它在$|z|<1$ 的内可展开为 z 的幂级数。由式（4.3.5）得

$$\frac{1}{1+z}=1-z+z^2-z^3+\cdots+(-1)^n z^n+\cdots\quad(|z|<1)$$

在收敛圆$|z|=1$ 内任取一条从 0 到 z 的积分路径 C，将上式两端沿 C 逐项积分得

$$\int_0^z \frac{1}{1+z}\mathrm{d}z=\int_0^z \mathrm{d}z-\int_0^z z\mathrm{d}z+\cdots+\int_0^z(-1)^n z^n\mathrm{d}z+\cdots$$

即

$$\ln(1+z)=z-\frac{z^2}{2}+\frac{z^3}{3}-\frac{z^4}{4}+\cdots+(-1)^n\frac{z^{n+1}}{n+1}+\cdots\quad(|z|<1)$$

* **例 4.3.6**（待定系数法）　求 $(1+z)^\alpha$（α 为复常数）的主值分枝$f(z)=\mathrm{e}^{\alpha\ln(1+z)}$在点 $z_0=0$ 处的泰勒展开式，且满足$f(0)=1$。

解　由于$f'(z)=\mathrm{e}^{\alpha\ln(1+z)}\dfrac{\alpha}{1+z}$或$(1+z)f'(z)=\alpha f(z)$　　　　（4.3.10）

设$f(z)$ 在 z_0 点处的泰勒展开式为

$$f(z) = \sum_{n=0}^{\infty} \alpha_n z^n (a_n \text{ 为待定系数})$$

代入式（4.3.10）得

$$(1+z)\sum_{n=1}^{\infty} n\alpha_n z^{n-1} = \alpha \sum_{n=0}^{\infty} \alpha_n z^n$$

或

$$a_1 + (a_1 + 2a_2)z + (2a_1 + 3a_3)z^2 + \cdots + [(n-1)a_1 + na_n]z^{n-1} + \cdots$$
$$= \alpha a_0 + \alpha a_1 z + \alpha a_2 z^2 + \cdots + \alpha a_{n-1} z^{n-1} + \cdots$$

由解析函数的幂级数展开式的唯一性，比较同次幂项系数，得方程组

$$\begin{cases} a_1 = \alpha a_0 \\ a_1 + 2a_2 = \alpha a_1 \\ 2a_1 + 3a_3 = \alpha a_2 \\ \quad\vdots \\ (n-1)a_1 + na_n = \alpha a_{n-1} \\ \quad\vdots \end{cases}$$

解出

$$\begin{cases} a_0 = f(0) = 1 \\ a_1 = \alpha a_0 = \alpha \\ a_2 = \dfrac{\alpha a_1 - a_1}{2!} = \dfrac{\alpha(\alpha-1)}{2!} \\ a_3 = \dfrac{\alpha a_2 - 2a_2}{3} = \dfrac{\alpha(\alpha-1)(\alpha-2)}{3!} \\ \quad\vdots \\ a_n = \dfrac{\alpha(\alpha-1)(\alpha-2)\cdots(\alpha-n+1)}{n!} \\ \quad\vdots \end{cases}$$

于是得到的展开式为

$$(1+z)^{\alpha} = 1 + C_{\alpha}^1 z + C_{\alpha}^2 z^2 + C_{\alpha}^3 z^3 + \cdots + C_{\alpha}^n z^n + \cdots (|z|<1) \quad (4.3.11)$$

这里，$C_{\alpha}^n = \dfrac{\alpha(\alpha-1)(\alpha-2)\cdots(\alpha-n+1)}{n!} \ (n=1, 2, 3, \cdots)$

4.4 洛朗级数

本节我们讨论一种比幂级数稍微复杂的含有正、负幂项的级数——洛朗（Laurent）级数。从上节的讨论中我们知道，若函数在 z_0 点解析，那么 $f(z)$ 在 z_0

点的附近可用幂级数表示。然而在实际问题中，常遇到函数 $f(z)$ 在 z_0 点不解析，但却在 z_0 点的附近某个圆环内解析，此时 $f(z)$ 不能用含有 $z-z_0$ 的正幂项级数表示。在这一节里，我们将看到这种在圆环域内解析的函数可用某个洛朗级数表示，因而洛朗级数也是我们研究函数的重要工具，尤其在研究解析函数局部性质方面扮演了重要的角色。

4.4.1　洛朗级数

定义 4.4.1　称形如

$$\sum_{n=-\infty}^{\infty} a_n(z-z_0)^n \tag{4.4.1}$$

的级数为**洛朗级数**，其中 a_n，z_0 均为复常数，$n=0$，±1，±2，…。

显然，在洛朗级数的定义中当 $a_{-1}=a_{-2}=\cdots=a_{-n}=\cdots=0$ 时，式（4.4.1）就是幂级数。我们把洛朗级数（4.4.1）分成含有正幂项和负幂项的级数：

$$\sum_{n=0}^{\infty} a_n(z-z_0)^n = a_0 + a_1(z-z_0) + a_2(z-z_0)^2 + \cdots + a_n(z-z_0)^n + \cdots \tag{4.4.2}$$

$$\sum_{n=1}^{\infty} a_{-n}(z-z_0)^{-n} = a_{-1}(z-z_0)^{-1} + a_{-2}(z-z_0)^{-2} + \cdots + a_{-n}(z-z_0)^{-n} + \cdots \tag{4.4.3}$$

若级数（4.4.2）和（4.4.3）同时在点 z 处收敛，称洛朗级数（4.4.1）在点 z 处收敛。这样根据定义，有

$$\sum_{n=-\infty}^{\infty} a_n(z-z_0)^n = \lim_{n\to\infty}\sum_{k=0}^{n} a_k(z-z_0)^k + \lim_{m\to\infty}\sum_{k=1}^{m} a_{-k}(z-z_0)^{-k} \tag{4.4.4}$$

下面讨论洛朗级数（4.4.1）在 z 平面上的敛散情况。级数（4.4.2）是一个幂级数，设其收敛半径为 R_2，若 $R_2>0$，则根据幂级数的性质，级数（4.4.2）在 $|z-z_0|<R_2$ 内收敛，并且绝对收敛，它的和函数在 $|z-z_0|<R_2$ 内解析。对于级数（4.4.3），若令 $\zeta=\dfrac{1}{z-z_0}$，则将其化为幂级数

$$\sum_{n=1}^{\infty} a_{-n}\zeta^n = a_{-1}\zeta + a_{-2}\zeta^2 + \cdots + a_{-n}\zeta^n + \cdots \tag{4.4.5}$$

设其收敛半径为 r_1，若 $r_1>0$，则幂级数（4.4.5）在 $|\zeta|<r_1$ 内收敛且绝对收敛，它的和函数在 $|\zeta|<r_1$ 内解析。因此，级数（4.4.3）在 $R_1<|z-z_0|<+\infty$ $(R_1=1/r_1)$ 内收敛且绝对收敛，它的和函数在 $R_1<|z-z_0|<+\infty$ 内解析。显然当且仅当 $R_1<R_2$ 时，级数（4.4.2）与（4.4.3）才能有公共的收敛域。因此，洛朗级数（4.4.1）的收敛域是圆环域 $R_1<|z-z_0|<R_2$。在特殊情况下，这个圆环域的内圆周的半径 R_1 可能等于零，外圆周的半径 R_2 可能等于 $+\infty$。综上所

述，有以下定理：

定理4.4.1 若洛朗级数（4.4.1）有收敛域，则该域必为圆环域

$$D: R_1 < |z-z_0| < R_2 \quad (0 \leqslant R_1 < R_2 \leqslant +\infty)$$

且级数（4.4.1）在 D 内绝对收敛，和函数在 D 内解析，而且可以逐项积分，逐项求导。我们分别称式（4.4.2）为洛朗级数（4.4.1）的**解析部分**，式（4.4.3）为洛朗级数（4.4.1）的**主要部分**。

例4.4.1 求洛朗级数 $\sum\limits_{n=1}^{\infty}\dfrac{2^n}{(z-3)^n}+\sum\limits_{n=0}^{\infty}(-1)^n\left(1-\dfrac{z}{3}\right)^n$ 的收敛域。

解 由于 $\sum\limits_{n=1}^{\infty}\dfrac{2^n}{(z-3)^n}+\sum\limits_{n=0}^{\infty}(-1)^n\left(1-\dfrac{z}{3}\right)^n=\sum\limits_{n=1}^{\infty}2^n(z-3)^{-n}+\sum\limits_{n=0}^{\infty}\dfrac{1}{3^n}(z-3)^n$

而
$$R_1=\lim_{n\to\infty}\sqrt[n]{2^n}=2，R_2=1/\lim_{n\to\infty}\sqrt[n]{\frac{1}{3^n}}=1\Big/\frac{1}{3}=3$$

故原级数的收敛圆环为 $2<|z-3|<3$。

4.4.2 洛朗展开定理

我们已经知道洛朗级数的收敛区域为圆环，其和函数在圆域内解析。现在我们讨论相反的问题——在圆环域内解析的函数可否表示成一个洛朗级数，回答是肯定的：

定理4.4.2（洛朗展开定理） 若函数 $f(z)$ 在圆环域

$$D: R_1 < |z-z_0| < R_2 \quad (0 \leqslant R_1 < R_2 \leqslant +\infty)$$

内解析，则

$$f(z)=\sum_{n=-\infty}^{\infty}a_n(z-z_0)^n \tag{4.4.6}$$

其中，
$$a_n=\frac{1}{2\pi i}\oint_C\frac{f(z)}{(z-z_0)^{n+1}}dz(n=0,\pm1,\pm2,\cdots) \tag{4.4.7}$$

这里 C 为圆环域内任意的圆周：$|z-z_0|=R$（$R_1<R<R_2$）。

*证 设 z 是圆环域 D 内的任意一点，在 D 内作任意一个新圆环域

$$D': r_1 < |z-z_0| < r_2$$

其内部包含着点 z。再作圆心为 z，半径为 r 的圆周 C_r：$|\zeta-z|=r$，并且使 $C_r\subset D'$（见图4.4.1）根据柯西积分公式及复合闭路定理，我们有

$$f(z)=\frac{1}{2\pi i}\oint_{C_r}\frac{f(\zeta)}{\zeta-z}d\zeta=\frac{1}{2\pi i}\oint_{C_{r_2}}\frac{f(\zeta)}{\zeta-z}d\zeta-\frac{1}{2\pi i}\oint_{C_{r_1}}\frac{f(\zeta)}{\zeta-z}d\zeta \tag{4.4.8}$$

这里 C_{r_1}：$|z-z_0|=r_1$，C_{r_2}：$|z-z_0|=r_2$。

在式（4.4.8）右端的第一个积分中，当 $\zeta\in C_{r_2}$ 时有 $\left|\dfrac{z-z_0}{\zeta-z_0}\right|=\dfrac{|z-z_0|}{r_2}=q<1$。

与泰勒定理的证明一样，当$|\zeta - z_0| < r_2$时，有

$$\frac{1}{2\pi i}\oint_{C_{r_2}} \frac{f(\zeta)}{\zeta - z} d\zeta = \sum_{n=0}^{\infty} c_n (z - z_0)^n \quad (4.4.9)$$

其中，$c_n = \dfrac{1}{2\pi i}\oint_{C_{r_2}} \dfrac{f(\zeta)}{(\zeta - z_0)^{n+1}} d\zeta \ (n = 0, 1, 2, \cdots)$。

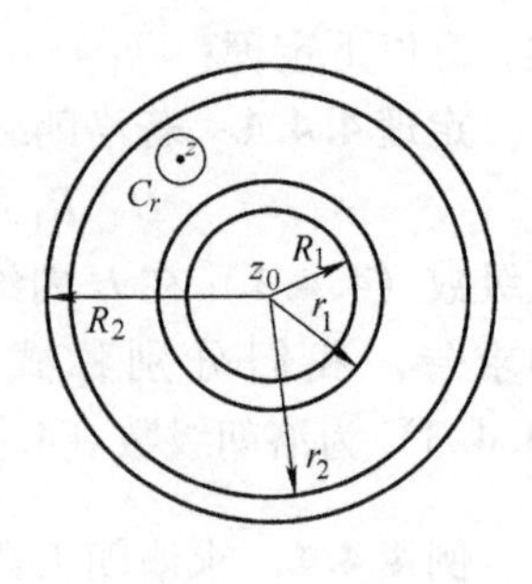

图 4.4.1

注：我们不能将c_n写成$\dfrac{f^{(n)}(z_0)}{n!}$，因为$f(z)$在C_{r_2}内部不一定处处解析。

对于式（4.4.8）的右端的第二个积分，当$\zeta \in C_{r_1}$时，有

$$\left|\frac{\zeta - z_0}{z - z_0}\right| = \frac{r_1}{|z - z_0|} = p < 1$$

得到

$$-\frac{1}{\zeta - z} = \frac{1}{z - z_0} \cdot \frac{1}{1 - \dfrac{\zeta - z_0}{z - z_0}} = \sum_{n=0}^{\infty} \frac{(\zeta - z_0)^n}{(z - z_0)^{n+1}} = \sum_{n=1}^{\infty} \frac{(z - z_0)^{-n}}{(\zeta - z_0)^{-n+1}} \quad (4.4.10)$$

所以

$$-\frac{1}{2\pi i}\oint_{C_{r_1}} \frac{f(\zeta)}{\zeta - z} d\zeta = \frac{1}{2\pi i}\left[\sum_{n=1}^{N-1} \oint_{C_{r_1}} \frac{f(\zeta) d\zeta}{(\zeta - z_0)^{-n+1}}\right](z - z_0)^{-n} + R_N(z)$$

其中，$R_N(z) = \dfrac{1}{2\pi i}\oint_{C_{r_1}} \left[\sum_{n=N}^{\infty} f(\zeta) \dfrac{(\zeta - z_0)^{n-1}}{(z - z_0)^n}\right] d\zeta$。

下证$\lim\limits_{n\to\infty} R_N(z) = 0$在$C_{r_1}$外部成立。令

$$\left|\frac{\zeta - z_0}{z - z_0}\right| = \frac{r_1}{|z - z_0|} = q \quad (0 \leqslant q < 1)$$

由于z在C_{r_1}的外部，$|f(\zeta)|$在C_{r_1}上连续，因此存在一个正常数M，使得$|f(\zeta)| \leqslant M$。所以

$$|R_N(z)| \leqslant \frac{1}{2\pi}\oint_{C_{r_1}} \left(\sum_{n=N}^{\infty} \frac{|f(\zeta)|}{|\zeta - z_0|} \left|\frac{\zeta - z_0}{z - z_0}\right|^n\right) d\zeta \leqslant \frac{1}{2\pi}\sum_{n=N}^{\infty} \frac{M}{r} q^n \cdot 2\pi r = \frac{Mq^n}{1 - q}$$

因$\lim\limits_{n\to\infty} q^n = 0$，所以，$\lim\limits_{n\to\infty} R_N(z) = 0$，从而有

$$-\frac{1}{2\pi i}\oint_{C_{r_1}} \frac{f(\zeta)}{\zeta - z} d\zeta = \sum_{n=1}^{\infty} c_{-n} (z - z_0)^{-n} \quad (4.4.11)$$

其中，$c_{-n} = \dfrac{1}{2\pi i}\oint_{C_{r_1}} \dfrac{f(\zeta)}{(\zeta - z_0)^{-n+1}} d\zeta \quad (n = 1, 2, \cdots)$。

综上所述，有

$$f(z)=\sum_{n=0}^{\infty}c_n(z-z_0)^n+\sum_{n=0}^{\infty}c_{-n}(z-z_0)^{-n}=\sum_{n=-\infty}^{\infty}c_n(z-z_0)^n$$

如果在圆环内取绕 z_0 的任一条简单闭曲线 C，根据柯西定理的推广，式（4.4.9）与式（4.4.11）的系数可以用同一个式子表达，即

$$c_n=\frac{1}{2\pi i}\oint_C\frac{f(\zeta)}{(\zeta-z_0)^{n+1}}d\zeta \quad (n=0,\pm1,\pm2,\cdots)$$

于是定理成立。

同幂级数情形一样，在圆环域内解析函数的洛朗级数展开式也具有唯一性，即有下面的定理：

定理 4.4.3 若 $f(z)$ 在圆环域 $R_1<|z-z_0|<R_2$ 内解析，则 $f(z)$ 在这个圆环域内的洛朗级数展开式是唯一的，即若 $f(z)$ 在 $R_1<|z-z_0|<R_2$ 内具有形如式（4.4.6）的展开式，则其系数 a_n 只能由式（4.4.7）表达。

*证 设 $f(z)$ 在圆环域：$R_1<|z-z_0|<R_2$ 有洛朗级数展开式

$$f(z)=\sum_{n=-\infty}^{\infty}a_n(z-z_0)^n \tag{4.4.12}$$

C 为任意的圆周：$|z-z_0|=R$ $(R_1<R<R_2)$。在式（4.4.12）中令 $z=\zeta$，有

$$f(\zeta)=\sum_{n=-\infty}^{\infty}a_n(\zeta-z_0)^n \tag{4.4.13}$$

当 $\zeta\in C$ 时，以 $\frac{1}{(\zeta-z_0)^{m+1}}$ $(m=0,\ \pm1,\ \pm2,\ \cdots)$ 去乘式（4.4.13）的两端，然后沿着 C 积分，得到

$$\oint_C\frac{f(\zeta)}{(\zeta-z_0)^{m+1}}d\zeta=\sum_{n=-\infty}^{\infty}a_n\oint_C(\zeta-z_0)^{n-m-1}d\zeta=2\pi i a_m$$

于是，$a_m=\frac{1}{2\pi i}\oint_C\frac{f(\zeta)}{(\zeta-z_0)^{m+1}}d\zeta$ $(m=0,\ \pm1,\ \pm2,\ \cdots)$，此即为式（4.4.7）。

4.4.3 求解析函数的洛朗展开式的一些方法

在许多应用中，往往需要把在某点 z_0 不解析，但在 z_0 的一个去心邻域内解析的函数 $f(z)$ 展开成级数，此时就可利用洛朗级数来展开。当需要把一个函数 $f(z)$ 展开为洛朗级数时，我们可以采用一切可能的方法，只要找到一个形如 $\sum_{n=-\infty}^{\infty}c_n(z-z_0)^n$ 的级数，它在 $R_1<|z-z_0|<R_2$ 内收敛于 $f(z)$，则此级数一定就是我们所求的洛朗级数。我们可以从式（4.4.6）出发，直接通过计算洛朗展开式的系数来获得。然而由于公式（4.4.7）涉及复积分的计算，通常计算是很复

杂的。因此，我们一般求函数的洛朗展开式不是直接从式（4.4.6）出发，而是利用洛朗展开式的唯一性，设法把函数拆成两部分，一部分在圆盘$|z-z_0|<R_2$内解析，从而可以展开成幂级数，另一部分在圆周的外部$|z-z_0|>R_1$解析，从而可展开为负幂次级数。这样，我们就可以把泰勒展开的方法应用到这里来。下面通过例题来说明。

例 4.4.2　求函数$f(z)=\dfrac{1}{z-2}-\dfrac{1}{z-1}$分别在圆环域：（1）$0<|z|<1$；（2）$1<|z|<2$内展开为洛朗级数。

解　（1）在$0<|z|<1$内，由于$|z|<1$，从而$\left|\dfrac{z}{2}\right|<1$，则有

$$f(z)=\frac{1}{1-z}-\frac{1}{2\left(1-\frac{z}{2}\right)}=\sum_{n=0}^{\infty}z^n-\frac{1}{2}\sum_{n=0}^{\infty}\left(\frac{z}{2}\right)^n=\sum_{n=0}^{\infty}\left(1-\frac{1}{2^{n+1}}\right)z^n$$

（2）在$1<|z|<2$内，由于$|z|>1$，$\left|\dfrac{1}{z}\right|<1$，由于$|z|<2$，$\left|\dfrac{z}{2}\right|<1$，则有

$$f(z)=-\frac{1}{z}\frac{1}{1-\frac{1}{z}}-\frac{1}{2\left(1-\frac{z}{2}\right)}=-\frac{1}{z}\sum_{n=0}^{\infty}\left(\frac{1}{z}\right)^n-\frac{1}{2}\sum_{n=0}^{\infty}\left(\frac{z}{2}\right)^n$$

$$=-\sum_{n=0}^{\infty}\frac{z^n}{2^{n+1}}-\sum_{n=1}^{\infty}\frac{1}{z^n}$$

例 4.4.3　求函数$f(z)=z^2\mathrm{e}^{\frac{1}{z}}$在$0<|z|<+\infty$内的洛朗展开式。

解　注意到当$|\zeta|<+\infty$，有

$$\mathrm{e}^{\zeta}=1+\frac{1}{1!}\zeta+\frac{1}{2!}\zeta^2+\cdots+\frac{1}{n!}\zeta^n+\cdots$$

而当$0<|z|<+\infty$时，$0<\left|\dfrac{1}{z}\right|<+\infty$，故在上式中令$\zeta=\dfrac{1}{z}$，得

$$\mathrm{e}^{\frac{1}{z}}=1+\frac{1}{1!}\cdot\frac{1}{z}+\frac{1}{2!}\cdot\frac{1}{z^2}+\cdots+\frac{1}{n!}\cdot\frac{1}{z^n}+\cdots$$

从而　$z^2\mathrm{e}^{\frac{1}{z}}=z^2+z+\dfrac{1}{2!}+\dfrac{1}{3!}\cdot\dfrac{1}{z}+\cdots+\dfrac{1}{(n+2)!}\cdot\dfrac{1}{z^n}+\cdots\ (0<|z|<+\infty)$

例 4.4.4　求函数$f(z)=\dfrac{2z^2-z+5}{z^3-3z^2+z-3}$在（1）$1<|z|<3$；（2）$3<|z|<+\infty$内的洛朗展开式。

解　$f(z)=\dfrac{2z^2-z+5}{z^3-3z^2+z-3}=\dfrac{2}{z-3}-\dfrac{1}{z^2+1}$

当$1<|z|<3$时，有

$$f(z)=-\frac{2}{3}\cdot\frac{1}{1-\frac{z}{3}}-\frac{1}{z^2}\cdot\frac{1}{1+\frac{1}{z^2}}=-\frac{2}{3}\sum_{n=0}^{\infty}\left(\frac{z}{3}\right)^n-\frac{1}{z^2}\sum_{n=0}^{\infty}\left(-\frac{1}{z^2}\right)^n$$

$$=-\sum_{n=0}^{\infty}\frac{2}{3^{n+1}}z^n+\sum_{n=1}^{\infty}(-1)^n\frac{1}{z^{2n}}$$

当$3<|z|<+\infty$时，有

$$f(z)=\frac{2}{z}\frac{1}{1-\frac{3}{z}}-\frac{1}{z^2}\frac{1}{1-\left(-\frac{1}{z^2}\right)}=\frac{2}{z}\sum_{n=0}^{\infty}\left(\frac{3}{z}\right)^n-\frac{1}{z^2}\sum_{n=0}^{\infty}\left(-\frac{1}{z^2}\right)^n$$

$$=\sum_{n=0}^{\infty}\frac{2\cdot 3^n}{z^{n+1}}+\sum_{n=0}^{\infty}(-1)^{n+1}\frac{1}{z^{2(n+1)}}=\sum_{n=1}^{\infty}\frac{2\cdot 3^{n-1}}{z^n}+\sum_{n=1}^{\infty}(-1)^n\frac{1}{z^{2n}}=\sum_{n=1}^{\infty}\frac{c_{-n}}{z^n}$$

其中，$c_{-n}=\begin{cases}2\cdot 3^{2m}, & n=2m+1\\ 2\cdot 3^{2m-1}+(-1)^m, & n=2m\end{cases}$。

例 4.4.5 求函数$f(z)=\cos\frac{z}{z-1}$在$0<|z-1|<+\infty$内的洛朗展开式。

解 由于

$$f(z)=\cos\left(\frac{z}{z-1}\right)=\cos\left(1+\frac{1}{z-1}\right)=\cos 1\cos\frac{1}{z-1}-\sin 1\sin\frac{1}{z-1}$$

利用正弦、余弦函数的泰勒展开式，得

$$f(z)=\cos 1\sum_{n=0}^{\infty}(-1)^n\frac{1}{(2n)!}\cdot\frac{1}{(z-1)^{2n}}-\sin 1\sum_{n=0}^{\infty}(-1)^n\frac{1}{(2n+1)!}\cdot\frac{1}{(z-1)^{2n+1}}$$

$$=\cos 1-\frac{\sin 1}{z-1}-\frac{\cos 1}{2!}\cdot\frac{1}{(z-1)^2}+\frac{\sin 1}{3!}\cdot\frac{1}{(z-1)^3}+\cdots+(-1)^n\frac{\cos 1}{(2n)!}\cdot$$

$$\frac{1}{(z-1)^{2n}}-(-1)^{n+1}\frac{\sin 1}{(2n+1)!}\cdot\frac{1}{(z-1)^{n+1}}+\cdots(0<|z-1|<+\infty)$$

第4章小结

一、导学

本章讨论了复变函数的幂级数与洛朗级数。幂级数与解析函数具有密切联系。一方面幂级数在一定的区域内收敛于一个解析函数，另一方面一函数在其解析点的邻域内能展开成幂级数，所以幂级数是研究解析函数的性质时所必不可少的有力工具。进一步地，在实际计算中，把函数展开成幂级数，应用起来也比较方便。所以，幂级数在复变函数论中有着特别重要的意义。洛朗级数是幂级数的进一步发展，它由一个通常（非负次的）幂级数与一个只含负次幂的级数组合而成。洛朗级数的和表示圆环内的解析函数。圆环的一种蜕化情形是一点的去心邻域，而当函数在一点的去心邻域内解析，但并不在该点解析的时候，这一点就是函数的孤立奇点。所以，洛朗级数是研究解析函数的孤立奇点的有力工具。

学习本章的基本要求如下：

（1）熟悉复数项级数的性质，理解级数收敛、发散、绝对收敛等概念以及无穷级数收敛的各种条件。

（2）掌握幂级数的收敛半径与收敛区域的求法与基本性质，记住一些基本初等函数幂级数的展开式，掌握将比较简单的解析函数展开为幂级数的基本方法。

（3）掌握比较简单函数环绕它的孤立奇点展开为洛朗级数的基本方法。

二、疑难解析

1. 将函数 $f(z)$ 在点 z_0 处展开为一个幂级数时，则要求 $f(z)$ 在 z_0 及其某一个邻域内解析，这个邻域就是所展幂级数的收敛域。在使用间接法求幂级数时，一定要注意所引用的已有函数的展开式成立的条件。一般地说，所引用的函数展开式的条件即为所展级数收敛的范围。

例如，将函数 $f(z)=\dfrac{1}{z(z+1)}$ 在 $z=1$ 处展开为幂级数时，由于此函数在 $z=1$ 及其邻域 $|z-1|<1$（以 $z=1$ 为圆心 $f(z)$ 的最大范围的解析域）内解析。因此，该级数展开为幂级数的收敛范围即为 $|z-1|<1$。

又如，利用间接法将函数 $f(z)=\dfrac{1}{z+3}$ 展开为关于 z 幂级数时，由于

$$f(z)=\frac{1}{z+3}=\frac{1}{3}\frac{1}{1+\frac{z}{3}}=\frac{1}{3}\sum_{n=0}^{\infty}(-1)^n\left(\frac{z}{3}\right)^n,\ \left|\frac{z}{3}\right|<1\Rightarrow|z|<3$$

这里的 $\left|\dfrac{z}{3}\right|<1$，即是按照所引用函数 $\dfrac{1}{1+z}$ 的展开式中要求 $|z|<1$ 来作的。

2. 将函数 $f(z)$ 在点 z_0 处展开为一个洛朗级数时，要求 $f(z)$ 在某个圆环 $R_1<|z-z_0|<R_2$ 内解析。这个圆环有的题目条件中已经给出，有的未给出，这时可以考虑在复平面上画出函数的定义域的草图以找出圆环来。要注意的是，所求的圆环经常是不唯一的，在使用间接法求洛朗级数时，一定要注意所引用的已有函数的展开式成立的条件。一般地说，所引用的函数展开式的条件即为所展级数收敛的范围。具体可见例 4.4.2，例 4.4.3 等。

3. 试说明级数收敛、条件收敛、绝对收敛的概念之间的异同。

答 一个级数如果在某个范围内收敛，有可能是绝对收敛的，也有可能是条件收敛的。绝对收敛的级数一定是收敛级数，但收敛级数不一定是绝对收敛级数。

4. 对于一般函数要通过直接展开方法展开为幂级数，由于求其各阶导数的通式比较困难，所以通常采用间接的方法，实际上这是根据幂级数展开式的唯一性，利用一些已知函数幂级数展开式，再通过对幂级数进行变量代换、四则运算、分析运算（逐项微分、逐项积分等）求出所给函数的幂级数展开式，所以必须记住一些基本函数的幂级数展开式，如 e^z，$\sin z$，$\cos z$，$\frac{1}{1-z}$，$\frac{1}{1+z}$，$\ln(1+z)$ 等。

三、杂例

例 4.1 设级数 $\sum_{n=1}^{\infty} C_n$ 收敛，而级数 $\sum_{n=1}^{\infty} |C_n|$ 发散，证明幂级数 $\sum_{n=1}^{\infty} C_n z^n$ 的收敛半径是 1。

证 级数 $\sum_{n=1}^{\infty} C_n$ 收敛，相当于幂级数 $\sum_{n=1}^{\infty} C_n z^n$ 在 $z=1$ 处收敛。由阿贝尔定理，对于满足 $|z|<1$ 的 z，幂级数 $\sum_{n=1}^{\infty} C_n z^n$ 绝对收敛，从而该级数的收敛半径 $|z|<1$。另一方面，若 $|R|>1$，则幂级数 $\sum_{n=1}^{\infty} C_n z^n$ 在收敛圆 $1<|z|<R$ 内绝对收敛，特别在 $z=1$ 处也绝对收敛，即有 $\sum_{n=1}^{\infty} |C_n|$ 收敛，与条件矛盾。所以，幂级数 $\sum_{n=1}^{\infty} C_n z^n$ 的收敛半径是 1。

例 4.2 求下列幂级数的收敛半径。

（1）$\sum_{n=0}^{\infty} (n+a^n) z^n$；　　（2）$\sum_{k=1}^{\infty} z^{k^2}$。

解 （1）因为 $C_n = n + a^n$，所以，$R = \lim_{n\to\infty} \left|\frac{C_n}{C_{n+1}}\right| = \lim_{n\to\infty} \left|\frac{n+a^n}{(n+1)+a^{n+1}}\right|$。

当 $|a| \leqslant 1$ 时，$R = \lim_{n\to\infty} \left|\frac{n+a^n}{(n+1)+a^{n+1}}\right| = \lim_{n\to\infty} \left|\frac{1+\frac{a^n}{n}}{\left(1+\frac{1}{n}\right)+\frac{a^{n+1}}{n}}\right| = 1$

当 $|a| \geqslant 1$ 时，$R = \lim_{n\to\infty} \left|\frac{n+a^n}{(n+1)+a^{n+1}}\right| = \lim_{n\to\infty} \left|\frac{\frac{n}{a^n}+1}{\left(\frac{n}{a^n}+\frac{1}{a^n}\right)+a}\right| = \frac{1}{|a|}$

（2）级数是缺项级数，$C_n = \begin{cases} 0, & n \neq k^2 \\ 1, & n = k^2 \end{cases}$，所以，$R = \lim_{n\to\infty} \left|\frac{1}{\sqrt[n]{C_n}}\right| = 1$。

例 4.3　求 $\sin z$ 在 $z=-\pi$ 处的幂级数展开式，并证明 $\lim\limits_{z\to-\pi}\dfrac{\sin z}{z+\pi}=-1$。

解　$$\sin z=\sin(z+\pi-\pi)=-\sin(z+\pi)$$

$$=-(z+\pi)+\frac{(z+\pi)^3}{3!}-\frac{(z+\pi)^5}{5!}+\frac{(z+\pi)^7}{7!}-\cdots$$

所以　$$\frac{\sin z}{z+\pi}=-1+\frac{(z+\pi)^2}{3!}-\frac{(z+\pi)^4}{5!}+\frac{(z+\pi)^6}{7!}-\cdots$$

$$=-1+(z+\pi)^2\left[\frac{1}{3!}-\frac{(z+\pi)^2}{5!}+\frac{(z+\pi)^4}{7!}-\cdots\right]$$

而级数$\dfrac{1}{3!}-\dfrac{(z+\pi)^2}{5!}+\dfrac{(z+\pi)^4}{7!}-\cdots$在整个复平面上是收敛的，其和函数 $\varphi(z)$ 在复平面上解析，有界。所以，$\lim\limits_{z\to-\pi}\dfrac{\sin z}{z+\pi}=-1$。

例 4.4　将函数$\dfrac{1}{z^2(z-\mathrm{i})}$在 $1<|z-\mathrm{i}|<+\infty$ 内展开为洛朗级数。

解　当 $1<|z-\mathrm{i}|<+\infty$ 时，

$$\frac{1}{z^2(z-\mathrm{i})}=\frac{1}{z-\mathrm{i}}\frac{1}{z^2}=\frac{1}{z-\mathrm{i}}\left(-\frac{1}{z}\right)'=\frac{1}{z-\mathrm{i}}\left(-\frac{1}{\mathrm{i}+z-\mathrm{i}}\right)'$$

$$=-\frac{1}{z-\mathrm{i}}\left(\frac{1}{z-\mathrm{i}}\frac{1}{1+\dfrac{\mathrm{i}}{z-\mathrm{i}}}\right)'=-\frac{1}{z-\mathrm{i}}\left[\frac{1}{\mathrm{i}}\sum_{n=0}^{\infty}(-1)^n\left(\frac{\mathrm{i}}{z-\mathrm{i}}\right)^{n+1}\right]'$$

$$=\frac{1}{z-\mathrm{i}}\sum_{n=0}^{\infty}(-\mathrm{i})^n(n+1)\left(\frac{1}{z-\mathrm{i}}\right)^{n+2}=\sum_{n=0}^{\infty}\frac{n+1}{\mathrm{i}^n}\frac{1}{(z-\mathrm{i})^{n+3}}$$

例 4.5　求积分 $\oint_{|z|=\frac{1}{2}}\left(\sum\limits_{n=-1}^{\infty}z^n\right)\mathrm{d}z$。

解　在$|z|<\dfrac{1}{2}$内，$\sum\limits_{n=-1}^{\infty}z^n$ 收敛，其和函数为 $S(z)=\dfrac{1}{z}+\sum\limits_{n=0}^{\infty}z^n=\dfrac{1}{z}+\dfrac{1}{1-z}$，

所以

$$\oint_{|z|=\frac{1}{2}}\left(\sum_{n=-1}^{\infty}z^n\right)\mathrm{d}z=\oint_{|z|=\frac{1}{2}}\left(\frac{1}{z}+\frac{1}{1-z}\right)\mathrm{d}z=\oint_{|z|=\frac{1}{2}}\frac{1}{z}\mathrm{d}z+\oint_{|z|=\frac{1}{2}}\frac{1}{1-z}\mathrm{d}z=2\pi\mathrm{i}$$

五、思考题

1. 幂级数的和函数在其收敛圆的内部是否有奇点？在收敛圆周上是否处处收敛？这个和函数在收敛点上是否解析？

2. 任一复变函数是否可展开为幂级数？任一解析函数是否可展开为幂级数？

3. 将函数 $f(z)$ 展开为幂级数或洛朗级数应注意什么问题？

习题四

A 类

1. 下列复数序列是否有极限？如果有极限，求出其极限。

（1）$z_n = \mathrm{i}^n + \dfrac{1}{n}$；　（2）$z_n = \dfrac{n!}{n^n}\mathrm{i}^n$；　（3）$z_n = \left(\dfrac{z}{\bar{z}}\right)^n$。

2. 下列级数是否收敛？是否绝对收敛？

（1）$\sum\limits_{n=1}^{\infty}\left(\dfrac{1}{2^n} + \dfrac{\mathrm{i}}{n}\right)$；　（2）$\sum\limits_{n=1}^{\infty}\dfrac{\mathrm{i}^n}{n!}$；　（3）$\sum\limits_{n=0}^{\infty}(1+\mathrm{i})^n$。

3. 试证级数 $\sum\limits_{n=0}^{\infty}(2z)^n$ 在 $|z| < \dfrac{1}{2}$ 时绝对收敛。

4. 求下列级数的收敛半径。

（1）$\sum\limits_{n=0}^{\infty}\dfrac{n}{2^n}z^n$；　（2）$\sum\limits_{n=0}^{\infty}\dfrac{z^n}{n!}$；　（3）$\sum\limits_{n=0}^{\infty}\dfrac{n!}{n^n}z^n$。

5. 下列结论是否正确？为什么？

（1）每一个幂级数在它的收敛圆内与收敛圆上皆收敛；

（2）每一个幂级数收敛于一个解析函数；

（3）每一个在 z_0 连续的函数一定可以在 z_0 的某个邻域内展开成泰勒级数。

6. 把下列各函数展成 z 的幂级数，并指出它们的收敛半径。

（1）$\dfrac{1}{1+z^3}$；　（2）$\dfrac{1}{(1+z^2)^2}$；　（3）$\cos z^2$；

（4）$\mathrm{sh}z$；　（5）$\mathrm{e}^{z^2}\sin z^2$；　（6）$\sin\dfrac{1}{1-z}$。

7. 求下列函数在指定点处的泰勒展开式，并指出它们的收敛半径。

（1）$\dfrac{z-1}{z+1}$，$z_0 = 1$；　（2）$\dfrac{1}{(z+1)(z+2)}$，$z_0 = 2$；

（3）$\dfrac{1}{z^2}$，$z_0 = -1$；　（4）$\dfrac{1}{4-3z}$，$z_0 = 1+\mathrm{i}$。

8. 把下列各函数在指定的圆环域内展开成洛朗级数。

（1）$\dfrac{1}{(z^2+1)(z-2)}$，$1 < |z| < 2$；

（2）$\dfrac{1}{z(1-z)^2}$，$0 < |z| < 1$，$0 < |z-1| < 1$；

（3）$\dfrac{1}{(z-1)(z-2)}$，$0 < |z-1| < 1$，$1 < |z-2| < +\infty$；

（4）$\dfrac{1}{\mathrm{e}^{1-z}}$，$1 < |z| < +\infty$；

（5）$\sin\dfrac{1}{1-z}$，$0 < |z-1| < +\infty$。

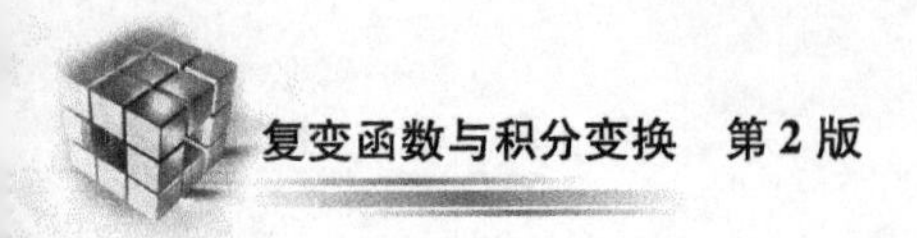

B 类

9. 考查级数 $\sum_{n=1}^{\infty}\left(\frac{1}{1+\mathrm{i}}\right)^{n-1}$ 的敛散性。

10. 如果 $\sum_{n=0}^{\infty}a_nz^n$ 的收敛半径为 R，证明级数 $\sum_{n=0}^{\infty}(Rea_n)z^n$ 的收敛半径大于等于 R。

11. 我们知道，函数$\frac{1}{1+x^2}$当 x 为任何实数时，都有确定的值，但它的泰勒展开式：$\frac{1}{1+x^2}=1-x^2+x^4\cdots$却只当 $|x|<1$ 时成立，试说明其原因。

12. 求证如下不等式。

（1）对任意的复数 z 有 $|\mathrm{e}^z-1|\leqslant\mathrm{e}^{|z|}-1\leqslant|z|\mathrm{e}^{|z|}$；

（2）当 $0<|z|<1$ 时，证明：$\frac{1}{4}|z|\leqslant|\mathrm{e}^z-1|\leqslant\frac{7}{4}|z|$。

13. 试求下列函数在给定点的泰勒展开式。

（1）$\tan z$，$z_0=\pi/4$；（2）$\mathrm{e}^{\frac{z}{1-z}}$，$z_0=0$；

（3）$\sin(2z-z^2)$，$z_0=1$；（4）$\mathrm{e}^{z\ln(1+z)}$，$z_0=0$；

（5）$[\ln(1+z)]^2$，$z_0=0$；（6）$\ln z$，$z_0=\mathrm{i}$。

14. 试求下列函数在给定圆环域内的洛朗展开式。

（1）$\frac{1}{z(\mathrm{i}-z)}$，$0<|z-\mathrm{i}|<1$；

（2）$\frac{1}{z(z+2)^3}$，$0<|z+2|<2$；

（3）$\frac{\mathrm{e}^z}{z(z^2+1)}$，$0<|z|<1$。

第5章 留 数

第4章我们讨论了解析函数的级数表示，特别是它在一个圆环域内的洛朗级数表示。圆环的一种退化情形是一点的去心邻域，而当函数在一点的去心邻域内解析，但并不在该点解析时，这一点就是函数的一个孤立奇点，所以洛朗级数就成为研究函数孤立奇点的一个有力工具。本章在此基础上对解析函数的孤立奇点进行分类并讨论其性质。解析函数在孤立奇点处的留数是解析函数论中的重要概念之一，本章简要地给出留数概念及其一般理论，最后介绍留数理论的一些应用。

5.1 孤立奇点

5.1.1 孤立奇点的分类

定义 5.1.1 若函数 $f(z)$ 在 z_0 点的邻域内除去 z_0 点外是解析的，即 $f(z)$ 在去心圆域 D：$0<|z-z_0|<\delta\quad(\delta>0)$ 内处处解析，则称 z_0 点是 $f(z)$ 的一个**孤立奇点**。

例如，$z=0$ 点是函数 $W_1=\dfrac{\sin z}{z}$，$W_2=\sin\dfrac{1}{z}$ 的孤立奇点，但虽然它也是函数 $W_3=\dfrac{1}{\sin\dfrac{1}{z}}$ 的奇点，却不是这个函数的孤立奇点。因为在 $z=0$ 的任意邻域内，总有形如 $z_n=\dfrac{1}{n\pi}(n=1,\ 2,\ \cdots)$ 的奇点。（注意：$z_n=\dfrac{1}{n\pi}$ $(n=1,\ 2,\ \cdots)$ 都是函数 W_3 的孤立奇点）

由定理 4.4.2 我们可以在 D 内将 $f(z)$ 展开成洛朗级数

$$\begin{aligned} f(z) &= \cdots + C_{-m}(z-z_0)^{-m} + \cdots + C_{-1}(z-z_0)^{-1} + \\ &\quad C_0 + C_1(z-z_0) + \cdots + C_n(z-z_0)^n + \cdots \\ &= \sum_{n=-\infty}^{+\infty} C_n(z-z_0)^n \quad (z\in D) \end{aligned} \tag{5.1.1}$$

其中，级数（5.1.1）中负幂项部分是函数 $f(z)$ 的主要部分，其余部分（包括常数项与正幂项部分）是函数$f(z)$的解析部分。函数$f(z)$的孤立奇点的性质主要取决于它的主要部分。根据函数$f(z)$展开成洛朗级数的不同情况我们将孤立奇点作如下分类：

如果式（5.1.1）中不包含$z-z_0$的负幂项，或说其负幂项系数C_{-1}，C_{-2}，…均为零，那么孤立奇点z_0称为$f(z)$的**可去奇点**；如果式（5.1.1）中仅包含有限多个$z-z_0$的负幂项，设为

$$\frac{C_{-m}}{(z-z_0)^m}+\frac{C_{-m+1}}{(z-z_0)^{m-1}}+\cdots+\frac{C_{-1}}{z-z_0}\quad (C_{-m}\neq 0) \tag{5.1.2}$$

则称z_0为$f(z)$的m**级极点**；如果式（5.1.1）中包含无限多个$z-z_0$的负幂项，则称z_0为$f(z)$的**本性奇点**。

显然$z=\infty$也是$f(z)$的本性奇点。

例5.1.1　(1) $z=0$是函数$W_1=\dfrac{e^z-1}{z}$的可去奇点，因为这个函数的洛朗级数为

$$W_1=\frac{e^z-1}{z}=\frac{1}{z}\left(z+\frac{z^2}{2!}+\cdots+\frac{z^n}{n!}+\cdots\right)=1+\frac{z}{2!}+\cdots+\frac{z^{n-1}}{n!}+\cdots\quad (0<|z|<\infty)$$

(2) $z=0$是函数$W_2=\dfrac{\sin z}{z^3}$的二级极点，因为

$$W_2=\frac{\sin z}{z^3}=\frac{1}{z^2}-\frac{1}{3!}+\frac{z^2}{5!}-\cdots+(-1)^n\frac{z^{2(n-1)}}{(2n+1)!}+\cdots\quad (0<|z|<\infty)$$

(3) $z=0$是函数$W_3=\sin\dfrac{1}{z}$的本性奇点，因为

$$W_3=\sin\frac{1}{z}=\frac{1}{z}-\frac{1}{3!\ z^3}+\cdots+(-1)^n\frac{1}{(2n+1)!\ z^{2n+1}}+\cdots\quad (0<|z|<\infty)$$

5.1.2　解析函数在有限孤立奇点的性质

定理5.1.1　设函数$f(z)$在$0<|z-z_0|<\delta$内解析，则z_0是$f(z)$的可去奇点的充分必要条件是：存在有限极限$\lim\limits_{z\to z_0}f(z)$。

证　*必要性*：由假设，在$0<|z-z_0|<\delta$内，$f(z)$有洛朗展开式

$$f(z)=C_0+C_1(z-z_0)+\cdots+C_n(z-z_0)^n+\cdots \tag{5.1.3}$$

因为上式右边幂级数的收敛半径至少应是δ，所以它的和函数在$|z-z_0|<\delta$内解析，特别是在点$z=z_0$处连续。显然，当$z\neq z_0$时，$\lim\limits_{z\to z_0}f(z)=C_0$且$C_0$为有限数。

充分性：设在$0<|z-z_0|<\delta$内，$f(z)$的洛朗展开式是式（5.1.1）。由于$\lim\limits_{z\to z_0}f(z)$存在且有限，则存在着两个正数$M$及$\rho(<\delta)$使得在$0<|z-z_0|<\rho$内有

$$|f(z)| < M$$

那么由洛朗级数系数的积分表达式可知

$$|C_n| = \frac{1}{2\pi}\left|\oint_C \frac{f(\zeta)}{(\zeta - z_0)^{n+1}}\mathrm{d}\zeta\right| \leqslant \frac{1}{2\pi}\oint_C \frac{|f(\zeta)|}{\rho^{n+1}}\mathrm{d}s$$

$$\leqslant \frac{1}{2\pi\rho^{n+1}}\oint_C M\mathrm{d}s = \frac{M}{2\pi\rho^{n+1}}2\pi\rho = \frac{M}{\rho^n} \quad (n = 0, \pm 1, \pm 2, \cdots) \tag{5.1.4}$$

当 $n<0$ 时，在式（5.1.4）中令 $\rho \to 0$，就得到 $C_{-n}=0$（$n=1, 2, 3, \cdots$）。可见 z_0 是 $f(z)$ 的可去奇点。

注：由定理5.1.1的证明可以知道，当 z_0 是 $f(z)$ 的可去奇点时，若补充定义

$$f(z_0) = \lim_{z \to z_0} f(z) = C_0$$

则式（5.1.3）的左右两端在 $|z-z_0|<\delta$ 内相等，而右端在 z_0 点解析，从而函数 $f(z)$ 在 z_0 也解析。这就是称 z_0 为函数的可去奇点的由来。今后，在谈到函数的可去奇点时，我们都把它当做是函数的解析点看待。

对于极点的判定，有如下定理：

定理5.1.2 设函数 $f(z)$ 在 $0<|z-z_0|<\delta$ 内解析，则 z_0 是 $f(z)$ 的 $m(m \geqslant 1)$ 级极点的充分必要条件为 $f(z)$ 在 $0<|z-z_0|<\delta$ 内可表示为

$$f(z) = \frac{1}{(z-z_0)^m} g(z) \tag{5.1.5}$$

其中

$$g(z) = C_{-m} + C_{-m+1}(z-z_0) + \cdots + C_0(z-z_0)^m + \cdots + C_n(z-z_0)^{m+n} + \cdots \tag{5.1.6}$$

在 $|z-z_0|<\delta$ 内是解析的函数，且 $g(z_0) \neq 0$。

证 必要性：设 $f(z)$ 在 $0<|z-z_0|<\delta$ 内解析，z_0 是 $f(z)$ 的 $m(m \geqslant 1)$ 级极点，则在 $0<|z-z_0|<\delta$ 内，$f(z)$ 有洛朗展开式

$$f(z) = \frac{C_{-m}}{(z-z_0)^m} + \frac{C_{-m+1}}{(z-z_0)^{m-1}} + \cdots + \frac{C_{-1}}{z-z_0} + C_0 + C_1(z-z_0) + \cdots + C_n(z-z_0)^n + \cdots \tag{5.1.7}$$

其中，$C_{-m} \neq 0$。于是

$$f(z) = \frac{1}{(z-z_0)^m}[C_{-m} + C_{-m+1}(z-z_0) + \cdots + C_0(z-z_0)^m + \cdots + C_n(z-z_0)^{n+m} + \cdots]$$

$$= \frac{1}{(z-z_0)^m} g(z)$$

且 $g(z)$ 满足定理条件。

充分性：当任何一个函数 $f(z)$ 能表示成式（5.1.5）的形式时，将 $g(z)$ 展开成幂级数，代入式（5.1.5）中，可见 $f(z)$ 有形如式（5.1.7）的展开式，故 z_0

必为$f(z)$的m级极点。

由定理5.1.2，可得极点的另一特征：

定理5.1.3　设函数$f(z)$在$0<|z-z_0|<\delta$（$0<\delta<+\infty$）内解析，则z_0是$f(z)$的极点的充要条件是：$\lim\limits_{z\to z_0}f(z)=+\infty$。

综合定理5.1.2和定理5.1.3，可得如下结论：

定理5.1.4　设函数$f(z)$在$0<|z-z_0|<\delta$（$0<\delta<+\infty$）内解析，那么z_0是$f(z)$的本性奇点的充要条件是：不存在有限或无穷的极限$\lim\limits_{z\to z_0}f(z)$。

证明留给读者。

例5.1.2　讨论下列各函数在有限z平面上有何种奇点。

（1）$\dfrac{\cos z}{z^3(z-1)^4}$；　（2）$\dfrac{\sin 2z}{z}$；　（3）$e^{\frac{1}{z}}$。

解　（1）$z=0$是函数$f(z)=\dfrac{\cos z}{z^3(z-1)^4}$的三级极点，这是因为

$$f(z)=\frac{1}{z^3}g(z)$$

其中，$g(z)=\dfrac{\cos z}{(z-1)^4}$在$z=0$点解析且$g(0)=\cos 0=1\neq 0$。同理，可得$z=1$是$f(z)$的四级极点。

（2）注意到$\dfrac{\sin 2z}{z}$在$0<|z|<+\infty$内解析，因而$z=0$是它的孤立奇点，而

$$\lim_{z\to 0}\frac{\sin 2z}{z}=2$$

由定理5.1.2知$z=0$是$\dfrac{\sin 2z}{z}$的可去奇点。

（3）因为$e^{\frac{1}{z}}$在$0<|z|<+\infty$内解析，故$z=0$是$e^{\frac{1}{z}}$的孤立奇点。而

$$\lim_{z=x\to 0^+}e^{\frac{1}{z}}=\infty,\quad \lim_{z=x\to 0^-}e^{\frac{1}{z}}=0$$

所以$\lim\limits_{x\to 0}e^{\frac{1}{z}}$不存在。由定理5.1.4知$z=0$是$e^{\frac{1}{z}}$的本性奇点，这个结论也可由$e^{\frac{1}{z}}$的洛朗展开式的形式而获得，因为

$$e^{\frac{1}{z}}=1+\frac{1}{z}+\frac{1}{2!}\frac{1}{z^2}+\cdots+\frac{1}{n!}\frac{1}{z^n}+\cdots\quad(0<|z|<+\infty)$$

5.1.3　解析函数极点级数的判别方法

设函数$f(z)$在z_0的邻域$N_\delta(z_0)=\{z:|z-z_0|<\delta\}$内解析，并且$f(z_0)=0$，称$z_0$为$f(z)$的零点。设$f(z)$在$N_\delta(z_0)$内的泰勒展开式为

$$f(z)=a_1(z-z_0)+a_2(z-z_0)^2+\cdots+a_n(z-z_0)^n+\cdots$$

如果 $a_n=0$ （$n=1$，2，…），那么$f(z)$ 在 $N_\delta(z_0)$ 内恒等于零。如果 a_1，a_2，…，a_n，…不全为零，则存在正整数 m，$a_m\neq0$，而对于 $n<m$，$a_n=0$，那么称 z_0 是$f(z)$ 的 m **级零点**。于是

$$f(z)=(z-z_0)^m\varphi(z) \tag{5.1.8}$$

其中，$\varphi(z)=a_m+a_{m+1}(z-z_0)+a_{m+2}(z-z_0)^2+\cdots$在 $N_\delta(z_0)$ 内解析且 $\varphi(z_0)\neq0$。因而可以找到一个正数 ε，使得当 $0<|z-z_0|<\varepsilon$ 时，$\varphi(z)\neq0$，于是 $f(z)\neq0$，换句话说，存在着 z_0 的一个邻域，其中 z_0 是 $f(z)$ 的唯一零点。

例 5.1.3 $z=0$ 与 $z=1$ 均为函数 $f(z)=z(z-1)^3$ 的零点，又注意到

$$f(z)=z(z-1)^3=-z+3z^2-3z^3+z^4 \quad (|z|<+\infty)$$

$$f(z)=z(z-1)^3=[1+(z-1)](z-1)^3=(z-1)^3+(z-1)^4 \quad (|z-1|<+\infty)$$

可知 $z=0$，1 分别是$f(z)$ 的一级和三级零点。由高等数学的知识知道：

定理 5.1.5 设函数$f(z)$在 z_0 点解析，则 z_0 是$f(z)$的 m 级零点的充分必要条件是

$$f(z_0)=f'(z_0)=\cdots=f^{(m-1)}(z_0)=0,\ f^{m}\ (z_0)\neq0$$

解析函数的零点与极点有下面的关系：

由定理 5.1.2，若 z_0 为$f(z)$ 的 m $(m\geqslant1)$级极点，则

$$f(z)=\frac{g(z)}{(z-z_0)^m},\ g(z_0)\neq0$$

于是函数 $h(z)=\dfrac{1}{f(z)}=\dfrac{(z-z_0)^m}{g(z)}$以 z_0 为 $m(m\geqslant1)$ 级零点，即有：

定理 5.1.6 z_0 为$f(z)$的 $m(m\geqslant1)$级极点的充分必要条件为函数 $h(z)=\dfrac{1}{f(z)}$在 z_0 点解析，且以 z_0 为 $m(m\geqslant1)$ 级零点。

证 首先证明定理的必要性。如果 z_0 是$f(z)$的 m 级极点，有

$$f(z)=a_{-m}(z-z_0)^{-m}+\cdots+a_1\ (z-z_0)^{-1}+a_0+a_1(z-z_0)+\cdots+$$
$$a_n(z-z_0)^n+\cdots \qquad (a_{-m}\neq0)$$

得到

$$(z-z_0)^m f(z)=a_{-m}+a_{-m+1}(z-z_0)+\cdots+a_0(z-z_0)^m+\cdots+a_n(z-z_0)^{m+n}+\cdots$$

令 $g(z)$为上式的右端幂级数的和函数，则 $g(z)$在 z_0 点解析且 $g(z_0)=a_{-m}\neq0$。因此存在 z_0 的一个邻域 $N_\delta(z_0)$，使得 $g(z)$在 $N_\delta(z_0)$内解析且 $g(z)\neq0$，从而 $\dfrac{1}{g(z)}$也在 $N_\delta(z_0)$内解析且$\dfrac{1}{g(z_0)}=\dfrac{1}{a_{-m}}\neq0$。由此可知

$$\frac{1}{f(z)}=(z-z_0)^m\frac{1}{g(z)}=(z-z_0)^m[\beta_0+\beta_1(z-z_0)+\cdots]$$

$$=\beta_0(z-z_0)^m+\beta_1(z-z_0)^{m+1}+\cdots$$

$\left(\text{其中，}\beta_0=\dfrac{1}{g(z_0)}=\dfrac{1}{a_{-m}}\neq 0\right)$在 $N_\delta(z_0)$ 内解析，并在 z_0 点有一个 m 级零点。

对于充分性的证明只要将上述步骤反推回去即可。

例 5.1.4　试求$\dfrac{1}{\sin z}$的奇点。

解　函数$\dfrac{1}{\sin z}$的奇点显然是使 $\sin z=0$ 的点，这些奇点是 $z=k\pi$ （$k=0$，±1，±2，$\cdots$）。它们是$\dfrac{1}{\sin z}$的孤立奇点。再由于

$$(\sin z)'\Big|_{z=k\pi}=\cos(k\pi)=(-1)^k\neq 0$$

所以 $z=k\pi$ 都是 $\sin z$ 的一级零点，从而也就是$\dfrac{1}{\sin z}$的一级极点。

应当注意的是，我们在求函数的奇点时，不能一看函数的表面形式就急于作出判断。例如，$z=0$ 似乎是函数$\dfrac{(\cos z-1)}{z^4}$的四级极点，其实是二级极点。因为

$$\frac{\cos z-1}{z^4}=\frac{1}{z^4}\left[\left(1-\frac{z^2}{2!}+\frac{z^4}{4!}-\frac{z^6}{6!}+\cdots\right)-1\right]=-\frac{1}{2!}z^{-2}+\frac{1}{4!}-\frac{1}{6!}z^2+\cdots$$

*5.1.4　解析函数在无穷孤立奇点的性质

以上讨论了有限孤立奇点邻域内函数的性质，现在我们来讨论解析函数在无穷远点邻域内的性质。

若函数$f(z)$在邻域D：$R<|z|<+\infty$（$R>0$）内解析，则称 $z=\infty$ 为$f(z)$的一个孤立奇点。

设 $z=\infty$ 是$f(z)$的一个孤立奇点。为了研究$f(z)$在 $z=\infty$ 邻域内的性质，我们作变换 $\zeta=1/z$，将 $z=\infty$ 的邻域变为点 $\zeta=0$ 的邻域，函数

$$g(\zeta)=f(z)=f\left(\frac{1}{\zeta}\right)\tag{5.1.9}$$

在 D'：$0<|\zeta|<\dfrac{1}{R}$内解析，$\zeta=0$ 是它的一个孤立奇点。如果 $\zeta=0$ 是函数 $g(\zeta)$ 的可去奇点、（m 级）极点或本性奇点，那么分别称 $z=\infty$ 是函数$f(z)$ 的可去奇点、（m 级）极点或本性奇点。

由于$f(z)$ 在区域 D：$R<|z|<+\infty$ 内解析，所以它在 D 内可以展开成洛朗级数，根据定理 4.4.2，我们有

$$f(z)=\sum_{n=1}^{\infty}a_{-n}z^{-n}+a_0+\sum_{n=1}^{\infty}a_nz^n\tag{5.1.10}$$

其中，$a_n = \dfrac{1}{2\pi i}\oint_C \dfrac{f(\zeta)}{\zeta^{n+1}}d\zeta$（$n=0$，$\pm1$，$\pm2$，$\cdots$），$C$ 为在 D 内绕原点的任何一条正向简单闭曲线。因此 $g(\zeta)$ 在圆环域 D'：$0<|\zeta|<\dfrac{1}{R}$ 内的洛朗级数可根据式（5.1.10）得到，即

$$g(\zeta)=\sum_{n=1}^{\infty}a_{-n}\zeta^{n}+a_0+\sum_{n=1}^{\infty}a_n\zeta^{-n} \tag{5.1.11}$$

如果在级数（5.1.11）中，不含负幂项、含有限多的负幂项且 ζ^{-m} 为最高负幂和有无限多的负幂项，那么 $\zeta=0$ 分别是 $g(\zeta)$ 的可去奇点、m 级极点和本性奇点。这样根据上面的规定，我们有：

（1）当 $a_n=0(n=1,\ 2,\ \cdots)$ 时，$z=\infty$ 是函数 $f(z)$ 的可去奇点。

（2）当 $a_m\neq0$，$a_{m+1}=a_{m+2}=\cdots=0(m\in\mathbf{N})$，$z=\infty$ 是函数 $f(z)$ 的 m 级极点。

（3）当有无穷多个自然数 n，使得 $a_n\neq0$，$z=\infty$ 是函数 $f(z)$ 的本性奇点。

与级数（5.1.11）的情形相对应，级数

$$\varphi(z)=\sum_{n=0}^{\infty}\frac{a_{-n}}{z^n},\ \psi(z)=\sum_{n=1}^{\infty}a_nz^n$$

分别称为洛朗级数（5.1.10）的解析部分和主要部分。

定理5.1.2~5.1.4都可以立即转移到无穷远点的情形。

定理5.1.7 设 $z=\infty$ 是函数 $f(z)$ 的孤立奇点，则 $z=\infty$ 是 $f(z)$ 的可去奇点、极点或本性奇点的充分必要条件是：存在有限、无穷极限或不存在有限或无穷的极限。

例如，函数 $f(z)=\dfrac{1}{z-z^3}$ 在圆环域 $1<|z|<+\infty$ 内可以展开成

$$f(z)=\frac{1}{z-z^3}=-\frac{1}{z^3}\cdot\frac{1}{1-\dfrac{1}{z^2}}=-\frac{1}{z^3}-\frac{1}{z^5}-\frac{1}{z^7}-\cdots$$

它的正幂项系数全部为零，所以 ∞ 是 $f(z)$ 的可去奇点。

又如，函数 $f(z)=a_0+a_1z+\cdots+a_kz^k$（$a_k\neq0$），含有正幂项，且 $f(z)$ 含有的关于 z 的最高正幂项为 a_kz^k，所以 $z=\infty$ 为它的 k 级极点。再如 $\cos z$ 的展开式

$$\cos z=1-\frac{z^2}{2!}+\frac{z^4}{4!}-\cdots+(-1)^m\frac{z^{2m}}{(2m)!}+\cdots\quad(|z|<+\infty)$$

它的正幂项的系数有无穷多个不为零，所以 ∞ 是它的本性奇点。

5.2　留数

5.2.1　留数的定义及计算

设函数$f(z)$在z_0点的某邻域内解析，则对于这个邻域内的任何一条包含z_0的简单闭曲线C，有

$$\oint_C f(z)\,\mathrm{d}z = 0$$

但是，如果$f(z)$是在z_0的某个去心邻域D：$0<|z-z_0|<\delta$内解析，z_0是$f(z)$的孤立奇点，则上述积分就不一定为零。因为此时，函数$f(z)$ 在$0<|z-z_0|<\delta$内可展开为洛朗级数$f(z)=\sum\limits_{n=-\infty}^{+\infty}C_n(z-z_0)^n$，其洛朗系数为

$$C_n = \frac{1}{2\pi\mathrm{i}}\oint_C \frac{f(z)}{(z-z_0)^{n+1}}\mathrm{d}z \quad (n=0,\pm1,\pm2,\cdots)$$

其中，C：$|z-z_0|=\rho\ (0<\rho<\delta)$。

特别地，当$n=-1$时，得

$$C_{-1}=\frac{1}{2\pi\mathrm{i}}\oint_C f(z)\,\mathrm{d}z \text{ 或 } \oint_C f(z)\,\mathrm{d}z = 2\pi\mathrm{i}C_{-1}$$

于是，当知道了C_{-1}时，就等于知道了积分$\oint_C f(z)\,\mathrm{d}z$的值。由此便产生了留数的概念。

定义 5.2.1　设z_0是函数$f(z)$ 的孤立奇点，则称积分值

$$\frac{1}{2\pi\mathrm{i}}\oint_C f(z)\,\mathrm{d}z \tag{5.2.1}$$

为函数$f(z)$ 在点z_0处的**留数**，记作 Res $[f(z),\ z_0]$ 或 Res$[f(z_0)]$，其中C是包含在D内且围绕z_0的任何一条正向简单闭曲线。

由上

$$\mathrm{Res}[f(z),z_0] = \frac{1}{2\pi\mathrm{i}}\oint_C f(z)\,\mathrm{d}z = C_{-1} \tag{5.2.2}$$

显然

$$\oint_C f(z)\,\mathrm{d}z = 2\pi\mathrm{i}\mathrm{Res}[f(z),z_0] = 2\pi\mathrm{i}C_{-1}$$

例 5.2.1　求函数$f(z)=\frac{\mathrm{e}^z}{z^2}$在$z=0$处的留数。

解　由于

$$f(z)=\frac{\mathrm{e}^z}{z^2}=\frac{1}{z^2}\left(1+z+\frac{z^2}{2!}+\cdots+\frac{z^n}{n!}+\cdots\right)=\frac{1}{z^2}+\frac{1}{z}+\cdots+\frac{z^{n-2}}{n!}+\cdots$$

所以，$\text{Res}(f(z), 0)=1$。

定理5.2.1（留数定理） 设 C 是一条正向的简单闭曲线，若函数 $f(z)$ 在 C 上及 C 的内部 D 除去有限个孤立奇点 z_1，z_2，…，z_n 外处处解析，那么

$$\oint_C f(z)\,\mathrm{d}z = 2\pi i\sum_{k=1}^{n}\text{Res}[f(z), z_k] \tag{5.2.3}$$

证 在 D 内以 $z_k(k=1, 2, \cdots, n)$ 为圆心作小圆周 C_k，使得每一个 C_k 都在其余圆周的外部（见图5.2.1）。由复合闭路的柯西定理，有

$$\oint_C f(z)\,\mathrm{d}z = \sum_{k=1}^{n}\oint_{C_k} f(z)\,\mathrm{d}z$$

由留数的定义，得

$$\oint_C f(z)\,\mathrm{d}z = 2\pi i\sum_{k=1}^{n}\text{Res}[f(z), z_k]$$

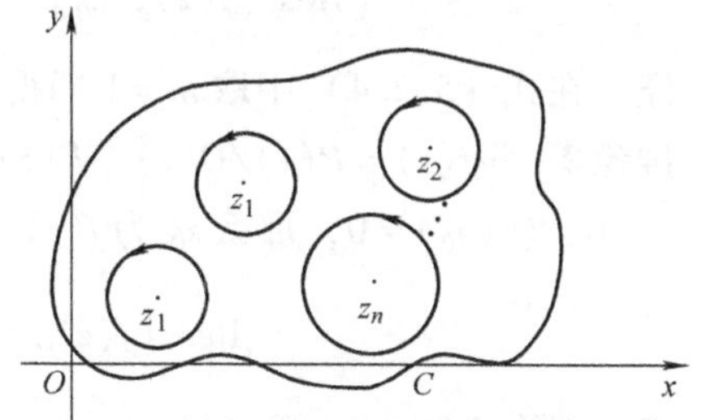

图 5.2.1

5.2.2 留数的计算

留数定理把闭曲线上复积分问题转化为计算各个孤立奇点上留数的问题。由于把一个函数在每一个孤立奇点处展开为洛朗级数并不是一件简单的事情，为此，下面我们根据孤立奇点的不同类型，分别建立留数计算的一些简便方法。

1. 可去奇点处的留数

如果 z_0 为函数 $f(z)$ 的可去奇点，由上面的讨论知

$$\text{Res}(f(z), z_0) = C_{-1} = 0$$

2. 极点处的留数

定理5.2.2 如果 z_0 为 $f(z)$ 的 m 级极点，则

$$\text{Res}[f(z), z_0] = \frac{1}{(m-1)!}\lim_{z\to z_0}\frac{\mathrm{d}^{m-1}}{\mathrm{d}z^{m-1}}[(z-z_0)^m f(z)] \tag{5.2.4}$$

注：当 m 较大时，由于求高阶导数的缘故，这一公式并不方便。

证 由于

$$f(z) = C_{-m}(z-z_0)^{-m}+\cdots+C_{-2}(z-z_0)^{-2}+C_{-1}(z-z_0)^{-1}+C_0+C_1(z-z_0)+\cdots$$

用 $(z-z_0)^m$ 乘以上式的两端，得

$$(z-z_0)^m f(z) = C_{-m}+\cdots+C_{-2}(z-z_0)^{m-2}+C_{-1}(z-z_0)^{m-1}+ C_0(z-z_0)^m+C_1(z-z_0)^{m+1}+\cdots$$

两边求 $m-1$ 阶导数，得

$$\frac{\mathrm{d}^{m-1}}{\mathrm{d}z^{m-1}}\{(z-z_0)^m f(z)\}=(m-1)!\ C_{-1}+m(m-1)\cdots 2C_0(z-z_0)+$$
$$(m+1)m\cdots 3C_1(z-z_0)^2+\cdots$$

令 $z\to z_0$ 两端求极限，右端的极限是 $(m-1)!\ C_{-1}$，根据式（5.2.2）就得式（5.2.4）。

推论1　如果 z_0 为 $f(z)$ 的一级极点，那么

$$\mathrm{Res}\ [f(z),\ z_0]=\lim_{z\to z_0}(z-z_0)f(z) \tag{5.2.5}$$

证　在式（5.2.4）中取 $m=1$ 即得式（5.2.5）。

推论2　设 $f(z)=P(z)/Q(z)$，$P(z)$ 及 $Q(z)$ 在点 z_0 解析，如果 $P(z_0)\neq 0$，$Q(z_0)=0$，$Q'(z_0)\neq 0$，那么 z_0 为 $f(z)$ 的一级极点，并且

$$\mathrm{Res}\ [f(z),\ z_0]=\frac{P(z_0)}{Q'(z_0)} \tag{5.2.6}$$

证　因为 $Q(z_0)=0$ 及 $Q'(z_0)\neq 0$，所以 z_0 为 $Q(z)$ 的一级零点，从而 z_0 为 $1/Q(z)$ 的一级极点。因此

$$\frac{1}{Q(z)}=\frac{1}{z-z_0}\varphi(z)$$

其中，$\varphi(z)$ 在点 z_0 解析，且 $\varphi(z_0)\neq 0$。于是

$$f(z)=\frac{1}{z-z_0}g(z)$$

这里，$g(z)=\varphi(z)P(z)$ 在 z_0 解析，且 $g(z_0)=\varphi(z_0)P(z_0)\neq 0$，故 z_0 为 $f(z)$ 的一级极点。由推论1得 $\mathrm{Res}\ [f(z),\ z_0]=\lim\limits_{z\to z_0}(z-z_0)f(z)$，而 $Q(z_0)=0$，所以

$$(z-z_0)f(z)=\frac{P(z)}{\dfrac{Q(z)-Q(z_0)}{z-z_0}}$$

令 $z\to z_0$ 即得式（5.2.6）。

例5.2.2　函数 $f(z)=\dfrac{\mathrm{e}^{\mathrm{i}z}}{1+z^2}$ 有两个一级极点 $z=\pm\mathrm{i}$，记 $P(z)=\mathrm{e}^{\mathrm{i}z}$，$Q(z)=1+z^2$，这时

$$\frac{P(z)}{Q'(z)}=\frac{1}{2z}\mathrm{e}^{\mathrm{i}z}$$

由式（5.2.6），得

$$\mathrm{Res}\ [f(z),\ \mathrm{i}]=-\frac{\mathrm{i}}{2\mathrm{e}},\ \mathrm{Res}[f(z),\ -\mathrm{i}]=\frac{\mathrm{i}}{2}\mathrm{e}$$

例5.2.3　函数 $f(z)=\sec z/z^3$ 在 $z=0$ 有三级极点，由式（5.2.5）得

$$\text{Res}[f(z),0]=\frac{1}{2}\lim_{z\to 0}\frac{d^2}{dz^2}\left\{z^3\cdot\frac{\sec z}{z^3}\right\}=\frac{1}{2}$$

3. 本性奇点处的留数

函数在本性奇点处的留数没有像极点的情形那样容易计算，一般需求出其洛朗展开式，再定出留数。当然这一方法并不排斥应用在极点的情形。

例 5.2.4 $f(z)=\cos\frac{1}{z}$，$z=0$ 点是它的本性奇点，由洛朗展开式

$$f(z)=\sum_{n=0}^{\infty}\frac{(-1)^n}{(2n)!}z^{-2n}$$

可得 $\text{Res}[f(z),0]=C_{-1}=0$。

例 5.2.5 $f(z)=\frac{e^{\frac{1}{z}}}{1-z}$，$z=0$ 点是它的本性奇点，由于

$$f(z)=\frac{e^{\frac{1}{z}}}{1-z}=(1+z+z^2+\cdots+z^n+\cdots)\cdot\left(1+\frac{1}{z}+\frac{1}{2!}\cdot\frac{1}{z^2}+\cdots+\frac{1}{n!}\cdot\frac{1}{z^n}+\cdots\right)$$

$$=\cdots+\left(1+\frac{1}{2!}+\cdots+\frac{1}{n!}+\cdots\right)\frac{1}{z}+\left(1+1+\frac{1}{2!}+\cdots+\frac{1}{n!}+\cdots\right)+\cdots$$

故

$$\text{Res}\left[\frac{e^{\frac{1}{z}}}{1-z},0\right]=1+\frac{1}{2!}+\cdots+\frac{1}{n!}+\cdots=\sum_{n=1}^{+\infty}\frac{1}{n!}=e-1$$

例 5.2.6 计算积分 $I=\oint_{|z|=\frac{1}{2}}\frac{\sin z}{z^2(1-e^z)}dz$。

解 由于 $f(z)=\frac{\sin z}{z^2(1-e^z)}$ 在 $0<|z|<2\pi$ 内解析，由留数定义，

$$I=2\pi i\text{Res}[f(z),0]$$

又 $z=0$ 为 $f(z)$ 的二级极点，而

$$\text{Res}[f(z),0]=\lim_{z\to 0}\frac{d}{dz}z^2f(z)=\lim_{z\to 0}\frac{d}{dz}\left(\frac{\sin z}{1-e^z}\right)=\frac{1}{2}$$

于是

$$I=2\pi i\text{Res}[f(z),0]=\pi i$$

5.2.3* 函数在无穷远点处的留数

若 $z=\infty$ 是 $f(z)$ 的孤立奇点，即 $f(z)$ 在 $R<|z|<+\infty$ 内解析，我们定义 $f(z)$ 在 $z=\infty$ 的留数为

$$\text{Res}[f(z),\infty]=\frac{1}{2\pi i}\oint_{C^-}f(z)dz \tag{5.2.7}$$

其中，C^- 为包含在区域 D：$R<|z|<+\infty$ 内且围绕原点的任意一条沿顺时针方

向的简单闭曲线（这个方向很自然地被看做是绕无穷远点的正向）。

由于$f(z)$在$R<|z|<+\infty$内可展开为洛朗级数

$$f(z)=\sum_{n=-\infty}^{+\infty}C_n z^n$$

上式两端同乘以$\frac{1}{2\pi i}$，沿C^-逐项积分，并根据公式（5.2.2）有

$$\text{Res}[f(z),\infty]=-\frac{1}{2\pi i}\oint_{C^-}f(z)\,dz=-\frac{1}{2\pi i}\sum_{n=-\infty}^{+\infty}\oint_C C_n z^n=-C_{-1} \quad (5.2.8)$$

于是，如果我们知道函数$f(z)$在孤立奇点z_0（有限或无穷远点）附近的洛朗展开式，那么我们就知道了$f(z)$在z_0点的留数。

由上面的讨论可知，若z_0是$f(z)$的可去奇点，且$z_0\neq\infty$，则$\text{Res}[f(z),z_0]=0$；但是若$z_0=\infty$，那么$\text{Res}[f(z),\infty]$不一定为零。比如$f(z)=1+1/z$，它在无穷远点的留数，由式（5.2.4）知为-1，尽管$z_0=\infty$是$f(z)$的可去奇点。

利用留数基本定理，我们可以得到如下的关于无穷远点的留数计算规则。

定理5.2.3

$$\text{Res}[f(z),\infty]=-\text{Res}\left[f\left(\frac{1}{z}\right)\frac{1}{z^2},0\right] \quad (5.2.9)$$

证　在无穷远点的留数定义中，取正向简单闭曲线C为半径足够大的正向圆周：$|z|=R$，令$z=1/\zeta$，并设$z=Re^{i\varphi}$，$\zeta=re^{i\theta}$，则$R=1/r$，$\varphi=-\theta$，于是有

$$\begin{aligned}\text{Res}[f(z),\infty]&=-\frac{1}{2\pi i}\oint_C f(z)\,dz=\frac{1}{2\pi i}\oint_{C^-}f(z)\,dz\\&=\frac{1}{2\pi i}\int_0^{-2\pi}f(Re^{i\varphi})Rie^{i\varphi}d\varphi=\frac{1}{2\pi i}\int_0^{2\pi}f(Re^{-i\theta})Rie^{-i\theta}(-d\theta)\\&=\frac{-1}{2\pi i}\int_0^{2\pi}f\left(\frac{1}{re^{i\theta}}\right)\frac{1}{(re^{i\theta})^2}d(re^{i\theta})=-\frac{1}{2\pi i}\oint_{|\zeta|=\frac{1}{R}}f\left(\frac{1}{\zeta}\right)\frac{1}{\zeta^2}d\zeta\end{aligned}$$

（$|\zeta|=1/R$为正向）

由于$f(z)$在$R\leqslant|z|<+\infty$内解析，从而$f(1/\zeta)$在$0<|\zeta|\leqslant1/R$内解析，因此$f\left(\frac{1}{\zeta}\right)\frac{1}{\zeta^2}$在$|\zeta|\leqslant1/R$上除$\zeta=0$外没有其他奇点。由留数定理，得

$$\frac{1}{2\pi i}\oint_{|\zeta|=\frac{1}{R}}f\left(\frac{1}{\zeta}\right)\frac{1}{\zeta^2}d\zeta=\text{Res}\left[f\left(\frac{1}{\zeta}\right)\frac{1}{\zeta^2},0\right]$$

所以式（5.2.9）成立。

定理5.2.4　如果函数$f(z)$在扩充的复平面内只有有限个奇点，那么$f(z)$在所有各奇点（包括∞点）的留数总和必等于零。

证　设$f(z)$的有限奇点为$z_k(k=1,2,\cdots,n)$。以原点为圆心，作半径为R的充分大的圆周C，使得C的内部包含z_1，z_2，…，z_n，从而由留数基本定理得

$$\oint_C f(z)\,dz = 2\pi i\sum_{k=1}^{n}\text{Res}[f(z),z_k]$$

又因

$$\frac{1}{2\pi i}\oint_C f(z)\,dz = -\text{Res}[f(z),\infty]$$

所以

$$\text{Res}[f(z),\infty] + \sum_{k=1}^{n}\text{Res}[f(z),z_k] = -\frac{1}{2\pi i}\oint_C f(z)\,dz + \frac{1}{2\pi i}\oint_C f(z)\,dz = 0 \quad (5.2.10)$$

例 5.2.7 $f(z)=\dfrac{1}{1+z^2}e^{imz}$（$m\neq 0$）是实常数，$z=\pm i$ 是 $f(z)$ 的一级极点，$z=\infty$ 是 $f(z)$ 的本性奇点。

$$\text{Res}[f(z),i]=\lim_{z\to i}(z-i)\frac{e^{imz}}{z^2+1}=\left.\frac{e^{imz}}{z+i}\right|_{z=i}=\frac{e^{-m}}{2i}=-\frac{i}{2}e^{-m}$$

同理：$\text{Res}[f(z),-i]=\dfrac{i}{2}e^{m}$

再由式（5.2.10）可知

$$\text{Res}[f(z),\infty]=-\text{Res}[f(z),i]-\text{Res}[f(z),-i]=-i\frac{e^m-e^{-m}}{2}=-i\,\text{sh}\,m$$

例 5.2.8 $f(z)=\dfrac{\sin 2z}{(z+1)^3}$，$z=-1$ 是 $f(z)$ 的三级极点，$z=\infty$ 是 $f(z)$ 的本性奇点。

$$\begin{aligned}\text{Res}[f(z),-1]&=\frac{1}{2!}\lim_{z\to -1}\frac{d^2}{dz^2}\left\{(z+1)^3\frac{\sin 2z}{(z+1)^3}\right\}\\&=\frac{1}{2!}\frac{d^2}{dz^2}(\sin 2z)\Big|_{z=-1}=-2\sin(-2)=2\sin 2\end{aligned}$$

再由式（5.2.10）得

$$\text{Res}[f(z),\infty]=-2\sin 2$$

例 5.2.9 （续例 5.2.5）$f(z)=\dfrac{e^{\frac{1}{z}}}{1-z}$，$z=1$ 是 $f(z)$ 一级极点，$z=0$ 是 $f(z)$ 的本性奇点，$z=\infty$ 是 $f(z)$ 的可去奇点。

$$\text{Res}[f(z),1]=\lim_{z\to 1}(z-1)\frac{e^{\frac{1}{z}}}{1-z}=-e$$

由于当 $|z|$ 充分大时有

$$f(z)=\frac{e^{\frac{1}{z}}}{1-z}=-\frac{1}{z}\cdot\frac{1}{1-\frac{1}{z}}e^{\frac{1}{z}}=-\frac{1}{z}\left(1+\frac{1}{z}+\frac{1}{z^2}+\cdots\right)\left(1+\frac{1}{1!}\frac{1}{z}+\frac{1}{2!}\frac{1}{z^2}+\cdots\right)$$

$$= -\frac{1}{z} + \cdots$$

所以

$$\operatorname{Res}[f(z), \infty] = -C_{-1} = 1$$

$$\operatorname{Res}[f(z), 0] = -\operatorname{Res}[f(z), 1] - \operatorname{Res}[f(z), \infty] = e - 1$$

这也是例5.2.5的结果。

从上面几例看出，如果函数$f(z)$满足定理5.2.4中的条件，当求$f(z)$在各孤立奇点的留数时，我们总是先求出比较容易计算的孤立奇点的留数，然后利用式(5.2.10)便可求出较难计算的留数。但如果有好几个点上的留数都比较难计算，式（5.2.10）的应用也比较困难。

下面例子展示了留数定理在计算复积分中的应用。

例5.2.10 计算$\oint_C \frac{z}{z^4 - 1} dz$积分，$C$为正向圆周：$|z| = 2$。

解 解法1 被积函数$f(z) = \frac{z}{z^4 - 1}$的四个一级极点± 1，$\pm i$都在圆$|z| = 2$内，所以由留数定理有

$$\oint_C \frac{z}{z^4 - 1} dz = 2\pi i\{\operatorname{Res}[f(z), 1] + \operatorname{Res}[f(z), -1] + \operatorname{Res}[f(z), i] + \operatorname{Res}[f(z), -i]\}$$

记$P(z) = z$，$Q(z) = z^4 - 1$，$\frac{P(z)}{Q'(z)} = \frac{z}{4z^3} = \frac{1}{4z^2}$，故由推论2得

$$\oint_C \frac{z}{z^4 - 1} dz = 2\pi i\left\{\frac{1}{4} + \frac{1}{4} - \frac{1}{4} - \frac{1}{4}\right\} = 0$$

解法2 函数$\frac{z}{z^4 - 1}$在$|z| = 2$的外部，除∞点外没有其他奇点，因此根据式(5.2.9)和式（5.2.10）知

$$\operatorname{Res}[f(z), 1] + \operatorname{Res}[f(z), -1] + \operatorname{Res}[f(z), i] + \operatorname{Res}[f(z), -i] + \operatorname{Res}[f(z), \infty] = 0$$

从而

$$\begin{aligned}\oint_C \frac{z}{z^4 - 1} dz &= 2\pi i\{\operatorname{Res}[f(z), 1] + \operatorname{Res}[f(z), -1] + \operatorname{Res}[f(z), i] + \operatorname{Res}[f(z), -i]\} \\ &= -2\pi i \operatorname{Res}[f(z), \infty] = 2\pi i \operatorname{Res}\left[f\left(\frac{1}{z}\right)\frac{1}{z^2}, 0\right] \\ &= 2\pi i \operatorname{Res}\left[\frac{z}{1 - z^4}, 0\right] = 0\end{aligned}$$

5.3 留数在定积分计算中的应用

在很多实际问题及理论研究中，往往需要计算一些其被积函数很难用初等函

数表示出来的定积分，例如，有阻尼的振动问题$\int_0^{\infty}\frac{\sin x}{x}dx$；热传导问题$\int_0^{\infty}e^{-ax^2}\cos bx dx(a>0)$；光的折射问题$\int_0^{\infty}\sin x^2 dx$等。这一节，我们讨论如何应用留数计算上述问题的积分。这种方法的基本思想是把所给定积分化为一个解析函数沿某一简单闭曲线的复积分，然后利用留数求出积分值。下面我们来阐述怎样利用留数求某几种特殊形式的定积分的问题。

5.3.1 形如$\int_0^{2\pi}R(\cos\theta,\sin\theta)d\theta$的积分

设$R(\cos\theta,\sin\theta)$为$\sin\theta$和$\cos\theta$的有理函数且在$[0,2\pi]$上连续。这类积分可以化为单位圆周上的复积分。设$z=e^{i\theta}$，则

$$\cos\theta=\frac{1}{2}(e^{i\theta}+e^{-i\theta})=\frac{1}{2}\left(z+\frac{1}{z}\right)=\frac{1}{2z}(z^2+1)$$

$$\sin\theta=\frac{1}{2i}(e^{i\theta}-e^{-i\theta})=\frac{1}{2i}\left(z-\frac{1}{z}\right)=\frac{1}{2iz}(z^2-1)$$

$$d\theta=\frac{1}{ie^{i\theta}}de^{i\theta}=\frac{1}{iz}dz$$

当θ从0变到2π时，z沿单位圆周：$|z|=1$逆时针绕行一周，于是

$$\int_0^{2\pi}R(\cos\theta,\sin\theta)d\theta=\oint_{|z|=1}R\left(\frac{z^2+1}{2z},\frac{z^2-1}{2iz}\right)\frac{dz}{iz}$$

由于$R(\cos\theta,\sin\theta)$在$[0,2\pi]$上连续，所以$f(z)=R\left(\frac{z^2+1}{2z},\frac{z^2-1}{2iz}\right)\frac{1}{iz}$在$|z|=1$上无极点，且为$z$的有理函数。若$a_1$，$a_2$，…，$a_n$是$f(z)$在圆$|z|<1$内的极点，则

$$\int_0^{2\pi}R(\cos\theta,\sin\theta)d\theta=2\pi i\sum_{k=1}^{n}\text{Res}[f(z),a_k] \tag{5.3.1}$$

例5.3.1 计算积分 $I=\int_0^{2\pi}\frac{d\theta}{2+\cos\theta}$。

解 令$z=e^{i\theta}$，则

$$I=\int_0^{2\pi}\frac{d\theta}{2+\cos\theta}=\frac{2}{i}\oint_{|z|=1}\frac{1}{z^2+4z+1}dz$$

由于被积函数$f(z)=\frac{1}{z^2+4z+1}$在$|z|<1$内只有一个极点$z=-2+\sqrt{3}$，所以

$$I=2\pi i\frac{2}{i}\text{Res}(f(z),-2+\sqrt{3})=4\pi\left.\frac{1}{2z+4}\right|_{z=-2+\sqrt{3}}=\frac{2\pi}{\sqrt{3}}$$

例5.3.2 计算$I=\int_0^{2\pi}\frac{\cos 2\theta}{1-\cos\theta+\frac{1}{4}}d\theta$的值。

解　由于被积函数的分母$1-\cos\theta+\frac{1}{4}$在$0\leqslant\theta\leqslant 2\pi$上不为零，因而积分是有意义的。设$z=\mathrm{e}^{\mathrm{i}\theta}$，则

$$\cos 2\theta=\frac{1}{2}(\mathrm{e}^{2\mathrm{i}\theta}+\mathrm{e}^{-2\mathrm{i}\theta})=\frac{1}{2}(z^2+z^{-2})$$

$$\begin{aligned}I&=\int_{|z|=1}\frac{z^2+z^{-2}}{2}\cdot\frac{1}{1-\frac{z+z^{-1}}{2}+\frac{1}{4}}\cdot\frac{\mathrm{d}z}{\mathrm{i}z}\\&=\int_{|z|=1}\frac{1+z^4}{\mathrm{i}z^2(2-z)(z-\frac{1}{2})}\mathrm{d}z=\int_{|z|=1}F(z)\mathrm{d}z\end{aligned}$$

被积函数的三个极点$z=0$，$\frac{1}{2}$，2中只有前两个在圆$|z|=1$内，其中$z=0$为二级极点，$z=\frac{1}{2}$为一级极点，而

$$\begin{aligned}\mathrm{Res}[F(z),0]&=\lim_{z\to 0}\frac{\mathrm{d}}{\mathrm{d}z}\left\{z^2\frac{1+z^4}{\mathrm{i}z^2(2-z)(z-\frac{1}{2})}\right\}\\&=\lim_{z\to 0}\frac{-(z^2-\frac{5}{2}z+1)4z^3-(1+z^4)(-2z+\frac{5}{2})}{-\mathrm{i}\left(z^2-\frac{5}{2}z+1\right)^2}=-\frac{5}{2}\mathrm{i}\end{aligned}$$

$$\mathrm{Res}\left[F(z),\frac{1}{2}\right]=\lim_{z\to\frac{1}{2}}\left[(z-\frac{1}{2})\cdot\frac{1+z^4}{\mathrm{i}z^2(2-z)(z-\frac{1}{2})}\right]=-\frac{17}{6}\mathrm{i}$$

从而

$$\begin{aligned}I&=2\pi\mathrm{i}\left\{\mathrm{Res}[F(z),0]+\mathrm{Res}\left[F(z),\frac{1}{2}\right]\right\}\\&=2\pi\mathrm{i}\left(-\frac{5}{2}\mathrm{i}-\frac{17}{6}\mathrm{i}\right)=\frac{32}{3}\pi\end{aligned}$$

5.3.2　形如$\int_{-\infty}^{+\infty}R(x)\mathrm{d}x$的积分

当被积函数$R(x)$是x的有理函数，而分母的次数至少比分子的次数高二次，并且$R(x)$在实轴上没有奇点时，积分是存在的。若设$R(x)$在上半平面$\mathrm{Im}(z)>0$的极点为a_1，a_2，…，a_p，则

$$\int_{-\infty}^{+\infty}R(x)\mathrm{d}x=2\pi\mathrm{i}\sum_{k=1}^{p}\mathrm{Res}[R(z),a_k]\tag{5.3.2}$$

事实上，不失去一般性，设

$$R(z)=\frac{z^n+a_1z^{n-1}+\cdots+a_n}{z^m+b_1z^{m-1}+\cdots+b_m}\qquad(m-n\geqslant 2)$$

我们取积分路线如图5.3.1所示，其中C_R是以原点为中心、R为半径的在上半

平面的半圆周，取R适当大，使$R(z)$所有的在上半平面$\mathrm{Im}(z)>0$的极点a_1，a_2，…，a_p都包含在这积分路线之内。根据留数定理，得

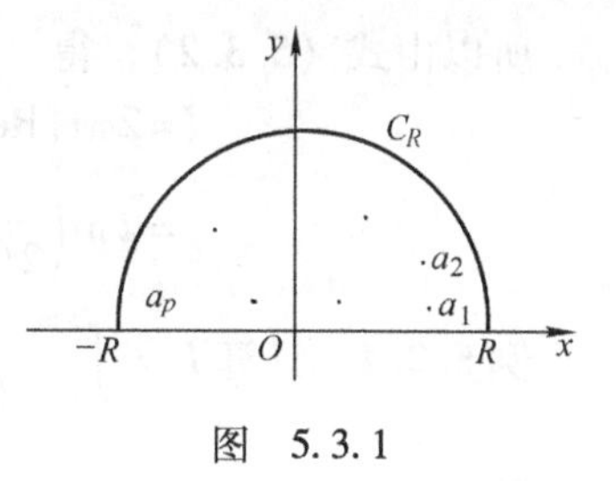

图 5.3.1

$$\int_{-R}^{R}R(x)\mathrm{d}x+\int_{C_R}R(z)\mathrm{d}z=2\pi\mathrm{i}\sum_{k=1}^{p}\mathrm{Res}[R(z),a_k] \tag{5.3.3}$$

这个等式，不因C_R半径R不断增大而有所改变。又注意到

$$|R(z)|=\frac{1}{|z|^{m-n}}\cdot\frac{|1+a_1z^{-1}+\cdots+a_nz^{-n}|}{|1+b_1z^{-1}+\cdots+b_mz^{-m}|}$$
$$\leqslant\frac{1}{|z|^{m-n}}\cdot\frac{1+|a_1z^{-1}+\cdots+a_nz^{-n}|}{1-|b_1z^{-1}+\cdots+b_mz^{-m}|}$$

而当$|z|$充分大时，总可以使

$$|a_1z^{-1}+\cdots+a_nz^{-n}|<\frac{1}{2}$$
$$|b_1z^{-1}+\cdots+b_mz^{-m}|<\frac{1}{2}$$

由于$m-n\geqslant 2$，故有

$$|R(z)|<\frac{1}{|z|^{m-n}}\cdot\frac{1+\frac{1}{2}}{1-\frac{1}{2}}<\frac{3}{|z|^2}$$

因此，在半径R充分大的C_R上，有

$$\left|\int_{C_R}R(z)\mathrm{d}z\right|\leqslant\int_{C_R}|R(z)|\mathrm{d}s\leqslant\frac{3}{R^2}\pi R=\frac{3\pi}{R}$$

所以，当$R\to+\infty$时，$\int_{C_R}R(z)\mathrm{d}z\to 0$，从而在式（5.3.3）中令$R\to+\infty$，得到式（5.3.2）。

特别地，若$R(x)$为偶函数，那么

$$\int_{0}^{+\infty}R(x)\mathrm{d}x=\pi\mathrm{i}\sum_{k=1}^{p}\mathrm{Res}[R(z),a_k] \tag{5.3.4}$$

例5.3.3 计算积分$I=\int_{-\infty}^{+\infty}\frac{x^2\mathrm{d}x}{(x^2+a^2)(x^2+b^2)}\ (a>0,b>0)$的值。

解 函数$R(z)=\frac{z^2}{(z^2+a^2)(z^2+b^2)}$满足式（5.3.2）的条件，因此积分是存在的。由于$R(z)$在上半平面$\mathrm{Im}\,z>0$内只有一级极点$a\mathrm{i}$和$b\mathrm{i}$，而

$$\mathrm{Res}[R(z),a\mathrm{i}]=\lim_{z\to a\mathrm{i}}\left\{(z-a\mathrm{i})\frac{z^2}{(z^2+a^2)(z^2+b^2)}\right\}=\frac{a\mathrm{i}}{2(b^2-a^2)}$$

$$\mathrm{Res}[R(z),b\mathrm{i}]=\frac{b\mathrm{i}}{2(a^2-b^2)}$$

所以由式（5.3.2），得

$$I=2\pi\mathrm{i}\{\mathrm{Res}[R(z),a\mathrm{i}]+\mathrm{Res}[R(z),b\mathrm{i}]\}$$
$$=2\pi\mathrm{i}\left(\frac{a\mathrm{i}}{2(b^2-a^2)}+\frac{b\mathrm{i}}{2(a^2-b^2)}\right)=\frac{\pi}{a+b}$$

例 5.3.4 计算 $I=\int_0^{+\infty}\frac{\mathrm{d}x}{(1+x^2)^{n+1}}\ (n=0,\ 1,\ 2,\ \cdots)$。

解 $R(z)=\frac{1}{(1+z^2)^{n+1}}$为偶函数，且满足本段开头对 $R(z)$ 所提到的条件。$R(z)$在 $\mathrm{Im}(z)>0$ 内以 $z=\mathrm{i}$ 为 $n+1$ 级极点，经计算

$$\mathrm{Res}[R(z),\mathrm{i}]=\frac{1}{n!}\lim_{z\to\mathrm{i}}\frac{\mathrm{d}^n}{\mathrm{d}z^n}\left\{(z-\mathrm{i})^{n+1}\frac{1}{(1+z^2)^{n+1}}\right\}$$
$$=\frac{1}{n!}\lim_{z\to\mathrm{i}}\frac{\mathrm{d}^n}{\mathrm{d}z^n}(z+\mathrm{i})^{-n-1}$$
$$=\frac{(-1)^n(n+1)(n+2)\cdots(2n)}{n!(2\mathrm{i})^{2n+1}}=\frac{(2n)!}{2^{2n}(n!)^2 2\mathrm{i}}$$

由式（5.3.4），知

$$I_n=\pi\mathrm{i}\mathrm{Res}[R(z),\ \mathrm{i}]=\pi\mathrm{i}\frac{(2n)!}{2^{2n}(n!)^2 2\mathrm{i}}=\frac{\pi}{2}\cdot\frac{(2n-1)!!}{(2n)!!}\quad(n\neq0)$$

$$I_0=\int_0^{+\infty}\frac{\mathrm{d}x}{1+x^2}=\frac{\pi}{2}$$

5.3.3 形如$\int_{-\infty}^{+\infty}R(x)\mathrm{e}^{\mathrm{i}ax}\mathrm{d}x(a>0)$ 的积分

当被积函数 $R(x)$ 是 x 的有理函数，而分母次数至少比分子的次数高一次，并且 $R(x)$ 在实轴上没有奇点时，积分是存在的。若设 $R(z)$在上半平面 $\mathrm{Im}\,z>0$ 内的极点为 a_1，a_2，$\cdots$，a_p，则

$$\int_{-\infty}^{+\infty}R(x)\mathrm{e}^{\mathrm{i}ax}\mathrm{d}x=2\pi\mathrm{i}\sum_{k=1}^{p}\mathrm{Res}[R(z)\mathrm{e}^{\mathrm{i}az},a_k]\tag{5.3.5}$$

同式（5.3.2）对 $R(z)$ 的处理一样，由于 $m-n\geqslant1$，故对于充分大的 $|z|$，有

$$|R(z)|<\frac{3}{|z|}$$

因此，在半径充分大的半圆周 C_R 上，令 $z=x+\mathrm{i}y$，有

$$\left|\int_{C_R}R(z)\mathrm{e}^{\mathrm{i}az}\mathrm{d}z\right|\leqslant\int_{C_R}|R(z)||\mathrm{e}^{\mathrm{i}az}|\mathrm{d}s<\frac{3}{R}\int_{C_R}\mathrm{e}^{-ay}\mathrm{d}s$$
$$=3\int_0^{\pi}\mathrm{e}^{-aR\sin\theta}\mathrm{d}\theta$$

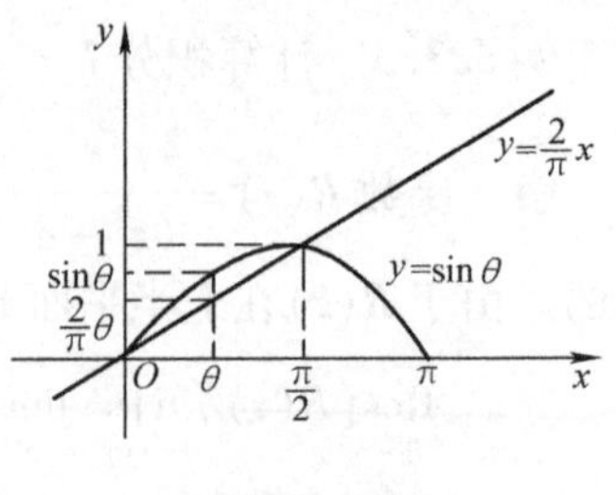

图 5.3.2

$$= 6\int_0^{\frac{\pi}{2}} \mathrm{e}^{-aR\sin\theta}\mathrm{d}\theta$$

（见图 5.3.2）

$$\leqslant 6\int_0^{\frac{\pi}{2}} \mathrm{e}^{-aR(2\theta/\pi)}\mathrm{d}\theta = \frac{3\pi}{aR}(1 - \mathrm{e}^{-aR})$$

可见

$$\lim_{R\to\infty}\int_{C_R} R(z)\mathrm{e}^{\mathrm{i}az}\mathrm{d}z = 0$$

另一方面，由留数定理，有

$$\int_{-R}^{R} R(x)\mathrm{e}^{\mathrm{i}ax}\mathrm{d}x + \int_{C_R} R(z)\mathrm{e}^{\mathrm{i}az}\mathrm{d}z = 2\pi\mathrm{i}\sum_{k=1}^{p}\mathrm{Res}[R(z)\mathrm{e}^{\mathrm{i}az}, a_k] \tag{5.3.6}$$

注意到式（5.3.6），令 $R\to\infty$，即得式（5.3.5）。

例 5.3.5 计算积分（拉普拉斯积分）。

$$I = \int_{-\infty}^{+\infty}\frac{\cos ax}{1 + x^2}\mathrm{d}x \qquad (a>0)$$

解 由于

$$I = \int_{-\infty}^{+\infty}\frac{\cos ax}{1 + x^2}\mathrm{d}x = \mathrm{Res}\left\{\int_{-\infty}^{+\infty}\frac{\mathrm{e}^{\mathrm{i}az}}{1 + x^2}\mathrm{d}x\right\}$$

函数 $R(z) = \frac{1}{1+z^2}$，$m=2$，$n=0$，$m-n=2>1$，因此这积分是存在的。$R(z)$ 在上半平面有唯一的一级极点 $z=\mathrm{i}$，留数

$$\mathrm{Res}[R(z)\mathrm{e}^{\mathrm{i}az}, \mathrm{i}] = \lim_{z\to\mathrm{i}}(z-\mathrm{i})\frac{\mathrm{e}^{\mathrm{i}az}}{(1+z^2)} = \frac{1}{2\mathrm{i}}\mathrm{e}^{-a}$$

故由式（5.3.5），得

$$I = \mathrm{Res}\left\{2\pi\mathrm{i}\,\frac{1}{2\mathrm{i}}\mathrm{e}^{-a}\right\} = \pi\mathrm{e}^{-a}$$

同理可得

$$I = \int_{-\infty}^{+\infty}\frac{\sin ax}{1 + x^2}\mathrm{d}x = \mathrm{Im}\left\{\int_{-\infty}^{+\infty}\frac{\mathrm{e}^{\mathrm{i}az}}{1 + x^2}\mathrm{d}x\right\} = 0$$

例 5.3.6 计算 $I = \int_0^{+\infty}\frac{x\sin x}{x^2 + a^2}\mathrm{d}x\,(a>0)$ 的值。

解 $m=2$，$n=1$，$m-n=1$，因而所求积分是存在的。$R(z) = \frac{z}{z^2+a^2}$ 在上半平面内有一级极点 $a\mathrm{i}$，故

$$\int_{-\infty}^{+\infty}\frac{x}{x^2 + a^2}\mathrm{e}^{\mathrm{i}x}\mathrm{d}x = 2\pi\mathrm{i}\,\mathrm{Res}[R(z)\mathrm{e}^{\mathrm{i}z}, a\mathrm{i}] = 2\pi\mathrm{i}\,\frac{\mathrm{e}^{-a}}{2} = \pi\mathrm{i}\mathrm{e}^{-a}$$

$$\int_{-\infty}^{+\infty}\frac{x\sin x}{x^2 + a^2}\mathrm{d}x = \mathrm{Im}\left\{\int_{-\infty}^{+\infty}\frac{x}{x^2 + a^2}\mathrm{e}^{\mathrm{i}x}\mathrm{d}x\right\} = \pi\mathrm{e}^{-a}$$

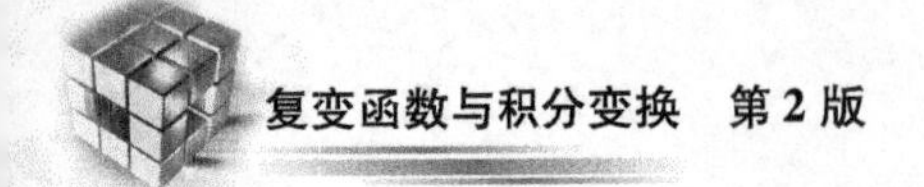

注意到被积函数为偶函数，故

$$I=\int_0^{+\infty}\frac{x\sin x}{x^2+a^2}\mathrm{d}x=\frac{1}{2}\int_{-\infty}^{+\infty}\frac{x}{x^2+a^2}\mathrm{d}x=\frac{1}{2}\pi\mathrm{e}^{-a}$$

我们应该注意，应用例 5.3.2，5.3.3 中的方法，求出的是广义积分的主值。但在实际问题中，或者只需要求主值，或者难预先判断出这一广义积分的收敛性，在此种情形，所求出的那个主值恰好就是所需要的值。

另一方面，上面所提到的例 5.3.2，5.3.3 两类积分中，都要求被积函数中的 $R(x)$ 在实轴上无奇点。对于不满足这个条件的积分应如何计算却未曾涉及。其实，这时也往往可适当改变积分路径，使得积分可求。有兴趣的读者可以阅读参考文献［2］。

*5.4 辐角原理与儒歇定理

留数理论的重要应用之一是计算积分：$\frac{1}{2\pi\mathrm{i}}\int_C\frac{f'(z)}{f(z)}\mathrm{d}z$，它称为$f(z)$的**对数留数**（这个名称来源于$\frac{\mathrm{d}}{\mathrm{d}z}\ln f(z)=\frac{f'(z)}{f(z)}$）。由它推出的辐角原理提供了计算解析函数零点个数的一个有效方法。特别是，可以借此研究在一个指定区域内多项式零点个数的问题。

5.4.1 对数留数定理

定理 5.4.1 如果$f(z)$在简单光滑闭曲线 C 上解析且不为零，在 C 的内部除去有限个极点 b_j（$j=1, 2, \cdots, m$）外也处处解析，a_k（$k=1, 2, \cdots, n$）是$f(z)$在 C 内的零点，函数 $\varphi(z)$ 在 C 上及 C 的内部处处解析，则

$$\frac{1}{2\pi\mathrm{i}}\oint_C\varphi(z)\frac{f'(z)}{f(z)}\mathrm{d}z=\sum_{k=1}^{n}\alpha_k\varphi(a_k)-\sum_{j=1}^{m}\beta_j\varphi(b_j) \tag{5.4.1}$$

其中，α_k 是$f(z)$的零点 a_k 的级，β_j 是$f(z)$的极点 b_j 的级，C 取正方向。

证 设 $F(z)=\varphi(z)f'(z)/f(z)$，$C$ 的内部为 D，则由定理假设 $F(z)$在$\overline{D}$上除去 a_k（$k=1, 2, \cdots, n$）和 b_j（$j=1, 2, \cdots, m$）外是解析的，由留数定理得

$$\frac{1}{2\pi\mathrm{i}}\oint_C\varphi(z)\frac{f'(z)}{f(z)}\mathrm{d}z=\sum_{k=1}^{n}\mathrm{Res}[f(z),a_k]-\sum_{j=1}^{m}\mathrm{Res}[f(z),b_j] \tag{5.4.2}$$

下面我们求 $\mathrm{Res}[F(z), a_k]$。在 D 内作以 a_k 为圆心的小圆：$|z-a_k|<\delta_k$（$k=1, 2, \cdots, n$），在这些小圆内$f(z)$解析且

$$f(z)=(z-a_k)^{\alpha_k}g(z),\ g(a_k)\neq 0$$

求导数得

$$f'(z)=\alpha_k(z-a_k)^{\alpha_k-1}g(z)+(z-a_k)^{\alpha_k}g'(z)$$

所以在 $0<|z-a_k|<\delta_k$ 内有

$$\frac{f'(z)}{f(z)}=\frac{\alpha_k}{z-a_k}+\frac{g'(z)}{g(z)}$$

可见，不论 a_k 是 $f(z)$ 的几级零点，a_k 总是函数 $f'(z)/f(z)$ 的一级极点。另一方面，在圆 $|z-a_k|<\delta_k$ 内 $\varphi(z)$ 解析，它在其内的泰勒展开式为

$$\varphi(z)=\varphi(a_k)+\varphi'(a_k)(z-a_k)+\cdots=\varphi(a_k)+(z-a_k)\varphi_k(z)$$

其中，$\varphi_k(z)=\varphi'(a_k)+\frac{\varphi''(a_k)}{2!}+\cdots$，它在 $|z-a_k|<\delta_k$ 内解析，故在 $0<|z-a_k|<\delta_k$ 内有

$$F(z)=\varphi(z)\frac{f'(z)}{f(z)}=\frac{\alpha_k\varphi(a_k)}{z-a_k}+s(z)$$

其中，$s(z)=\alpha_k\varphi_k(z)+\varphi(z)\frac{g'(z)}{g(z)}$ 在 $|z-a_k|<\delta_k$ 内是解析的。于是

$$\mathrm{Res}[F(z),a_k]=\lim_{z\to a_k}\left\{(z-a_k)\left[\frac{\alpha_k\varphi(a_k)}{z-a_k}+s(z)\right]\right\}=\alpha_k\varphi(a_k)\tag{5.4.3}$$

接下去我们求 $\mathrm{Res}[F(z),b_j]$。作以 b_j 为圆心的小圆环

$$0<|z-b_j|<\gamma_i\quad(j=1,2,\cdots,m)$$

使在其内 $f(z)$ 解析且

$$f(z)=\frac{h(z)}{(z-b_j)^{\beta_j}}$$

其中，$h(z)$ 在圆 $|z-b_j|<\gamma_i$ 内解析以及 $h(b_j)\neq 0$。因为

$$f'(z)=-\frac{\beta_j h(z)}{(z-b_j)^{\beta_j+1}}+\frac{h'(z)}{(z-b_j)^{\beta_j}}$$

所以在 $0<|z-b_j|<\gamma_j$ 内有

$$\frac{f'(z)}{f(z)}=-\frac{\beta_j}{z-b_j}+\frac{h'(z)}{h(z)}$$

上式表明，不论 b_j 是 $f(z)$ 的几级极点，$z=b_j$ 总是函数 $f'(z)/f(z)$ 的一级极点。

由 $\varphi(z)$ 在圆 $|z-b_j|<\gamma_j$ 内解析，则

$$\varphi(z)=\varphi(b_j)+(z-b_j)\psi_j(z)$$

其中，$\psi_j(z)=\varphi'(b_j)+\frac{\varphi''(b_j)}{2!}(z-b_j)+\cdots$，在 $|z-b_j|<\gamma_j$ 内是解析的。所以在 $0<|z-b_j|<\gamma_j$ 内有

$$\varphi(z)\frac{f'(z)}{f(z)}=-\frac{\beta_j}{z-b_j}\varphi(b_j)+T(z)$$

其中，$T(z)=-\beta_j\psi_j(z)+\varphi(z)\dfrac{h'(z)}{h(z)}$在$|z-b_j|<\gamma_j$ 内是解析的。于是

$$\operatorname{Res}[F(z),b_j]=\lim_{z\to b_j}\left\{(z-b_j)\left[-\frac{\beta_j\varphi(b_j)}{z-b_j}+T(z)\right]\right\}=-\beta_j\varphi(b_j) \qquad (5.4.4)$$

将式（5.4.3）和式（5.4.4）代入式（5.4.2）立即得式（5.4.1）。

推论 如果$f(z)$在简单闭曲线 C 上解析且不为零，C 的内部除去有限个极点以外也处处解析，那么

$$\frac{1}{2\pi i}\oint_C\frac{f'(z)}{f(z)}dz = m-p \qquad (5.4.5)$$

其中，m 为$f(z)$在 C 内零点的总个数，p 为$f(z)$ 在 C 内极点的总个数，且 C 取正方向，在计算零点与极点的个数时，m 级零点（或极点）算作 m 个零点（或极点）。

证 在式（5.4.1）中取 $\varphi(z)\equiv1$，则

$$\frac{1}{2\pi i}\oint_C\frac{f'(z)}{f(z)}dz = \sum_{k=1}^{n}\alpha_k-\sum_{j=1}^{m}\beta_j$$

由 m，p 定义知 $m=\sum\limits_{k=1}^{n}\alpha_k$，$p=\sum\limits_{j=1}^{m}\beta_j$，从而式（5.4.5）成立。

5.4.2 辐角原理

现在我们来解释对数留数（5.4.5）的几何意义。为此，考虑映射 $w=f(z)$。当 z 点沿曲线 C 的正方向绕行一周时，对应的点 w 就在 w 平面上画出一条连续的闭曲线（不一定是简单曲线）Γ。由于$f(z)\neq0$，$z\in C$，所以 Γ 不通过原点，如图 5.4.1 所示。于是

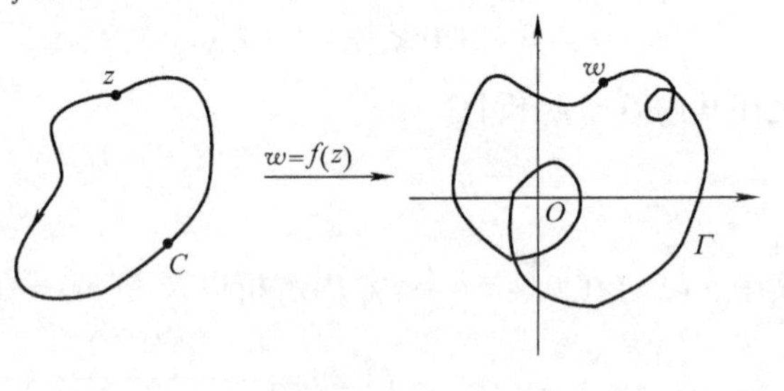

图 5.4.1

$$\frac{1}{2\pi i}\oint_C\frac{f'(z)}{f(z)}dz=\frac{1}{2\pi i}\oint_\Gamma\frac{dw}{w}$$

这里 $dw/w=f'(z)/f(z)dz$。由于

$$\frac{1}{2\pi i}\oint_\Gamma\frac{dw}{w}=\frac{1}{2\pi i}\oint_\Gamma d\mathrm{Ln}w$$

$$=\frac{1}{2\pi i}\{\text{当 } w \text{ 沿 } \Gamma \text{ 的方向由起点回到终点时 } \mathrm{Ln}w \text{ 的改变量}\}$$

下面我们讨论 $\mathrm{Ln}w$ 的改变量。注意到

$$\mathrm{Ln}w=\mathrm{Ln}|w|+i(\arg w+2k\pi)\ (k=0,\ \pm1,\ \pm2,\ \cdots) \qquad (5.4.6)$$

那么当 Γ 是一条简单闭曲线时，在 Γ 内部含有原点的情况下，当 w 绕 Γ 一周时，式（5.4.6）右端的第一项 $\mathrm{Ln}|w|$回到它原来的值，故这一项无改变量。而

第二项的改变量为 $\pm 2\pi i$，逆时针时为正号，反之带负号；在 Γ 内部不含有原点的情况下，式（5.4.6）右端的两项改变量均为零。一般地，当 Γ 是任意不过原点的闭曲线时，w 沿 Γ 的方向由起点回到终点绕行一次，式（5.4.6）右端的第一项改变量总为零；而第二项的改变量为 $\pm 2k\pi i$，k 是 w 沿 Γ 转绕原点的圈数，逆时针时取正号，反之取负号。由此可见，$\frac{1}{2\pi i}\oint_{\Gamma}\frac{dw}{w}$ 等于曲线 Γ 围绕原点的圈数（称为 Γ 关于原点的环绕次数），也就是 w 当沿 Γ 连续变化时，等于它的辐角的增量除以 2π。如果记 w 沿着 Γ 的方向由起点回到终点绕行一次后，其辐角改变量为 $\Delta_{\Gamma}\mathrm{Arg}w$，则

$$\frac{1}{2\pi}\Delta_{\Gamma}\mathrm{Arg}w = \frac{1}{2\pi}\Delta_{C}\mathrm{Arg}\,f(z)$$

再由式（5.4.5）知

$$m - p = \frac{1}{2\pi}\Delta_{C}\mathrm{Arg}\,f(z) \tag{5.4.7}$$

当 $f(z)$ 在 C 内解析时，$p=0$，式（5.4.7）成为

$$m = \frac{1}{2\pi}\Delta_{C}\mathrm{Arg}\,f(z) \tag{5.4.8}$$

我们可以利用式（5.4.8）来计算在 C 内解析的函数 $f(z)$ 在 C 内零点的个数。由式（5.4.8），我们得出如下的辐角原理：

定理 5.4.2（辐角原理） 若 $f(z)$ 在简单闭曲线 C 上与 C 的内部解析，且在 C 上不等于零，那么 $f(z)$ 在 C 内零点的个数等于当 z 沿 C 的正方向绕行一周 $f(z)$ 的辐角的改变量除以 2π。

*5.4.3 儒歇定理

利用辐角原理，我们还能对两个函数的零点个数进行比较，这就是著名的儒歇定理。

定理 5.4.3（儒歇定理） 设 $f(z)$ 与 $g(z)$ 在简单曲线 C 上和 C 内解析，在 C 上满足条件

$$|f(z) - g(z)| < |f(z)| \tag{5.4.9}$$

则 $f(z)$ 与 $g(z)$ 在 C 内有相同个数的零点。

证 由式（5.4.9），在 C 上 $|f(z)|>0$。同样 $g(z)$ 在 C 上也不为零。因为若 $g(z_0)=0$，$z_0\in C$，则由式（5.4.9）得 $|f(z_0)|<|f(z_0)|$，矛盾。

设 $f(z)$，$g(z)$ 在 C 内部的零点个数分别为 Z_f，Z_g，由式（5.4.8）知

$$Z_f = \frac{1}{2\pi i}\oint_C \frac{f'(z)}{f(z)}dz, \quad Z_g = \frac{1}{2\pi i}\oint_C \frac{g'(z)}{g(z)}dz$$

所以

$$Z_g - Z_f = \frac{1}{2\pi i}\oint_C\left[\frac{g'(z)}{g(z)} - \frac{f'(z)}{f(z)}\right]dz$$

$$= \frac{1}{2\pi i}\oint_C \frac{f(z)g'(z) - f'(z)g(z)}{f(z)g(z)}dz$$

$$= \frac{1}{2\pi i}\oint_C \frac{[g(z)/f(z)]'}{[g(z)/f(z)]}dz$$

若设 $F(z)=g(z)/f(z)$，则

$$Z_g - Z_f = \frac{1}{2\pi i}\oint_C \frac{F'(z)}{F(z)}dz = \frac{1}{2\pi}\Delta_C \mathrm{Arg}F(z)$$

由式（5.4.9）知

$$|F(z)-1|<1 \tag{5.4.10}$$

当 z 沿着曲线 C 绕行一周时，$w=F(z)$ 描绘出 w 平面上的闭曲线 Γ。由式(5.4.10)，Γ 一定位于圆盘 $|w-1|<1$ 内（见图 5.4.2）。因此，Γ 关于原点的环绕次数为零，所以

$$Z_g - Z_f = \frac{1}{2\pi}\Delta_C \mathrm{Arg}F(z) = 0$$

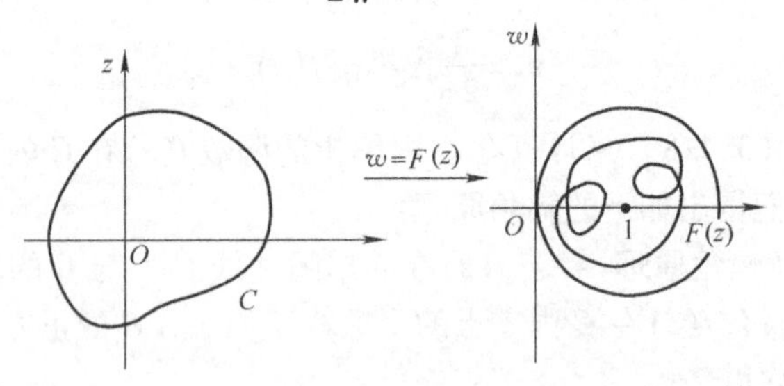

图　5.4.2

例 5.4.1　证明代数学基本定理：n 次代数方程

$$P_n(z) \equiv a_n z^n + a_{n-1}z^{n-1} + \cdots + a_1 z + a_0 = 0 \qquad (a_n \neq 0)$$

恰有 n 个根。

证　在第 3 章的最后一节我们曾利用刘维尔定理证明了上述代数学基本定理，现在我们用辐角原理来证明它。因为 $P_n(z)$ 在无穷远点为 n 级极点，故 $\lim\limits_{z\to\infty}P_n(z)=\infty$，于是存在充分大的正数 r，使得当 $|z|\geqslant r$ 时，$|P_n(z)|>1$，于是在 $|z|\geqslant r$ 上没有 $P_n(z)$ 的零点。又由

$$\frac{P_n(z)}{a_n z^n} = 1 + \frac{a_{n-1}}{a_n z} + \cdots + \frac{a_1}{a_n z^{n-1}} + \frac{a_0}{a_n z^n}$$

可知 $\lim\limits_{z\to\infty}\dfrac{P_n(z)}{a_n z^n}=1$，所以必存在充分大的正数 $R(R>r)$，使得当 $|z|=R$ 时有

$$\left|\frac{P_n(z)}{a_n z^n} - 1\right| < 1$$

即

$$|P_n(z)-a_nz^n|<|a_nz^n|, \qquad |z|=R$$

由儒歇定理，$P_n(z)$和a_nz^n在$|z|<R$在内有相同个数的零点，而a_nz^n在$|z|<R$内有n个零点，所以$P_n(z)$在$|z|<R$内有n个零点，而$P_n(z)$在$|z|\geqslant R$内无零点，从而可知$P_n(z)$恰有n个零点。

例5.4.2 求方程 $z^8+5z^5-2z+1=0$在$|z|<1$内根的个数。

解 设$f(z)=5z^5+1$，$g(z)=z^8+5z^5-2z+1$，则当$|z|=1$时，有

$$|f(z)-g(z)|=|z^8-2z|\leqslant|z|^8+2|z|=3$$

$$|f(z)|=|5z^5+1|\geqslant5|z|^5-1=4$$

可见

$$|f(z)-g(z)|<|f(z)| \quad (|z|=1)$$

已知方程 $5z^5+1=0$在$|z|<1$内有五个根。由儒歇定理，方程$z^8+5z^5-2z+1=0$与方程$5z^5+1=0$在$|z|<1$内的根的个数相同，即五个。

例5.4.3 求方程$z^4-6z+3=0$在圆$|z|<1$内与圆环域$1<|z|<2$内根的个数。

解 设$f(z)=-6z$，$g(z)=z^4-6z+3$。在圆周$|z|=1$上，有

$$|z^4+3|<|-6z|$$

即

$$|g(z)-f(z)|<|f(z)| \tag{5.4.11}$$

由例5.4.2知，$g(z)$与$f(z)$在圆$|z|<1$内有相同个数的零点。$f(z)=-6z$在圆$|z|<1$内只有一个零点，所以$g(z)=z^4-6z+3$在圆$|z|<1$内也只有一个零点，即方程$z^4-6z+3=0$在$|z|<1$内有一个根。

又设$f_1(z)=z^4$，在圆周$|z|=2$上有

$$|-6z+3|<|z|^4$$

即

$$|g(z)-f_1(z)|<|f_1(z)|$$

所以$g(z)$在圆$|z|<2$内有四个零点。又因为在$|z|=1$上有式（5.4.11）成立，从而有

$$|f(z)|-|g(z)|<|f(z)| \quad 或|g(z)|>0 \qquad (|z|=1)$$

所以在$|z|=1$上$g(z)$无零点。因此，在圆环域：$1<|z|<2$内方程$z^4-6z+3=0$有三个根。

第5章小结

一、导学

本章讨论了留数基本定理以及其在定积分计算中的应用。留数基本定理是把

解析函数沿封闭曲线的积分计算问题转化为求函数在该封闭曲线内部各个孤立奇点处的留数问题，而第3章的柯西定理与柯西积分公式就是留数基本定理的特例。留数理论为计算某些类型的实变量函数的定积分和广义积分提供了极为有效的方法，尤其是对那些计算比较复杂或不能直接用不定积分来计算的定积分，甚至对那些用普通方法也能求出来的定积分，如果应用留数理论计算则比较简捷省力。

计算留数时，对于有限孤立奇点，最基本的方法是寻求其洛朗展开式中负一次幂的系数 C_{-1}，但如果知道孤立奇点的类型，则可根据相应的方法进行计算。

学习本章的基本要求如下：

（1）理解孤立奇点的分类，掌握极点阶数的判别方法。

（2）理解留数概念，掌握留数计算（特别是在极点处留数计算）的基本方法。

（3）会用留数计算某些类型的实变量函数的定积分和广义积分。

二、疑难解析

1. 无穷远点是任何函数的孤立奇点吗？

答　不一定。无穷原点是任何函数的奇点，但它未必是任何函数的孤立奇点。例如，无穷原点就不是函数 $f(z)=\bar{z}$ 的孤立奇点，却是幂函数 $f(z)=e^z$ 的孤立奇点。

2. 设 a 分别是函数 $f(z)$，$g(z)$ 的 m，n 阶极点，则

$$f(z)=\frac{\varphi(z)}{(z-a)^m},\quad g(z)=\frac{\psi(z)}{(z-a)^n}$$

其中，$\varphi(z)$，$\psi(z)$ 在点 a 的一个去心邻域内解析，且 $\varphi(a)\neq0$，$\psi(a)\neq0$。

$$(1)\ f(z)+g(z)=\begin{cases}\dfrac{\varphi(z)+(z-a)^{m-n}\psi(z)}{(z-a)^m} & m>n\\[2ex] \dfrac{\psi(z)+(z-a)^{n-m}\varphi(z)}{(z-a)^n} & m<n\\[2ex] \dfrac{\varphi(z)+\psi(z)}{(z-a)^n} & m=n\end{cases}$$

又显然各分子在 a 的邻域内解析，于是

当 $m\neq n$ 时，点 a 是 $f(z)+g(z)$ 的 $\max\{m,n\}$ 阶极点；

当 $m=n$ 时，若 $\varphi(a)+\psi(a)\neq0$，a 是 $f(z)+g(z)$ 的 n 阶极点；若 $\varphi(a)+\psi(a)=0$，a 是 $f(z)+g(z)$ 的低于 n 阶的极点或可去奇点（请读者自行证明）。

（2）$f(z)g(z)=\dfrac{\varphi(z)\psi(z)}{(z-a)^{m+n}}$，因为 $\varphi(z)\psi(z)$ 在点 a 的一个去心邻域内解析，

且 $\varphi(a)\psi(a)\neq 0$，所以，a 是 $f(z)g(z)$ 的 $m+n$ 阶极点。

(3) $$\frac{f(z)}{g(z)}=\begin{cases}\dfrac{1}{(z-a)^{m-n}}\dfrac{\varphi(z)}{\psi(z)} & m>n,\ a\text{ 是 } m-n \text{ 阶极点}\\ (z-a)^{n-m}\dfrac{\varphi(z)}{\psi(z)} & m<n,\ a\text{ 是 } n-m \text{ 阶零点}\\ \dfrac{\varphi(z)}{\psi(z)} & m=n,\ a\text{ 是可去奇点}\end{cases}$$

3. 一个解析函数在其孤立奇点的去心邻域内可以展开为洛朗级数，但在非孤立奇点的邻域内却不能展开为洛朗级数。例如，函数 $f(z)=\tan\frac{1}{z}$ 就不能在 $0<|z|<R$ 内展开为洛朗级数。这是因为 $f(z)=\tan\frac{1}{z}=\dfrac{\sin\frac{1}{z}}{\cos\frac{1}{z}}$ 的奇点是其分母 $\cos\frac{1}{z}$ 的零点：

$$\frac{1}{z_k}=\left(k+\frac{1}{2}\right)\pi \quad (k=0,\ \pm 1,\ \cdots),\ \text{及 } z=0$$

当 $k\to\infty$ 时，$z_k\to 0$，所以 $z=0$ 是个非孤立奇点。从而不存在一个去心邻域 $0<|z|<R$ 使得该函数在其内解析，从而就不能在 $0<|z|<R$ 内把该函数展开为洛朗级数。

4. 关于留数的计算，对于有限的孤立奇点 a 处的留数 $\operatorname{Res}[f(a)]$，最基本的方法就是寻求其洛朗展开式中负一次幂项的系数 C_{-1}。当知道孤立奇点 a 的类型时，若 a 为可去奇点，则 $\operatorname{Res}[f(a)]=0$（切记当 $a=\infty$ 时结论不成立）；若 a 为极点，则可根据极点的阶数应用相应的公式或规则。

5. 学习了留数定理后，我们在第 3 章中对闭曲线上与复合闭路上的许多积分都可利用留数来计算。应用留数计算积分时，一般应先求出被积函数在积分路径内部的孤立奇点、判断其类型并计算出留数，然后应用留数定理得到所求的积分。

例如，计算积分 $\oint_{|z|=n}\tan\pi z\mathrm{d}z$（$n$ 为整数）。由于被积函数 $\tan\pi z=\dfrac{\sin\pi z}{\cos\pi z}$ 在 $|z|<n$ 内有孤立奇点：$k+\frac{1}{2}$（$k=0,\ \pm 1,\ \cdots,\ \pm(n-1),\ -n$），且均为一阶极点，由公式

$$\operatorname{Res}\left[\tan\pi z,\ k+\frac{1}{2}\right]=\left.\frac{\sin\pi z}{(\cos\pi z)'}\right|_{z=k+\frac{1}{2}}=-\frac{1}{\pi}$$

于是，

$$\oint_{|z|=n}\tan \pi z\mathrm{d}z = 2\pi\mathrm{i}\sum_{\left|k+\frac{1}{2}<n\right|}\mathrm{Res}\left[\tan\pi z,k+\frac{1}{2}\right] = 2\pi\mathrm{i}\left(2n\frac{-1}{\pi}\right) = -4n\mathrm{i}$$

三、杂例

例 5.1　下面解题过程正确吗？若不正确，指出错在何处。

题目：计算函数 $\frac{1-\mathrm{e}^z}{z^2}$ 在点 $z=0$ 处的留数。

解答：因为 $z=0$ 为函数的一级极点，所以

$$\mathrm{Res}\left(\frac{1-\mathrm{e}^z}{z^2},0\right)\xlongequal{\text{公式}(5.2.6)}\lim_{z\to 0}\frac{1-\mathrm{e}^z}{2z}=-\frac{1}{2}$$

解　此解法错在应用公式（5.2.6）时没有注意：公式 $\mathrm{Res}\left(\frac{P(z)}{Q(z)},a\right)=\lim_{z\to a}\frac{P(z)}{Q'(z)}$ 的条件是 $P(a)=Q(a)=0$，$Q'(a)\neq 0$。此题中 $Q'(0)=2z=0$，所以不能应用公式（5.2.6）。

正确解法：$\mathrm{Res}\left(\frac{1-\mathrm{e}^z}{z^2},\ 0\right)=\lim_{z\to 0}z\frac{1-\mathrm{e}^z}{z^2}=-1$。

例 5.2　计算下列函数在所有孤立奇点处的留数

(1) $z^2\sin\frac{1}{z}$；　　(2) $\frac{z^{2n}}{1+z^n}$。

解　(1) 函数 $z^2\sin\frac{1}{z}$ 有孤立奇点 0 与 ∞。易知，在 $0<|z|<\infty$ 有洛朗展式

$$z^2\sin\frac{1}{z}=z^2\left(\frac{1}{z}-\frac{1}{3!}\frac{1}{z^3}+\frac{1}{5!}\frac{1}{z^5}-\cdots\right)=z-\frac{1}{3!}\frac{1}{z}+\frac{1}{5!}\frac{1}{z^3}-\cdots$$

这既可以看成是该函数在 $z=0$ 的去心邻域内的洛朗展开式，又可以看成是该函数在点 ∞ 的去心邻域内的展开式。所以

$$\mathrm{Res}\left(z^2\sin\frac{1}{z},0\right)=-\frac{1}{3!},\ \mathrm{Res}\left(z^2\sin\frac{1}{z},\infty\right)=\frac{1}{3!}$$

(2) 函数 $\frac{z^{2n}}{1+z^n}$ 以 ∞ 与 $1+z^n=0$ 的根 $a_k=\mathrm{e}^{\mathrm{i}\frac{2k+1}{n}\pi}$　$(k=0,1,\cdots,n-1)$ 为孤立奇点，且 a_k 为函数的一级极点，所以

$$\mathrm{Res}\left(\frac{z^{2n}}{1+z^n},a_k\right)=\lim_{z\to a_k}\frac{z^{2n}}{nz^{n-1}}=\lim_{z\to a_k}\frac{z^n\cdot z}{n}=-\frac{a_k}{n}\quad(k=0,1,\cdots,n-1)$$

$$\mathrm{Res}\left(\frac{z^{2n}}{1+z^n},\infty\right)=-\sum_{k=0}^{n-1}\mathrm{Res}\left(\frac{z^{2n}}{1+z^n},a_k\right)=\frac{1}{n}\sum_{k=0}^{n-1}a_k=\begin{cases}-1, & n=1\\ 0, & n>1\end{cases}$$

例 5.3　（解析函数零点的孤立性）　证明不恒为 0 的解析函数的零点是孤

立的。

分析 设$f(z)$在某个区域内不恒为0且$f(a)=0$，利用函数在点a的泰勒展开式知，总存在自然数$m\geqslant 1$，使$f(a)=f'(a)=\cdots=f^{(m-1)}(a)=0$，$f^{(m)}(a)\neq 0$（否则，对所有$m$，$f^{(m)}(a)=0$，由泰勒定理$f(z)=\sum\limits_{n=0}^{\infty}\dfrac{f^{(m)}(a)}{m!}(z-a)^m=0$，矛盾）。于是可设$a$为$f(z)$的$m$级零点，然后由零点的特征来讨论。

证 a为$f(z)$的m级零点$\Leftrightarrow f(z)=(z-a)^m h(z)$，其中$h(a)\neq 0$在$|z-a|<r$内解析，则有$\lim\limits_{z\to a}h(z)=h(a)\neq 0$。令$\varepsilon=|h(a)|$，存在着$\delta>0$，当$|z-a|<\delta$时，有$|h(z)-h(a)|<\varepsilon=|h(a)|$，从而，当$|z-a|<\delta$时，

$$|h(a)|-|h(z)|\leqslant|h(z)-h(a)|<\varepsilon=|h(a)|$$

即在a的一个邻域：$0<|z-a|<\delta$内，$|h(z)|\neq 0$，从而在该邻域内$f(z)\neq 0$，即题设结论成立。

例5.4 计算$\oint_C\dfrac{\mathrm{d}z}{(z+\mathrm{i})^{10}(z-1)^5(z-4)}$积分，$C$为正向圆周：$|z|=2$。

解 除∞点外，被积函数的奇点是：$-\mathrm{i}$，1与4。根据式（5.2.9），有

$$\mathrm{Res}[f(z),-\mathrm{i}]+\mathrm{Res}[f(z),1]+\mathrm{Res}[f(z),4]+\mathrm{Res}[f(z),\infty]=0$$

其中

$$f(z)=\frac{1}{(z+\mathrm{i})^{10}(z-1)^5(z-4)}$$

由于$-\mathrm{i}$与1在C内部，由留数基本定理与定理5.2.4得到

$$\begin{aligned}\oint_C\frac{\mathrm{d}z}{(z+\mathrm{i})^{10}(z-1)^5(z-4)}&=2\pi\mathrm{i}\{\mathrm{Res}[f(z),-\mathrm{i}]+\mathrm{Res}[f(z),1]\}\\&=-2\pi\mathrm{i}\{\mathrm{Res}[f(z),4]+\mathrm{Res}[f(z),\infty]\}\end{aligned}$$

另一方面

$$\mathrm{Res}[f(z),4]=\lim_{z\to 4}(z-4)\frac{1}{(z+\mathrm{i})^{10}(z-1)^5(z-4)}=\frac{1}{3^5(4+\mathrm{i})^{10}}$$

$$\begin{aligned}\mathrm{Res}[f(z),\infty]&=\mathrm{Res}\left[\frac{1}{\left(\frac{1}{z}+\mathrm{i}\right)^{10}\left(\frac{1}{z}-1\right)^5\left(\frac{1}{z}-4\right)}\frac{1}{z^2},0\right]\\&=\mathrm{Res}\left[\frac{z^{14}}{(1+\mathrm{i}z)^{10}(1-z)^5(1-4z)},0\right]=0\end{aligned}$$

从而

$$\oint_C\frac{\mathrm{d}z}{(z+\mathrm{i})^{10}(z-1)^5(z-4)}=-2\pi\mathrm{i}\left[\frac{1}{3^5(4+\mathrm{i})^{10}}+0\right]=\frac{-2\pi\mathrm{i}}{243(4+\mathrm{i})^{10}}$$

例5.5 计算积分$I=\displaystyle\int_0^{2\pi}\frac{\sin^2\theta}{a+b\cos\theta}\mathrm{d}\theta\ (a>b>0)$。

解 设$z=\mathrm{e}^{\mathrm{i}\theta}$，则

$$\frac{\sin^2\theta}{a+b\cos\theta}=\left(\frac{z^2-1}{2\mathrm{i}z}\right)^2\frac{1}{a+\frac{b}{2z}(z^2+1)}=\frac{z(z^2-1)^2}{-2bz^2\left(z^2+\frac{2a}{b}z+1\right)}$$

于是

$$I=\int_0^{2\pi}\frac{\sin^2\theta}{a+b\cos\theta}\mathrm{d}\theta=\oint_{|z|=1}\frac{z(z^2-1)^2}{-2bz^2(z^2+\frac{2a}{b}z+1)}\frac{\mathrm{d}z}{\mathrm{i}z}$$

$$=\frac{\mathrm{i}}{2b}\oint_{|z|=1}\frac{(z^2-1)}{z^2\left(z^2+2\frac{a}{b}z+1\right)}\mathrm{d}z=\oint_{|z|=1}F(z)\mathrm{d}z$$

其中，$F(z)=\dfrac{(z^2-1)\mathrm{i}}{z^2(z^2+2\frac{a}{b}z+1)2b}=\dfrac{(z^2-1)\mathrm{i}}{z^2(z-\alpha)(z-\beta)2b}$，$\alpha$，$\beta$ 是方程 $z^2+\dfrac{2a}{b}z+1$

$=0$ 的两个根，且

$$\alpha=\frac{-a+\sqrt{a^2-b^2}}{b},\qquad \beta=\frac{-a-\sqrt{a^2-b^2}}{b},\qquad \alpha\cdot\beta=1$$

$F(z)$ 在圆 $|z|<1$ 内有两个孤立奇点：$z=0, z=\alpha$，它们分别是 $F(z)$ 的二级极点和一级极点。并且

$$\mathrm{Res}[F(z),0]=\lim_{z\to0}\frac{\mathrm{d}}{\mathrm{d}z}\left\{\frac{z^2(z^2-1)^2\mathrm{i}}{z^2(z-\alpha)(z-\beta)2b}\right\}=\lim_{z\to0}\frac{\mathrm{d}}{\mathrm{d}z}\left\{\frac{(z^2-1)^2\mathrm{i}}{(z-\alpha)(z-\beta)2b}\right\}$$

$$=\lim_{z\to0}\frac{\mathrm{d}}{\mathrm{d}z}\left\{\frac{1}{\alpha-\beta}(z^2-1)^2\left(\frac{1}{z-\alpha}-\frac{1}{z-\beta}\right)\frac{\mathrm{i}}{2b}\right\}$$

$$=\lim_{z\to0}\frac{\mathrm{d}}{\mathrm{d}z}\left\{\frac{1}{\alpha-\beta}(z^4-2z^2+1)\cdot\left[\left(\frac{1}{\beta}-\frac{1}{\alpha}\right)+\left(\frac{1}{\beta^2}-\frac{1}{\alpha^2}\right)z+\cdots\right]\frac{\mathrm{i}}{2b}\right\}$$

$$=\frac{1}{\alpha-\beta}\left(\frac{1}{\beta^2}-\frac{1}{\alpha^2}\right)\frac{\mathrm{i}}{2b}=\frac{\mathrm{i}}{2b}(\alpha+\beta)$$

$$\mathrm{Res}[F(z),\alpha]=\lim_{z\to\alpha}\frac{\mathrm{d}}{\mathrm{d}z}\left\{\frac{(z-\alpha)(z^2-1)^2\mathrm{i}}{z^2(z-\alpha)(z-\beta)2b}\right\}$$

$$=\frac{(\alpha^2-1)^2\mathrm{i}}{\alpha^2(\alpha-\beta)2b}=\frac{\alpha^2(\alpha-\beta)^2\mathrm{i}}{\alpha^2(\alpha-\beta)2b}=\frac{\mathrm{i}}{2b}(\alpha-\beta)$$

由式（5.3.1），得到

$$I=2\pi\mathrm{i}\{\mathrm{Res}[F(z),0]+\mathrm{Res}[F(z),\alpha\}$$

$$=2\pi\mathrm{i}\frac{\mathrm{i}}{2b}[(\alpha+\beta)+(\alpha-\beta)]$$

$$=-\frac{2\pi}{b}\alpha=\frac{2\pi}{b^2}(a-\sqrt{a^2-b^2})$$

四、思考题

1. 什么是函数在孤立奇点处的留数？孤立奇点的分类对于计算留数的作用是什么？

2. 为什么说柯西积分公式是留数定理的一种特殊情形？

3. 如何计算函数在极点处的留数？如何计算函数在本性奇点处的留数？

4. 留数定理的内容是什么？其证明依据是什么？怎样运用留数定理来计算积分（包括解析函数沿封闭曲线的积分和某些实积分）？

5. 结合例5.2.5，例5.2.9，例5.2.10说明定理5.2.4的意义与作用。

习 题 五

A 类

1. 问 $z=0$ 是否是下列函数的孤立奇点？

(1) $e^{\frac{1}{z}}$； (2) $\cot\frac{1}{z}$； (3) $\frac{1}{\sin z}$。

2. 指出下列函数的所有零点及其阶数。

(1) $\frac{z^2+9}{z^4}$； (2) $z\sin z$； (3) $z^2(e^{z^2}-1)$。

3. 问下列各函数有哪些孤立奇点？各属于哪一种类型？如果是极点，指出它的级数。

(1) $\frac{1}{z^3(z^2+1)^2}$； (2) $\frac{e^z\sin z}{z^2}$； (3) $\frac{1}{z^2(e^z-1)}$；

(4) $\frac{1}{\sin z}$； (5) $\frac{z}{(1+z^2)(1+e^z)}$； (6) $e^{z-\frac{1}{z}}$。

4. 若 $f(z)$ 与 $g(z)$ 分别以 $z=z_0$ 为 m 级与 n 级极点，试问下列函数在 $z=z_0$ 点有何性质？

(1) $f(z)+g(z)$； (2) $f(z)\cdot g(z)$； (3) $f(z)/g(z)$。

5. 若 $f(z)$ 在 z_0 解析，$g(z)$ 在 z_0 点有本性奇点，试问下列函数在 z_0 点有何性质？

(1) $f(z)+g(z)$； (2) $f(z)\cdot g(z)$； (3) $f(z)/g(z)$。

6. 求证：如果 z_0 是 $f(z)$ 的 m（$m\geqslant 2$）级零点，那么 z_0 是 $f'(z)$ 的 $m-1$ 级零点。

7. 设函数 $f(z)$ 在 $0<|z-z_0|<\delta$（$0<\delta<+\infty$）内解析，则 z_0 是 $f(z)$ 的极点的充要条件是：$\lim\limits_{z\to z_0}f(z)=+\infty$。

8. 求下列函数 $f(z)$ 在孤立奇点（不考虑无穷远点）的留数。

(1) $\frac{e^z-1}{z}$； (2)；$\frac{ze^z}{z^2-1}$； (3)；$\frac{z^7}{(z-2)(z^2+1)}$；

(4) $\frac{1-e^{2z}}{z^4}$； (5) $\frac{1}{z^3-z^5}$； (6) $\frac{z^2}{(1+z^2)^2}$。

9. 利用留数计算下列各积分。

(1) $\oint_C\frac{z\mathrm{d}z}{(z-1)(z-2)^2}, C:|z-2|=\frac{1}{2}$； (2) $\oint_C\frac{\sin z\mathrm{d}z}{z(1-e^z)}, C:|z|=\frac{1}{2}$；

(3) $\oint_C \frac{\sin z}{z}dz, C: |z| = \frac{3}{2}$； (4) $\oint_C \frac{3z^3+2}{(z-1)(z^2+9)}dz, C: |z| = 4$；

(5) $\oint_C \frac{e^{2z}}{(z-1)^2}dz, C: |z| = 2$； (6) $\oint_C \frac{1-\cos z}{z^m}dz, C: |z| = \frac{3}{2}$，$m$ 为整数。

10. 计算下列各积分，C 为正向圆周。

(1) $\oint_C \frac{dz}{z^3(z^{10}-2)}, C: |z| = 2$； (2) $\oint_C \frac{z^3}{1+z}e^{\frac{1}{z}}dz, C: |z| = 2$。

11. 试求下列各积分的值。

(1) $\int_0^{2\pi} \frac{d\theta}{a+\cos\theta}$ $(a>1)$； (2) $\int_0^{2\pi} \frac{d\theta}{5+3\cos\theta}$；

(3) $\int_{-\infty}^{+\infty} \frac{dx}{x^2+2x+2}$； (4) $\int_{-\infty}^{+\infty} \frac{\cos x}{x^2+4x+5}dx$；

(5) $\int_{-\infty}^{+\infty} \frac{x^2}{1+x^4}dx$； (6) $\int_{-\infty}^{+\infty} \frac{x\sin x}{1+x^2}dx$。

12. 证明：$z^4+6z+1=0$ 有三个根在圆环域 $\frac{1}{2}<|z|<2$ 内。

13. 方程 $z^4-5z+1=0$ 在 $|z|<1$ 与 $1<|z|<2$ 内各有几个根？

14. 如果 $a>e$，求证方程 $e^z=az^n$ 在单位圆盘内有 n 个根。

B 类

15. 讨论下列各函数在扩充的复平面上有哪些孤立奇点？各属于哪一类型？如果是极点，请指出它的级数。

(1) $\sin\frac{z}{z+1}$； (2) $e^{z+\frac{1}{z}}$； (3) $\sin z \cdot \sin\frac{1}{z}$； (4) $\frac{\text{sh}z}{\text{ch}z}$。

16. 假设解析函数 $f(z)$ 在 z_0 点有 m 级零点，试问函数 $F(z) = \int_{z_0}^{z} f(\zeta)d\zeta$ 在点 z_0 的性质如何？

17. 设 $f(z)$ 在平面上解析，$f(z) = \sum_{n=0}^{\infty} a_n z^n$，则对任一整数 k，求 $\text{Res}\left[\frac{f(z)}{z^k}, 0\right]$。

18. 计算下列各积分。

(1) $\frac{1}{2\pi i}\oint_C \frac{e^{zt}}{1+z^2}dz$，$C: |z|=2$； (2) $\oint_C \tan(\pi z)dz$，$C: |z|=1$。

19. 若 $f(z)$ 和 $g(z)$ 在点 z_0 处解析，而且 $f(z_0)\neq 0$，$g(z)$ 以 z_0 为二级零点，证明：

$$\text{Res}\left[\frac{f(z)}{g(z)}, z_0\right] = \frac{a_1 b_2 - a_0 b_3}{b_2^2}$$

其中，$a_k = \frac{1}{k!}f^{(k)}(z_0)$，$b_k = \frac{1}{k!}g^{(k)}(z_0)$ $(k=0, 1, 2, 3)$。

20. 试求下列各积分的值。

(1) $\int_0^{\pi} \frac{d\theta}{a^2+\sin^2\theta}$ $(a>0)$； (2) $\int_{-\infty}^{\infty} \frac{dx}{(x^2+a^2)(x+b^2)}$ $(a>0, b>0)$。

21. 若 $f(z)$ 在 $|z|\leqslant 1$ 上解析且 $|f(z)|<1$，试问方程 $f(z)=z$ 在 $|z|<1$ 内有几个根。

22. 证明方程 $z^7 - z^3 + 12 = 0$ 的根都在圆环域 $1 \leqslant |z| \leqslant 2$ 内。

23. 指出下列函数在无穷远点的性质。

（1）$\dfrac{1}{z - z^3}$；　（2）$\dfrac{z^4}{1 + z^4}$；　（3）$\dfrac{1}{e^z - 1} - \dfrac{1}{z}$；　（4）$e^{-z}\cos\dfrac{1}{z}$。

24. 求 $\mathrm{Res}[f(z), \infty] = 0$ 的值，如果

（1）$f(z) = \dfrac{e^z}{z^2 - 1}$；　（2）$f(z) = \dfrac{1}{z(z+1)^4(z-4)}$。

25. 计算 $\oint_C \dfrac{dz}{(z+i)^{10}(z-1)^5(z-4)}$ 积分，C 为正向圆周：$|z| = 2$。

26. 计算积分 $I = \int_0^{2\pi} \dfrac{\sin^2\theta}{a + b\cos\theta} d\theta\ (a > b > 0)$。

第6章

共形映射

在研究许多实际问题中，往往会遇到区域的复杂性，给问题的研究带来困难。我们利用解析函数所构成的变换——共形映射这一重要概念，可以使复杂区域简单化，给问题的研究带来方便。本章中，我们将从几何的角度来对解析函数的性质和应用作进一步讨论，介绍如何使用分式线性函数和几个初等函数所构成的共形映射的特点来解决实际问题。

6.1 共形映射的概念

6.1.1 导数的几何意义

设函数 $w=f(x)$ 在区域 D 内解析，z_0 为 D 内的一点，且 $f'(z_0)\neq 0$。又设 C 为 z 平面内通过点 z_0 的一条有向光滑曲线，它的参数方程是

$$z=z(t)\ (\alpha\leqslant t\leqslant\beta)$$

它的正向相应于参数 t 增大的方向，且 $z_0=z(t_0)$，$z'(t_0)\neq 0$（$\alpha<t_0<\beta$），称 $z'(t)$ 为**切向量**。这样，映射 $w=f(z)$ 就将曲线 C 映射成 w 平面内通过点 z_0 的对应点 $w_0=f(z_0)$ 的一条有向光滑曲线 C^*（见图 6.1.1），它对应的参数方程是

$$w=f[z(t)]\ (\alpha\leqslant t\leqslant\beta)$$

正向相应于参数 t 增大的方向 β。

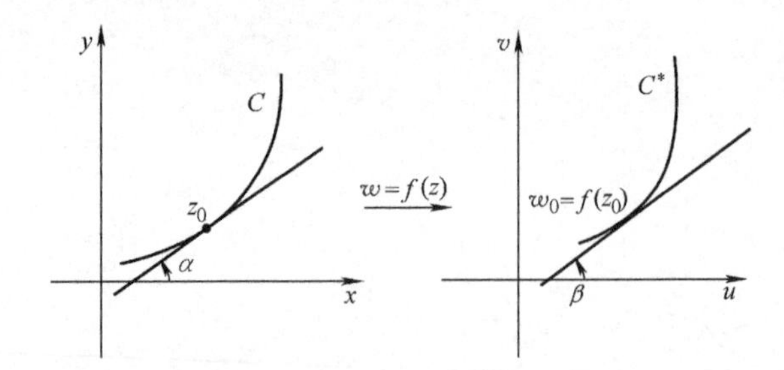

图 6.1.1

设点 z_0 与点 $z_0+\Delta z$ 之间的弧长为 $\Delta\sigma$，相应点 w_0 与点 $w_0+\Delta w$ 之间的弧长

为 Δs（见图 6.1.2），正向相应于参数 t 增大的方向。

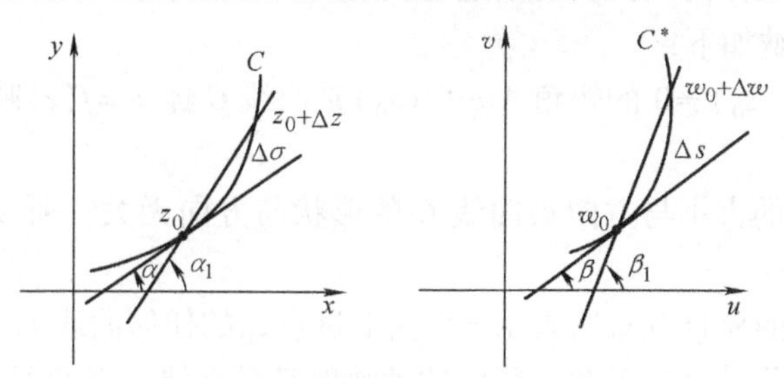

图 6.1.2

于是有

$$f'(z_0)=\lim_{\Delta z\to 0}\frac{\Delta w}{\Delta z}=\lim_{\Delta z\to 0}\frac{|\Delta w|e^{i\beta_1}}{|\Delta z|e^{i\alpha_1}}$$

$$=\lim_{\Delta z\to 0}\frac{|\Delta w|}{|\Delta z|}\lim_{\Delta z\to 0}\frac{e^{i\beta_1}}{e^{i\alpha_1}}=|f'(z_0)|e^{i(\beta-\alpha)}$$

注：当 $\Delta z\to 0$ 时，$\Delta w\to 0$，故 $\alpha_1\to\alpha$，$\beta_1\to\beta$。显然 $\beta-\alpha$ 是 $f'(z_0)$ 的辐角，即

$$\operatorname{Arg} f'(z_0)=\beta-\alpha$$

如果我们假定图中 w 平面的点 w_0 与 z 平面上的点 z_0 重合，只需将点 z_0 附近的曲线旋转 $\operatorname{Arg} f'(z_0)=\beta-\alpha$ 角度就得到 w_0 附近的曲线，而且将原来的切线的正向与映射过后的切线的正向之间的夹角理解为曲线 C 经过 $w=f(z)$ 映射后在点 z_0 处的转动角，且表明转动角的大小与方向跟曲线 C 的形状与方向无关。

因为

$$f'(z_0)=\lim_{\Delta z\to 0}\frac{\Delta w}{\Delta z}$$

又由于

$$|f'(z_0)|=\lim_{\Delta z\to 0}\frac{|\Delta w|}{|\Delta z|}=\lim_{\Delta z\to 0}\left(\frac{|\Delta w|}{\Delta s}\ \frac{\Delta s}{\Delta\sigma}\ \frac{\Delta\sigma}{|\Delta z|}\right)$$

当 $\Delta z\to 0$时，$\Delta w\to 0$，由高等数学知识可知

$$\lim_{\Delta z\to 0}\frac{|\Delta w|}{\Delta s}=\lim_{\Delta w\to 0}\frac{1}{\frac{\Delta s}{|\Delta w|}}=1$$

又

$$\lim_{\Delta z\to 0}\frac{\Delta\sigma}{|\Delta z|}=1$$

故有

$$|f'(z_0)|=\lim_{\Delta z\to 0}\frac{|\Delta w|}{|\Delta z|}=\lim_{\Delta z\to 0}\frac{\Delta s}{\Delta\sigma}=\frac{ds}{d\sigma}$$

这个极限值称为曲线 C 在 z_0 的**伸缩率**。从而有

$$ds=|f'(z_0)|d\sigma$$

$|f'(z_0)|$是经过映射 $w=f(z)$后通过点 z_0 的任何曲线 C 在 z_0 的伸缩率，它

与曲线 C 的形状及方向无关，所以这种映射又具有伸缩率的不变性。

上述讨论归纳如下：

（1）导数 $f'(z_0)\neq 0$ 的辐角 $\operatorname{Arg} f'(z_0)$ 是曲线 C 经 $w=f(z)$ 映射后在 z_0 处的转动角。

（2）转动角的大小与方向跟曲线 C 的形状与方向无关，所以这种映射具有转动角的不变性。

（3）$f'(z_0)$ 的模 $|f'(z_0)|$ 表示 z 平面上过点 z_0 的任何曲线 C 在 z_0 的伸缩率，它与曲线 C 的形状及方向无关，所以这种映射又具有伸缩率的不变性。

例 6.1.1　求在变换 $w=z^3$ 下，过点 $z_0=1+\mathrm{i}$ 的任何曲线 C 在点 $z_0=1+\mathrm{i}$ 的伸缩率与转动角。

解　伸缩率

$$|f'(1+\mathrm{i})|=|3z^2|_{z=1+\mathrm{i}}=6$$

转动角 $\operatorname{Arg} f'(1+\mathrm{i})=\operatorname{Arg}(6\mathrm{i})=\dfrac{\pi}{2}+2k\pi \qquad (k=0,\ \pm1,\ \pm2,\ \cdots)$

综上所述，有下面的定理：

定理 6.1.1　设函数 $w=f(z)$ 在区域 D 内解析，z_0 为 D 内的一点，且 $f'(z_0)\neq 0$，那么映射 $w=f(z)$ 在 z_0 具有以下两个性质：

（1）保角性，即通过 z_0 的两条曲线间的夹角与经过映射后所得两曲线间的夹角在大小、方向上保持不变。

（2）伸缩率的不变性，即通过 z_0 的任何一条曲线的伸缩率均为 $|f'(z_0)|$，而与它的形状和方向无关。

注：当 $|f'(z_0)|>1$ 时表示伸长，当 $0<|f'(z_0)|<1$ 时表示缩短。

例 6.1.2　求映射 $w=f(z)=z^2+4z$ 在点 $-1+2\mathrm{i}$ 的伸缩率和旋转率，并说明映射将 z 平面的哪一部分放大？哪一部分缩小？

解　$f'(z)=2z+4, f'(-1+2\mathrm{i})=2+4\mathrm{i}$

故
$$|f'(-1+2\mathrm{i})|=2\sqrt{5}, \operatorname{Arg} f'(-1+2\mathrm{i})=\operatorname{Arg}\,(2+4\mathrm{i})$$

又
$$|f'(z)|=2|z+2|=2\sqrt{(x+2)^2+y^2}$$

而
$$|f'(z)|<1 \Leftrightarrow (x+2)^2+y^2<\frac{1}{4}$$

所以映射 $w=f(z)=z^4+4z$ 把以 $z=-2$ 为圆心，半径为 $\dfrac{1}{2}$ 的圆内部缩小，外部放大。

6.1.2　共形映射的概念

定义 6.1.1　设函数 $w=f(z)$ 在 z_0 的某邻域内有定义，在 z_0 具有保角性和伸缩率的不变性，那么称映射 $w=f(z)$ 在 z_0 是共形的，或称 $w=f(z)$ 在 z_0 是**共形**

映射。

如果映射 $w=f(z)$ 在区域 D 内的每一点都是共形的，那么称 $w=f(z)$ 是区域 D 内的共形映射。

根据以上所论以及定理6.1.1和定义6.1.1，我们有

推论 如果函数 $w=f(z)$ 在 z_0 解析，且 $f'(z_0)\neq 0$，那么映射 $w=f(z)$ 在 z_0 是共形的，而且 $\mathrm{Arg}\,f'(z_0)$ 表示这个映射在点 z_0 的转动角，$|f'(z_0)|$ 表示这个映射在点 z_0 的伸缩率。如果解析函数 $w=f(z)$ 在区域 D 内处处有 $f'(z_0)\neq 0$，那么映射 $w=f(z)$ 是区域 D 的共形映射。

定义6.1.2 如果映射 $w=f(z)$ 具有伸缩率的不变性且保角性（保持夹角相同，旋转方向相同）的变换称为**第一类共形映射**。

定义6.1.3 如果映射 $w=f(z)$ 具有伸缩率的不变性且保持夹角的绝对值不变而方向相反的变换称为**第二类共形映射**。

例6.1.3 考察函数 $w=\bar{z}$ 所构成的映射。

解 对于复平面上的任意一点 z_0，有 $\lim\limits_{z\to z_0}\dfrac{|w-w_0|}{|z-z_0|}=\lim\limits_{z\to z_0}\dfrac{|\bar{z}-\bar{z}_0|}{|z-z_0|}=1$，极限存在，所以函数 $w=\bar{z}$ 所构成的映射具有伸缩率的不变性；又因为函数 $w=\bar{z}$ 是关于实轴对称的映射，因此保持曲线夹角的不变而方向相反（见图6.1.3）。由定义6.1.3可知函数 $w=\bar{z}$ 为第二类共形映射。

第一类共形映射与第二类共形映射统称共形映射。

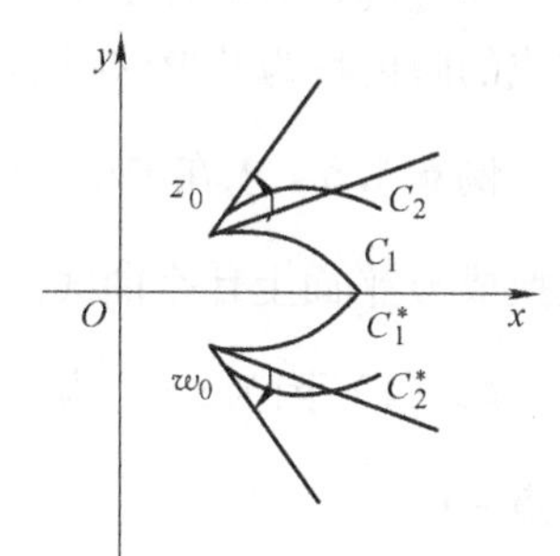

图 6.1.3

定理6.1.2 如果函数 $w=f(z)$ 在 D 内任一点 z_0 解析，且 $f'(z_0)\neq 0$，那么映射 $w=f(z)$ 在 D 内是共形映射。

定义6.1.4 如果函数 $w=f(z)$ 及其反函数 $z=f^{-1}(w)$ 在 D 内都是一一对应的，则称 $w=f(z)$ 在 D 内是**单叶函数**和**单叶映射**。

定理6.1.3 函数 $w=f(z)$ 为区域 D 内单叶解析函数的充要条件是 $w=f(z)$ 把区域 D 单叶且共形映射为区域 D^*。

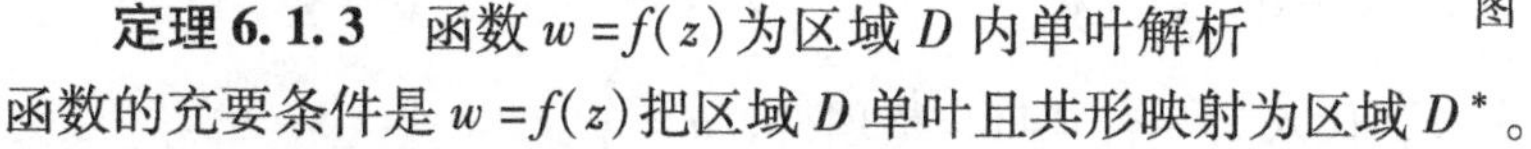

6.1.3 共形映射的基本问题

共形映射的两个基本问题：

（1）已知共形映射 $w=f(z)$，把 z 平面上已知区域 D（象原区域）映射（变换）成 w 平面上相应的区域 D^*（象区域）。

（2）求一个共形映射 $w=f(z)$，使它把 z 平面上已知区域 D（象原区域）映射（变换）成 w 平面上一个指定的区域 D^*（象区域）。

为了叙述这两个问题，我们先介绍下面定理：

定理 6.1.4（边界对应原理）　设 C 为区域 D 的边界曲线，映射 $w=f(z)$ 在 C 上及 D 内解析，如果映射 $w=f(z)$ 把曲线 C 单叶地映射成象曲线 C^*，而 C^* 曲线围成的区域为 D^*，并且当变量沿 C 移动时，使 D 总在左侧（称为正向）时，它的对应点 W 沿 C^* 移动时使 D^* 总处在左侧，则 $w=f(z)$ 把区域 D 单叶且共形映射为区域 D^*。

（证略）

下面我们通过例子来阐释定理 6.1.4 的几何意义。

例 6.1.4　设函数 $w=f(z)$ 在区域 D 解析，$z_0\in D$，$w_0=f(z_0)$ 使得 $f'(z_0)\neq 0$。在 D 内作一以 z_0 为其一个顶点的小三角形，在映射 $w=f(z)$ 下，得到一个以 w_0 为其一个顶点的小曲边三角形。定理告诉我们，这两个小三角形的对应角相等，对应边长度之比近似地等于 $|f'(z_0)|$，所以这两个三角形相似。

又因伸缩率 $|f'(z_0)|$ 是比值 $\dfrac{|f(z)-f(z_0)|}{z-z_0}=\dfrac{w-w_0}{z-z_0}$ 的极限，所以 $|f'(z_0)|$ 可近似地用以表示 $\dfrac{w-w_0}{z-z_0}$，由此可以看出映射 $w=f(z)$ 也将很小的圆 $|z-z_0|=\delta$ 近似地映射成圆 $|w-w_0|=|f'(z_0)|\delta$。

通过例 6.1.4 的几何意义说明我们把解析函数 $w=f(z)$ 当 $z\in D$，$f'(z)\neq 0$ 所构成的映射称为共形映射的理由。

例 6.1.5　求在映射 $w=\dfrac{1}{z}$ 下将（1）$z=\mathrm{i}$；（2）$x^2+y^2=4x$；（3）$y=2x$，变换成 w 平面上什么曲线。

解（1）因为 $z=\mathrm{i}$ 为一点，直接代入得 $w=\dfrac{1}{\mathrm{i}}=-\mathrm{i}$，所以对应 w 平面上一点 $-\mathrm{i}$。

（2）因为 $w=\dfrac{1}{z}=\dfrac{1}{x+\mathrm{i}y}=\dfrac{x-\mathrm{i}y}{x^2+y^2}$，所以 $u=\dfrac{x}{x^2+y^2}$，$v=-\dfrac{y}{x^2+y^2}$，解得 $x=\dfrac{u}{u^2+v^2}$，$y=-\dfrac{v}{u^2+v^2}$，代入 $x^2+y^2=4x$，整理得，$u=\dfrac{1}{4}$。

所以，$u=\dfrac{1}{4}$ 是一条平行虚轴的直线。

（3）若 $y=\dfrac{z-\overline{z}}{2\mathrm{i}}$，$x=\dfrac{z+\overline{z}}{2}$，代入 $y=2x$ 得，$\dfrac{z-\overline{z}}{2\mathrm{i}}=2\,\dfrac{z+\overline{z}}{2}$。

又 $z=\dfrac{1}{w}$，代入可得，$\dfrac{\overline{w}-w}{\mathrm{i}}=2(\overline{w}+w)$，若 $w=u+\mathrm{i}v\Rightarrow -v=2u$ 表示 w 平面上过原点的一条直线。

例 6.1.6 在映射 $w=z^3$ 下，求区域 $D: 0<\arg z<\frac{\pi}{6}$ 的象区域 D^*。

解 因为 $f'(z)=3z^2\neq0$，所以映射 $w=z^3$ 为共形映射。其 D 的边界为 $C_1: \arg z=0$，$C_2: \arg z=\frac{\pi}{6}$。又因为 $z=re^{i\theta}$，$\arg w=3\arg z$。从而 C_1 的象为 $C_1^*: \arg w=0$，而 C_2 的象为 C_2^*：$\arg w=3\times\frac{\pi}{6}=\frac{\pi}{2}$。

边界确定后就可以定区域，为此在边界上任取三点，$z_1=e^{i\frac{\pi}{6}}$，$z_2=0$，$z_3=1e^{i0}=1$，它们对应三点为 $w_1=e^{3i\frac{\pi}{6}}=i$，$w_2=0$，$w_3=1$，由于区域 D 落在边界上以点 $z_1=e^{i\frac{\pi}{6}}$，$z_2=0$，$z_3=1$ 绕向的左侧，因而象区域 D^* 也应落在以点 $w_1=i$，$w_2=0$，$w_3=1$ 绕向左侧（见图 6.1.4），所以得象区域为 $0<\arg w<\frac{\pi}{2}$。

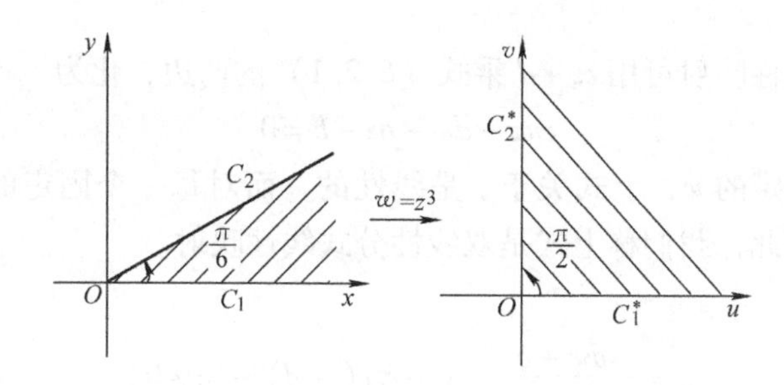

图 6.1.4

例 6.1.7 求映射 $w=f(z)=(z+1)^2$ 的等伸缩率的轨迹方程、等旋转角的轨迹方程。

解 因为 $w'=f'(z)=2(z+1)$，所以等伸缩率的轨迹方程为 $|z+1|=c$ ($c>0$ 常数)是以 1 为圆心，c 为半径的圆周方程。

等旋转角的轨迹方程为 $\arg(z+1)=c_1$（$c_1>0$ 常数）是从点 -1 出发的一条射线。

6.2 分式线性映射

6.2.1 分式线性映射的定义

1. 分式线性映射的定义

定义 6.2.1 形如

$$w=\frac{az+b}{cz+d} \quad （其中 a，b，c，d 均为复数且 ad-bc\neq0） \tag{6.2.1}$$

的映射称为**分式线性映射**。

分式线性映射是共形映射中比较简单的但又很重要的一类映射，其逆映射

$$z=\frac{-\mathrm{d}w+b}{cw-a}\quad ((-a)(-d)-bc\neq 0)$$

也是分式线性映射。

2. 分式线性映射是共形映射

为了保证映射（6.2.1）的保角性，显然应有 $ad-bc\neq 0$。由于

$$\frac{\mathrm{d}w}{\mathrm{d}z}=\frac{ad-bc}{(cz+d)^2}$$

且 $ad-bc\neq 0$，有 $\frac{\mathrm{d}w}{\mathrm{d}z}\neq 0$，所以这时分式线性映射是共形映射，也保证 w 不是常数。

由于分式线性映射可用 $cz+d$ 乘式（6.2.1）的两边，化为

$$cwz+dw-az-b=0$$

这时对每一个固定的 w，上式关于 z 是线性的，而对每一个固定的 z，它关于 w 也是线性的。因此，我们称上式是双线性分式线性映射。

逆映射

$$z=\frac{-dw+b}{cw-a}\quad ((-a)(-d)-bc\neq 0)$$

也是共形映射。所以分式线性映射的逆映射也是一个共形分式线性映射。

6.2.2　分式线性映射的分解

一般形式的分式线性映射是由下列四种特殊映射复合而成：

（1）$w=z+b$；　　　　（2）$w=|a|z$；

（3）$w=z\mathrm{e}^{\mathrm{i}\theta_0}$（$\theta_0$ 为实数）；　（4）$w=\frac{1}{z}$。

为了方便讨论，我们暂且将 w 复平面看成是与 z 复平面重合来讨论问题。

（1）平移映射—— $w=z+b$

在映射 $w=z+b$ 之下，z 沿向量 b（即复数所表示的向量）的方向平行移动一段距离 $|b|$ 后，就得到 w，即可利用向量平行四边形法则得到 w。

（2）伸缩映射—— $w=|a|z$（$a\neq 0$）

当 $|a|>1$ 时将点 z 沿原方向伸长到 $|a|$ 倍后，就得到 w。

当 $|a|<1$ 时将点 z 沿原方向缩短到 $|a|$ 倍后，就得到 w。

（3）旋转映射—— $w=z\mathrm{e}^{\mathrm{i}\theta_0}$（$\theta_0$ 为实数）

由于 $w=ze^{i\theta_0}$，所以设 $z=|z|e^{i\theta}$，那么，$w=|z|e^{i(\theta+\theta_0)}$。又 $|w|=|z|$，表示长度不变。因此，当角度 $\theta_0>0$ 时将点 z 沿逆时针方向旋转 θ_0；当角度 $\theta_0<0$ 时，将点 z 沿顺时针方向旋转 θ_0。

（4）旋转与伸缩映射—— $w=az$（$a\neq0$）

设 $z=re^{i\theta}$，$a=\lambda e^{i\alpha}$，那么 $w=r\lambda e^{i(\theta+\alpha)}$。因此，把 z 先转一个角度 α，再将 $|z|$ 伸长(或缩短）到 $|a|=\lambda$ 倍后，就得到 w。

（5）线性映射—— $w=az+h$

由（4）可知表示先旋转伸缩后再平移 h 就得到 w。

（6）反演映射—— $w=\dfrac{1}{z}$

为了便于分析，这个映射可以分解为① $w_1=\dfrac{1}{z}$，② $w=\overline{w_1}$。

为了说明映射 w_1，先说明圆周的一对对称点：

1）关于圆周的一对对称点

设 C 为以原点为圆心，R 为半径的圆周。在以圆心为起点的一条半直线上，如果有两点 P 与 P' 满足关系式

$$OP\cdot OP'=R^2$$

那么我们就称 P 与 P' 为关于这圆周的对称点。

2）关于对称点的作法及规定

设 P 在 C 外，从 P 作圆周 C 的切线 PT，由 T 作 OP 的垂直线 TP' 与 OP 交于 P'。那么 P 与 P' 即互为对称点（见图 6.2.1），事实上，$\Delta OP'T\backsim\Delta OTP$，因此 $OP':OT=OT:OP$，即 $OP\cdot OP'=OT^2=R^2$。

我们规定，无穷远点的对称点是圆心 O。

如果取点 P 为 z，取半径为 $R=1$，则点 P 关于关于圆周的对称点 P' 的坐标为 $w_1=\dfrac{1}{z}$。

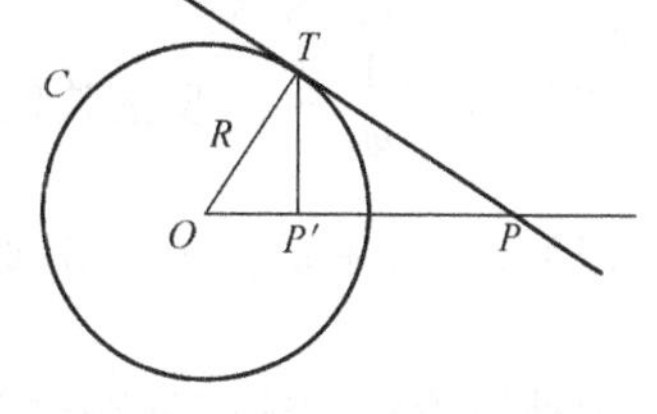

图 6.2.1

因为 $|OP|=|z|$，$|OP'|=\dfrac{R^2}{|z|}\Rightarrow|OP||OP'|=R^2$，取 $R=1$ 则 $P'=\dfrac{1}{\bar{z}}$。

由此可见

① $w_1=\dfrac{1}{z}$ 是 z 平面上任一点 z 关于单位圆周 $|z|=1$ 的对称点（见图 6.2.2）；

② w_1 与 $w=\overline{w_1}$ 是关于实轴 u 的对称点（见图 6.2.3）。

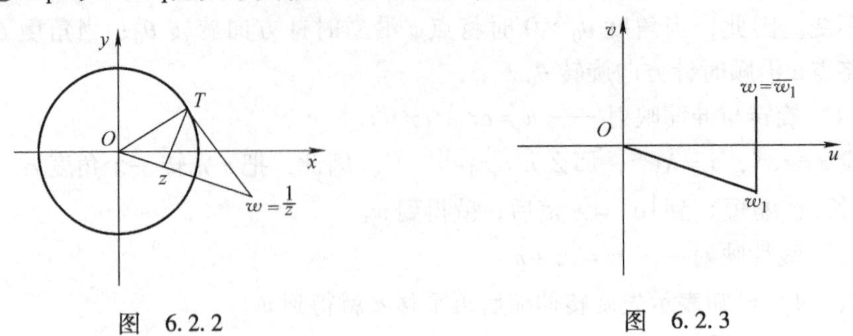

图　6.2.2　　　　图　6.2.3

以上我们讨论了如何从 z 作出映射（1），（2），（3），（4）的对应点 w。下面先就这四种映射讨论它们的性质，从而得出一般分式线性映射的性质。

6.2.3　分式线性映射 $w=\dfrac{az+b}{cz+d}$（其中 a，b，c，d 均为复数且 $ad-bc\neq 0$）

1. 分式线性映射的保圆性

当 $c=0$ 时，$w=\dfrac{a}{d}z+\dfrac{b}{d}=\mu z+\lambda$，此线性映射具有保圆性。

当 $c\neq 0$ 时，$w=\dfrac{c(az+b)}{c(cz+d)}=\dfrac{a}{c}+\dfrac{bc-ad}{c^2}\cdot\dfrac{1}{z+\dfrac{d}{c}}$。

其中

（1）$w_1=z+\dfrac{d}{c}$——平移映射

（2）$w_2=\dfrac{1}{w_1}$——反演映射

（3）$w=\lambda+\mu w_1$——线性映射。其中，$\lambda=\dfrac{d}{c}$，$\mu=\dfrac{bc-ad}{c^2}$。

由前讨论知，这三种映射都具有保圆性。从而分式线性映射 $w=\dfrac{az+b}{cz+d}$ 也具有保圆性。

2. 分式线性映射常用的几个规则：

（1）分式线性映射具有保角性

因为 $w'=-\dfrac{ad-bc}{(cz+d)^2}\neq 0$，且 $z\neq -\dfrac{d}{c}$，所以 $w=\dfrac{az+b}{cz+d}$ 是保角的。故知分式线性映射在扩充复平面上是一一对应的，且具有保角性。

（2）分式线性映射具有保圆性

1）如果圆弧上没有点映射（变换）为无穷远点，则它就映射（变换）成半径为有限的圆周。

2）如果圆弧上有一点映射（变换）为无穷远点，则它就映射（变换）成半径为无穷大的圆周。

3）如果两圆弧相交的点映射（变换）到无穷远点，则它就映射（变换）成角形区域。

故知分式线性映射将扩充 z 平面上的圆周映射成扩充 w 平面上的圆周，即具有保圆性。

（3）分式线性映射具有保对称性

定理 6.2.1 设点 z_1，z_2 是关于圆周 C 的一对对称点，那么在分式线性映射下，它们的象点 w_1 与 w_2 也是关于 C 的象曲线 C^* 的一对对称点，并且当 z 平面上有点变换到 w 平面的无穷远点时，则 z 平面上无穷远点变换到 w 平面上的原点。

6.2.4 分式线性映射唯一决定的条件

1. 决定分式线性映射的条件

由于分式线性映射 $w=\frac{az+b}{cz+d}$ 中含有四个复数 a，b，c，d，但是，我们如果用这四个数中的一个去除分子和分母，就可将分式中的四个常数化为三个复数。所以，分式线性映射 $w=\frac{az+b}{cz+d}$ 中实际上只有三个独立的复常数。因此，只需给定三个条件，就能决定一个分式线性映射。因此我们有：

定理 6.2.2 在 z 平面上任意给定三个不相同的点 z_1，z_2，z_3，在 w 平面上也任意给定三个不相同的点 w_1，w_2，w_3，那么就存在唯一的分式线性映射

$$\frac{w-w_1}{w-w_2}:\frac{w_3-w_1}{w_3-w_2}=\frac{z-z_1}{z-z_2}:\frac{z_3-z_1}{z_3-z_2} \tag{6.2.2}$$

其可化为函数 $w=f(z)$，将 z_k（$k=1, 2, 3$）依次映射成 w_k（$k=1, 2, 3$）。

证明 设 $w=\frac{az+b}{cz+d}$（$ad-bc\neq0$），将 z_k（$k=1, 2, 3$）依次映射成 w_k（$k=1, 2, 3$），即

$$w_1=\frac{az_1+b}{cz_1+d},\ w_2=\frac{az_2+b}{cz_2+d},\ w_3=\frac{az_3+b}{cz_3+d}$$

因而可具体算出 $w-w_1$，$w-w_2$，w_3-w_2 由此得到三点式公式

$$\frac{w-w_1}{w-w_2}:\frac{w_3-w_1}{w_3-w_2}=\frac{z-z_1}{z-z_2}:\frac{z_3-z_1}{z_3-z_2}$$

这就是所求的分式线性映射，或者写成

$$\frac{w-w_1}{w-w_2}\cdot\frac{w_3-w_2}{w_3-w_1}=\frac{z-z_1}{z-z_2}\cdot\frac{z_3-z_2}{z_3-z_1}$$

这个分式线性映射是三对不相同的对应点所确定的唯一的一个映射。

推论1　如果 z_k 或 $w_k(k=1,\ 2,\ 3)$ 中有一个为无穷远点∞，则只需对应点公式中含有无穷远点∞的项换为1。

推论2　设 $w=f(z)$ 是一个分式线性映射，且有 $f(z_1)=w_1$ 以及 $f(z_2)=w_2$ 则它可表示为

$$\frac{w-w_1}{w-w_2}=k\frac{z-z_1}{z-z_2}\ (k\text{ 为复常数})$$

例6.2.1　求把 z 平面上的点 $z_1=1$，$z_2=\mathrm{i}$，$z_3=-1$ 分别映射为 w 平面上的点：$w_1=0$，$w_2=1$，$w_3=\mathrm{i}$ 的分式线性映射。

解　由公式得 $\frac{w-0}{w-1}:\frac{\mathrm{i}-0}{\mathrm{i}-1}=\frac{z-1}{z-\mathrm{i}}:\frac{-1-1}{-1-\mathrm{i}}$，化简整理得

$$w=\frac{z-1}{(2\mathrm{i}-1)-z}$$

例6.2.2　求把 z 平面上的点 $z_1=1$，$z_2=\mathrm{i}$，$z_3=-1$ 分别映射为 w 平面上的点：$w_1=0$，$w_2=1$，$w_3=\infty$ 的分式线性映射。

解　由推论1公式得 $\frac{w-0}{w-1}:\frac{1}{1}=\frac{z-1}{z-\mathrm{i}}:\frac{-1-1}{-1-\mathrm{i}}$，化简整理得

$$w=\mathrm{i}\,\frac{1-z}{1+z}$$

上述例子，说明了把三个不同的点映射成另外三个不同的点的分式线性映射是唯一存在的。所以，在两个已知圆周 C 与 C^* 上分别取定三个不同点以后，必能找到一个分式线性映射 $w=f(z)$ 将 C 映射成 C^*。

例6.2.3　试求将 z 平面上点1，-1 变到 w 平面上1，-1 的分式线性映射（也可称1，-1 为不动点）。

解　设映射为 $w=\frac{az+b}{cz+d}\ (ad-bc\neq0)$。

因为 $1\leftrightarrow1$，所以 $1=\frac{a+b}{c+d}\Rightarrow c+d=a+b$；

因为 $-1\leftrightarrow-1$，所以 $-1=\frac{-a+b}{-c+d}\Rightarrow c-d=-a+b$。

二者相加、相减得 $a=d$，$b=c$，于是所求映射为 $w=\frac{az+b}{bz+a}$。

例6.2.4　映射 $w=\frac{1}{z}$，将区域 $0<\mathrm{Im}(z)<\frac{1}{2}$ 映射为什么区域？

解 因为映射 $w=\frac{1}{z}$，所以 $x+\mathrm{i}y=z=\frac{1}{w}=\frac{1}{u+\mathrm{i}v}$。

解得 $x=\frac{u}{u^2+v^2}$，$y=\frac{-v}{u^2+v^2}$。

由条件区域 $0<\mathrm{Im}(z)<\frac{1}{2}$即区域 $0<y<\frac{1}{2}$，推出 $0<\frac{-v}{u^2+v^2}<\frac{1}{2}$，即 $v<0$ 且 $u^2+v^2+2v>0$，即 $v<0$ 且 $u^2+v^2+2v+1>1$，即 $\mathrm{Im}(w)<0$ 且 $|w+\mathrm{i}|^2>1$，这说明映射 $w=\frac{1}{z}$，将区域 $0<\mathrm{Im}(z)<\frac{1}{2}$映为区域 $\mathrm{Im}(w)<0$ 且 $|w+\mathrm{i}|>1$。

2. 分式线性映射几个规则

映射会把曲线 C 的内部映射成什么呢？现在我们就来讨论这个问题。

（1）在分式线性映射下，C 的内部不是映射成 C^* 的内部，便是映射成 C^* 的外部。

（2）不可能将 C 内部的一部分映射成 C^* 内部的一部分，而 C 内部的另一部分映射成 C^* 外部的一部分，否则就不是一一对应的。

（3）注意方向性

1）对应点依次的绕向我们也可以用下面的方法来处理。在 C 上取定三点 z_1，z_2，z_3，它们在 C^* 上的象分别为 w_1，w_2，w_3。如果 C 依 $z_1\to z_2\to z_3$ 的绕向与 C^* 依 $w_1\to w_2\to w_3$ 的绕向相同时，那么 C 的内部就映射成 C^* 的内部；相反时，C 的内部就映射成 C^* 的外部（见图 6.2.4）。

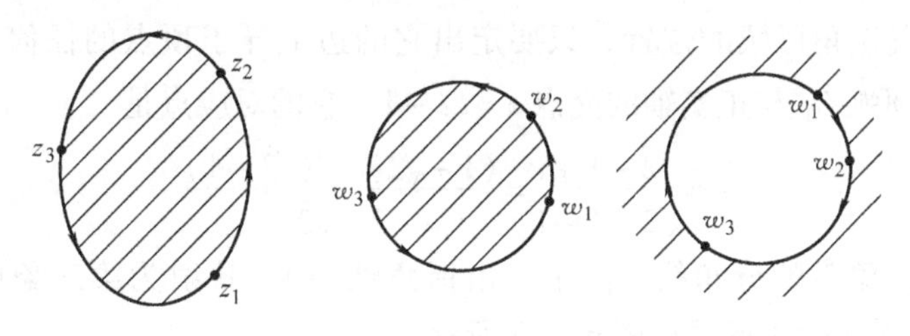

图 6.2.4

2）由（1），（2）论断可知，在分式线性映射下，如果在 C 内任取一个点 z_0，而点 z_0 的象在 C^* 的内部，那么 C 的内部就映射成 C^* 的内部；如果 z_0 的象在 C^* 的外部，那么 C 的内部就映射成 C^* 的外部。

从而可得：

① 如果圆弧上有一个点映射成无穷远点时，这圆弧通过分式线性映射后映射成半径为无穷大的圆——直线。

② 两相交圆弧，当两圆周上有一个交点映射成无穷远点∞时，这两相交圆弧所围成的区域通过分式线性映射成角形区域。

③ 两圆弧所围成的区域，当两圆周上没有点映射成无穷远点∞时，则通过

分式线性映射这两圆弧所围成的区域映射成两圆弧所围成的区域。

由于分式线性映射具有保圆性与保对称性，因此，在处理边界由圆周、圆弧、直线、直线段所组成的区域的共形映射问题时，分式线性映射起着十分重要的作用。下面举几个例子。

例 6.2.5　圆心分别在 $z=1$ 与 $z=-1$，半径为$\sqrt{2}$的两圆弧所围成的区域（见图 6.2.5），在映射 $w=\dfrac{z+\mathrm{i}}{z-\mathrm{i}}$下映射成什么区域？

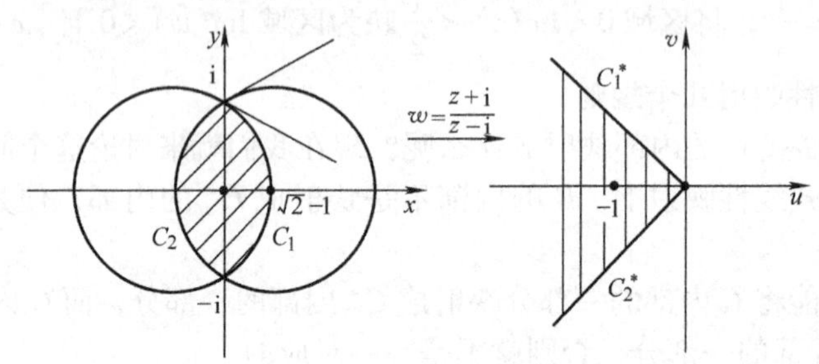

图　6.2.5

解　因为两个圆弧的交点为 $-\mathrm{i}$ 与 i 且互相正交，交点 $-\mathrm{i}$ 由函数 $w=\dfrac{z+\mathrm{i}}{z-\mathrm{i}}$映射成原点，$\mathrm{i}$ 映射成无穷远点。因此所给的区域经映射后映射成以原点为顶点的角形区域，张角等于$\dfrac{\pi}{2}$。

为了要确定角形域的位置，只要定出它的边上异于顶点的任何一点就可以了。取所给圆弧 C_1 与正实轴的交点 $z=\sqrt{2}-1$，它的对应点是

$$w=\frac{\sqrt{2}-1+\mathrm{i}}{\sqrt{2}-1-\mathrm{i}}=\frac{(1-\sqrt{2})+\mathrm{i}(\sqrt{2}-1)}{2-\sqrt{2}}$$

这一点在第二象限的分角线 C_1^* 上。由保角性知 C_2 映射为第三象限的分角线 C_2^*，从而映射成的角形域如图 6.2.5 所示。

例 6.2.6　求将上半平面 $\mathrm{Im}(z)>0$ 映射成单位圆$|w|<1$的分式线性映射（见图 6.2.6）。

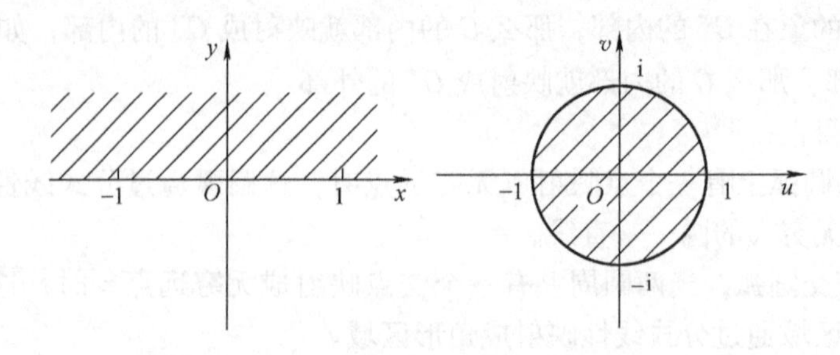

图　6.2.6

解 解法1 由条件知z平面总有一点$z=\lambda$要映射成w平面上单位圆周$|w|=1$的圆心$w=0$，边界实轴要映射成单位圆周，而λ与$\overline{\lambda}$是关于实轴的一对对称点，0与∞是关于圆周$|w|=1$的一对对称点，所以根据分式线性映射推论2知，$z=\overline{\lambda}$必映射成$z=\infty$。从而所求的分式线性映射具有下列形式

$$w=k\frac{z-\lambda}{z-\overline{\lambda}}$$

其中，k为复常数。

由于实轴上的点z对应着$|w|=1$上的点，这时$\left|\frac{z-\lambda}{z-\overline{\lambda}}\right|=1$，所以$|k|=1$，即$k=e^{i\theta}$，这里$\theta$是任意实常数。因此所求的分式线性映射将上半平面$\mathrm{Im}(z)>0$映射成单位圆$|w|<1$。

把上半平面映射成单位圆的映射一般形式为

$$w=e^{i\theta}\left(\frac{z-\lambda}{z-\overline{\lambda}}\right)(\mathrm{Im}(\lambda)>0) \tag{6.2.3}$$

显然，我们也可以在x轴上与在单位圆周$|w|=1$上取三对不同的对应点来求映射。

解法2 内点↔内点，外点↔外点，边界点↔边界点。取内点$z=i\leftrightarrow w=0$内点，外点$z=-i\leftrightarrow w=\infty$外点，边界点$z=0\leftrightarrow w=-1$边界点，得

$$w=\frac{z-i}{z+i} \tag{6.2.4}$$

解法3 我们在x轴上任意取定三点：$z_1=-1$，$z_2=0$，$z_3=1$，使它们依次对应于$|w|=1$上的三点：$w_1=-1$，$w_2=-i$，$w_3=1$，那么因为$z_1\to z_2\to z_3$跟$w_1\to w_2\to w_3$的绕向相同，由公式使得所求的分式线性映射为

$$\frac{w+1}{w+i}:\frac{1-(-1)}{1-(-i)}=\frac{z+1}{z-0}:\frac{1+1}{1-0}$$

化简后，即得

$$w=\frac{i-z}{iz-1}$$

注：如果我们选取其他三对不同点，也能得出满足要求的分式线性映射。由此可见，把上半平面映射成单位圆的分式线性映射$w=\frac{i-z}{iz-1}$不是唯一的，而是有无穷多个。

再如利用公式 $w=e^{i\theta}\left(\frac{z-\lambda}{z-\overline{\lambda}}\right)$

当取$\lambda=i$，$\theta=-\frac{\pi}{2}$得

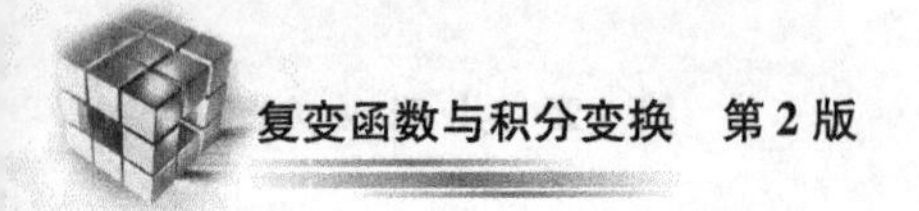

$$w=\frac{\mathrm{i}-z}{\mathrm{i}z-1}$$

当取 $\lambda=\mathrm{i}$，$\theta=0$ 代入得

$$w=\frac{z-\mathrm{i}}{z+\mathrm{i}}$$

这也是一个把上半平面 $\mathrm{Im}(z)>0$ 映射成单位圆 $|w|<1$，且将点 $z=\mathrm{i}$ 映射成圆心 $w=0$ 的分式线性映射。

例 6.2.7 求 $|z|\geqslant 1$ 到 $\mathrm{Re}(z)\geqslant 0$ 的分式线性变换，并使 $z=1$，$-\mathrm{i}$，-1 分别对应于 $w=\mathrm{i}$，0，$-\mathrm{i}$。

解 点 $z=1$，$-\mathrm{i}$，-1 分别位于 $|z|=1$ 上，对应于点 $w=\mathrm{i}$，$0-\mathrm{i}$，位于 $\mathrm{Re}(w)=0$ 上。而 $\mathrm{Re}(w)=0$ 可视作半径为无穷大的圆周。由公式得

$$\frac{w-\mathrm{i}}{w-0}:\frac{-\mathrm{i}-\mathrm{i}}{-\mathrm{i}-0}=\frac{z-1}{z+\mathrm{i}}:\frac{-1-1}{-1+\mathrm{i}}$$

化为 $w=\dfrac{z+\mathrm{i}}{z-\mathrm{i}}$ 为所求分式线性变换。

例 6.2.8 求将顶点在 0，1，i 的三角形内部映射为顶点在 0，2，1 + i 的三角形内部的分式线性变换。

解 利用公式有

$$\frac{w-0}{w-2}\cdot\frac{1+\mathrm{i}-2}{1+\mathrm{i}-0}=\frac{(z-0)(\mathrm{i}-1)}{(z-1)(\mathrm{i}-0)}$$

得

$$w=\frac{-4z}{(\mathrm{i}-1)z-(1+\mathrm{i})}$$

显然绕向 $0\to1\to\mathrm{i}\to0$ 对应于 $0\to2\to1+\mathrm{i}\to0$，知三角形内部到三角形内部，边界内部到边界内部。

例 6.2.9 求将上半平面 $\mathrm{Im}(z)>0$ 映射成单位圆 $|w|<1$ 且满足条件 $w(2\mathrm{i})=0$，$\arg w'(2\mathrm{i})=0$ 的分式线性映射。

解 由条件 $w(2\mathrm{i})=0$ 知，所求的映射要将上半平面中的点 $z=2\mathrm{i}$ 映射成单位圆周的圆心 $w=0$。由公式得

$$w=\mathrm{e}^{\mathrm{i}\theta}\left(\frac{z-2\mathrm{i}}{z+2\mathrm{i}}\right)$$

因为

$$w'(z)=\mathrm{e}^{\mathrm{i}\theta}\frac{4\mathrm{i}}{(z+2\mathrm{i})^2}$$

故有

$$w'(2\mathrm{i})=\mathrm{e}^{\mathrm{i}\theta}\left(-\frac{\mathrm{i}}{4}\right)$$

$$\arg w'(2\mathrm{i})=\arg \mathrm{e}^{\mathrm{i}\theta}+\arg\left(-\frac{\mathrm{i}}{4}\right)=\theta+\left(-\frac{\pi}{2}\right)=0\Rightarrow\theta=\frac{\pi}{2}$$

从而得所求的映射为

$$w=\mathrm{i}\left(\frac{z-2\mathrm{i}}{z+2\mathrm{i}}\right)$$

例 6.2.10 求将单位圆 $|z|<1$ 映射成单位圆 $|w|<1$ 的分式线性映射（见图 6.2.7）。

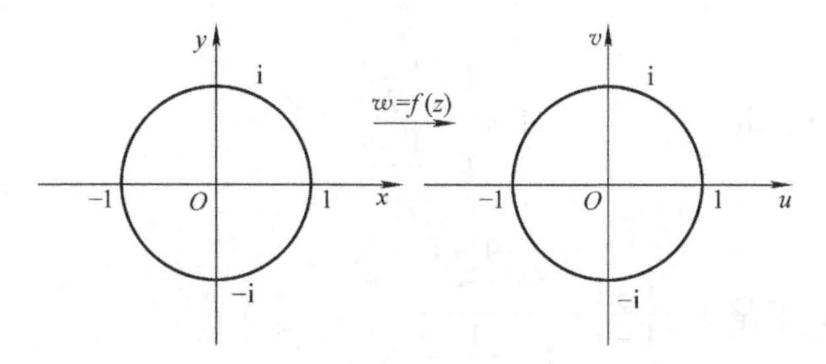

图 6.2.7

解 设 z 平面上单位圆 $|z|<1$ 内部的一点 α 映射成 w 平面上的单位圆 $|w|<1$ 的圆心 $w=0$。这时与点 α 对称于单位圆周 $|z|=1$ 的点 $\frac{1}{\overline{\alpha}}$ 应该被映射成 w 平面上的无穷远点（即与 $w=0$ 对称的点）。因此，当 $z=\alpha$ 时，$w=0$，而当 $z=\frac{1}{\overline{\alpha}}$ 时，$w=\infty$。满足这些条件的分式线性映射具有如下的形式

$$w=\left(\frac{z-\alpha}{z-\frac{1}{\overline{\alpha}}}\right)=k\overline{\alpha}\left(\frac{z-\alpha}{\overline{\alpha}z-1}\right)=h\left(\frac{z-\alpha}{1-\overline{\alpha}z}\right)$$

其中，$h=-k\overline{\alpha}$。

由于 z 平面上单位圆周上的点要映成 w 平面上单位圆周上的点，所以当 $|z|=1$ 时，$|w|=1$。将圆周 $|z|=1$ 上的点 $z=1$ 代入上式，得 $|h|\left|\frac{1-\alpha}{1-\overline{\alpha}}\right|=|w|=1$。

又因 $|1-\alpha|=|1-\overline{\alpha}|$，所以 $|h|=1$，即 $h=\mathrm{e}^{\mathrm{i}\varphi}$，这里 φ 是任意实数。由此可知，所求将单位圆 $|z|<1$ 映射成单位圆 $|w|<1$ 的分式线性映射的公式为

$$w=\mathrm{e}^{\mathrm{i}\varphi}\left(\frac{z-\alpha}{1-\overline{\alpha}z}\right)\ (|\alpha|<1) \tag{6.2.5}$$

例 6.2.11 求出将 $|z|<1$ 映射为 $|w|<1$ 且使得 $z=1$，$1+\mathrm{i}$ 映射为 $w=1$，∞

的分式线性映射。

解　将$|z|<1$映射为$|w|<1$的映射为$w=e^{i\theta}\frac{z-a}{1-\bar{a}z}$。由对称点性质知$1+i\leftrightarrow\infty$。

有　$\frac{1}{1-i}=\frac{1+i}{2}\to 0$，又$\left|\frac{1+i}{2}\right|<1$，可取$a=\frac{1+i}{2}$，则映射

$$w=e^{i\theta}\frac{z-\frac{1+i}{2}}{1-z\frac{1-i}{2}},\quad |a|<1$$

因为1是不动点，由

$$1=\frac{1-\frac{1+i}{2}}{1-\frac{1-i}{2}}e^{i\theta}$$

所以$e^{i\theta}=\frac{1+i}{1-i}$，于是$w=\frac{1+i}{1-i}\cdot\frac{z-\frac{1+i}{2}}{1-z\frac{1-i}{2}}$。

例6.2.12　求将$\mathrm{Im}(z)>0$映射成$|w-2i|<2$且满足条件$w(2i)=2i$，$\arg w'(2i)=-\frac{\pi}{2}$的分式线性映射。

解　首先由映射$w_1=\frac{w-2i}{2}$将$|w-2i|<2$映射成$|w_1|<1$。这时$w_1(2i)=0$。但将$\mathrm{Im}(z)>0$映射成$|w_1|<1$，且满足$w_1(2i)=0$的映射，故知为

$$w_1=e^{i\theta}\left(\frac{z-2i}{z+2i}\right)$$

则有

$$\frac{w-2i}{2}=e^{i\theta}\left(\frac{z-2i}{z+2i}\right)$$

由此得

$$w'(2i)=2e^{i\theta}\frac{1}{4i}$$

$$\arg w'(2i)=\arg(2e^{i\theta})+\arg\left(\frac{1}{4i}\right)=\arg(2e^{i\theta})+\arg\left(-\frac{i}{4}\right)=\theta-\frac{\pi}{2}$$

由于已知$\arg w'(2i)=-\frac{\pi}{2}$，从而得$\theta=0$，于是得所求的映射为

$$\frac{w-2i}{2}=\frac{z-2i}{z+2i}\quad\text{或}\ w=2(1+i)\frac{z-2}{z+2i}$$

如图6.2.8所示。

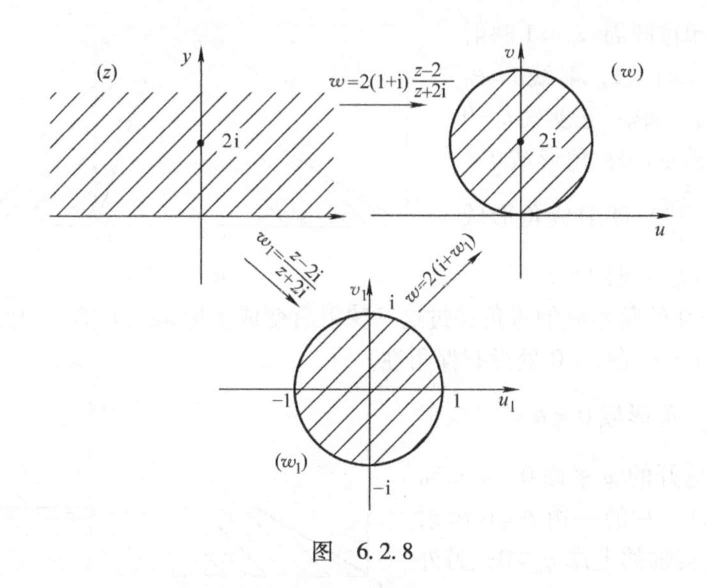

图 6.2.8

6.3 几个初等函数所构成的映射

6.3.1 幂函数 $w=z^n(n\geqslant 2)$

(1) 当 $z\neq 0$ 时，幂函数解析且是共形映射。

因为这个函数在平面内是处处可导的，它的导数是

$$\frac{\mathrm{d}w}{\mathrm{d}z}=nz^{n-1}$$

因而当 $z\neq 0$ 时

$$\frac{\mathrm{d}w}{\mathrm{d}z}\neq 0$$

所以，在 z 平面内除去原点外，由 $w=z^n$ 所构成的映射是处处共形的。

(2) $w=z^n(n\geqslant 2)$ 的特点。

由映射在 $z=0$ 处的性质，我们令

$$z=r\mathrm{e}^{\mathrm{i}\theta},\ w=\rho\mathrm{e}^{\mathrm{i}\varphi}$$

那么

$$\rho=r^n,\ \varphi=n\theta \tag{6.3.1}$$

故在 $w=z^n$ 映射下，

1) z 平面上的圆周 $|z|=r$ 映射成 w 平面上的圆周 $|w|=r^n$ 表示 z 的长度伸长或缩短为 $|z|^{n-1}$ 倍；$\arg w=\varphi=n\theta$ 表示角度是原来的 n 倍。

2) 角形域映射成角形域。角形域经 $w=z^n$（$n\geqslant 2$）映射，除长度伸长或缩短为 $|z|^{n-1}$ 倍外，角度变大到原来的 n 倍，仍然是角形域。

特别是单位圆周$|z|=1$映射成单位圆周$|w|=1$；射线$\theta=\theta_0$映射成射线$\varphi=n\theta_0$；正实轴$\theta=0$映射成正实轴$\varphi=0$；角形域$0<\theta<\theta_0$（$\theta_0<\dfrac{2\pi}{n}$）映射成角形域

$0<\varphi<n\theta_0$（见图6.3.1）

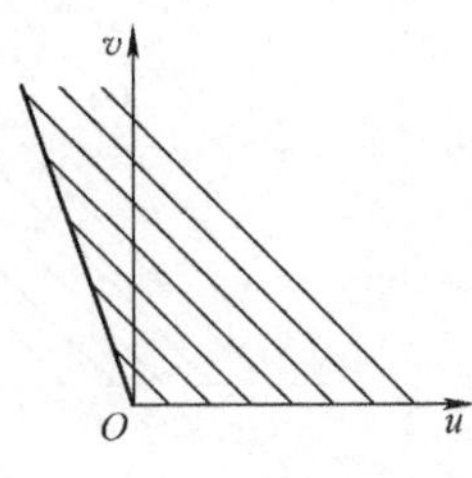

图　6.3.1

显然，在$z=0$处角形域的张角经过这一映射后变成了原来的n倍。因此，当$n\geqslant 2$时，映射$w=z^n$在$z=0$处没有保角性。

明显地，角形域$0<\theta<\dfrac{2\pi}{n}$映射成沿正实轴剪开的w平面$0<\varphi<2\pi$（见图6.3.2），它的一边$\theta=0$映射成w平面正实轴的上岸$\varphi=0$；另外一边$\theta=\dfrac{2\pi}{n}$映射成w平面正实轴的下岸$\varphi=2\pi$。在这样两个域上的点在所给的映射（$w=z^n$或$z=\sqrt[n]{w}$）下是一一对应的。

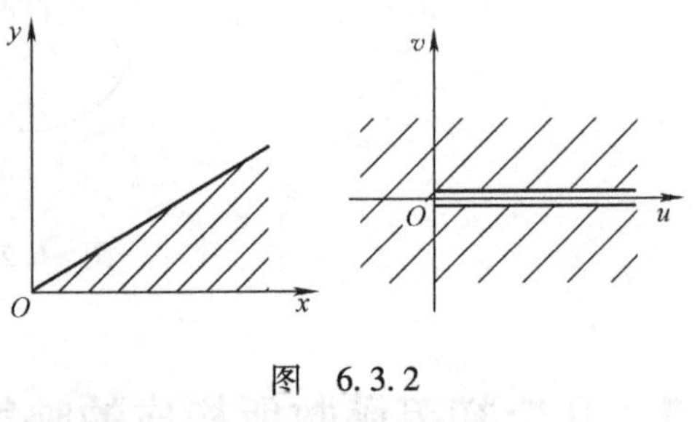

图　6.3.2

因此，如果要把角形域映射成角形域，我们经常利用幂函数。

例6.3.1　求将下列指定区域化为上半平面的分式线性变换。

（1）$|z|<1$，$\mathrm{Im}(z)>0$所围区域；

（2）$|z+\mathrm{i}|>\sqrt{2}$，$|z-\mathrm{i}|<\sqrt{2}$所围区域。

解　（1）将$\mathrm{Im}(z)=0$（实轴）视为半径为无穷大的圆弧，与$|z|=1$有两个交点-1与1。则映射$w_1=\dfrac{z-1}{z+1}$将上半单位圆周映射为正虚轴（圆弧上点1，i，-1映为虚轴上点0，i，∞），将线段$[-1,1]$映射为负实轴$\{-\infty,0\}$，上半圆内点（如取$z=\dfrac{\mathrm{i}}{2}$）对应于第二象限内点（$w_1=-\dfrac{3}{5}+\mathrm{i}\dfrac{4}{5}$）。

所以w_1将上半单位圆内部映射为第二象限内部，双映射$w=-w_1^2$是将第二象限内部映射为上半平面的分式线性变换。所以$w=-w_1^2=-\left(\dfrac{z-1}{z+1}\right)^2$。

（2）映射$w_1=\dfrac{z-1}{z+1}$将二角形区域映射为w平面上一角形域，点$z=-1$映射为$w_1=0$的角形域内角为$\dfrac{\pi}{2}$。由保角性，角形域内角为$\dfrac{\pi}{2}$，又

$$w'=\frac{-2}{(z+1)^2},\ w'(-1)=-\frac{1}{2}$$

所以角形区域由方向角$-\frac{\pi}{4}$和$-\frac{3\pi}{4}$两射线所夹成。映射$w_2=w_1^2$将角形区域映射为$\mathrm{Re}(w_2)<0$，映射$w=-\mathrm{i}w_2$将$\mathrm{Re}(w_2)$旋转$\frac{\pi}{2}$角映射为$\mathrm{Im}(w)>0$。所以$w=-\mathrm{i}w_2=-\mathrm{i}w_1^2=-\mathrm{i}\left(\frac{z+1}{z-1}\right)^2$。

例 6.3.2 求把角形域$0<\arg z<\frac{\pi}{3}$映射成单位圆$|w|<1$的一个映射。

解 由公式知，$w_1=z^3$将所给角形域$0<\arg z<\frac{\pi}{3}$（见图 6.3.3a）映射成上半平面$\mathrm{Im}(w_1)>0$（见图 6.3.3b）；又从上节的例题知，映射$w=\frac{w_1-\mathrm{i}}{w_1+\mathrm{i}}$将上半平面映射成单位圆$|w|<1$（见图 6.3.3c）。因此所求的映射为

$$w=\frac{z^3-\mathrm{i}}{z^3+\mathrm{i}}$$

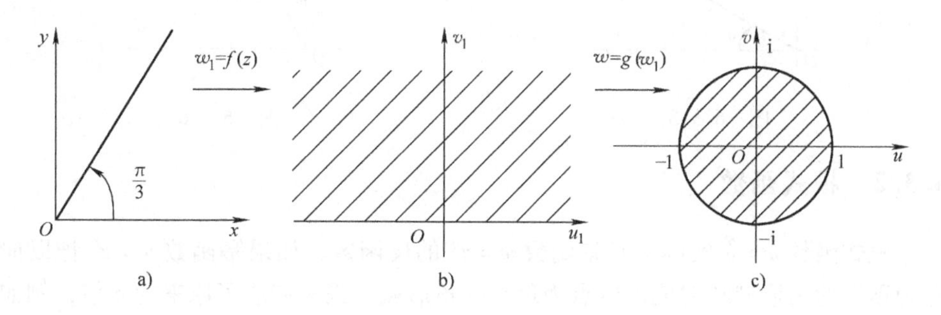

图 6.3.3

例 6.3.3 求把图 6.3.4 中的月牙域映射成角形域$\frac{\pi}{3}<\arg w<\frac{\pi}{3}+\alpha$的一个映射。

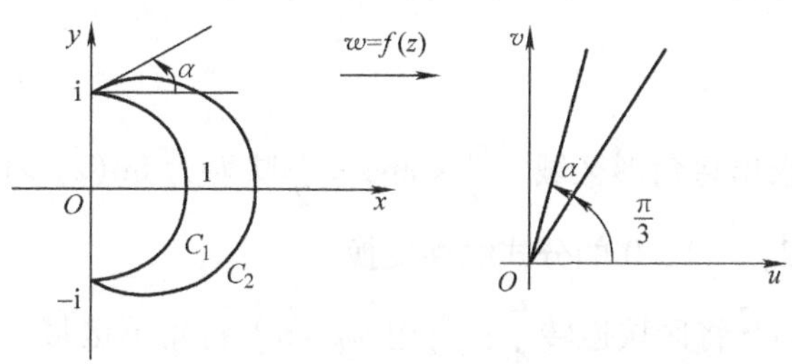

图 6.3.4

解　因为月牙域为相交圆弧，如将 z 平面中交点 i 与 - i 分别映射成 w_1 平面中的0与∞，并使月牙域映射成角形域，故第一步为 $w_1=\dfrac{z+i}{z-i}$。

将一已知的特殊点 $z=1$ 代入上式，得 $w_1=\dfrac{1+i}{1-i}=i$，如图6.3.5所示。

第二步为将 w_1 平面上的角形域旋转过一角度到一边在正实轴上的 w_2 平面上，即顺时针旋转 $\dfrac{\pi}{2}-\alpha$，所以 $w_2=e^{-i\left(\frac{\pi}{2}-\alpha\right)}w_1$。

第三步再将 w_2 平面上的角形域（见图6.3.6）逆时针旋转过 $\dfrac{\pi}{3}$ 角度的映射为

$$w=e^{i\frac{\pi}{3}}w_2$$

即　$w=e^{i\frac{\pi}{3}}e^{-i\left(\frac{\pi}{2}-\alpha\right)}w_1=e^{i\left(\alpha-\frac{\pi}{6}\right)}\dfrac{z+i}{z-i}$ 为所求映射。

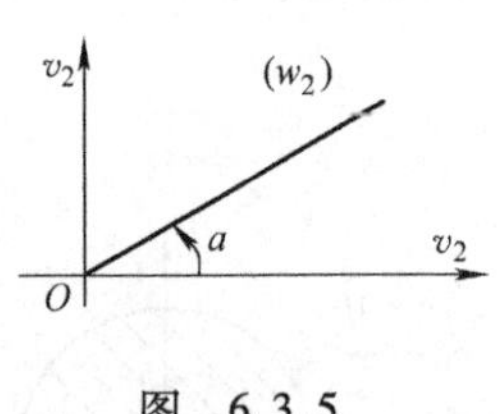

图　6.3.5

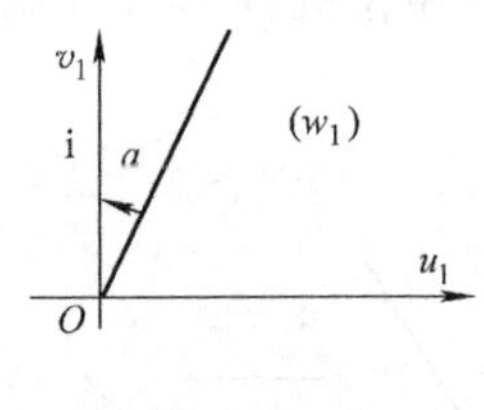

图　6.3.6

6.3.2　根式函数

根式函数 $w=\sqrt[n]{z}$ 实际上是幂函数 $w=z^n$ 的反函数，如果幂函数 $w=z^n$ 把以原点为顶点的角形域映射成以原点为顶点的角形域，张角变成了原来的 n 倍，例如辐角 $\arg z$ 扩大了 n 倍，即辐角 $n\arg z$，则幂函数 $w=z^n$ 的反函数 $w=\sqrt[n]{z}$ 特点就是起压缩的作用，它将辐角为 $\arg z$ 压缩为 $\dfrac{1}{n}\arg z$。

设 $z=|z|e^{i\theta}$，则 $w=z^{\frac{1}{n}}=|z|^{\frac{1}{n}}e^{i\frac{1}{n}}$。此时，长度压缩为 $|z|^{\frac{1}{n}}$，辐角压缩为原来的 $\dfrac{1}{n}$。

例6.3.4　求出将角形区域 $-\dfrac{\pi}{4}<\arg z<\dfrac{\pi}{2}$ 映射为 $\mathrm{Im}(z)>0$ 且使得 $z=1-i$，i，0 映射为 $w=2$，-1，0 的分式线性变换。

解　用 $w_1=e^{i\frac{\pi}{4}}$ 将区域逆转 $\dfrac{\pi}{4}$；再用 $w_2=w_1^{\frac{4}{3}}$ 将角形区域 $-\dfrac{\pi}{4}<\arg z<\dfrac{\pi}{2}$ 映射为 $\mathrm{Im}(z)>0$，$0<\arg w_2<\pi$，这时点 $z=1-i$，i，$0\to w_2=\sqrt[3]{4}$，-1，0。

因为 $w_2=\sqrt[3]{4}$，-1，0 必须映射为点 $w=2$，-1，0。所以由交点不变性

$$\frac{w+1}{w}:\frac{2+1}{2}=\frac{w_2+1}{w_2}:\frac{\sqrt[3]{4}+1}{\sqrt[3]{4}}\rightarrow w=\frac{2(\sqrt[3]{4}+1)w_2}{(\sqrt[3]{4}-2)w_2+3\sqrt[3]{4}}$$

所以
$$w=\frac{2(\sqrt[3]{4}+1)e^{i\frac{\pi}{3}}z^{\frac{4}{3}}}{(\sqrt[3]{4}-2)e^{i\frac{\pi}{3}}z^{\frac{4}{3}}+3\sqrt[3]{4}}$$

6.3.3 指数函数

（1）指数函数 $w=e^z=e^{x+iy}=e^x\cdot e^{iy}$，则 $|w|=|e^z|=e^x$，辐角 $\theta=\arg w=\arg e^z=y$。由于它在全平面上可导，故它在全平面上保形。

（2）当 $x=a$（a 为实常数）时，它表示 z 平面上平行于 y 轴的直线，经指数函数 $w=e^z$ 映射变换为 w 平面上的圆 $|w|=e^a$（见图6.3.7）。

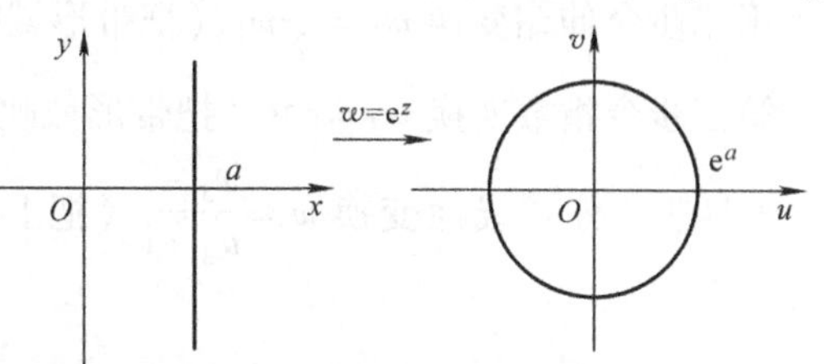

图 6.3.7

（3）当 $y=a$（a 为实常数）时，它表示 z 平面上平行于 x 轴的直线，经指数函数 $w=e^z$ 映射变换为 w 平面上的射线 $\theta=\arg w=a$（见图6.3.8）。

当 $y=0$ 即 x 轴时，它表示 z 平面上的 x 轴经指数函数 $w=e^z$ 映射变换为 w 平面上的射线 $\theta=0$，即 w 平面上的正实轴。

当 $y=\pi$，经指数函数 $w=e^z$ 映射变换为 w 平面上的负实轴。

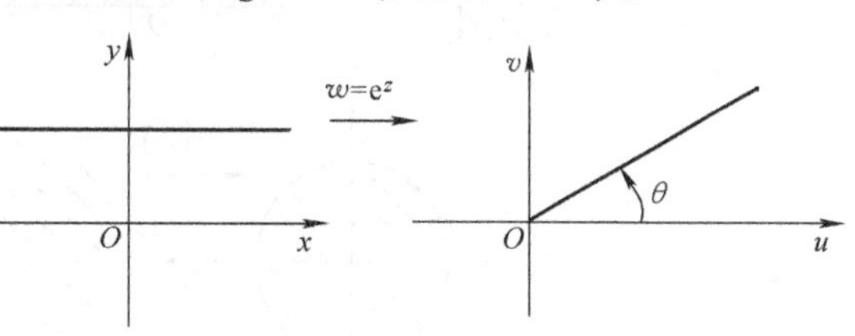

图 6.3.8

因此指数函数 $\omega=e^z$ 所构成的映射的特点是：把水平的带形域 $0<\mathrm{Im}(z)<a$（$a\leqslant 2\pi$）映射成角形域 $0<\arg\omega<a$。

因此，如果要把带形域映射成角形域，我们常常利用指数函数。

例 6.3.5 映射 $w=e^z$ 将下列区域映射为什么图形？

（1）直线网 $\mathrm{Re}(z)=c_1$，$\mathrm{Im}(z)=c_2$；

（2）直线 $y=kx+b$（k 为实数）；

（3）带形域 $\alpha<\mathrm{Im}(z)<\beta$（$0\leqslant\alpha<\beta\leqslant 2\pi$）。

解 令 $w=\rho e^{i\varphi}$，$z=x+iy=re^{i\theta}$，则 $w=e^z=e^xe^{iy}\rightarrow\rho e^{i\varphi}=e^re^{i\varphi}$。由此可得

（1）直线 $\mathrm{Im}(z)=c_2$，平行于 x 轴，映射成射线 $\varphi=c_2$；直线 $\mathrm{Re}(z)=c_1$，平行于 y 轴，映射成圆周 $\rho=e^{c_1}$。所以直线网映为极坐标网。

（2）直线 $y=kx+b$，映射为螺线 $\rho=\mathrm{e}^{\frac{\varphi-b}{k}}$；当 $k=0$ 时，映射为射线 $\arg w=b$（$\varphi=k\ln\rho+b$）。

（3）带形域 $\alpha<\mathrm{Im}(z)<\beta$ 映射为张角为 $\beta-\alpha$ 的角形域 $\alpha<\arg w<\beta$，当 $\alpha=0$，$\beta=2\pi$ 时，映射为沿正实轴剪开的平面。

例 6.3.6　求将带形域 $0<\mathrm{Re}(z)<a$ 映射为 w 平面上单位圆 $|w|<1$ 的映射。

解　第一步将 z 平面上的带形域 $0<\mathrm{Re}(z)<a$ 逆时针旋转 $\frac{\pi}{2}$，即取 $w_1=\mathrm{e}^{\mathrm{i}\frac{\pi}{2}}=\mathrm{i}z$（把带形域映射为带形域）。

第二步令伸缩变换 $w_2=\frac{\pi}{2}w_1$（把带形域映射为带形域）。

第三步令指数变换 $w_3=\mathrm{e}^{w_2}$（把带形域映射为上半平面）。

第四步令分式线性变换 $w=\frac{w_3-\mathrm{i}}{w_3+\mathrm{i}}$（把上半平面映射为单位圆），如图 6.3.9 所示。

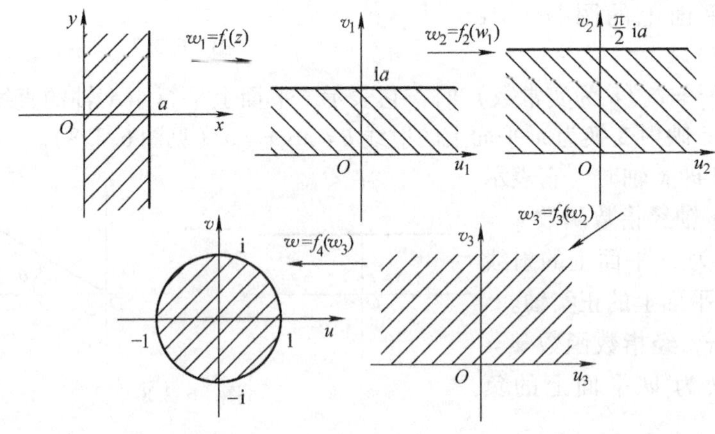

图　6.3.9

例 6.3.7　求把带形域 $a<\mathrm{Re}(z)<b$ 映射成上半平面 $\mathrm{Im}(\omega)>0$ 的一个映射。

解　第一步将带形域 $a<\mathrm{Re}(z)<b$（见图 6.3.10a）经过平行移动、放大（或缩小）及旋转的映射 $w_1=(z-a)\frac{\pi\mathrm{i}}{b-a}$ 后可映射成带形域 $0<\mathrm{Im}(w_1)<\pi$（见图 6.3.10b）。

第二步再用映射 $w=\mathrm{e}^{w_1}$，就可把带形域 $0<\mathrm{Im}(w_1)<\pi$ 映射成上半平面 $\mathrm{Im}(\omega)>0$（见图 6.3.10c）。因此所求的映射为

$$w=\mathrm{e}^{\frac{\pi\mathrm{i}}{b-a}(z-a)}$$

例 6.3.8　求把具有割痕 $-\infty<\mathrm{Re}(z)\leqslant a$，$\mathrm{Im}(z)=H$ 的带形域 $0<\mathrm{Im}(z)<2H$ 映射成带形域 $0<\mathrm{Im}(\omega)<2H$ 的一个映射。

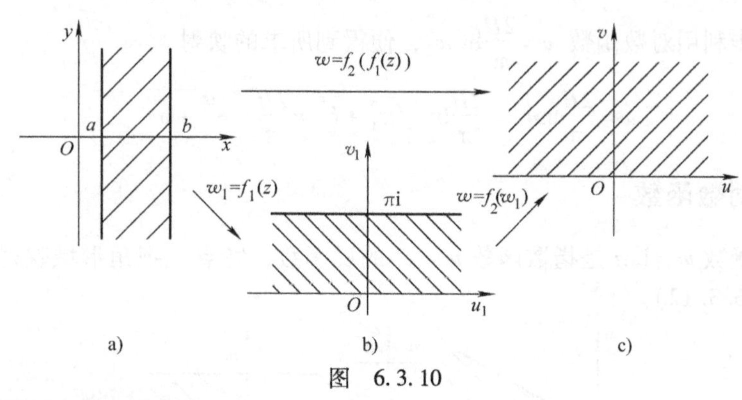

图 6.3.10

解 第一步映射函数

$$w_1 = e^{\frac{\pi z}{2H}}$$

把 z 平面内具有所设割痕的带形域（见图6.3.11a）映射成去掉了虚轴上一段线段 $0 < \mathrm{Im}(z) \leqslant b$ 的上半 w_1 平面，其中 $b = e^{\frac{a\pi}{2H}}$（见图6.3.11b）。因为

$$\arg w_1 = \arg e^{\frac{a\pi}{2H}} = \frac{\pi}{2H}y \qquad (z = x + iy)$$

所以当直线 $y =$ 常数从 $y = 2H$ 开始，经过 $y = H$，平行下移到 $y = 0$ 时，射线$\arg w_1 = \frac{\pi}{2H}y$ 从 $\arg w_1 = \pi$ 开始，经过 $\arg w_1 = \frac{\pi}{2}$变到 $\arg w_1 = 0$。而点 $z = a + Hi$ 被 $w_1 = e^{\frac{\pi z}{2H}}$ 映射成点 $w_1 = ie^{\frac{\pi z}{2H}} = ib$。

由公式知，第二步映射函数

$$w_2 = \sqrt{w_1^2 + b^2}$$

把去掉了虚轴上这一线段的上半 w_1 平面映射成上半 w_2 平面（见图6.3.11c）。

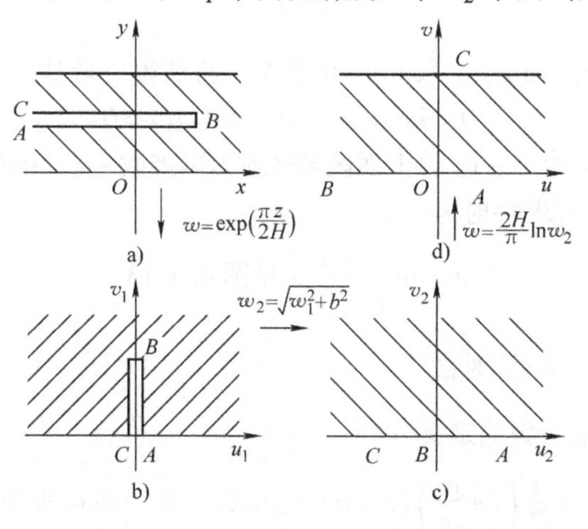

图 6.3.11

第三步利用对数函数 $w=\frac{2H}{\pi}\ln w_2$，便得到所求的映射

$$w=\frac{2H}{\pi}\ln w_2=\frac{2H}{\pi}\ln\sqrt{w_1^2+b^2}=\frac{2H}{\pi}\sqrt{e^{\frac{z\pi}{H}}+e^{\frac{a\pi}{H}}}$$

6.3.4 对数函数

对数函数 $w=\mathrm{Ln}z$ 是指数函数 $w=e^z$ 的反函数，特点是把角形域映射成带形域（见图 6.3.12）。

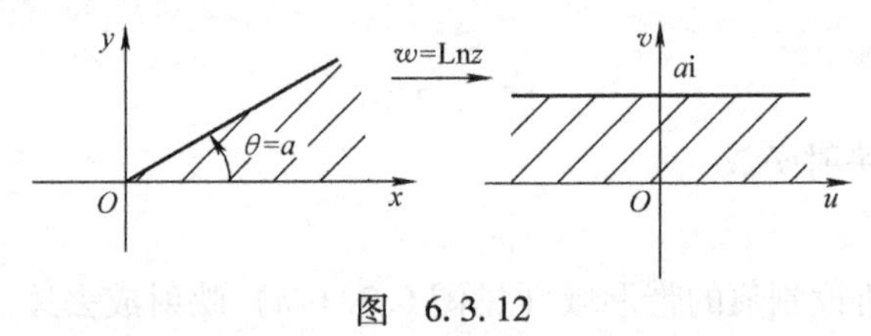

图 6.3.12

例 6.3.9 求出将割去负实轴 $-\infty<\mathrm{Re}(z)\leqslant 0$，$\mathrm{Im}\,z=0$ 的带状域 $-\frac{\pi}{2}<\mathrm{Im}(z)<\frac{\pi}{2}$ 映射为半带域 $-\pi<\mathrm{Im}(w)<\pi$，$\mathrm{Re}(w)>0$ 的映射。

解 第一步映射 $w_1=e^z$ 将所给区域映射为除去线段 $0<\mathrm{Re}(w_1)<1$，$\mathrm{Im}(w_1)=0$ 的右半平面。

第二步映射 $w_2=\frac{w_1+1}{w_2-1}$ 将区域映射为除去射段 $-\infty<\mathrm{Re}(w_2)\leqslant -1$，$\mathrm{Im}(w_2)=0$ 的单位圆外部。

第三步映射 $w_3=\mathrm{i}\sqrt{w_2}$（取 $\sqrt{1}=1$ 一支）将上述区域映射为去掉上半单位圆盘的上半平面。

第四步映射 $w_4=\ln w_3$（取 $\ln 1=0$ 那支）将所得区域映射为半带域

$$0<\mathrm{Im}(w_4)<\pi,\ \mathrm{Re}(w_4)>0$$

第五步映射 $w=2w_4-\mathrm{i}\pi$ 将上面区域映射为半带域 $-\pi<\mathrm{Im}(w)<\pi$，$\mathrm{Re}(w)>0$ 的映射。所以，所求映射为

$$w=\ln\frac{e^z+1}{e^z-1}\ （见图 6.3.13）$$

*6.3.5 儒可夫斯基函数

1. 儒可夫斯基函数的定义

定义 形如 $w=\frac{1}{2}\left(z+\frac{a^2}{z}\right)(a>0)$ 的函数，称为**儒可夫斯基函数**，或**儒可夫斯基映射**。

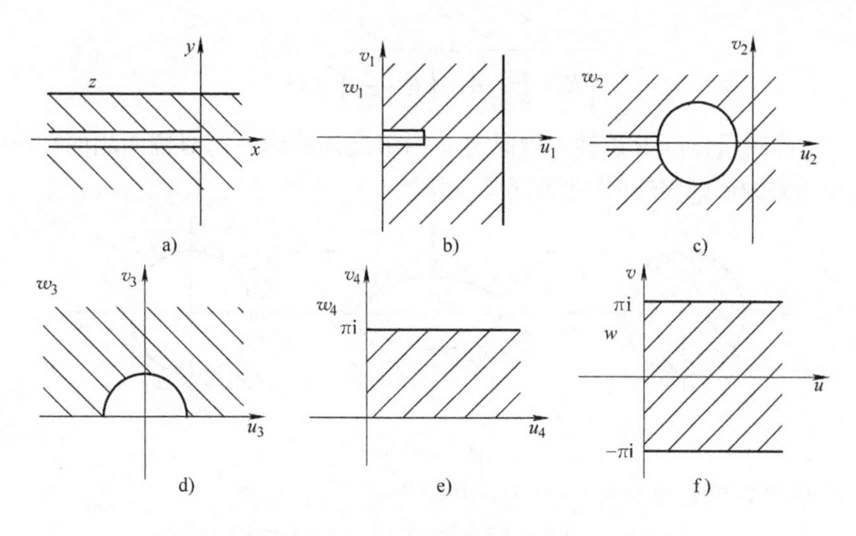

图 6.3.13

2. 儒可夫斯基函数的解析性

特点是除极点 $z=0$ 外处处解析，除极点 $z=0$ 和 $z=\pm a$ 外处处共形。

3. 儒可夫斯基函数的性质

儒可夫斯基函数 $w=\dfrac{1}{2}\left(z+\dfrac{a^2}{z}\right)$（$a>0$）是由 $\xi=\dfrac{z-a}{z+a}$，$t=\xi^2$，$w=a\dfrac{1+t}{1-t}$复合而成的。它将通过点 $z=a$ 与 $z=-a$ 的圆周 C 的外部一一对应地共形映射成除去一个连接点 $w=a$ 与 $w=-a$ 的圆弧 δ 的扩充平面；当 C 为圆周 $|z|=a$ 时，δ 将退化为线段 $-a\leqslant \mathrm{Re}(w)\leqslant a$，$\mathrm{Im}(w)=0$。

例 6.3.10 求映射 $w=\dfrac{1}{2}\left(z+\dfrac{1}{z}\right)$将下列区域映射成为什么图形？

（1）$|z|<R<1$；（2）$|z|>R>1$；（3）$|z|<1$ 且 $\mathrm{Im}(z)<0$。

解 因为映射 $w=\dfrac{1}{2}\left(z+\dfrac{1}{z}\right)$，所以令 $z=\rho e^{i\theta}=\rho\cos\theta+i\rho\sin\theta$，可表示为

$$u=\frac{1}{2}\left(\rho+\frac{1}{\rho}\right)\cos\theta,\quad v=\frac{1}{2}\left(\rho+\frac{1}{\rho}\right)\sin\theta$$

（1）圆域的边界映射为椭圆周

$$\frac{u^2}{\left(R+\dfrac{1}{R}\right)^2\Big/4}+\frac{v^2}{\left(R+\dfrac{1}{R}\right)^2\Big/4}=1$$

当 z 沿圆周 $|z|=R$ 正向旋转一周，w 沿椭圆周逆向旋转一周时，$|z|<R$ 内部被映射为椭圆周外部（见图 6.3.14a）。

（2）圆域的边界映射为椭圆周

$$\frac{u^2}{\left(R+\dfrac{1}{R}\right)\Big/4}+\frac{v^2}{\left(R+\dfrac{1}{R}\right)^2\Big/4}=1$$

当 z 沿圆周 $|z|=R$ 旋转一周时与 w 沿椭圆周旋转一周时绕向相同，$|z|>R$ 外部被映射为椭圆周外部（见图 6.3.14b）。

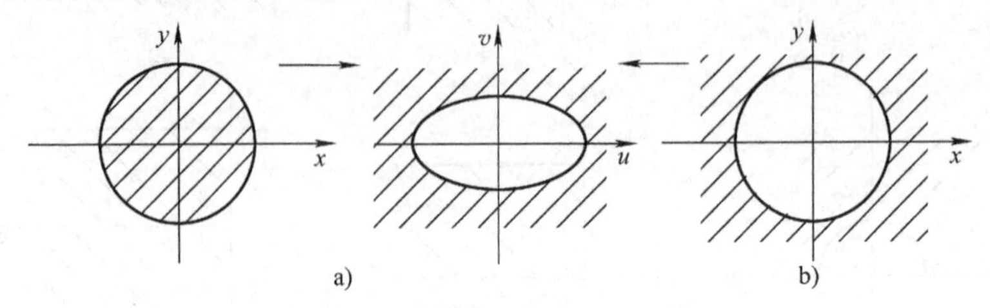

图　6.3.14

（3）设 D 的边界为 l_1，l_2，l_3，其象为 s_1，s_2，s_3 则

$$l_1: \theta=0,\ 0\leqslant\rho\leqslant1 \text{ 对应 } s_1: v=0,\ 1\leqslant u<+\infty$$

$$l_2: \theta=\pi,\ 0\leqslant\rho\leqslant1 \text{ 对应 } s_2: v=0,\ -\infty<u\leqslant-1$$

$$l_3: \pi\leqslant\theta\leqslant2\pi,\ \rho=1 \text{ 对应 } s_3: v=0,\ -1\leqslant u\leqslant1$$

由绕向知 $|z|<1$，$\mathrm{Im}(z)<0$ 映射为上半平面 $\mathrm{Im}(w)>0$（见图 6.3.15）。

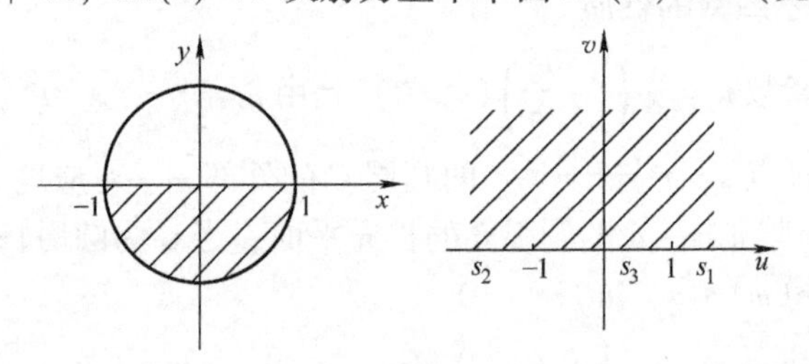

图　6.3.15

第6章小结

一、导学

本章通过导函数的几何性质分析，引入解析函数共形映射的特性与应用。

共形映射的基本点：一是解决已知一个区域共形映射到另一个区域的解析函数如何构成；二是解决已知一个区域在已知解析函数的作用下共形映射找出另一个区域的问题。为了解决这两个问题，我们引入了最简单的分式线性映射。分式线性映射具有保角性、保圆性、保对称性的性质。特别是它可以将直线与圆进行变换；同时我们利用幂函数与根式函数解决了角形区域之间的变换；利用指数函数与对数函数解决了角形区域与带形区域之间的变换，为我们解决上面两个问题带来了方便。

在解决上面两个问题的同时我们引入上（下）半平面映射成上（下）半平面的分式线性变换、上半平面映射成单位圆内部的分式线性变换和单位圆映射成单位圆的分式线性变换。这些线性变换为我们提供了解决其他区域的变换方法。

二、疑难解析

1. 问函数 $w=z^2$ 将经过点 $z=\mathrm{i}$ 且平行于实轴正向的曲线的切线的方向映射成 w 平面曲线上那一个方向。

答 因为函数 $w=z^2$ 的导数 $f'(z)=2z$，$f'(\mathrm{i})=2\mathrm{i}$，旋转角为 $\arg f'(\mathrm{i})=\frac{\pi}{2}$。所以函数$w=z^2|_{z=\mathrm{i}}=-1$，由导数旋转角的几何意义知，过点 $z=\mathrm{i}$ 且平行于实轴正向的曲线的切线的方向经过函数 $w=z^2$ 映射成 w 平面曲线在过 $w=-1$ 且平行虚轴正向的曲线的切线方向（辐角旋转$\frac{\pi}{2}$角）。

2. 当分式线性变换 $w=\frac{az+b}{cz+d}$ $(ad-bc\neq 0)$ 将单位圆周 $|z|=1$映射成 w 平面上的直线，其系数只需满足条件 $ab-cd\neq 0$ 对吗？

答 回答的不完整。

因为 w 不是常数，理应满足条件 $ab-cd\neq 0$。要使单位圆周 $|z|=1$映射成 w 平面上直线，则单位圆周 $|z|=1$上有一点应映射为无穷大(∞)，即$\infty=\frac{az+b}{cz+d}$，所以 $cz+d=0$，解得 $|z|=\left|\frac{-d}{c}\right|=1$，得 $|c|=|d|$,故应满足条件 $ab-cd\neq 0$ 且 $|c|=|d|$才行。

3. 将 z 平面上单位圆内部 $|z|<1$ 映射成 w 平面上单位圆内部 $|w|<1$ 的映射 $w=\mathrm{e}^{\mathrm{i}\theta}\frac{z-\alpha}{z-\overline{\alpha}z}$中，实数 θ 的几何意义是什么？

答 θ 的几何意义是映射 $w=f(z)$ 在点 $z=\alpha$ 处的旋转角 $\arg w'(\alpha)$，而

$$w'(\alpha)=\mathrm{e}^{\mathrm{i}\theta}\frac{1-\alpha\overline{\alpha}}{(1-\alpha\overline{\alpha})^2}=\mathrm{e}^{\mathrm{i}\theta}\frac{1}{1-\alpha\overline{\alpha}}=\mathrm{e}^{\mathrm{i}\theta}\frac{1}{1-|\alpha|^2}(|\alpha|<1)$$

所以 $\arg w'(\alpha)=\arg \mathrm{e}^{\mathrm{i}\theta}-\arg(1-|\alpha|^2)=\theta-0=\theta$

4. 说明对称映射 $w=\overline{z}$ 不是分式线性映射。

答 因为对称映射 $w=\overline{z}$ 可以化为 $u+\mathrm{i}v=x-\mathrm{i}y$，所以 $u=x$，$v=-y$。

又因为$\frac{\partial u}{\partial x}=1\neq\frac{\partial v}{\partial y}=-1$；$\frac{\partial u}{\partial y}=0=-\frac{\partial v}{\partial x}$。所以不满足柯西-黎曼条件，对称映射 $w=\overline{z}$不解析，而分式线性映射是解析的。故对称映射 $w=\overline{z}$ 不是分式线性映射。

三、杂例

例6.1 映射 $w=\frac{\mathrm{i}}{z}+1$，将区域 $0<\mathrm{Im}(z)<1$，$\mathrm{Re}(z)>0$ 映射为什么区域?

解 因为映射 $w=\frac{\mathrm{i}}{z}+1$ 可以看成 $w-1=w_1$，所以 $x+\mathrm{i}y=z=\frac{\mathrm{i}}{w_1}=\frac{\mathrm{i}}{u+\mathrm{i}v}$，

解得
$$x=\frac{v}{u^2+v^2},\ y=\frac{u}{u^2+v^2}$$

由条件区域 $0<\mathrm{Im}(z)<1$ 且 $\mathrm{Re}(z)>0$，即区域 $0<y<1$ 且 $x>0$，推出 $0<\frac{u}{u^2+v^2}<1$，$\frac{v}{u^2+v^2}>0$，即 $u>0$，$v>0$ 且 $u^2+v^2-v=\left(u-\frac{1}{2}\right)^2+v^2-\frac{1}{4}>0$，即 $\mathrm{Im}(w_1)>0$，$\mathrm{Re}(w_1)>0$ 且 $\left|w_1-\frac{1}{2}\right|>\frac{1}{2}$。

这说明映射 $w_1=\frac{\mathrm{i}}{z}$，将区域 $\mathrm{Re}(z)>0$，$0<\mathrm{Im}(z)<1$ 映射为 $\mathrm{Im}(w_1)>0$，$\mathrm{Re}(w_1)>0$，且 $\left|w_1-\frac{1}{2}\right|>\frac{1}{2}$后，再平移一个单位为区域 $\mathrm{Im}(w)>0$，$\mathrm{Re}(w)>1$ 且 $\left|w-\frac{3}{2}\right|>\frac{1}{2}$。

例6.2 求将 $|z-2|>1$和 $|z+2|>1$映为同心圆环域 $1<|w|<R$ 的分式线性映射，并求出 R。

解 本题是已知两个区域求分式线性映射的问题，所以我们先在 z 平面上取四点3、1、-1、-3依次对应 w 平面上四点1、-1、$-R$、R，由分式线性映射的交比不变性得
$$\frac{-3-3}{-3-1}:\frac{-1-3}{-1-1}=\frac{R-1}{R+1}:\frac{-R-1}{-R+1}$$

解出
$$R=7+\sqrt{48}=7+4\sqrt{3}$$

$$\frac{z-3}{z-1}:\frac{-1-3}{-1-1}=\frac{w-1}{w+1}:\frac{-(7+4\sqrt{3})-1}{-(7+4\sqrt{3})+1}$$

解出后整理可得
$$w=\frac{(5+3\sqrt{3})z-(9+5\sqrt{3})}{(1+\sqrt{3})z+(3+\sqrt{3})}$$

可以验证
$$w=\frac{(5+3\sqrt{3})z-(9+5\sqrt{3})}{(1+\sqrt{3})z+(3+\sqrt{3})}$$
将 $\mathrm{Im}(z)=0$ 映射成 $\mathrm{Im}(w)=0$；将 $\mathrm{Im}(z)>0$ 映射成 $\mathrm{Im}(w)>0$；将 $|z-2|=1$ 映射成 $|w|=1$；将 $|z+2|>2$ 映射成 $|w|<R$。

例6.3 试求 $|z|<2$ 到 $|w-1|<1$的分式线性映射 $f(z)$，并使得 $f(z)=0$，

$f(0)=\dfrac{1}{2}$。

解 由条件$f(z)=0$知所求的映射要将点$z=2$映射成$w=0$。可设映射公式

$$w=k\left(\frac{z-2}{z-\lambda}\right)$$

又知条件$f(0)=\dfrac{1}{2}$，代入公式得$\dfrac{1}{2}=k\left(\dfrac{0-2}{0-\lambda}\right)=\dfrac{2k}{\lambda}$，即$\lambda=4k$。

取$z=2$的对称点$z=-2$，而$z=-2$对称点对应点为$w=2$，故知$f(-2)=2$。代入映射公式，得$2=k\left(\dfrac{-2-2}{-2-\lambda}\right)=k\dfrac{4}{2+\lambda}$，推出$\lambda=2k-2$。

由方程$\lambda=4k$，$\lambda=2k-2$。解出$k=-1$，$\lambda=-4$。

从而得所求的映射为

$$w=-\left(\frac{z-2}{z+4}\right)=\frac{2-z}{z+4}$$

例6.4 设区域D为相交于0和i处且夹角为$\dfrac{\pi}{4}$的两圆弧所围内部，试求区域D映射为上半平面的共形映射。

解 第一步先取z平面上点0，i映射成w平面上点0，∞，得$w=\dfrac{z}{z-\mathrm{i}}$将区域$D$映射为角形区域$D_1$：$\pi-\dfrac{\pi}{8}\leqslant\arg w_1\leqslant\pi+\dfrac{\pi}{8}$（其中$w_1$将线段$x=0$，$0\leqslant y\leqslant 1$映射为负实轴）。

第二步取指数函数$w_2=\exp\left(-\dfrac{7\pi}{8}\mathrm{i}\right)w_1$把区域$D_1$旋转为角形区域$D_2$：$0\leqslant\arg w_2\leqslant\dfrac{\pi}{4}$。

第三步取幂函数$w=(w_2)^4$将D_2映射为上半平面，即

$$w=\left[\exp\frac{-7\pi}{8}\mathrm{i}\left(\frac{z}{z-\mathrm{i}}\right)\right]^4=\mathrm{i}\left(\frac{z}{z-\mathrm{i}}\right)^4。$$

四、思考题

1. 具有伸缩率不变性与保角性的映射为什么称为共形映射？

2. 为什么说解析函数$w=f(z)$的映射在z_0的旋转角和伸缩率与过z_0的曲线C的形状与方向无关？

3. 分式线性映射有几个复参数？几个实参数？有几种方法可以唯一确定一个分式线性映射？

4. 关于圆周C的对称点有什么特性？在分式线性映射中怎样利用对称点的不变性？

5. 怎样理解一个分式线性映射？

6. 映射 $w=\sqrt{z}$ 能否将 z 平面上单位圆 $|z|<1$ 映射成 w 平面上单位圆 $|w|<1$，$\operatorname{Im} z>0$？为什么？

7. 幂函数 $w=z^n(z\neq0)$ 具有将角度扩大 n 倍的性质，为什么它对以 $z=0$ 为顶点、张角为$\frac{2\pi}{n}$的角形域构成共形映射？

习　题　六

A　类

1. 试求$f(z)=\frac{z+\mathrm{i}}{z-\mathrm{i}}$在 $z=1$，$z=-\mathrm{i}$ 处的伸缩率与转动角。

2. 若映射由下列函数实现，试问平面上哪些部分收缩，哪些部分伸长？

（1）$w=z^2+2z$;　　（2）$w=\mathrm{e}^z$。

3. 在 $w=2z\mathrm{i}+\mathrm{i}$ 的变换下，$0<\operatorname{Re} z<2$ 变成什么图形？

4. 在 $w=\mathrm{i}z$ 的变换下，下列指定区域变成什么图形？

（1）以 $z_1=\mathrm{i}$，$z_2=-1$，$z_3=1$ 为顶点的三角形；

（2）$\operatorname{Im} z>0$。

5. 对函数 $w=\frac{1}{z}$，求下列曲线或区域的象。

（1）直线束 $y=kx$;

（2）圆族 $x^2+y^2=ax$;

（3）带形域 $\operatorname{Re}(z)>0$，$0<\operatorname{Im}(z)<1$;

（4）角形域 $x>1$，$y>0$。

6. 求出下列映射中并不保角的 z 平面上的点。

（1）$w=z^2+z+1$;（2）$w=\mathrm{e}^{z^2}$。

7. 下列区域在指定的映射下变成什么区域？

（1）带形域 $y-2x+2>0$，$y-2x+6<0$，$w=\mathrm{e}^z$;

（2）上半平面 $\operatorname{Im} z>0$，$w=(1+\mathrm{i})z$;

（3）区域 $R<|z|<1$，$0<\operatorname{Im}(z)$，$w=\frac{1}{2}\left(z+\frac{1}{z}\right)$。

8. 将下列圆弧所围区域映射到上半平面，求其变换函数。

（1）$|z|<1$，$|z-\mathrm{i}|<1$;（2）$|z|<2$，$|z-1|>1$。

9. 求把 z 平面上的点 -1，0，1 分别映射为 w 平面上的点 1，i，-1 的分式线性映射，并确定上半平面在这个变换下变换成什么区域？

10. 求把上半平面变换到下半平面，且将 z 平面上的点 0，i 分别映射为 w 平面上的点 1，$-\mathrm{i}$ 的分式线性映射。

11. 试求把上半平面变换到单位圆，且满足 $f(a+b\mathrm{i})=0$，$\arg f'(a+b\mathrm{i})=\frac{\pi}{2}$（$b>0$）的共形映射。

12. 求将圆 $|z|<2$ 变换成右半平面 $\mathrm{Re}(w)>0$，且满足 $f(0)=1$，$\arg f'(0)=\frac{\pi}{2}$ 的共形映射。

13. 试求将区域 $-\frac{\pi}{3}<\arg z<\frac{\pi}{3}$ 变换到单位圆的共形映射。

14. 试求将区域 $0<\arg z<\frac{\pi}{2}$ $(0<|z|<1)$ 共形映射到单位圆的共形映射。

15. 试求将单位圆 $|z|<1$ 共形映射到 $|w-1|<1$，且满足 $f(0)=\frac{1}{2}$，$f(1)=0$ 的共形映射。

16. 试求将上半单位圆外部 $|z|>1$，$\mathrm{Im}(z)>0$ 共形映射到上半平面的共形映射。

17. 试求将单位圆 $|z|<1$ 内除去两条割线 $\left(-1,\ -\frac{1}{2}\right]$ 与 $\left[\frac{1}{2},\ 1\right)$ 后的区域 D 共形映射到 $|w|<1$ 的共形映射。

B 类

18. 求映射 $f(z)=(z+1)^2$ 在点 $z=\mathrm{i}$ 的伸缩率与转动角。

19. 求出点 $2+\mathrm{i}$ 关于圆周 C: $|z-\mathrm{i}|=3$ 的对称点。

20. 求映射 $w=f(z)=\frac{z+2}{z-2}\mathrm{i}$ 将 $|z|>2$ 映射成平面上什么图形？

21. 试求将单位圆 $|z|<1$ 共形映射到 $|w|<1$，且满足 $f\left(\frac{\mathrm{i}}{2}\right)=0$，$f'(0)>0$ 的共形映射。

22. 试求把上半平面 $\mathrm{Im}(z)>0$ 变换到单位圆 $|w|<1$，且满足 $f(1+\mathrm{i})=0$，$f(1+2\mathrm{i})=\frac{1}{3}$ 的共形映射。

23. 映射 $w=f(z)=\mathrm{e}^z$ 将 $0<\mathrm{Im}(z)<\frac{3\pi}{4}$ 映射成平面上什么图形？

24. 映射 $w=f(z)=z^3$ 将 $0<\arg z<\frac{\pi}{3}$ 且 $|z|<2$ 映射成平面上什么图形？

25. 映射 $w=f(z)=\ln z$ 将上半平面 $\mathrm{Im}(z)>0$ 映射成平面上什么图形？

26. 映射 $w=\frac{1}{2}\left(z+\frac{1}{z}\right)$ 将 $|z|<1$ 且 $\mathrm{Im}(z)<0$ 映射成平面上什么图形？

27. 试求将圆 $|z-2|<1$ 共形映射到 $|w-2\mathrm{i}|<2$，且满足 $f(z)=\mathrm{i}$，$\arg f'(2)=0$ 的共形映射。

28. 试求将角形区域 $-\frac{\pi}{4}<\arg z<\frac{\pi}{2}$ 共形映射到上半平面，且满足 $f(1-\mathrm{i})=2$，$f(\mathrm{i})=-1$，$f(0)=0$ 的共形映射。

第7章 傅里叶变换

数学中常常采用变换的方法把一些复杂的问题转化为相对比较简单的问题后进行运算。工程技术人员在处理与分析工程实际问题中，也常采用积分变换，即通过一种特定的积分运算，将一类函数转换成另一类函数的变换，使积分变得简单或者可积；同时由于积分变换是一种可逆运算，可方便地处理与分析实际问题，所以它在自然科学和各种科技领域中有着广泛的应用和研究，是一种必不可少的数学工具。本章首先介绍傅里叶积分变换。

7.1 傅里叶变换的概念

7.1.1 傅里叶级数

在学习高等数学傅里叶级数这一章时，我们已经知道：一个以 T 为周期的函数 $f(t)$，如果在 $\left[-\frac{T}{2}, \frac{T}{2}\right]$ 上满足狄利克雷（Dirichlet）条件（简称狄氏条件），即函数在 $\left[-\frac{T}{2}, \frac{T}{2}\right]$ 上满足：

（1）连续或只有有限个第一类间断点；

（2）至多只有有限个极值点，那么在 $\left[-\frac{T}{2}, \frac{T}{2}\right]$ 上就可以展成傅里叶级数。在函数 $f(t)$ 的连续点处有

$$f(t) = \frac{a_0}{2} + \sum_{n=1}^{\infty}(a_n\cos n\omega t + b_n\sin n\omega t) \tag{7.1.1}$$

其中，$\omega = \frac{2\pi}{T}$

$$a_0 = \frac{2}{T}\int_{-\frac{T}{2}}^{\frac{T}{2}} f(t)\,\mathrm{d}t$$

$$a_n = \frac{2}{T}\int_{-\frac{T}{2}}^{\frac{T}{2}} f(t)\cos n\omega t\,\mathrm{d}t \quad (n = 1, 2, 3, 4, \cdots)$$

$$b_n = \frac{2}{T}\int_{-\frac{T}{2}}^{\frac{T}{2}} f(t)\sin n\omega t\mathrm{d}t \quad (n = 1, 2, 3, 4, \cdots)$$

下面我们把傅里叶级数推广为复数形式。为了与工程上习惯相符合，我们在第 7、8 章记 $\sqrt{-1} = \mathrm{j}$ 为虚数单位。利用欧拉公式

$$\begin{cases} \mathrm{e}^{\mathrm{j}t} = \cos t + \mathrm{j}\sin t \\ \mathrm{e}^{-\mathrm{j}t} = \cos t - \mathrm{j}\sin t \end{cases}$$

通过相加和相减得

$$\cos t = \frac{\mathrm{e}^{\mathrm{j}t} + \mathrm{e}^{-\mathrm{j}t}}{2}; \ \sin t = \frac{\mathrm{e}^{\mathrm{j}t} - \mathrm{e}^{-\mathrm{j}t}}{2\mathrm{j}} = -\mathrm{j}\frac{\mathrm{e}^{\mathrm{j}t} - \mathrm{e}^{-\mathrm{j}t}}{2}$$

此时，式（7.1.1）可写为

$$\begin{aligned} f(t) &= \frac{a_0}{2} + \sum_{n=1}^{\infty}\left(a_n\frac{\mathrm{e}^{\mathrm{j}n\omega t} + \mathrm{e}^{-\mathrm{j}n\omega t}}{2} + b_n\frac{\mathrm{e}^{\mathrm{j}n\omega t} - \mathrm{e}^{-\mathrm{j}n\omega t}}{2\mathrm{j}}\right) \\ &= \frac{a_0}{2} + \sum_{n=1}^{\infty}\left(\frac{a_n - \mathrm{j}b_n}{2}\mathrm{e}^{\mathrm{j}n\omega t} + \frac{a_n + \mathrm{j}b_n}{2}\mathrm{e}^{-\mathrm{j}n\omega t}\right) \end{aligned}$$

令

$$c_0 = a_0 = \frac{2}{T}\int_{-\frac{T}{2}}^{\frac{T}{2}} f(t)\mathrm{d}t$$

$$\begin{aligned} c_n = a_n - \mathrm{j}b_n &= \frac{2}{T}\int_{-\frac{T}{2}}^{\frac{T}{2}} f(t)[\cos n\omega t\mathrm{d}t - \mathrm{j}\sin n\omega t]\mathrm{d}t \\ &= \frac{2}{T}\int_{-\frac{T}{2}}^{\frac{T}{2}} f(t)\mathrm{e}^{-\mathrm{j}n\omega t}\mathrm{d}t \quad (n = 1,2,3,4,\cdots) \end{aligned}$$

$$c_{-n} = a_n + \mathrm{j}b_n = \frac{2}{T}\int_{-\frac{T}{2}}^{\frac{T}{2}} f(t)\mathrm{e}^{\mathrm{j}n\omega t}\mathrm{d}t \quad (n = 1,2,3,4,\cdots)$$

而它们可合写成一个式子

$$c_n = \frac{2}{T}\int_{-\frac{T}{2}}^{\frac{T}{2}} f(t)\mathrm{e}^{-\mathrm{j}n\omega t}\mathrm{d}t \quad (n = 0, \pm 1, \pm 2, \pm 3, \pm 4,\cdots)$$

若令

$$\omega_n = n\omega \ (n = 0, \ \pm 1, \ \pm 2, \ \pm 3\cdots)$$

则式（7.1.1）可写为

$$f(t) = \frac{1}{2}\sum_{n=-\infty}^{\infty} c_n\mathrm{e}^{\mathrm{j}n\omega t} = \frac{1}{2}\sum_{n=-\infty}^{\infty} c_n\mathrm{e}^{\mathrm{j}\omega_n t}$$

这就是傅里叶级数的复数形式，或者写为

$$f(t) = \frac{2}{T}\sum_{n=-\infty}^{\infty}\left[\int_{-\frac{T}{2}}^{\frac{T}{2}} f(\tau)\mathrm{e}^{-\mathrm{j}\omega_n\tau}\mathrm{d}\tau\right]\mathrm{e}^{\mathrm{j}\omega_n t} \quad (7.1.2)$$

在电学中称 $\omega = \frac{2\pi}{T}$ 为基波角频率（当 $n\to\infty$ 时，$\omega_n\to\infty$），c_n 为 n 次谐波的

复数振幅，c_n 的模 $|c_n|$ 为 n 次谐波的幅度频谱。

人物小传	傅里叶（J. B. J. Fourier，1768—1830）
	法国著名数学家、物理学家。1811 年，傅里叶提出了其著名论文《热的传播》，推导出著名的热传导方程，并在求解该方程时发现了其解函数可由三角函数构成的级数形式（傅里叶级数）表示。1822 年，傅里叶出版专著《热的解析理论》，将欧拉、伯努利等人在一些特殊情形下应用的三角级数方法发展为内容丰富的一般理论，同时为了处理无穷区域的热传导问题又导出了当前所称的并提出了"傅里叶积分"，极大地推动了偏微分方程边值等问题的研究。

7.1.2　傅里叶积分

当周期趋于无穷大时，任何一个非周期函数 $f(t)$ 都可以看成是一个由某个周期 T 的函数 $f_T(t)$ 当周期 $T\to+\infty$ 时转化而来的。由高等数学知识可知当 $T\to+\infty$ 时，基波角频率 $\omega=\dfrac{2\pi}{T}$ 为无穷小（即 $\Delta\omega_n=\omega_n-\omega_{n-1}=\dfrac{2\pi}{T}$，或 $T=\dfrac{2\pi}{\Delta\omega_n}$）可用 $\mathrm{d}\omega$ 表示。此时离散角频率 $n\omega$ 变为连续角频率 $n\mathrm{d}\omega$，连续角频率可用 ω 表示，则复数振幅为

$$
\begin{aligned}
c(\omega)&=\lim_{T\to\infty}c_n=\lim_{T\to\infty}\frac{2}{T}\int_{-\frac{T}{2}}^{\frac{T}{2}}f(t)\mathrm{e}^{-\mathrm{j}n\omega t}\mathrm{d}t=\lim_{T\to\infty}\frac{\omega}{\pi}\int_{-\frac{T}{2}}^{\frac{T}{2}}f(t)\mathrm{e}^{-\mathrm{j}\omega_n t}\mathrm{d}t\quad(\omega_n=n\omega)\\
&=\frac{\mathrm{d}\omega}{\pi}\int_{-\infty}^{+\infty}f(t)\mathrm{e}^{-\mathrm{j}\omega t}\mathrm{d}t
\end{aligned}
$$

其中，令 $F(\omega)=\int_{-\infty}^{+\infty}f(t)\mathrm{e}^{-\mathrm{j}\omega t}\mathrm{d}t$，则

$$
c(\omega)=\frac{1}{\pi}\left[\int_{-\infty}^{+\infty}f(t)\mathrm{e}^{-\mathrm{j}\omega t}\mathrm{d}t\right]\mathrm{d}\omega=\frac{1}{\pi}F(\omega)\mathrm{d}\omega
$$

从电学角度看，$c(\omega)$ 的意义是明显的，它表示非周期信号 $f(t)$ 所包含的角频率为 ω 的谐波分量的复数振幅，其模值 $|c_n|$ 就是振幅。当 $T\to+\infty$ 时，离散角频率 $n\omega$ 变为连续角频率 ω。和号"Σ"变为积分号"$\int$"，周期函数 $f_T(t)$ 便可转化为 $f(t)$，即有

$$
\lim_{T\to+\infty}f_T(t)=f(t)
$$

则

$$
f(t)=\frac{1}{2}\int_{-\infty}^{+\infty}c(\omega)\mathrm{e}^{\mathrm{j}\omega t}\mathrm{d}\omega
$$

即
$$
f(t)=\frac{1}{2\pi}\int_{-\infty}^{+\infty}F(\omega)\mathrm{e}^{\mathrm{j}\omega t}\mathrm{d}\omega
$$

亦即
$$
f(t)=\frac{1}{2\pi}\int_{-\infty}^{+\infty}\left[\int_{-\infty}^{+\infty}f(\tau)\mathrm{e}^{-\mathrm{j}\omega\tau}\mathrm{d}\tau\right]\mathrm{e}^{\mathrm{j}\omega t}\mathrm{d}\omega
$$

上式称为函数 $f(t)$ 的傅里叶积分公式，是傅里叶积分公式的复数形式表示

式，显然其推导是不严格的。至于任一个非周期函数$f(t)$在什么条件下，可以用傅里叶积分公式来表示，有下面的收敛定理：

定理 7.1.1（傅里叶积分定理） 设函数$f(t)$在（$-\infty$，$+\infty$）上满足下列条件：

（1）函数$f(t)$在任意有限区间$[a, b]$上满足狄利克雷（Dirichlet）条件。

（2）函数$f(t)$在无限区间（$-\infty$，$+\infty$）上绝对可积，即广义积分$\int_{-\infty}^{+\infty}|f(t)|\mathrm{d}t$收敛，则在连续点$t$处傅里叶积分公式

$$f(t)=\frac{1}{2\pi}\int_{-\infty}^{+\infty}\left[\int_{-\infty}^{+\infty}f(\tau)\mathrm{e}^{-\mathrm{j}\omega\tau}\mathrm{d}\tau\right]\mathrm{e}^{\mathrm{j}\omega t}\mathrm{d}\omega \tag{7.1.3}$$

成立，而左端的$f(t)$在它的间断点t处，应以$\frac{f(t+0)+f(t-0)}{2}$来代替。

这个定理的条件是充分的，它的证明要用到较多的数学基础理论，这里从略。

式（7.1.3）是$f(t)$的傅里叶积分公式的复数形式，利用欧拉（Euler）公式，可将它转化为三角函数形式。因为

$$\begin{aligned}f(t)&=\frac{1}{2\pi}\int_{-\infty}^{+\infty}\left[\int_{-\infty}^{+\infty}f(\tau)\mathrm{e}^{-\mathrm{j}\omega\tau}\mathrm{d}\tau\right]\mathrm{e}^{\mathrm{j}\omega t}\mathrm{d}\omega\\&=\frac{1}{2\pi}\int_{-\infty}^{+\infty}\left[\int_{-\infty}^{+\infty}f(\tau)\mathrm{e}^{\mathrm{j}\omega(t-\tau)}\mathrm{d}\tau\right]\mathrm{d}\omega\\&=\frac{1}{2\pi}\int_{-\infty}^{+\infty}\left[\int_{-\infty}^{+\infty}f(\tau)\cos\omega(t-\tau)\mathrm{d}\tau+\mathrm{j}\int_{-\infty}^{+\infty}f(\tau)\sin\omega(t-\tau)\mathrm{d}\tau\right]\mathrm{d}\omega\end{aligned}$$

考虑到积分$\int_{-\infty}^{+\infty}f(\tau)\sin\omega(t-\tau)\mathrm{d}\tau$是$\omega$的奇函数，就有

$$\int_{-\infty}^{+\infty}\left[\int_{-\infty}^{+\infty}f(\tau)\sin\omega(t-\tau)\mathrm{d}\tau\right]\mathrm{d}\omega=0$$

从而

$$f(t)=\frac{1}{2\pi}\int_{-\infty}^{+\infty}\left[\int_{-\infty}^{+\infty}f(\tau)\cos\omega(t-\tau)\mathrm{d}\tau\right]\mathrm{d}\omega \tag{7.1.4}$$

又考虑到积分$\int_{-\infty}^{+\infty}f(\tau)\cos\omega(t-\tau)\mathrm{d}\tau$是关于$\omega$的偶函数，式（7.1.4）又可写为

$$f(t)=\frac{1}{\pi}\int_{0}^{+\infty}\left[\int_{-\infty}^{+\infty}f(\tau)\cos\omega(t-\tau)\mathrm{d}\tau\right]\mathrm{d}\omega \tag{7.1.5}$$

这便是$f(t)$的傅里叶积分公式的三角表示形式。

在实际应用中，常常还要考虑$f(t)$是奇函数和偶函数的傅里叶积分公式。当$f(t)$为奇函数时，利用三角函数的和差公式，式（7.1.5）可写为

$$f(t)=\frac{1}{\pi}\int_{0}^{+\infty}\left[\int_{-\infty}^{+\infty}f(\tau)(\cos\omega t\cos\omega\tau+\sin\omega t\sin\omega\tau)\mathrm{d}\tau\right]\mathrm{d}\omega$$

当$f(t)$ 为奇函数，则$f(\tau)\cos\omega\tau$ 和$f(\tau)\sin\omega\tau$ 分别是关于τ 的奇函数和偶函数。因此

$$f(t)=\frac{1}{\pi}\int_0^{+\infty}\left[\int_{-\infty}^{+\infty}f(\tau)\sin\omega\tau\mathrm{d}\tau\right]\sin\omega t\mathrm{d}\omega \tag{7.1.6}$$

当$f(t)$ 为偶函数时，同理可得

$$f(t)=\frac{2}{\pi}\int_0^{+\infty}\left[\int_0^{+\infty}f(\tau)\cos\omega\tau\mathrm{d}\tau\right]\cos\omega t\mathrm{d}\omega \tag{7.1.7}$$

它们分别称为傅里叶正弦积分公式和傅里叶余弦积分公式。

注：当$f(t)$ 仅在（0，+∞）上有定义，且满足傅里叶积分存在定理的条件，我们可以采用类似于傅里叶级数中的奇延拓或偶延拓的方法，得到$f(t)$ 相应的傅里叶正弦积分展开式或傅里叶余弦积分展开式。

例 7.1.1 利用傅里叶积分公式证明：当函数$f(t)=\begin{cases}1 & |t|\leqslant 1\\ 0 & \text{其他}\end{cases}$时

$$\int_0^{+\infty}\frac{\sin\omega\cos\omega t}{\omega}\mathrm{d}\omega=\begin{cases}\dfrac{\pi}{2} & |t|<1\\ \dfrac{\pi}{4} & |t|=1\\ 0 & |t|>1\end{cases}$$

并且写出傅里叶积分表达式。

解 根据傅里叶积分公式的复数形式（7.1.3），在连续点$t\neq\pm1$ 时，有

$$\begin{aligned}f(t)&=\frac{1}{2\pi}\int_{-\infty}^{+\infty}\left[\int_{-\infty}^{+\infty}f(\tau)\mathrm{e}^{-\mathrm{j}\omega\tau}\mathrm{d}\tau\right]\mathrm{e}^{\mathrm{j}\omega t}\mathrm{d}\omega\\&=\frac{1}{2\pi}\int_{-\infty}^{+\infty}\left[\int_{-1}^{+1}(\cos\omega\tau-\mathrm{j}\sin\omega\tau)\mathrm{d}\tau\right]\mathrm{e}^{\mathrm{j}\omega t}\mathrm{d}\omega\\&=\frac{1}{\pi}\int_{-\infty}^{+\infty}\left[\int_0^1\cos\omega\tau\mathrm{d}\tau\right]\mathrm{e}^{\mathrm{j}\omega t}\mathrm{d}\omega\\&=\frac{1}{\pi}\int_{-\infty}^{+\infty}\frac{\sin\omega}{\omega}(\cos\omega t+\mathrm{j}\sin\omega t)\mathrm{d}\omega\\&=\frac{2}{\pi}\int_0^{+\infty}\frac{\sin\omega\cos\omega t}{\omega}\mathrm{d}\omega\end{aligned}$$

为连续点的傅里叶积分表达式。

当$t=\pm1$ 为间断点时，$f(t)$应以$\dfrac{f(\pm1+0)+f(\pm1-0)}{2}=\dfrac{1+0}{2}=\dfrac{1}{2}$代替。

根据上述的结果，我们可以写为

$$\frac{2}{\pi}\int_0^{+\infty}\frac{\sin\omega\cos\omega t}{\omega}\mathrm{d}\omega=\begin{cases}f(t) & t\neq\pm1\\ \dfrac{1}{2} & t=\pm1\end{cases}$$

即

$$\int_0^{+\infty} \frac{\sin\omega \cos\omega t}{\omega} \mathrm{d}\omega = \begin{cases} \frac{\pi}{2} & |t| < 1 \\ \frac{\pi}{4} & |t| = 1 \\ 0 & |t| > 1 \end{cases}$$

据此也可看出，利用$f(t)$ 的傅里叶积分表达式可以推证一些广义积分的结果。这里，当 $t=0$ 时，有

$$\int_0^{+\infty} \frac{\sin\omega}{\omega} \mathrm{d}\omega = \frac{\pi}{2}$$

这就是被称为狄利克雷（Dirichlet）积分的公式。该积分不能用求原函数的方法直接计算，傅里叶积分为这类积分提供了一种比较有效的方法。

7.1.3 傅里叶变换

若函数$f(t)$ 满足傅里叶积分定理中的条件，则在$f(t)$ 的连续点处，便有式 (7.1.3)，即

$$f(t) = \frac{1}{2\pi}\int_{-\infty}^{+\infty} \left[\int_{-\infty}^{+\infty} f(\tau)\mathrm{e}^{-\mathrm{j}\omega\tau}\mathrm{d}\tau\right]\mathrm{e}^{\mathrm{j}\omega t}\mathrm{d}\omega$$

成立。从式（7.1.3）出发，设

$$F(\omega) = \int_{-\infty}^{+\infty} f(t)\mathrm{e}^{-\mathrm{j}\omega t}\mathrm{d}t \tag{7.1.8}$$

则

$$f(t) = \frac{1}{2\pi}\int_{-\infty}^{+\infty} F(\omega)\mathrm{e}^{\mathrm{j}\omega t}\mathrm{d}\omega \tag{7.1.9}$$

可得傅里叶变换定义：

定义 7.1.1 称式（7.1.8）为**傅里叶变换**（简称**傅氏变换**），函数 $F(\omega)$ 称为$f(t)$ 的**象函数**，记为 $F(\omega) = \mathscr{F}[f(t)]$；称式（7.1.9）为**傅里叶逆变换**（简称**傅氏逆变换**）函数$f(t)$ 称为 $F(\omega)$ 的**象原函数**，记为$f(t) = \mathscr{F}^{-1}[F(\omega)]$。

从式（7.1.8），式（7.1.9）可以看出$f(t)$ 和 $F(\omega)$ 通过指定的积分运算可以相互表达。可以说象函数 $F(\omega)$ 和象原函数$f(t)$ 构成了一个傅里叶变换对，它们有相同的奇偶性。

当$f(t)$ 为奇函数时，则

$$F_s(\omega) = \int_0^{+\infty} f(t)\sin\omega t\mathrm{d}t \tag{7.1.10}$$

叫做$f(t)$ 的**傅里叶正弦变换**，记作 $F_s(\omega) = \mathscr{F}_s[f(t)]$。

而
$$f(t) = \frac{2}{\pi}\int_0^{+\infty} F_s(\omega)\sin\omega t\mathrm{d}t \tag{7.1.11}$$

叫做 $F(\omega)$ 的**傅里叶正弦逆变换**，记作 $f(t)=\mathscr{F}_s^{-1}[F_s(\omega)]$。

当 $f(t)$ 为偶函数时，从式（7.1.9）出发，则

$$F_c(\omega)=\int_0^{+\infty}f(t)\cos\omega t\mathrm{d}t \tag{7.1.12}$$

叫做 $f(t)$ 的**傅里叶余弦变换**，记作 $F_c(\omega)=\mathscr{F}_c[f(t)]$。

而
$$f(t)=\frac{2}{\pi}\int_0^{+\infty}F_c(\omega)\cos\omega t\mathrm{d}\omega \tag{7.1.13}$$

叫做 $F(\omega)$ 的**傅里叶余弦逆变换**，记作 $f(t)=\mathscr{F}_c^{-1}[F_c(\omega)]$。

例 7.1.2　求指数衰减函数 $f(t)=\begin{cases}0 & t<0\\ \mathrm{e}^{-\beta t} & t\geqslant 0\end{cases}$ 的傅里叶变换及其积分表达式，其中 $\beta>0$。

解　根据傅里叶变换定义，有

$$F(\omega)=\mathscr{F}[f(t)]=\int_{-\infty}^{+\infty}f(t)\mathrm{e}^{-\mathrm{j}\omega t}\mathrm{d}t=\int_0^{+\infty}\mathrm{e}^{-(\beta+\mathrm{j}\omega)t}\mathrm{d}t$$

$$=\frac{1}{\beta+\mathrm{j}\omega}=\frac{\beta-\mathrm{j}\omega}{\beta^2+\omega^2}$$

这便是指数衰减函数的傅里叶变换。

指数衰减函数的积分表达式可根据傅里叶逆变换，并利用奇偶函数的积分性质，可得

$$f(t)=\mathscr{F}^{-1}[F(\omega)]=\frac{1}{2\pi}\int_{-\infty}^{+\infty}F(\omega)\mathrm{e}^{\mathrm{j}\omega t}\mathrm{d}\omega$$

$$=\frac{1}{2\pi}\int_{-\infty}^{+\infty}\frac{\beta-\mathrm{j}\omega}{\beta^2+\omega^2}\mathrm{e}^{\mathrm{j}\omega t}\mathrm{d}\omega$$

$$=\frac{1}{\pi}\int_0^{+\infty}\frac{\beta\cos\omega t+\omega\sin\omega t}{\beta^2+\omega^2}\mathrm{d}\omega$$

例 7.1.3　求钟形脉冲函数 $f(t)=A\mathrm{e}^{-\beta t^2}$ 的傅里叶变换，其中 $A>0$，$\beta>0$。

解　根据定义可得

$$F(\omega)=\mathscr{F}[f(t)]=\int_{-\infty}^{+\infty}f(t)\mathrm{e}^{-\mathrm{j}\omega t}\mathrm{d}t=A\int_{-\infty}^{+\infty}\mathrm{e}^{-\beta\left(t^2+\frac{\mathrm{j}\omega}{\beta}t\right)}\mathrm{d}t$$

$$=A\mathrm{e}^{-\frac{\omega^2}{4\beta}}\int_{-\infty}^{+\infty}\mathrm{e}^{-\beta\left(t+\frac{\mathrm{j}\omega}{2\beta}\right)^2}\mathrm{d}t$$

如令 $t+\frac{\mathrm{j}\omega}{2\beta}=s$ 为一复变函数的积分，即

$$\int_{-\infty}^{+\infty}\mathrm{e}^{-\beta\left(t+\frac{\mathrm{j}\omega}{2\beta}\right)^2}\mathrm{d}t=\int_{-\infty+\frac{\mathrm{j}\omega}{2\beta}}^{+\infty+\frac{\mathrm{j}\omega}{2\beta}}\mathrm{e}^{-\beta s^2}\mathrm{d}s=\int_{-\infty}^{+\infty}\mathrm{e}^{-\beta S^2}\mathrm{d}s$$

利用公式 $\int_{-\infty}^{+\infty}\mathrm{e}^{-\beta s^2}\mathrm{d}s=\sqrt{\frac{\pi}{\beta}}$，所以

$$Ae^{-\frac{\omega^2}{4\beta}}\int_{-\infty}^{+\infty} e^{-\beta\left(t+\frac{j\omega}{2\beta}\right)^2}dt = Ae^{-\frac{\omega^2}{4\beta}}\int_{-\infty}^{+\infty} e^{-\beta s^2}dt = Ae^{-\frac{\omega^2}{4\beta}}\sqrt{\frac{\pi}{\beta}}$$

即
$$F(\omega) = \mathscr{F}[f(t)] = Ae^{-\frac{\omega^2}{4\beta}}\sqrt{\frac{\pi}{\beta}}$$

例 7.1.4　求函数 $f(t) = \begin{cases} A & 0 \leqslant t < 1 \\ 0 & t \geqslant 1 \end{cases}$ 的傅里叶正弦变换和傅里叶余弦变换。

解　根据公式，$f(t)$ 的傅里叶正弦变换为

$$F_s(\omega) = \mathscr{F}_s[f(t)] = \int_0^{+\infty} f(t)\sin\omega t\mathrm{d}t = \int_0^1 A\sin\omega t\mathrm{d}t = A\frac{1-\cos\omega}{\omega}$$

同理，$f(t)$ 的傅里叶余弦变换为

$$F_c(\omega) = \mathscr{F}_c[f(t)] = \int_0^{+\infty} f(t)\cos\omega t\mathrm{d}t = A\frac{\sin\omega}{\omega}$$

可以看出在半无限区间上的同一函数 $f(t)$，其正弦变换和余弦变换的结果可能是不同的。

7.1.4　傅里叶变换的物理意义

（1）频谱函数、频谱、相角频谱

傅里叶变换是将一个非周期时间信号 $f(t)$ 变换为频率函数 $F(\omega)$，也称 $F(\omega)$ 为**频谱函数**，它可以确定信号 $f(t)$ 的频率结构。由于频谱函数 $F(\omega)$ 可表示为复变量，故可表示为

$$F(\omega) = |F(\omega)|e^{j\varphi(\omega)}$$

称 $|F(\omega)|$ 为**振幅频谱函数**，简称为**频谱**，称 $\varphi(\omega)$ 为**相角频谱函数**（或**相位频谱**）。

（2）频谱 $|F(\omega)|$ 为偶函数，即 $|F(-\omega)| = |F(\omega)|$。

证　由 $F(\omega) = \mathscr{F}[f(t)] = \int_{-\infty}^{+\infty} f(t)e^{-j\omega t}\mathrm{d}t = \int_{-\infty}^{+\infty}[f(t)\cos\omega t - jf(t)\sin\omega t]\mathrm{d}t$

故
$$|F(\omega)| = \sqrt{\left(\int_{-\infty}^{+\infty} f(t)\cos\omega t\mathrm{d}t\right)^2 + \left(\int_{-\infty}^{+\infty} f(t)\sin\omega t\mathrm{d}t\right)^2}$$

从而有

$$|F(-\omega)| = \sqrt{\left(\int_{-\infty}^{+\infty} f(t)\cos\omega t\mathrm{d}t\right)^2 + \left(-\int_{-\infty}^{+\infty} f(t)\sin\omega t\mathrm{d}t\right)^2} = |F(\omega)|$$

例 7.1.5　讨论矩形脉冲函数 $f(t) = \begin{cases} A & -\frac{\tau}{2} \leqslant t < \frac{\tau}{2} \\ 0 & t < -\frac{\tau}{2}, t \geqslant \frac{\tau}{2} \end{cases}$ 的频谱特性和相角

频谱。

解 如图 7.1.1 所示，由公式可得频谱函数

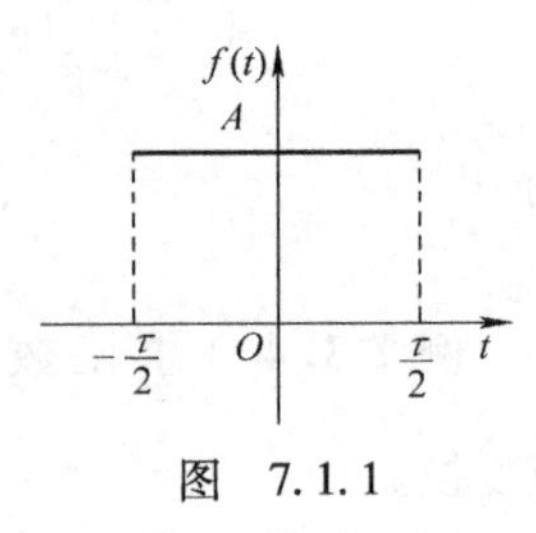

图 7.1.1

$$F(\omega) = \mathscr{F}[f(t)] = \int_{-\infty}^{+\infty} f(t)\mathrm{e}^{-\mathrm{j}\omega t}\mathrm{d}t$$

$$f(t) = 2A\int_0^{\frac{\tau}{2}} f(t)\cos\omega t\mathrm{d}t = 2A\frac{\sin\frac{\omega\tau}{2}}{\omega}$$

频谱为

$$|F(\omega)| = 2A\left|\frac{\sin\frac{\omega\tau}{2}}{\omega}\right|$$

$$F(0) = \lim_{\omega\to 0}F(\omega) = \lim_{\omega\to 0}2A\frac{\sin\frac{\omega\tau}{2}}{\omega} = A\tau$$

所以得$|F(0)| = A\tau$。

当$\omega = \frac{2\pi}{\tau}$，$\frac{4\pi}{\tau}$，$\frac{6\pi}{\tau}$，…，$\frac{2n\pi}{\tau}$，…时，$|F(\omega)| = 0$。因为频谱$|F(\omega)|$为偶函数，故有如下频谱（见图 7.1.2）。

由于此频谱函数$F(\omega) = 2A\frac{\sin\frac{\omega\tau}{2}}{\omega}$是实数，故相角频谱为

$$\varphi(\omega) = \begin{cases} 0 & \frac{4n\pi}{\tau} < \omega < \frac{4n\pi + 2\pi}{\tau} \quad (n = 0, \pm 1, \pm 2, \pm 3, \cdots) \\ \pi & \frac{4n\pi + 2\pi}{\tau} < \omega < \frac{4n\pi + 4\pi}{\tau} \quad (n = 0, \pm 1, \pm 2, \pm 3, \cdots) \end{cases}$$

从而，相角频谱如图 7.1.3 所示。

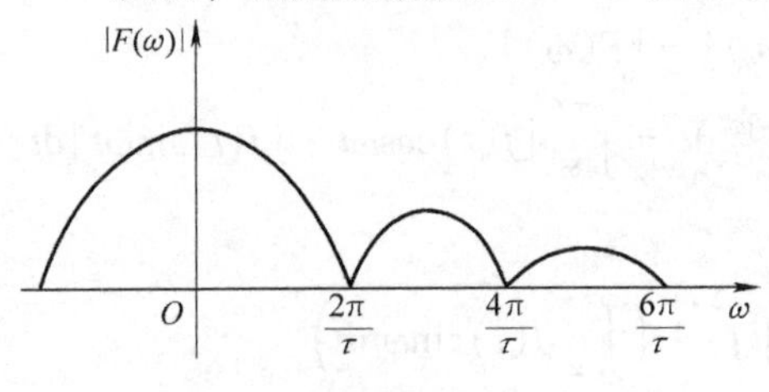

图 7.1.2

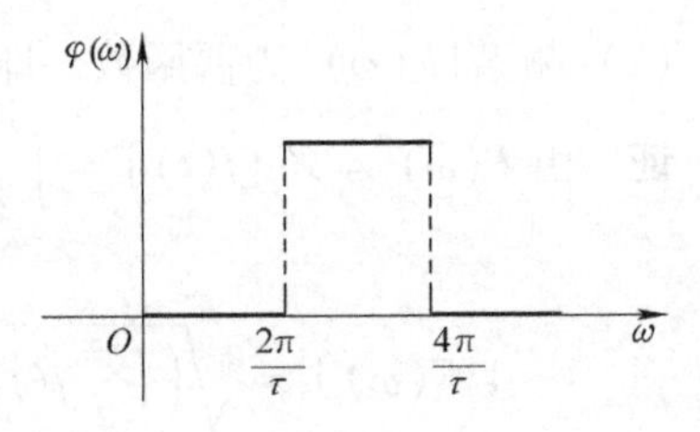

图 7.1.3

通过以上例子可以看出矩形脉冲的频谱所具有的一些特点。理论分析表明，这些特点对任何非周期信号都适用：

（1）非周期信号频谱$|F(\omega)|$是连续频谱。

（2）脉冲越窄，频谱越宽；脉冲越宽，频谱越窄。

例 7.1.6 作指数衰减函数$f(t) = \begin{cases} 0 & t < 0 \\ \mathrm{e}^{-\beta t} & t \geqslant 0 \end{cases}$ $(\beta > 0)$的频谱图。

解 根据公式和例7.1.2的结果,可得

$$F(\omega)=\frac{1}{\beta+\mathrm{j}\omega}$$

所以

$$|F(\omega)|=\frac{1}{\sqrt{\beta^2+\omega^2}}$$

频谱图形如图7.1.4所示。

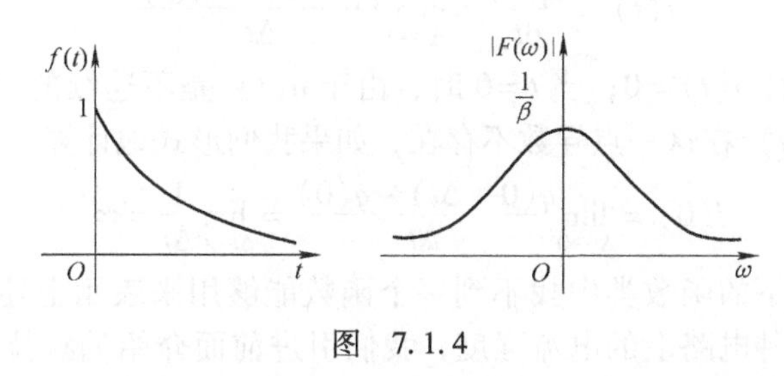

图 7.1.4

在实际问题中，将会出现很多非周期函数，它们的频谱求法，可以查找有关的傅里叶变换（或频谱）表，这里不再一一列举。

7.2 单位脉冲函数

7.2.1 物理模型

在物理学的实际问题中，除了用到连续分布的量外，还有集中于一点或一瞬时的物理量，如冲力、点电荷、质点的质量等。只有引入一个函数来表示它们的分布密度，才有可能把这种集中于点的量与连续分布的量加以统一研究。相当于傅里叶级数与傅里叶变换以不同的形式反映了周期函数与非周期函数的频谱特性，只有引入一个函数借助某种方法，才有可能把它们统一起来研究。引入的这种函数我们称为狄拉克（Dirac）函数（$\delta(t)$ 函数）或单位脉冲函数。$\delta(t)$ 函数是一个广义函数（或为奇异函数），它没有普通意义下的“函数值”，所以，它不能用通常意义下“值的对应关系”来定义。在广义函数论中，$\delta(t)$ 函数定义为某基本函数空间上的线性连续泛函数。由于这需要应用一些超出工科院校工程数学教学大纲范围的知识，为了方便起见，我们仅把 $\delta(t)$ 函数看做是弱收敛函数序列的弱极限（即无穷次可微函数 $f(t)$ 如果满足 $\int_{-\infty}^{+\infty}\delta(t)f(t)\mathrm{d}t=\lim\limits_{\varepsilon\to0}\int_{-\infty}^{+\infty}\delta_\varepsilon(t)f(t)\mathrm{d}t$。这就表明，$\delta(t)$ 函数可以看成一个普通函数序列 $\delta_\varepsilon(t)$ 的弱极限（见定义7.2.2）。对于 $\delta(t)$ 函数的理论感兴趣的同学可以参考有关书籍。

例7.2.1 在原来电流为零的电路中，某一瞬时（设为 $t=0$）进入一单位电

量的脉冲，现在要确定电路上的电流 $i(t)$。以 $q(t)$ 表示上述电路中到时刻 t 为止通过导体截面的电荷函数，则

$$q(t)=\begin{cases}0 & t\leqslant 0\\ 1 & t>0\end{cases}$$

由于电流强度是电荷函数对时间的变化率，即

$$i(t)=\frac{\mathrm{d}q(t)}{\mathrm{d}t}=\lim_{\Delta t\to 0}\frac{q(t+\Delta t)-q(t)}{\Delta t}$$

所以，当 $t\neq 0$ 时，$i(t)=0$；当 $t=0$ 时，由于 $q(t)$ 是不连续的，从而在普通导数的意义下，$q(t)$ 在这一点导数不存在，如果我们形式地计算这个导数，则得

$$i(0)=\lim_{\Delta t\to 0}\frac{q(0+\Delta t)-q(0)}{\Delta t}=\lim_{\Delta t\to 0}\frac{1}{\Delta t}=\infty$$

在通常意义下的函数类中找不到一个函数能够用来表示上述电路的电流强度，为了确定这种电路上的电流强度，我们引进前面介绍的狄拉克（Dirac）函数，简单地记成 $\delta(t)$ 函数来表示。有了这种函数，对于许多集中于一点或一瞬时的量，例如点电荷、点热源、集中于一点的质量以及脉冲技术中的非常窄的脉冲等，就能够像处理连续分布的量那样，以统一的方式加以解决。

定义 7.2.1 满足下列两条件的函数：

(1) $\delta(t)=\begin{cases}0 & t\neq 0\\ \infty & t=0\end{cases}$

(2) 当区间 I 包含 $t=0$ 时，$\int_I \delta(t)\,\mathrm{d}t=\int_{-\infty}^{+\infty}\delta(t)\,\mathrm{d}t=1$；

当区间 I 包含 $t\neq 0$ 时，$\int_I \delta(t)\,\mathrm{d}t=\int_{-\infty}^{+\infty}\delta(t)\,\mathrm{d}t=0$，

称为 **$\delta(t)$ 函数**。

为了便于理解和应用，$\delta(t)$ 也可看做函数 $\delta_\varepsilon(t)$ 的极限。

定义 7.2.2 设

$$\delta_\varepsilon(t)=\begin{cases}0 & t<0\\ \dfrac{1}{\varepsilon} & 0\leqslant t\leqslant \varepsilon\\ 0 & t>\varepsilon\end{cases}$$

则

$$\lim_{\varepsilon\to 0}\delta_\varepsilon(t)=\delta(t)$$

这就表明，$\delta(t)$ 函数可以看成一个普通函数序列的弱极限。

如图 7.2.1 所示，对任何 $\varepsilon>0$，显然可得矩形脉冲，宽度为 0，高度为无穷大但面积为 1 的单位脉冲函数——$\delta(t)$ 函数。

$\delta(t)$ 函数用一个长度等于 1 的有向线段表示（见图 7.2.2）。这个线段的长度表示 $\delta(t)$ 函数的积分值，称为 $\delta(t)$ 函数的**强度**。

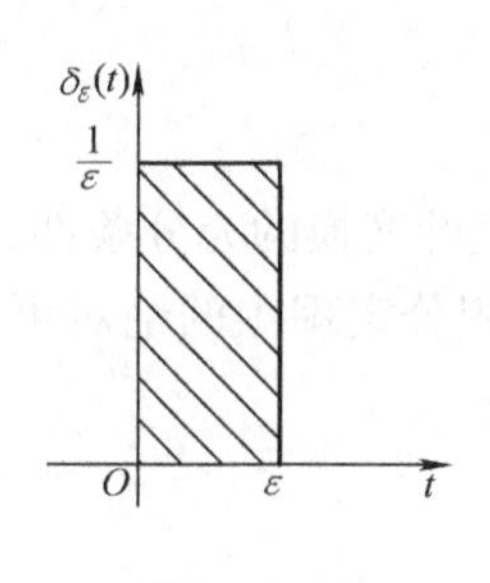

图 7.2.1

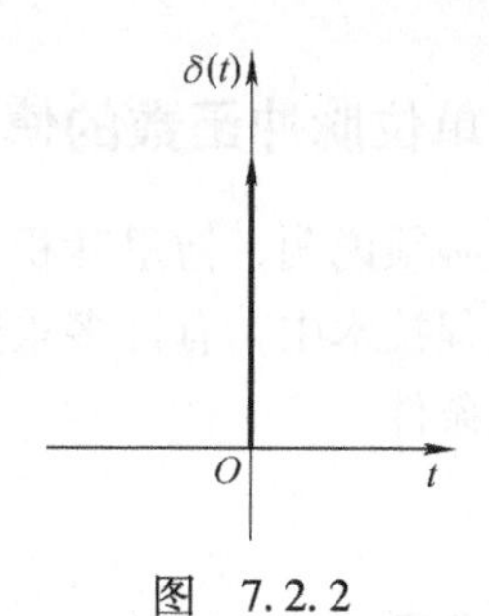

图 7.2.2

性质 7.2.1 $\delta(t)$ 函数具有以下性质：

(1) 由定义 7.2.1 知 $\int_I \delta(t)\,dt = 1$（I 包含 $t=0$）

(2) $u(t) = \int_{-\infty}^{t} \delta(t)\,dt = \begin{cases} 0 & t < 0 \\ 1 & t > 0 \end{cases}$ 称为单位阶跃函数，它是阶跃值为 1 的函数。

(3) $\dfrac{du(t)}{dt} = \delta(t)$，即单位阶跃函数 $u(t)$ 的导数为 $\delta(t)$ 函数。

(4) 筛选性质：

① 若 $f(t)$ 为无穷次可微函数，则有

$$\int_{-\infty}^{+\infty} \delta(t) f(t)\,dt = f(0^+) \tag{7.2.1}$$

② $\int_{-\infty}^{+\infty} \delta(t-t_0) f(t)\,dt = f(t_0)$

(5) $\delta(t)$ 函数是偶函数，即 $\delta(t) = \delta(-t)$。

(6) $\int_{-\infty}^{+\infty} \delta'(t) f(t)\,dt = -f'(0)$，$\int_{-\infty}^{+\infty} \delta^{(n)}(t) f(t)\,dt = (-1)^n f^n(0)$

证 (4) ① 左边 $= \int_{-\infty}^{+\infty} \delta(t) f(t)\,dt = \lim\limits_{\varepsilon \to 0^+} \int_{-\infty}^{+\infty} \delta_\varepsilon(t) f(t)\,dt$

$$= \lim_{\varepsilon \to 0^+} \int_0^\varepsilon \frac{1}{\varepsilon} f(t)\,dt = \lim_{\varepsilon \to 0^+} \frac{1}{\varepsilon} \int_0^\varepsilon f(t)\,dt$$

$$= \lim_{\varepsilon \to 0^+} f(\varepsilon) = f(0^+)$$

② $\int_{-\infty}^{+\infty} \delta(t-t_0) f(t)\,dt \xlongequal{u = t - t_0} \int_{-\infty}^{+\infty} \delta(u) f(u+t_0)\,dt = f(0+t_0) = f(t_0)$

其他读者自证。

由 $\delta(t)$ 函数的筛选性质可知，对于任何一个无穷次可微函数 $f(t)$ 都对应着一个确定的数 $f(0)$ 或 $f(t_0)$ 这一性质使得 $\delta(t)$ 函数在近代物理和工程技术中有着较广泛的应用。

7.2.2　单位脉冲函数的傅里叶变换

首先必须说明，傅里叶积分定理是函数进行傅里叶变换的充分条件，但在物理学和工程技术中，有许多重要函数不满足傅里叶积分定理中的绝对可积条件，即不满足条件

$$\int_{-\infty}^{+\infty}|f(t)|\mathrm{d}t<\infty$$

例如单位阶跃函数、常数、正弦函数、余弦函数等，然而它们的广义傅里叶变换也是存在的，利用单位脉冲函数及其傅里叶变换就可以求出它们的傅里叶变换。

傅里叶变换常用公式：

(1) $\mathscr{F}[\delta(t)]=1$；(2) $\mathscr{F}[1]=2\pi\delta(\omega)$；(3) $\mathscr{F}[\mathrm{e}^{\mathrm{j}\omega_0 t}]=2\pi\delta(\omega-\omega_0)$。

证　(1) 根据筛选性质，我们可以很方便地求出 $\delta(t)$ 函数的傅里叶变换

$$F(\omega)=\mathscr{F}[\delta(t)]=\int_{-\infty}^{+\infty}\delta(t)\mathrm{e}^{-\mathrm{j}\omega t}\mathrm{d}t=\mathrm{e}^{-\mathrm{j}\omega t}\Big|_{t=0}=1$$

可见，单位脉冲函数 $\delta(t)$ 与常数1构成了一个傅里叶变换对，即

$$f(t)=\mathscr{F}^{-1}[F(\omega)]\Leftrightarrow\frac{1}{2\pi}\int_{-\infty}^{+\infty}[1]\mathrm{e}^{\mathrm{j}\omega t}\mathrm{d}\omega=\delta(t)$$

(2) 利用傅里叶逆变换得

$$\mathscr{F}^{-1}[2\pi\delta(\omega)]=\frac{1}{2\pi}\int_{-\infty}^{+\infty}[2\pi\delta(\omega)]\mathrm{e}^{\mathrm{j}\omega t}\mathrm{d}\omega=\mathrm{e}^{\mathrm{j}\omega t}\Big|_{\omega=0}=1$$

可见，常数1与函数 $2\pi\delta(\omega)$ 构成了一个傅里叶变换对。

(3) 利用傅里叶逆变换得

$$\begin{aligned}\mathscr{F}^{-1}[2\pi\delta(\omega-\omega_0)]&=\frac{1}{2\pi}\int_{-\infty}^{+\infty}[2\pi\delta(\omega-\omega_0)]\mathrm{e}^{\mathrm{j}\omega t}\mathrm{d}\omega\\&=\mathrm{e}^{\mathrm{j}\omega t}\Big|_{\omega=\omega_0}=\mathrm{e}^{\mathrm{j}\omega_0 t}\end{aligned}$$

同理，$2\pi\delta(\omega-\omega_0)$ 和 $\mathrm{e}^{\mathrm{j}\omega_0 t}$ 亦构成了一个傅里叶变换对。

例 7.2.2　证明：单位阶跃函数 $u(t)=\begin{cases}0, & t<0\\1, & t>0\end{cases}$ 的傅里叶变换为

$$\mathscr{F}[u(t)]=\frac{1}{\mathrm{j}\omega}+\pi\delta(\omega)$$

证　事实上，若 $F(\omega)=\frac{1}{\mathrm{j}\omega}+\pi\delta(\omega)$，则由傅里叶逆变换可得

$$\begin{aligned}f(t)=\mathscr{F}^{-1}[F(\omega)]&=\frac{1}{2\pi}\int_{-\infty}^{+\infty}\left[\frac{1}{\mathrm{j}\omega}+\pi\delta(\omega)\right]\mathrm{e}^{\mathrm{j}\omega t}\mathrm{d}\omega\\&=\frac{1}{2\pi}\int_{-\infty}^{+\infty}\pi\delta(\omega)\mathrm{e}^{\mathrm{j}\omega t}\mathrm{d}\omega+\frac{1}{2\pi}\int_{-\infty}^{+\infty}\frac{1}{\mathrm{j}\omega}\mathrm{e}^{\mathrm{j}\omega t}\mathrm{d}\omega\end{aligned}$$

$$= \frac{1}{2}\int_{-\infty}^{+\infty}\delta(\omega)\mathrm{e}^{\mathrm{j}\omega t}\mathrm{d}\omega + \frac{1}{2\pi}\int_{-\infty}^{+\infty}\frac{\sin\omega t}{\omega}\mathrm{d}\omega = \frac{1}{2} + \frac{1}{\pi}\int_{0}^{+\infty}\frac{\sin\omega t}{\omega}\mathrm{d}\omega$$

下面讨论积分 $\int_{0}^{+\infty}\frac{\sin\omega t}{\omega}\mathrm{d}\omega$。

当 $t>0$ 时，$\int_{0}^{+\infty}\frac{\sin\omega t}{\omega}\mathrm{d}\omega = \int_{0}^{+\infty}\frac{\sin\omega t}{\omega t}\mathrm{d}\omega t = \frac{\pi}{2}$

当 $t<0$ 时，$\int_{0}^{+\infty}\frac{\sin\omega t}{\omega}\mathrm{d}\omega = \int_{0}^{+\infty}\frac{\sin\omega t}{\omega t}\mathrm{d}\omega t = -\frac{\pi}{2}$（只需令 $t=-x$）

所以
$$f(t) = \mathscr{F}^{-1}[F(\omega)] = \frac{1}{2\pi}\int_{-\infty}^{+\infty}\left[\frac{1}{\mathrm{j}\omega} + \pi\delta(\omega)\right]\mathrm{e}^{\mathrm{j}\omega t}\mathrm{d}\omega$$

$$= \frac{1}{2} + \begin{cases}\frac{1}{2} & t>0\\ -\frac{1}{2} & t<0\end{cases} = \begin{cases}1 & t>0\\ 0 & t<0\end{cases} = u(t)$$

从而有

$$\mathscr{F}[u(t)] = \frac{1}{\mathrm{j}\omega} + \pi\delta(\omega)$$

所以，单位阶跃函数 $u(t)$ 与 $\frac{1}{\mathrm{j}\omega}+\pi\delta(\omega)$ 构成了一个傅里叶变换对。

通过上述基本公式的证明，我们可以看出引进 $\delta(t)$ 函数的重要性，它使得在普通意义下的一些不存在的积分，有了确定的数值，而且利用 $\delta(t)$ 函数及其傅里叶变换可以很方便地得到工程技术上许多重要函数的变换，并且使得许多变换的推导大大地简化。

例 7.2.3　求正弦函数 $f(t)=\sin\omega_0 t$ 的傅里叶变换。

解　根据傅里叶变换公式，和 $\int_{-\infty}^{+\infty}\mathrm{e}^{-\mathrm{j}\omega t}\mathrm{d}t = 2\pi\delta(\omega)$ 有

$$\int_{-\infty}^{+\infty}\mathrm{e}^{-\mathrm{j}(\omega-\omega_0)t}\mathrm{d}t = 2\pi\delta(\omega-\omega_0)$$

则
$$F(\omega) = \mathscr{F}[f(t)] = \int_{-\infty}^{+\infty}\mathrm{e}^{-\mathrm{j}\omega t}\sin\omega_0 t\mathrm{d}t$$

$$= \int_{-\infty}^{+\infty}\mathrm{e}^{-\mathrm{j}\omega t}\frac{\mathrm{e}^{\mathrm{j}\omega_0 t}-\mathrm{e}^{-\mathrm{j}\omega_0 t}}{2\mathrm{j}}\mathrm{d}t = \int_{-\infty}^{+\infty}\frac{\mathrm{e}^{-\mathrm{j}(\omega-\omega_0)t}-\mathrm{e}^{-\mathrm{j}(\omega+\omega_0)t}}{2\mathrm{j}}\mathrm{d}t$$

$$= \frac{1}{2\mathrm{j}}[2\pi\delta(\omega-\omega_0) - 2\pi\delta(\omega+\omega_0)] = \frac{1}{2\mathrm{j}}[2\pi\delta(\omega-\omega_0) - 2\pi\delta(\omega+\omega_0)]$$

$$= \mathrm{j}\pi[\delta(\omega-\omega_0) - \delta(\omega+\omega_0)]$$

所以
$$\mathscr{F}[\sin\omega_0 t] = \mathrm{j}\pi[\delta(\omega-\omega_0) - \delta(\omega+\omega_0)]$$

同理
$$\mathscr{F}[\cos\omega_0 t] = \pi[\delta(\omega-\omega_0) + \delta(\omega+\omega_0)]$$

例 7.2.4　试作单位脉冲函数 $\delta(t)$ 的频谱图。

解　根据公式，有

$$F(\omega)=\mathscr{F}[\delta(t)]=\int_{-\infty}^{+\infty}\delta(t)\mathrm{e}^{-\mathrm{j}\omega t}\mathrm{d}t=1$$

它们的图形如图 7.2.3 所示。

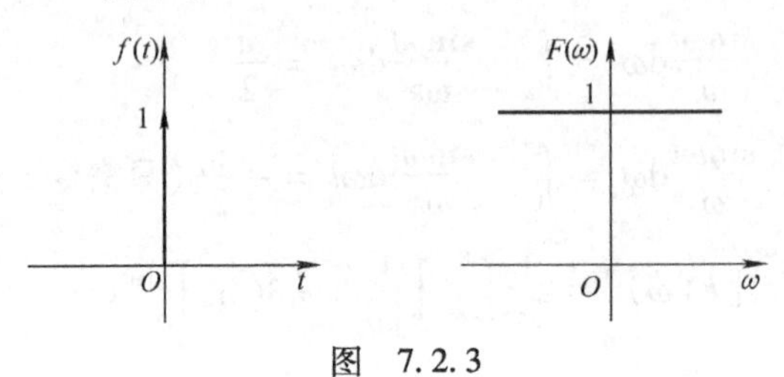

图　7.2.3

7.3　傅里叶变换的性质

傅里叶变换可以把一个时间函数 $f(t)$ 变换为频谱函数 $F(\omega)$ 或者进行逆变换，本节中我们将介绍几个重要的性质来化简计算。下列凡是需要求傅里叶变换的函数都满足傅里叶积分定理中的条件。在证明这些性质时，不再重述这些条件。

7.3.1　几个常用的傅里叶变换性质

性质 7.3.1（叠加性）设 $F_1(\omega)=\mathscr{F}[f_1(t)]$，$F_2(\omega)=\mathscr{F}[f_2(t)]$，则

$$\mathscr{F}[f_1(t)+f_2(t)]=F_1(\omega)+F_2(\omega) \tag{7.3.1}$$

证明可由定理直接得到。

性质 7.3.2（线性性）设 $F(\omega)=\mathscr{F}[f(t)]$，$\alpha$ 是复常数，则

$$\mathscr{F}[\alpha f(t)]=\alpha F(\omega) \tag{7.3.2}$$

证明可由定理直接得到。

推论　设 $F_1(\omega)=\mathscr{F}[f_1(t)]$，$F_2(\omega)=\mathscr{F}[f_2(t)]$，$\alpha$，$\beta$ 是复常数，则

$$\mathscr{F}[\alpha f_1(t)\pm\beta f_2(t)]=\alpha F_1(\omega)\pm\beta F_2(\omega) \tag{7.3.3}$$

证　由傅里叶变换的定义，并利用其性质 7.3.1、性质 7.3.2 得

$$\mathscr{F}[\alpha f_1(t)\pm\beta f_2(t)]=\int_{-\infty}^{+\infty}[\alpha f_1(t)\pm\beta f_2(t)]\mathrm{e}^{-\mathrm{j}\omega t}\mathrm{d}t=\alpha F_1(\omega)\pm\beta F_2(\omega)$$

同样，傅里叶逆变换亦具有类似的线性性质，即

$$\mathscr{F}^{-1}[\alpha F_1(\omega)\pm\beta F_2(\omega)]=\alpha f_1(t)\pm\beta f_2(t) \tag{7.3.4}$$

例 7.3.1　求 $\mathscr{F}[\sin^2 t]$。

解　利用公式 $\mathscr{F}[\sin^2 t]=\mathscr{F}\left[\dfrac{1-\cos 2t}{2}\right]=\dfrac{1}{2}\mathscr{F}[1]-\dfrac{1}{2}\mathscr{F}[\cos 2t]$

$$=\pi[\delta(\omega)]-\frac{1}{2}\pi[\delta(\omega-2)+\delta(\omega+2)]$$

性质7.3.3（对称性）设$F(\omega)=\mathscr{F}[f(t)]$，则有

$$\mathscr{F}[F(t)]=2\pi f(-\omega) \tag{7.3.5}$$

证 由于$F(\omega)=\mathscr{F}[f(t)]$，$\mathscr{F}^{-1}[F(\omega)]=f(t)$则公式

$$f(t)=\frac{1}{2\pi}\int_{-\infty}^{+\infty}F(\omega)\mathrm{e}^{\mathrm{j}\omega t}\mathrm{d}\omega$$

$$\int_{-\infty}^{+\infty}F(\omega)\mathrm{e}^{\mathrm{j}\omega t}\mathrm{d}\omega=2\pi f(t)$$

当t等于$-t$时，则有$\int_{-\infty}^{+\infty}F(\omega)\mathrm{e}^{-\mathrm{j}\omega t}\mathrm{d}\omega=2\pi f(-t)$

将变量进行交换得$\int_{-\infty}^{+\infty}F(t)\mathrm{e}^{-\mathrm{j}\omega t}\mathrm{d}\omega=2\pi f(-\omega)$

故
$$\mathscr{F}[F(t)]=2\pi f(-\omega)$$

例7.3.2 设$f(t)=\begin{cases}1 & |t|<1\\0 & |t|>1\end{cases}$，则$\mathscr{F}\left[\frac{2\sin t}{t}\right]=\begin{cases}2\pi & |\omega|<1\\0 & |\omega|>1\end{cases}$。

解 因为

$$\mathscr{F}[f(t)]=\int_{-\infty}^{+\infty}f(t)\mathrm{e}^{-\mathrm{j}\omega t}\mathrm{d}\omega=\int_{-1}^{+1}\mathrm{e}^{-\mathrm{j}\omega t}\mathrm{d}\omega=\frac{\mathrm{e}^{\mathrm{j}\omega}-\mathrm{e}^{-\mathrm{j}\omega}}{\mathrm{j}\omega}=\frac{2\sin\omega}{\omega}$$

所以利用对称性有

$$\mathscr{F}[F(t)]=2\pi f(-\omega)$$

$$\mathscr{F}\left[\frac{2\sin t}{t}\right]=2\pi f(-\omega)=\begin{cases}2\pi & |\omega|<1\\0 & |\omega|>1\end{cases}$$

性质7.3.4 （相似性）设$F(\omega)=\mathscr{F}[f(t)]$，$a\neq0$，则

$$\mathscr{F}[f(at)]=\frac{1}{|a|}F\left(\frac{\omega}{a}\right) \tag{7.3.6}$$

证 当$a>0$时，$\mathscr{F}[f(at)]=\int_{-\infty}^{+\infty}f(at)\mathrm{e}^{-\mathrm{j}\omega t}\mathrm{d}\omega$

$$=\frac{1}{a}\int_{-\infty}^{+\infty}f(at)\mathrm{e}^{-\mathrm{j}\frac{\omega}{a}at}\mathrm{d}at=\frac{1}{a}F\left(\frac{\omega}{a}\right)$$

当$a<0$时，$\mathscr{F}[f(at)]=\int_{-\infty}^{+\infty}f(at)\mathrm{e}^{-\mathrm{j}\omega t}\mathrm{d}\omega$

$$=-\frac{1}{a}\int_{-\infty}^{+\infty}f(at)\mathrm{e}^{-\mathrm{j}\frac{\omega}{a}at}\mathrm{d}at=-\frac{1}{a}F\left(\frac{\omega}{a}\right)$$

归纳为
$$\mathscr{F}[f(at)]=\frac{1}{|a|}F\left(\frac{\omega}{a}\right)$$

例7.3.3 求$\mathscr{F}[u(4t)]$。

解 $\mathscr{F}[u(4t)]=\frac{1}{4}\left[\frac{4}{\mathrm{j}\omega}+\pi\delta\left(\frac{\omega}{4}\right)\right]$

性质7.3.5（时间函数的延迟性——位移性1）设 $F(\omega)=\mathscr{F}[f(t)]$，则

$$\mathscr{F}[f(t\pm t_0)]=\mathrm{e}^{\pm \mathrm{j}\omega t_0}\mathscr{F}[f(t)] \tag{7.3.7}$$

证 由傅里叶变换的定义，可知

$$F(\omega)=\mathscr{F}[f(t\pm t_0)]=\int_{-\infty}^{+\infty}f(t\pm t_0)\mathrm{e}^{-\mathrm{j}\omega t}\mathrm{d}t$$

$$\xlongequal{(令\ t\pm t_0=u)}\int_{-\infty}^{+\infty}f(u)\mathrm{e}^{-\mathrm{j}\omega(u\mp t_0)}\mathrm{d}u=\mathrm{e}^{\pm \mathrm{j}\omega t_0}\int_{-\infty}^{+\infty}f(u)\mathrm{e}^{-\mathrm{j}\omega u}\mathrm{d}u$$

$$=\mathrm{e}^{\pm \mathrm{j}\omega t_0}\mathscr{F}[f(t)]$$

性质7.3.6（频谱函数的延迟性——位移性2）设 $F(\omega)=\mathscr{F}[f(t)]$，$\omega_0$ 为实数，则

$$F(\omega\mp\omega_0)=\mathscr{F}[\mathrm{e}^{\pm \mathrm{j}\omega_0 t}f(t)] \tag{7.3.8}$$

证 由公式可知

$$\mathscr{F}[\mathrm{e}^{\pm \mathrm{j}\omega_0 t}f(t)]=\int_{-\infty}^{+\infty}\mathrm{e}^{\pm \mathrm{j}\omega_0 t}f(t)\mathrm{e}^{-\mathrm{j}\omega t}\mathrm{d}t=\int_{-\infty}^{+\infty}f(t)\mathrm{e}^{-\mathrm{j}(\omega\mp\omega_0)t}\mathrm{d}t=F(\omega\mp\omega_0)$$

同样，傅里叶逆变换亦具有类似的位移性质，即

$$\mathscr{F}^{-1}[F(\omega\mp\omega_0)]=f(t)\mathrm{e}^{\pm \mathrm{j}\omega_0 t} \tag{7.3.9}$$

证明可由傅里叶变换的定义来证（略）。

例7.3.4 求傅里叶变换

(1) $\mathscr{F}[u(4t-8)]$；(2) 求 $\mathscr{F}[\mathrm{e}^{\mathrm{j}2t}u(4t)]$。

解 (1) 由例7.3.3知

$$\mathscr{F}[u(4t)]=\frac{1}{4}\left[\frac{4}{\mathrm{j}\omega}+\pi\delta\left(\frac{\omega}{4}\right)\right]$$

所以由性质5知，$\mathscr{F}[f(t\pm t_0)]=\mathrm{e}^{\pm \mathrm{j}\omega t_0}\mathscr{F}[f(t)]$，即

$$\mathscr{F}[u(4(t-2))]=\frac{1}{4}\mathrm{e}^{-\mathrm{j}2\omega}\left[\frac{4}{\mathrm{j}\omega}+\pi\delta\left(\frac{\omega}{4}\right)\right]$$

(2) 由性质6知

$$\mathscr{F}[\mathrm{e}^{\mathrm{j}2t}u(4t)]=\frac{1}{4}\left[\frac{4}{\mathrm{j}(\omega-2)}+\pi\delta\left(\frac{(\omega-2)}{4}\right)\right]$$

性质7.3.7（时间函数的导数——微分性1）设 $F(\omega)=\mathscr{F}[f(t)]$，且 $\lim\limits_{t\to\pm\infty}f(t)=0$，则

$$\mathscr{F}[f'(t)]=\mathrm{j}\omega\mathscr{F}[f(t)] \tag{7.3.10}$$

证 由傅里叶变换的定义和分部积分来证。

$$\mathscr{F}[f'(t)]=\int_{-\infty}^{+\infty}f'(t)\mathrm{e}^{-\mathrm{j}\omega t}\mathrm{d}t=f(t)\mathrm{e}^{-\mathrm{j}\omega t}\Big|_{-\infty}^{+\infty}-\int_{-\infty}^{+\infty}f(t)\mathrm{e}^{-\mathrm{j}\omega t}(-\mathrm{j}\omega)\mathrm{d}t$$

由条件 $\lim\limits_{t\to\pm\infty}f(t)=0$，$|\mathrm{e}^{-\mathrm{j}\omega t}|=1$，得 $\lim\limits_{t\to\pm\infty}f(t)\mathrm{e}^{-\mathrm{j}\omega t}=0$，即

$$\mathscr{F}[f'(t)]=\mathrm{j}\omega\mathscr{F}[f(t)]$$

推论 若$f^{(k)}(t)$在$(-\infty, +\infty)$上连续或只有有限个可去间断点，且$\lim\limits_{|t|\to+\infty} f^{(k)}(t)=0$（$k=0, 1, 2, \cdots, n-1$），则有

$$\mathscr{F}[f^{(n)}(t)] = (\mathrm{j}\omega)^n \mathscr{F}[f(t)] \tag{7.3.11}$$

性质7.3.8 （频谱函数的导数——微分性2）设$F(\omega)=\mathscr{F}[f(t)]$，则

$$F'(\omega) = -\mathrm{j}\mathscr{F}[tf(t)]$$

证 利用求导与傅里叶变换定义得

$$F'(\omega) = \left(\int_{-\infty}^{+\infty} f(t)\mathrm{e}^{-\mathrm{j}\omega t}\mathrm{d}t\right)' = \int_{-\infty}^{+\infty}(-\mathrm{j}t)f(t)\mathrm{e}^{-\mathrm{j}\omega t}\mathrm{d}t = -\mathrm{j}\mathscr{F}[tf(t)] \tag{7.3.12}$$

一般地，有公式

$$\frac{\mathrm{d}^n}{\mathrm{d}\omega^n}F(\omega) = \mathscr{F}[(-\mathrm{j}t)^n f(t)] \tag{7.3.13}$$

例7.3.5 已知函数$f(t)=\sin t$，试求$\mathscr{F}[tf(t)]$及$\mathscr{F}[t^2 f(t)]$。

解 根据前面的例题知

$$F(\omega) = \mathscr{F}[f(t)] = \mathrm{j}\pi[\delta(\omega+1) - \delta(\omega-1)]$$

利用象函数的导数公式，有

$$\mathscr{F}[tf(t)] = \mathrm{j}\frac{\mathrm{d}}{\mathrm{d}\omega}F(\omega) = -\pi[\delta'(\omega+1) - \delta'(\omega-1)]$$

$$\mathscr{F}[t^2 f(t)] = \mathrm{j}^2\frac{\mathrm{d}^2}{\mathrm{d}\omega^2}F(\omega) = -\pi[\delta''(\omega+1) - \delta''(\omega-1)]$$

性质7.3.9 （时间函数的积分——积分性）如果$\lim\limits_{t\to+\infty}\int_{-\infty}^{t} f(t)\mathrm{d}t = 0$，则

$$\mathscr{F}\left[\int_{-\infty}^{t} f(t)\mathrm{d}t\right] = \frac{1}{\mathrm{j}\omega}\mathscr{F}[f(t)] \tag{7.3.14}$$

证 因为$\frac{\mathrm{d}}{\mathrm{d}t}\left[\int_{-\infty}^{t} f(t)\mathrm{d}t\right] = f(t)$，所以

$$\mathscr{F}\left[\frac{\mathrm{d}}{\mathrm{d}t}\int_{-\infty}^{t} f(t)\mathrm{d}t\right] = \mathscr{F}[f(t)]$$

又根据上述微分性质得

$$\mathscr{F}\left[\frac{\mathrm{d}}{\mathrm{d}t}\int_{-\infty}^{t} f(t)\mathrm{d}t\right] = \mathrm{j}\omega\mathscr{F}\left[\int_{-\infty}^{t} f(t)\mathrm{d}t\right]$$

故

$$\mathscr{F}\left[\int_{-\infty}^{t} f(t)\mathrm{d}t\right] = \frac{1}{\mathrm{j}\omega}\mathscr{F}[f(t)]$$

例7.3.6 求函数$f(t) = \int_{-\infty}^{t} u(x)\mathrm{e}^{-x}\sin^2 x\mathrm{d}x$的傅里叶变换。

解 利用积分性质得

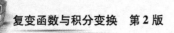

$$\begin{aligned}\mathscr{F}\left[\int_{-\infty}^{t} f(t)\,\mathrm{d}t\right] &= \frac{1}{\mathrm{j}\omega}\mathscr{F}\left[u(t)\mathrm{e}^{-t}\sin^2 t\right]\\
&= \frac{1}{2\mathrm{j}\omega}\left\{\mathscr{F}\left[u(t)\mathrm{e}^{-t}\right] - \mathscr{F}\left[u(t)\mathrm{e}^{-t}\cos 2t\right]\right\}\\
&= \frac{1}{2\mathrm{j}\omega}\left\{\frac{1}{1+\mathrm{j}\omega} - \frac{1}{2}\mathscr{F}\left[u(t)\mathrm{e}^{-t}\mathrm{e}^{2\mathrm{j}t} + u(t)\mathrm{e}^{-t}\mathrm{e}^{-2\mathrm{j}t}\right]\right\}\\
&= \frac{1}{2\mathrm{j}\omega}\left\{\frac{1}{1+\mathrm{j}\omega} - \frac{1}{2}\cdot\frac{1}{1+\mathrm{j}(\omega-2)} - \frac{1}{2}\cdot\frac{1}{1+\mathrm{j}(\omega+2)}\right\}\\
&= \frac{1}{2\mathrm{j}\omega}\left[\frac{1}{1+\mathrm{j}\omega} - \frac{1+\mathrm{j}\omega}{(5-\omega^2)+2\mathrm{j}\omega}\right]\end{aligned}$$

性质 7.3.10 *（能量积分定理） 设 $F(\omega)=\mathscr{F}[f(t)]$，则

$$\int_{-\infty}^{+\infty}[f(t)]^2\mathrm{d}t = \frac{1}{2\pi}\int_{-\infty}^{+\infty}|F(\omega)|^2\mathrm{d}\omega \tag{7.3.15}$$

证 由傅里叶变换定义得

$$F(\omega) = \mathscr{F}[f(t)] = \int_{-\infty}^{+\infty} f(t)\mathrm{e}^{-\mathrm{j}\omega t}\mathrm{d}t$$

$$\overline{F(\omega)} = \int_{-\infty}^{+\infty} f(t)\mathrm{e}^{\mathrm{j}\omega t}\mathrm{d}t$$

所以

$$\begin{aligned}\frac{1}{2\pi}\int_{-\infty}^{+\infty}|F(\omega)|^2\mathrm{d}\omega &= \frac{1}{2\pi}\int_{-\infty}^{+\infty}F(\omega)\,\overline{F(\omega)}\mathrm{d}\omega\\
&= \frac{1}{2\pi}\int_{-\infty}^{+\infty}F(\omega)\left[\int_{-\infty}^{+\infty}f(t)\mathrm{e}^{\mathrm{j}\omega t}\mathrm{d}t\right]\mathrm{d}\omega\\
&= \int_{-\infty}^{+\infty}f(t)\left[\frac{1}{2\pi}\int_{-\infty}^{+\infty}F(\omega)\mathrm{e}^{\mathrm{j}\omega t}\mathrm{d}\omega\right]\mathrm{d}t = \int_{-\infty}^{+\infty}[f(t)]^2\mathrm{d}t\end{aligned}$$

例 7.3.7 求 $\int_0^{+\infty}\frac{\sin^2 t}{t^2}\mathrm{d}t$。

解 因为当 $f(t)=\begin{cases}\frac{1}{2} & |t|<1\\ 0 & |t|>1\end{cases}$ 时，$\mathscr{F}[f(t)]=\frac{\sin\omega}{\omega}$，故有

$$\int_{-\infty}^{+\infty}[f(t)]^2\mathrm{d}t = \frac{1}{2\pi}\int_{-\infty}^{+\infty}|F(\omega)|^2\mathrm{d}\omega \Leftrightarrow \int_{-\infty}^{+\infty}\left[\frac{1}{2}\right]^2\mathrm{d}t = \frac{1}{2\pi}\int_{-\infty}^{+\infty}\left|\frac{\sin\omega}{\omega}\right|^2\mathrm{d}\omega$$

$$\int_0^{+\infty}\frac{\sin^2 t}{t^2}\mathrm{d}t = \pi\int_{-1}^{1}\frac{1}{4}\mathrm{d}t = \frac{\pi}{2}$$

性质 7.3.11 *（乘积定理） 设 $F_1(\omega)=\mathscr{F}[f_1(t)]$，$F_2(\omega)=\mathscr{F}[f_2(t)]$，则

$$\int_{-\infty}^{+\infty} f_1(t) f_2(t) \mathrm{d}t = \frac{1}{2\pi}\int_{-\infty}^{+\infty} \overline{F_1(\omega)} F_2(\omega) \mathrm{d}\omega = \frac{1}{2\pi}\int_{-\infty}^{+\infty} F_1(\omega) \overline{F_2(\omega)} \mathrm{d}\omega \tag{7.3.16}$$

证 由傅里叶变换定义可证得，读者可自己证明。

例 7.3.8 计算积分 $\int_{-\infty}^{+\infty} \frac{1}{x^2+1} \cdot \frac{\mathrm{e}^{\mathrm{j}x}}{x^2+4} \mathrm{d}x$。

解 由公式可知道傅里叶变换为

$$\mathscr{F}\left[\frac{1}{x^2+(-1)^2}\right] = \pi \mathrm{e}^{-|\omega|}, \mathscr{F}\left[\frac{\mathrm{e}^{\mathrm{j}x}}{x^2+(-2)^2}\right] = \frac{\pi}{2}\mathrm{e}^{-2|\omega-1|}$$

所以，由乘积定理得

$$I = \frac{1}{2\pi}\int_{-\infty}^{+\infty} \pi \mathrm{e}^{-|\omega|} \frac{\pi}{2}\mathrm{e}^{-2|\omega-1|} \mathrm{d}\omega = \frac{\pi \mathrm{e}^2}{6}$$

7.3.2 卷积定理

定义 7.3.1 若已知函数 $f_1(t)$，$f_2(t)$，则积分 $\int_{-\infty}^{+\infty} f_1(\tau) f_2(t-\tau) \mathrm{d}\tau$ 称为函数 $f_1(t)$ 与 $f_2(t)$ 的**卷积**，记为 $f_1(t) * f_2(t)$，即

$$\int_{-\infty}^{+\infty} f_1(\tau) f_2(t-\tau) \mathrm{d}\tau = f_1(t) * f_2(t) \tag{7.3.17}$$

由定义立即可知卷积具有：

性质 7.3.12 (1) 卷积满足交换律

$$f_1(t) * f_2(t) = f_2(t) * f_1(t)$$

(2) 函数卷积的绝对值小于等于函数绝对值的卷积

$$|f_1(t) * f_2(t)| \leqslant |f_1(t)| * |f_2(t)|$$

(3) 卷积满足对加法的分配律

$$f_1(t) * [f_2(t) + f_3(t)] = f_1(t) * f_2(t) + f_1(t) * f_3(t)$$

证 根据卷积的定义

$$\begin{aligned} f_1(t) * [f_2(t) + f_3(t)] &= \int_{-\infty}^{+\infty} f_1(\tau)[f_2(t-\tau) + f_3(t-\tau)] \mathrm{d}\tau \\ &= \int_{-\infty}^{+\infty} f_1(\tau) f_2(t-\tau) \mathrm{d}\tau + \int_{-\infty}^{+\infty} f_1(\tau) f_3(t-\tau) \mathrm{d}\tau \\ &= f_1(t) * f_2(t) + f_1(t) * f_3(t) \end{aligned}$$

例 7.3.9 若

$$f_1(t) = \begin{cases} 0 & t < 0 \\ 1 & t \geqslant 0 \end{cases}, f_2(t) = \begin{cases} 0 & t < 0 \\ \mathrm{e}^{-t} & t \geqslant 0 \end{cases}$$

求 $f_1(t)$ 与 $f_2(t)$ 的卷积。

解　根据卷积的定义，有

$$f_1(t)*f_2(t)=f_2(t)*f_1(t)=\int_{-\infty}^{+\infty}f_2(\tau)f_1(t-\tau)\mathrm{d}\tau=\int_0^t f_2(\tau)f_1(t-\tau)\mathrm{d}\tau$$

在$t\geqslant 0$时，为［0，t］，所以

$$f_2(t)*f_1(t)=\int_{-\infty}^{+\infty}f_2(\tau)f_1(t-\tau)\mathrm{d}\tau=\int_0^t 1\cdot \mathrm{e}^{-\tau}\mathrm{d}\tau=-\mathrm{e}^{-\tau}\Big|_0^t=1-\mathrm{e}^{-t}$$

可见当$t<0$时，$f_2(\tau)=0$，$f_1(t)*f_2(t)=0$，所以

$$f_2(t)*f_1(t)=\begin{cases}0 & t<0\\ 1-\mathrm{e}^{-t} & t\geqslant 0\end{cases}$$

定理7.3.1（卷积定理）　如果设$f_1(t)$，$f_2(t)$满足傅里叶积分定理中的条件，且设$\mathscr{F}[f_1(t)]=F_1(\omega)$，$\mathscr{F}[f_2(t)]=F_2(\omega)$，则

$$\mathscr{F}[f_1(t)*f_2(t)]=F_1(\omega)\cdot F_2(\omega) \tag{7.3.18}$$

证　由傅里叶变换的定义，有

$$\begin{aligned}\mathscr{F}[f_1(t)*f_2(t)]&=\int_{-\infty}^{+\infty}[f_1(t)*f_2(t)]\mathrm{e}^{-\mathrm{j}\omega t}\mathrm{d}t\\&=\int_{-\infty}^{+\infty}\left[\int_{-\infty}^{+\infty}f_1(\tau)f_2(t-\tau)\mathrm{d}\tau\right]\mathrm{e}^{-\mathrm{j}\omega t}\mathrm{d}t\\&=\int_{-\infty}^{+\infty}\int_{-\infty}^{+\infty}f_1(\tau)\mathrm{e}^{-\mathrm{j}\omega t}f_2(t-\tau)\mathrm{e}^{-\mathrm{j}\omega(t-\tau)}\mathrm{d}\tau\mathrm{d}t\\&=\int_{-\infty}^{+\infty}f_1(\tau)\mathrm{e}^{-\mathrm{j}\omega\tau}\left[\int_{-\infty}^{+\infty}f_2(t-\tau)\mathrm{e}^{-\mathrm{j}\omega(t-\tau)}\mathrm{d}t\right]\mathrm{d}\tau\\&=F_1(\omega)\cdot F_2(\omega)\end{aligned}$$

同理可得其逆傅里叶变换

$$\mathscr{F}^{-1}[F_1(\omega)\cdot F_2(\omega)]=f_1(t)*f_2(t)$$

定理7.3.2（频谱函数卷积定理）　如果设$f_1(t)$，$f_2(t)$满足傅里叶积分定理中的条件，且设$\mathscr{F}[f_1(t)]=F_1(\omega)$，$\mathscr{F}[f_2(t)]=F_2(\omega)$，则

$$\mathscr{F}[f_1(t)\cdot f_2(t)]=\frac{1}{2\pi}F_1(\omega)*F_2(\omega) \tag{7.3.19}$$

证明可利用傅里叶变换定义与卷积的定义来证。

不难推证，若$f_k(t)$满足傅里叶积分定理中的条件，且

$$\mathscr{F}[f_k(t)]=F_k(\omega)\quad(k=1,2,3,\cdots)$$

则卷积定理的一般式为

$$\mathscr{F}[f_1(t)*f_2(t)*\cdots*f_n(t)]=F_1(\omega)\cdot F_2(\omega)\cdot\cdots\cdot F_n(\omega) \tag{7.3.20}$$

$$\mathscr{F}[f_1(t)\cdot f_2(t)\cdot\cdots\cdot f_n(t)]=\frac{1}{2\pi}F_1(\omega)*F_2(\omega)*\cdots*F_n(\omega) \tag{7.3.21}$$

7.3.3 综合举例

1. 利用傅里叶变换的性质综合举例

例7.3.10 利用傅里叶变换的性质

(1) 设$f(t)=tu(t)$ 求傅里叶变换$\mathscr{F}[f(t)]$；

(2) 设$\mathscr{F}[f(t)]=\dfrac{A}{\beta+\mathrm{j}\omega}$求傅氏变换$\mathscr{F}[tf(t)]$；

(3) 求$\mathscr{F}[\delta(t-t_0)]$。

解 (1) 由公式$\mathscr{F}[u(t)]=\dfrac{1}{\mathrm{j}\omega}+\pi\delta(\omega)$，由象函数的微分性质$\dfrac{\mathrm{d}}{\mathrm{d}\omega}F(\omega)=\mathscr{F}[-\mathrm{j}tf(t)]$可知

$$\mathscr{F}[f(t)]=\mathscr{F}[tu(t)]=\mathrm{j}\frac{\mathrm{d}}{\mathrm{d}\omega}\left[\frac{1}{\mathrm{j}\omega}+\pi\delta(\omega)\right]=\mathrm{j}\left[\frac{-1}{\mathrm{j}\omega^2}+\pi\delta'(\omega)\right]=-\frac{1}{\omega^2}+\mathrm{j}\pi\delta'(\omega)$$

(2) 同理$\mathscr{F}[tf(t)]=-\dfrac{1}{\mathrm{j}}F'(w)=\dfrac{A}{(\beta+\mathrm{j}w)^2}$

(3) 因为$F(\omega)=\mathscr{F}[\delta(t)]=1$，由位移性质可知

$$\mathscr{F}[\delta(t-t_0)]=\mathrm{e}^{-\mathrm{j}\omega t_0}\mathscr{F}[\delta(t)]=\mathrm{e}^{-\mathrm{j}\omega t_0}$$

例7.3.11 若$f(t)=u(t)\cos2t$，求傅里叶变换$\mathscr{F}[f(t)]$。

解 解法1 利用性质，有

$$\begin{aligned}\mathscr{F}[f(t)]=\mathscr{F}[u(t)\cos2t]&=\mathscr{F}\left[u(t)\frac{\mathrm{e}^{\mathrm{j}2t}+\mathrm{e}^{-\mathrm{j}2t}}{2}\right]\\&=\frac{1}{2}\mathscr{F}[u(t)\mathrm{e}^{\mathrm{j}2t}]+\frac{1}{2}\mathscr{F}[u(t)\mathrm{e}^{-\mathrm{j}2t}]\\&=\frac{1}{2}\left[\frac{1}{\mathrm{j}(w-2)}+\pi\delta(w-2)\right]+\\&\quad\frac{1}{2}\left[\frac{1}{\mathrm{j}(w+2)}+\pi\delta(w+2)\right]\\&=\frac{\mathrm{j}\omega}{4-\omega^2}+\frac{\pi}{2}[\delta(\omega-2)+\delta(\omega+2)]\end{aligned}$$

解法2 根据卷积公式求，有

$$\mathscr{F}[f(t)]=\mathscr{F}[\cos2t\cdot u(t)]=\frac{1}{2\pi}\mathscr{F}[\cos2t]*\mathscr{F}[u(t)]$$

而$\mathscr{F}[\cos2t]=\pi[\delta(\omega-2)+\delta(\omega+2)]$，$\mathscr{F}[u(t)]=\dfrac{1}{\mathrm{j}\omega}+\pi\delta(\omega)$

所以

$$\mathscr{F}[f(t)]=\frac{1}{2\pi}\pi[\delta(\omega-2)+\delta(\omega+2)]*\left[\frac{1}{\mathrm{j}\omega}+\pi\delta(\omega)\right]$$

$$= \frac{1}{2}\left[\delta(\omega-2) * \frac{1}{j\omega} + \delta(\omega+2) * \frac{1}{j\omega}\right] +$$

$$\frac{1}{2}[\delta(\omega-2) * \pi\delta(\omega) + \delta(\omega+2) * \pi\delta(\omega)]$$

根据卷积定理公式，有

$$\delta(\omega \pm 2) * \frac{1}{j\omega} = \mathscr{F}^{-1}\left\{\mathscr{F}[\delta(\omega \pm 2)] \cdot \mathscr{F}\left[\frac{1}{j\omega}\right]\right\} = \mathscr{F}^{-1}\left\{e^{\pm j2t} \cdot \mathscr{F}\left[\frac{1}{j\omega}\right]\right\}$$

$$= \mathscr{F}^{-1}\left\{e^{\pm j2t} \cdot \mathscr{F}\left[\frac{1}{j\omega}\right]\right\}$$

$$= \mathscr{F}^{-1}\left\{\mathscr{F}\left[\frac{1}{j(\omega \pm 2)}\right]\right\} = \frac{1}{j(\omega \pm 2)}$$

$$\begin{aligned}\delta(\omega \pm 2) * \pi\delta(\omega) &= \pi[\delta(\omega \pm 2) * \delta(\omega)] \\ &= \pi\mathscr{F}^{-1}\{\mathscr{F}[\delta(\omega \pm 2)] \cdot \mathscr{F}[\delta(\omega)]\} = \pi\mathscr{F}^{-1}\{\mathscr{F}[\delta(\omega \pm 2)]\} \\ &= \pi\delta(\omega \pm 2)\end{aligned}$$

因此

$$\begin{aligned}\mathscr{F}[f(t)] &= \frac{1}{2}\left[\frac{1}{j(\omega-2)} + \frac{1}{j(\omega+2)} + \pi\delta(\omega-2) + \pi\delta(\omega+2)\right] \\ &= \frac{j\omega}{4-\omega^2} + \frac{\pi}{2}[\delta(\omega-2) + \delta(\omega+2)]\end{aligned}$$

例 7.3.12　求函数 $f(t) = \begin{cases} A & 0<t<2 \\ 0 & 其他 \end{cases}$ 的频谱函数。

解　根据傅里叶变换的定义，有

$$F(\omega) = \int_{-\infty}^{+\infty} f(t)e^{-j\omega t}dt = \int_0^2 Ae^{-j\omega t}dt = -\frac{A}{j\omega}e^{-j\omega t}\Big|_0^2 = \frac{A}{j\omega}(1-e^{-j2\omega})$$

且　$|F(\omega)| = \left|\frac{A}{j\omega}(1-e^{-j2\omega})\right|$ 为它们的频谱函数。

2. 微分、积分方程的傅里叶变换解法

例 7.3.13　求积分方程 $\int_0^{+\infty} g(x)\cos\alpha x dx = f(\alpha) = \begin{cases} 1-\alpha & 0 \leqslant \alpha \leqslant 1 \\ 0 & \alpha > 1 \end{cases}$ 的解 $g(x)$。

解　因为未知函数 $g(x)$ 的定义域 $x>0$，所以该积分方程可以用傅里叶余弦变换，得

$$\frac{2}{\pi}\int_0^{+\infty} g(x)\cos\alpha x dx = \frac{2}{\pi}f(\alpha)$$

利用傅里叶逆变换得

$$g(x) = \mathscr{F}_c^{-1}[\mathscr{F}_c(\alpha)] = \int_0^{+\infty}\frac{2}{\pi}\mathscr{F}_c(\alpha)\cos\alpha x d\alpha = \frac{2}{\pi}\int_0^1(1-\alpha)\cos\alpha x d\alpha$$

$$= \frac{2}{\pi x}\int_0^1 (1-\alpha)\,\mathrm{d}\sin\alpha x = \frac{2}{\pi x}\left[(1-\alpha)\sin\alpha x\Big|_0^1 + \int_0^1 \sin\alpha x\,\mathrm{d}\alpha\right]$$

$$= \frac{2}{\pi x}\int_0^1 \sin\alpha x\,\mathrm{d}\alpha = -\frac{2}{\pi x^2}\cos\alpha x\Big|_0^1 = \frac{2}{\pi x^2}(1-\cos x) \quad (x>0)$$

我们还可以利用卷积定理来求解某些积分方程。

例 7.3.14 求解积分方程

$$g(t) = \delta(t) + \int_{-\infty}^{+\infty} f(\tau)g(t-\tau)\,\mathrm{d}\tau$$

其中，$\delta(t)$，$f(t)$ 为已知函数，且 $g(t)$，$\delta(t)$ 和 $f(t)$ 的傅里叶变换都存在。

解 设 $\mathscr{F}[g(t)] = G(\omega)$，$\mathscr{F}[\delta(t)] = 1$ 和 $\mathscr{F}[f(t)] = F(\omega)$。

由卷积定义知，积分方程右端第二项等于 $f(t) * g(t)$。因此上述积分方程两端取傅里叶变换，由卷积定理可得，$G(\omega) = 1 + F(\omega)\cdot G(\omega)$，所以 $G(\omega) = \dfrac{1}{1-F(\omega)}$，由傅里叶逆变换，可求得积分方程的解为

$$g(t) = \frac{1}{2\pi}\int_{-\infty}^{+\infty} G(\omega)\mathrm{e}^{\mathrm{j}\omega t}\mathrm{d}\omega = \frac{1}{2\pi}\int_{-\infty}^{+\infty} \frac{1}{1-F(\omega)}\mathrm{e}^{\mathrm{j}\omega t}\mathrm{d}\omega$$

例 7.3.15 求常系数非齐次线性微分方程

$$y''(t) - 2y(t) = f(t)$$

的解，其中，$f(t)$ 为已知函数。

解 设 $\mathscr{F}[y(t)] = Y(\omega)$，$\mathscr{F}[f(t)] = F(\omega)$。利用傅里叶变换的线性性质和微分性质，对上述微分方程两端取傅里叶变换，可得

$$(\mathrm{j}\omega)^2 Y(\omega) - 2Y(\omega) = F(\omega)$$

所以

$$Y(\omega) = \frac{-F(\omega)}{2+\omega^2}$$

从而

$$y(t) = \frac{1}{2\pi}\int_{-\infty}^{+\infty} Y(\omega)\mathrm{e}^{\mathrm{j}\omega t}\mathrm{d}\omega = -\frac{1}{2\pi}\int_{-\infty}^{+\infty} \frac{F(\omega)}{2+\omega^2}\mathrm{e}^{\mathrm{j}\omega t}\mathrm{d}\omega$$

例 7.3.16 求微分、积分方程 $x'(t) - 4\int_{-\infty}^{t} x(t)\,\mathrm{d}t = 1$ 的解，其中 $-\infty < t < +\infty$。

解 根据傅里叶变换的线性性质、微分性质和积分性质，且记

$$\mathscr{F}[x(t)] = X(\omega),\ \mathscr{F}[1] = 2\pi\delta(\omega)$$

对上述方程两端取傅里叶变换，可得

$$\mathrm{j}\omega X(\omega) - \frac{4}{\mathrm{j}\omega}X(\omega) = 2\pi\delta(\omega),\ X(\omega) = -\frac{\mathrm{j}\omega 2\pi\delta(\omega)}{\omega^2+4}$$

而上式的傅里叶逆变换为

$$x(t) = \frac{1}{2\pi}\int_{-\infty}^{+\infty} X(\omega)\mathrm{e}^{\mathrm{j}\omega t}\mathrm{d}\omega = -\int_{-\infty}^{+\infty}\frac{\mathrm{j}\omega\delta(\omega)}{\omega^2+4}\mathrm{e}^{\mathrm{j}\omega t}\mathrm{d}\omega = 0$$

例 7.3.17 证明 $\int_0^{+\infty}\frac{\cos\alpha x}{1+x^2}\mathrm{d}x = \frac{\pi}{2}\mathrm{e}^{-x}\ (x \geqslant 0)$。

证 因为已知函数 $f(x) = \mathrm{e}^{-x}$ 的定义域为 $x \geqslant 0$，所以该积分证明可以用傅里叶余弦变换，得

$$\mathscr{F}_c[\mathrm{e}^{-x}] = \mathscr{F}_c(\alpha) = \frac{2}{\pi}\int_0^{+\infty}\frac{\pi}{2}\mathrm{e}^{-x}\cos\alpha x\mathrm{d}x = \frac{1}{1+\alpha^2}$$

利用傅里叶逆变换得

$$f(x) = \mathrm{e}^{-x} = \mathscr{F}_c^{-1}[F_c(\alpha)] = \int_0^{+\infty}\frac{2}{\pi}F_c(\alpha)\cos\alpha x\mathrm{d}\alpha$$

$$= \frac{2}{\pi}\int_0^{1}\frac{1}{1+\alpha^2}\cos\alpha x\mathrm{d}\alpha \quad (x \geqslant 0)$$

所以 $\int_0^{+\infty}\frac{\cos\alpha x}{1+x^2}\mathrm{d}x = \frac{\pi}{2}\mathrm{e}^{-x}(x \geqslant 0)$ 成立。

第7章小结

一、导学

本章从周期函数的傅氏级数出发，导出非周期函数的傅氏积分公式，并由此得到傅氏变换，进而讨论了傅氏变换的一些基本性质及应用。从分析角度看，傅氏级数是用简单函数去逼近（或代替）复杂函数；从几何观点看，它是以一簇正交函数为基向量，将函数空间进行正交分解，相应的系数即为坐标；从变换角度看，它建立了周期函数与序列之间的对应关系；而从物理意义上看，它将信号分解为一系列简谐波的复合，从而建立了频谱理论。

傅氏变换是傅氏级数由周期函数向非周期函数的演变，它通过特定形式的积分建立了函数之间的对应关系。它既能从频谱的角度来描述函数（或信号）的特征，又能简化运算，方便问题的求解。需要指出的是，本章所讨论的傅氏变换均是针对实值函数的，而傅氏变换对于复值函数也是成立的。

随着信息数字化的发展，在傅氏变换之后，又出现了用于处理离散时间函数的离散傅氏变换及有限离散傅氏变换（DFT），特别是20世纪60年代出现的针对DFT的快速算法（FFT），使得傅氏变换在数字领域也同样发挥着巨大的作用。

学习本章的基本要求：

(1) 了解傅里叶积分及积分定理，理解频谱的概念，理解傅里叶变换的概念。

(2) 了解单位脉冲函数（δ 函数）的概念及筛选性质。

(3) 正确理解傅里叶变换的基本性质，如线性性质、位移性质、微分与积分性质、卷积概念与定理等，并会用这些性质求傅里叶变换，以及运用傅里叶变换解微分方程。

二、疑难解析

1. 下面的傅里叶变换正确吗？若不正确，请纠正。

$$\mathscr{F}[f(at+b)] = \mathrm{e}^{\mathrm{j}b\omega}\mathscr{F}[f(at)] = \mathrm{e}^{\mathrm{j}b\omega}\frac{1}{|a|}F\left(\frac{\omega}{a}\right)$$

答 不正确。事实上

$$\begin{aligned}
\mathscr{F}[f(at+b)] &= \int_{-\infty}^{\infty} f(at+b)\mathrm{e}^{-\mathrm{j}\omega t}\mathrm{d}t \\
&= \frac{1}{a}\int_{-\infty}^{\infty} f(at+b)\mathrm{e}^{-\mathrm{j}\frac{\omega}{a}(at+b)}\mathrm{e}^{\mathrm{j}\frac{b}{a}\omega}\mathrm{d}(at+b) \\
&\xlongequal{\tau = at+b} \begin{cases} \displaystyle\int_{-\infty}^{+\infty}\frac{\mathrm{e}^{\mathrm{j}\frac{b}{a}\omega}}{a}f(\tau)\mathrm{e}^{-\mathrm{j}\frac{\omega}{a}\tau}\mathrm{d}\tau, & a>0 \\ \displaystyle\int_{+\infty}^{-\infty}\frac{\mathrm{e}^{\mathrm{j}\frac{b}{a}\omega}}{a}f(\tau)\mathrm{e}^{-\mathrm{j}\frac{\omega}{a}\tau}\mathrm{d}\tau, & a<0 \end{cases} \\
&= \begin{cases} \displaystyle\frac{1}{a}\mathrm{e}^{\mathrm{j}\frac{b}{a}\omega}\int_{-\infty}^{+\infty}f(\tau)\mathrm{e}^{-\mathrm{j}\frac{\omega}{a}\tau}\mathrm{d}\tau, & a>0 \\ \displaystyle-\frac{1}{a}\mathrm{e}^{\mathrm{j}\frac{b}{a}\omega}\int_{-\infty}^{+\infty}f(\tau)\mathrm{e}^{-\mathrm{j}\frac{\omega}{a}\tau}\mathrm{d}\tau, & a<0 \end{cases} \\
&= \frac{1}{|a|}\mathrm{e}^{\mathrm{j}\frac{b}{a}\omega}F\left(\frac{\omega}{a}\right)
\end{aligned}$$

2. 设 $F(\omega) = \mathscr{F}[f(t)]$ 是函数 $f(t)$ 的傅氏变换，问 $F(-\omega) = F[f(-t)]$ 是否正确。

答 正确。事实上，由 $F(\omega) = \int_{-\infty}^{\infty} f(t)\mathrm{e}^{-\mathrm{j}\omega t}\mathrm{d}t$，则

$$F(-\omega) = \int_{-\infty}^{\infty} f(t)\mathrm{e}^{\mathrm{j}\omega t}\mathrm{d}t \xlongequal{t=-\tau} \int_{-\infty}^{\infty} f(-\tau)\mathrm{e}^{-\mathrm{j}\omega\tau}\mathrm{d}\tau = F[f(-t)]$$

3. 问下列傅里叶变换 $F(\omega) = \mathscr{F}[u(t)\mathrm{e}^{kt}]$ 解法正确吗？若不正确，请给出正确解法。

因为傅里叶变换 $\mathscr{F}[u(t)] = \frac{1}{\mathrm{j}\omega} + \pi\delta(\omega)$，所以利用傅里叶变换平移性质得

$$F(\omega) = \mathscr{F}[u(t)\mathrm{e}^{kt}] = \frac{1}{\mathrm{j}(\omega-k)} + \pi\delta(\omega-k)$$

答 不正确。利用傅里叶变换平移性质中指数函数含有虚数单位 j，而所给

的题没有虚数单位j，所以要先添上虚数单位j后才能使用平移性质。

正确解法：

$$F(\omega)=\mathscr{F}[u(t)\mathrm{e}^{\mathrm{j}\frac{k}{\mathrm{j}}t}]=\frac{1}{\mathrm{j}(\omega-\frac{k}{\mathrm{j}})}+\pi\delta(\omega-\frac{k}{\mathrm{j}})$$

$$=\frac{1}{\mathrm{j}(\omega+\mathrm{j}k)}+\pi\delta(\omega+\mathrm{j}k)$$

三、杂例

例 7.1 求傅里叶变换 $\mathscr{F}[u(t)t^3]$。

解 因为函数不是绝对可积，因此引入积分因子 $\mathrm{e}^{-\beta t}$，再令 $\lim\limits_{\beta\to 0^+}\mathrm{e}^{-\beta t}=1$。所以

$$F(\omega)=\int_0^{+\infty}\mathrm{e}^{-\beta t}t^3\mathrm{e}^{-\mathrm{j}\omega t}\mathrm{d}t=\int_0^{+\infty}t^3\mathrm{e}^{-(\beta+\mathrm{j}\omega)t}\mathrm{d}t=\frac{6}{(\beta+\mathrm{j}\omega)^4}$$

故当 $\beta\to 0^+$ 时，$\mathscr{F}[u(t)t^3]=\lim\limits_{\beta\to 0^+}F(\omega)=\dfrac{6}{\omega^4}$。

例 7.2 求函数 $F(\omega)=\dfrac{\mathrm{j}\omega}{\beta+\mathrm{j}\omega}(\beta>0)$ 的傅里叶逆变换。

解 傅里叶逆变换 $f(t)=\mathscr{F}^{-1}[F(\omega)]=\mathscr{F}^{-1}[\dfrac{\mathrm{j}\omega}{\beta+\mathrm{j}\omega}]$

$$=\mathscr{F}^{-1}[\frac{\beta+\mathrm{j}\omega-\beta}{\beta+\mathrm{j}\omega}]=\mathscr{F}^{-1}[1-\frac{\beta}{\beta+\mathrm{j}\omega}]$$

$$=\delta(t)-\beta h(t)$$

其中，$h(t)=\begin{cases}0 & t<0\\ \dfrac{1}{2} & t=0\text{。}\\ \mathrm{e}^{-\beta t} & t>0\end{cases}$

例 7.3 证明傅里叶变换 $\mathscr{F}[\delta'(t)]=\mathrm{j}\omega$，并且求出函数 $f(t)=1-2\delta(t)+3\delta'(t)$ 的傅里叶变换。

证 由傅里叶变换定义知

$$\mathscr{F}[\delta'(t)]=\int_{-\infty}^{+\infty}\delta'(t)\mathrm{e}^{-\mathrm{j}\omega t}\mathrm{d}t=\int_{-\infty}^{+\infty}\mathrm{e}^{-\mathrm{j}\omega t}\mathrm{d}\delta(t)$$

$$=\delta(t)\mathrm{e}^{-\mathrm{j}\omega t}\Big|_{-\infty}^{+\infty}+\int_{-\infty}^{+\infty}\mathrm{j}\omega\delta(t)\mathrm{e}^{-\mathrm{j}\omega t}\mathrm{d}t=\mathrm{j}\omega$$

因而 $\mathscr{F}[f(t)]=\mathscr{F}[1-2\delta(t)+3\delta'(t)]=2\pi\delta(\omega)-2+3\mathrm{j}\omega\mathrm{e}^{-\mathrm{j}\omega}$

例 7.4 高频指数脉冲 $f(t)=\begin{cases}A\mathrm{e}^{-\beta t}\cos(\omega_0 t+\varphi) & t\geqslant 0\\ 0 & t<0\end{cases}$，求其频谱函数。

解 因为

$f(t)=Ae^{-\beta t}\cos(\omega_0 t+\varphi)u(t)=g(t)\cos(\omega_0 t+\varphi)$（其波形见图 7.1）

所以 $\mathscr{F}[g(t)]=\mathscr{F}[Ae^{-\beta t}u(t)]=\dfrac{A}{\beta+j\omega}=G(\omega)$

其频谱函数为

$$\begin{aligned}\mathscr{F}[f(t)]&=\mathscr{F}[Ae^{-\beta t}\cos(\omega_0 t+\varphi)u(t)]=\mathscr{F}[g(t)\cos(\omega_0 t+\varphi)]\\&=\frac{1}{2}e^{-j\varphi}\mathscr{F}[e^{-j\omega_0 t}g(t)]+\frac{1}{2}e^{j\varphi}\mathscr{F}[e^{j\omega_0 t}g(t)]\\&=\frac{1}{2}e^{-j\varphi}\frac{A}{\beta+j(\omega+\omega_0)}+\frac{1}{2}e^{j\varphi}\frac{A}{\beta+j(\omega-\omega_0)}\end{aligned}$$

其波形如图 7.1 所示。

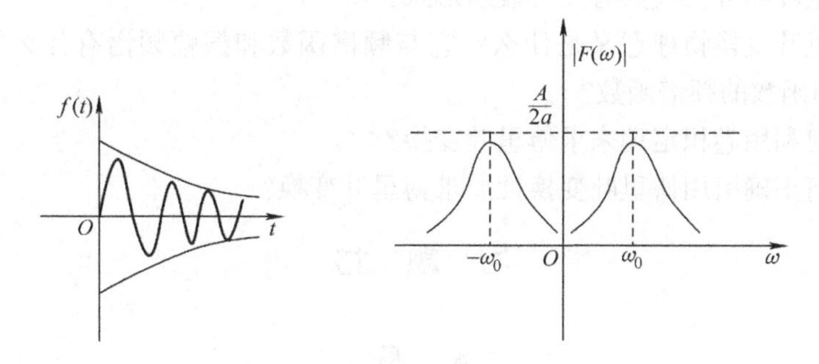

图 7.1

它表示当调制信号 $g(t)$ 的频谱 $\left|\dfrac{A}{\beta+j\omega}\right|=|G(\omega)|=\dfrac{A}{\sqrt{\beta^2+\omega^2}}$ 已知时，将其频谱分别向 $+\infty$，$-\infty$ 处搬移，并且将幅度减少一半，即得 ω_0 的已调幅信号的频谱。

例 7.5 求积分 $\int_{-\infty}^{\infty}\dfrac{x^2}{(x^2+1)^4}dx$。

解 $F(\omega)=\mathscr{F}[e^{-|t|}]=2\int_0^{\infty}e^t\cos\omega t dt=\dfrac{2}{1+\omega^2}$

由性质则 $\mathscr{F}[-jtf(t)]=F'(\omega)$，可得

$$\mathscr{F}[-jte^{-|t|}]=F'(\omega)=\frac{d}{d\omega}\left(\frac{2}{1+\omega^2}\right)=\frac{-4\omega j}{(1+\omega^2)^2}$$

于是 $$\frac{16\omega^2}{(1+\omega^2)}=\left[\frac{-4\omega j}{(1+\omega^2)^2}\right]^2$$

得 $$\int_{-\infty}^{+\infty}\frac{16\omega^2}{(1+\omega^2)}d\omega=2\pi\int_{-\infty}^{+\infty}t^2e^{-2|t|}dt$$

$$= 4\pi\int_{0}^{+\infty} t^2 e^{-2t} dt = \pi$$

积分两边同除16得

$$\int_{-\infty}^{\infty} \frac{x^2}{(x^2+1)^4} dx = \frac{\pi}{16}$$

四、思考题

1. 傅里叶级数的三角形式和复指数形式是什么？

2. 傅里叶积分定理与傅里叶级数的复指数形式有什么关系？

3. 任何一个非周期函数是否都可以展开其傅里叶积分公式？

4. 单位脉冲函数 $\delta(t)$ 是怎样的函数，如何定义？引进单位脉冲函数的实际意义是什么？

5. 傅里叶积分公式共有几种表示形式？

6. 傅里叶变换物理意义是什么？它与频谱函数和振幅频谱有什么关系？如何求非周期函数的频谱函数？

7. 如何利用卷积定理来求傅里叶变换？

8. 如何正确引用傅里叶变换性质求傅里叶变换？

习　题　七

A　类

1. 将周期为 2π 的函数 $f(x) = e^{kx}(-\pi < x < \pi)$ 展开成复数形式的傅里叶级数，其中 $k \neq 0$ 为常数。

2. 求函数

$$f(t) = \begin{cases} 0 & t < 0 \\ A & 0 < t < \tau \\ 0 & \tau < t \end{cases}$$

的傅里叶变换。

3. 已知函数 $f(t) = e^{-\beta|t|}$，常数 $\beta > 0$，求

(1) 傅里叶变换 $\mathscr{F}[f(t)]$；　　(2) 试证 $\int_{-\infty}^{+\infty} \frac{\cos\omega t}{\beta^2 + \omega^2} dt = \frac{\pi}{2\beta} e^{-\beta|t|}$。

4. 已知函数 $f(t) = \begin{cases} 1 - t^2 & |t| < 1 \\ 0 & |t| > 1 \end{cases}$，求

(1) 傅里叶变换 $\mathscr{F}[f(t)]$；　　(2) 试求 $\int_{-\infty}^{+\infty} \frac{t\cos t - \sin t}{t^3} \cos\frac{t}{2} dt$ 的值。

5. 利用傅里叶变换的性质，求下列函数的傅里叶变换。

(1) $u(t)\sin kt$；　　(2) $u(t)\cos^2 kt$。

6. 已知傅里叶变换 $\mathscr{F}[f(t)] = F(\omega)$，利用傅里叶变换性质求下列函数的傅里叶变换。

(1) $f(kt)$； (2) $(t-k)f(t)$； (3) $f(t-k)$； (4) $e^{jkt}f(t)$ (k 是常数)。

7. 已知傅里叶变换 $\mathscr{F}[f(t)] = \dfrac{1}{\omega^2+1}$，利用傅里叶变换性质求下列函数的傅里叶变换。

(1) $\int_{-\infty}^{t} f(t)\mathrm{d}t$； (2) $te^{-\alpha t}f(t)$ (α 是常数)。

8. 设 $\mathscr{F}[f(t)] = \dfrac{1}{j\omega} + \pi\delta(\omega)$

(1) 求傅氏变换 $\mathscr{F}[tf(t)]$； (2) 求傅氏变换 $\mathscr{F}[f(t)\sin 2t]$。

9. 求函数 $F(\omega) = 2\cos 3\omega$ 的傅氏逆变换。

10. 利用函数 $f_1(t) = f_2(t) = \begin{cases} 1 & |t|<1 \\ 0 & |t|>1 \end{cases}$ 求卷积 $f_1(t) * f_2(t)$。

11. 利用傅里叶变换证明 $\int_0^{+\infty} \dfrac{\mathrm{d}x}{(1+x^2)^2} = \dfrac{\pi}{4}$

12. 利用傅里叶变换求：

(1) $\int_{-\infty}^{+\infty} \dfrac{(1-\cos x)^2\mathrm{d}x}{x^2}$； (2) $\int_{-\infty}^{+\infty} \dfrac{\sin^4 x}{x^2}\mathrm{d}x$。

13. 已知函数 $f_1(t) = \begin{cases} 0 & t<0 \\ e^{-t} & t\geqslant 0 \end{cases}$ 与 $f_2(t) = \begin{cases} \cos t & 0\leqslant t\leqslant \dfrac{\pi}{2} \\ 0 & t<0,\ t>\dfrac{\pi}{2} \end{cases}$，求：

(1) $f_1(t) * f_2(t)$； (2) $F[f_1(t) * f_2(t)]$。

14. 解积分方程 $\int_0^{+\infty} f(x)\sin xt\mathrm{d}x = g(t)$，其中，$g(t) = \begin{cases} 1 & 0\leqslant t<1 \\ 2 & 1\leqslant t<2 \\ 0 & 2\leqslant t \end{cases}$。

15. 解积分方程 $\int_{-\infty}^{+\infty} \dfrac{y(t)}{(\tau-t)^2+a^2}\mathrm{d}t = \dfrac{1}{\tau^2+b^2}(0<a<b)$。

16. 求解非齐次微分方程 $y''(t) - y(t) = -f(t)$，其中 $f(t)$ 为已知函数。

17. 求解非齐次微分方程 $my''(t) + cy'(t) + ky(t) = f(t)$，其中 m，c，k 为已知常数，$f(t)$ 为已知函数。

18. 求微分积分方程 $ay'(t) + by(t) + c\int_{-\infty}^{t} y(t)\mathrm{d}t = f(t)$ 的解，其中 $-\infty<t<+\infty$，a，b，c 均为常数。

19. 求微分积分方程 $y'(t) - 4\int_{-\infty}^{t} y(t)\mathrm{d}t = e^{-|t|}$ 的解，其中 $-\infty<t<+\infty$。

B 类

20. 设 $\mathscr{F}[f(t)] = F(\omega)$，求傅氏变换 $\mathscr{F}[f(t)\cos\omega_0 t]$。

21. 设 $\mathscr{F}[f(t)] = F(\omega)$，求傅氏变换 $\mathscr{F}[f(1-t)]$。

22. 设 $\mathscr{F}[f(t)] = F(\omega)$，求傅氏变换 $\mathscr{F}[(t-2)f(t)]$。

23. 设$\mathscr{F}[f(t)]=F(\omega)$，求傅氏变换$\mathscr{F}[(t-1)f(2t)]$。

24. 求傅氏变换$\mathscr{F}[te^{-4t}u(t)]$。

25. 求傅氏变换$\mathscr{F}[tu(t)e^{-\beta t}\sin\omega_0 t]$，其中$\beta>0$。

26. 试求积分$\int_{-\infty}^{+\infty}\delta(t^2-4)\mathrm{d}t$的值。

27. 设$\mathscr{F}[f(t)]=F(\omega)$，求下列傅氏变换。

(1) $f(t)*\dfrac{1}{\pi t}$；(2) $f(2t-1)e^{-j3t}$；(3) $\int_{-\infty}^{t}\tau f(\tau)\mathrm{d}\tau$。

28. 已知函数$f_1(t)=\begin{cases}0 & t<0\\ 1 & t>0\end{cases}$，$f_2(t)=\begin{cases}0 & 0<t\\ e^{-t} & t>0\end{cases}$，求$f_1(t)*f_2(t)$。

29. 求下列函数傅氏逆变换。

(1) $F(\omega)=\dfrac{1}{j\omega}e^{-j\omega}+\pi\delta(\omega)$；　　(2) $F(\omega)=\dfrac{j\omega}{\beta+j\omega}(\beta>0)$。

30. 求解方程组

$$\begin{cases}y''+2y+6\int_0^t x\mathrm{d}t=-2u(t)\\ y'+x'+x=0\end{cases}$$

且满足条件$y(0)=-5$，$x(0)=6$的解。

第 8 章

拉普拉斯变换

第 7 章介绍的傅里叶变换对函数 $f(t)$ 的要求比较强，本章介绍另一种积分变换——拉普拉斯变换，利用时间函数的特性来降低对函数 $f(t)$ 的要求，提高积分变换的实际利用率。

8.1 拉普拉斯变换的概念

8.1.1 拉普拉斯变换的定义

在第 7 章我们求一个函数的傅里叶变换时，要求 $f(t)$ 在 $(-\infty, +\infty)$ 上满足下列条件：

(1) 函数 $f(t)$ 在任一有限区间上满足狄氏条件。

(2) 函数 $f(t)$ 在无限区间 $(-\infty, +\infty)$ 上绝对可积（即广义积分 $\int_{-\infty}^{+\infty} |f(t)|\,\mathrm{d}t$ 收敛）。

在许多实际应用中：

(1) 绝对可积的条件要求过强，许多函数即使是很简单的函数（如常数、幂函数、单位阶跃函数、线性函数、正弦函数等）都不一定满足这个条件。

(2) 可以进行傅里叶变换的函数必须在整个数轴上有定义，但在物理、无线电技术等实际应用中，许多以时间 t 作为自变量的函数往往在 $t<0$ 时是无意义的或者是不需要考虑的。

由此可见，傅里叶变换的应用范围受到相当大的限制，因此我们引进拉普拉斯变换的概念。

对于任意一个函数 $f(t)$，为了能进行傅里叶变换，我们经过适当地改造使其为

$$f(t)u(t)\mathrm{e}^{-\beta t}(\beta > 0)$$

其中，$u(t)$ 为单位阶跃函数；$\mathrm{e}^{-\beta t}$ $(\beta>0)$ 为指数衰减函数。用 $u(t)$ 乘 $f(t)$ 可以使积分区间由 $(-\infty, +\infty)$ 换成 $[0, +\infty)$，用 $\mathrm{e}^{-\beta t}$ $(\beta>0)$ 乘 $f(t)$ 就有可能使其变得绝对可积，保证 $f(t)u(t)\mathrm{e}^{-\beta t}(\beta>0)$ 可以进行傅里叶变换。

对函数$f(t)u(t)\mathrm{e}^{-\beta t}(\beta>0)$ 取傅里叶变换，可得

$$\mathscr{F}[f(t)u(t)\mathrm{e}^{-\beta t}] = \int_{-\infty}^{+\infty} f(t)u(t)\mathrm{e}^{-\beta t}\mathrm{e}^{-\mathrm{j}\omega t}\mathrm{d}t = \int_{0}^{+\infty} f(t)\mathrm{e}^{-(\beta+\mathrm{j}\omega)t}\mathrm{d}t$$
$$= \int_{0}^{+\infty} f(t)\mathrm{e}^{-st}\mathrm{d}t$$

其中，$s=\beta+\mathrm{j}\omega(t\geqslant 0)$。

可以发现，只要β选得适当，一般说来，这个函数的傅里叶变换总是存在的。

对函数$\varphi(t)$ 进行先乘以$u(t)\mathrm{e}^{-\beta t}(\beta>0)$，再取傅里叶变换的运算，就产生了新的积分变换，用函数$F(s)$ 表示，即

$$F(s) = \int_{0}^{+\infty} f(t)\mathrm{e}^{-st}\mathrm{d}t$$

由此式所确定的函数$F(s)$，实际上是由$f(t)$ 通过一种新的变换——拉普拉斯变换得到的。

定义 8.1.1　设函数$f(t)$ 当$t\geqslant 0$时有定义，而且广义积分

$$\int_{0}^{+\infty} f(t)\mathrm{e}^{-st}\mathrm{d}t \quad (s\text{ 是一个复参数})$$

在s的某一复数域内收敛，则由此积分所确定的函数可写为

$$F(s) = \int_{0}^{+\infty} f(t)\mathrm{e}^{-st}\mathrm{d}t \tag{8.1.1}$$

我们称式（8.1.1）为函数$f(t)$ 的**拉普拉斯变换式**，记为

$$F(s) = \mathscr{L}[f(t)]$$

$F(s)$ 称为$f(t)$ 的**拉普拉斯变换**（或称为象函数、拉氏变换）。若$F(s)$ 是$f(t)$ 的拉普拉斯变换，则称$f(t)$ 为$F(s)$ 的**拉普拉斯逆变换**（或称为象原函数、拉氏逆变换），记为

$$f(t) = \mathscr{L}^{-1}[F(s)]$$

由式（8.1.1）可以看出，$f(t)$（$t\geqslant 0$）的拉普拉斯变换，实际上就是$f(t)u(t)\mathrm{e}^{-\beta t}(\beta>0)$ 的傅里叶变换。

8.1.2　常用函数的拉普拉斯变换公式

利用拉普拉斯变换的定义可得几个常用函数的拉普拉斯变换公式。

例 8.1.1　单位阶跃函数$u(t)=\begin{cases}0 & t<0\\ 1 & t>0\end{cases}$的拉普拉斯变换。

解　根据拉普拉斯变换的定义，有

$$\mathscr{L}[u(t)] = \int_{0}^{+\infty} \mathrm{e}^{-st}\mathrm{d}t$$

这个积分在$\mathrm{Re}(s)>0$时收敛，而且有

$$\int_0^{+\infty} e^{-st}dt = -\frac{1}{s}e^{-st}\Big|_0^{+\infty} = \frac{1}{s}$$

所以
$$\mathscr{L}[u(t)] = \frac{1}{s} \quad (\mathrm{Re}(s)>0)$$

注：根据拉普拉斯变换的定义常数1的拉普拉斯变换也为

$$\mathscr{L}[1] = \frac{1}{s} \tag{8.1.2}$$

例 8.1.2 指数函数 $f(t) = e^{kt}$ 的拉普拉斯变换（k 为实数）。

解 根据拉普拉斯变换的定义，有

$$\mathscr{L}[f(t)] = \int_0^{+\infty} e^{kt}e^{-st}dt = \int_0^{+\infty} e^{-(s-k)t}dt$$

这个积分在 $\mathrm{Re}(s)>k$ 时收敛，而且有

$$\int_0^{+\infty} e^{-(s-k)t}dt = \frac{1}{s-k}$$

所以
$$\mathscr{L}[e^{kt}] = \frac{1}{s-k}(\mathrm{Re}(s)>k) \tag{8.1.3}$$

例 8.1.3 正弦函数 $f(t) = \sin kt$ （k 为实数）的拉普拉斯变换。

解 根据拉普拉斯变换的定义，有

$$\mathscr{L}[\sin kt] = \int_0^{+\infty} \sin kt \cdot e^{-st}dt = \frac{e^{-st}}{s^2+k^2}(-s\cdot\sin kt - k\cos kt)\Big|_0^{+\infty}$$

$$= \frac{k}{s^2+k^2} \quad (\mathrm{Re}(s)>0)$$

所以
$$\mathscr{L}[\sin kt] = \frac{k}{s^2+k^2} \quad (\mathrm{Re}(s)>0) \tag{8.1.4}$$

例 8.1.4 余弦函数 $f(t) = \cos kt$ 的拉普拉斯变换。

解 根据拉普拉斯变换的定义，有

$$\mathscr{L}[\cos kt] = \int_0^{+\infty} \cos kt \cdot e^{-st}dt = \frac{s}{s^2+k^2} \quad (\mathrm{Re}(s)>0)$$

所以
$$\mathscr{L}[\cos kt] = \frac{s}{s^2+k^2} \quad (\mathrm{Re}(s)>0) \tag{8.1.5}$$

例 8.1.5 幂函数 $f(t) = t^m$（常数 $m>-1$）的拉普拉斯变换。

解 根据拉普拉斯变换的定义，有

$$\mathscr{L}[t^m] = \int_0^{+\infty} t^m e^{-st}dt = \int_0^{+\infty} \frac{1}{s^{m+1}}(st)^m e^{-st}d(st)$$

$$\xlongequal{\text{令 } st=u} \frac{1}{s^{m+1}}\int_0^{+\infty} u^m e^{-u}du$$

$$= \frac{1}{s^{m+1}}\Gamma(m+1) \quad (\mathrm{Re}\, s>0)$$

其中Γ-称为伽玛（Gamma）函数（可参阅高等数学广义积分Γ-函数）。

伽玛函数有以下公式：

$\Gamma(1)=1$，$\Gamma\left(\frac{1}{2}\right)=\sqrt{\pi}$，递推公式$\Gamma(m+1)=m\Gamma(m)$，其中$m$为正整数时

$$\Gamma(m+1)=m!$$

所以 $$\mathscr{L}[t^m]=\frac{1}{s^{m+1}}\Gamma(m+1)\quad(m>-1)\quad(\mathrm{Re}\,s>0)\tag{8.1.6}$$

特别地，当m为正整数时 $$\mathscr{L}[t^m]=\frac{1}{s^{m+1}}\Gamma(m+1)=\frac{m!}{s^{m+1}}\tag{8.1.7}$$

例8.1.6 单位脉冲函数$\delta(t)$的拉普拉斯变换。

解 利用性质：$\int_{-\infty}^{+\infty}f(t)\delta(t)\mathrm{d}t=f(0)$，有

$$\mathscr{L}[\delta(t)]=\int_0^{+\infty}\delta(t)\mathrm{e}^{-st}\mathrm{d}t=\int_{0^-}^{+\infty}\delta(t)\mathrm{e}^{-st}\mathrm{d}t$$
$$=\int_{-\infty}^{+\infty}\delta(t)\mathrm{e}^{-st}\mathrm{d}t=\mathrm{e}^{-st}\Big|_{t=0}=1$$

所以 $$\mathscr{L}[\delta(t)]=1\tag{8.1.8}$$

8.1.3 拉普拉斯变换的存在定理

一个函数究竟满足什么条件时，它的拉普拉斯变换一定存在呢？下面的定理将解决这个问题。

定理8.1.1（拉普拉斯变换的存在定理）若函数$f(t)$满足：

（1）在$t\geqslant0$的任一有限区间上分段连续；

（2）当$t\to+\infty$时，不等式$|f(t)|\leqslant Me^{ct}\quad(0\leqslant t<+\infty)$成立（满足此条件的函数，称为指数级增长函数，$c$为它的增长指数），其中$M>0$及$c\geqslant0$为确定的正实数，使得

1）$f(t)$的拉普拉斯变换

$$F(s)=\int_0^{+\infty}f(t)\mathrm{e}^{-st}\mathrm{d}t$$

在半平面$\mathrm{Re}(s)>c$上一定存在，右端的积分在$\mathrm{Re}(s)\geqslant c_1>c$上绝对收敛而且一致收敛。

2）在$\mathrm{Re}(s)>c$的半平面内，复变函数$F(s)$为解析函数。

证 设$s=\beta+\mathrm{j}\omega$则$|\mathrm{e}^{-st}|=\mathrm{e}^{-\beta t}$由条件（2）可知，对于任何$t$值（$0\leqslant t<+\infty$），有

$$|F(s)|=\left|\int_0^{+\infty}f(t)\mathrm{e}^{-st}\mathrm{d}t\right|\leqslant M\int_0^{+\infty}\mathrm{e}^{-(\beta-c)t}\mathrm{d}t$$

又因为 $\mathrm{Re}(s)=\beta$，即 $\beta-c\geqslant\varepsilon>0$（即 $\beta\geqslant c+\varepsilon=c_1>c$），则

$$\int_0^{+\infty}|f(t)\mathrm{e}^{-st}|\mathrm{d}t\leqslant\int_0^{+\infty}M\mathrm{e}^{-st}\mathrm{d}t=\frac{M}{\varepsilon}$$

根据含参量广义积分的性质可知，在 $\mathrm{Re}(s)\geqslant c_1>c$ 上式子右端的积分不仅绝对收敛而且一致收敛。复变函数 $F(s)$ 为解析函数的证明涉及较深理论，故从略。

需要说明的是这个定理的条件是充分的，工程技术中常见的函数大都能满足这两个条件。一个函数的增大不超过指数级函数与函数要绝对可积这两个条件相比，前者的条件弱得多。如 $u(t)$，$\cos kt$，$\sin kt$，t^n 等函数都不满足傅里叶积分定理中绝对可积的条件，但它们都能满足拉普拉斯变换存在定理中的条件：

（1）$|u(t)|\leqslant1\cdot\mathrm{e}^{0t}$，此处 $M=1$，$c=0$。

（2）$|\cos kt|\leqslant1\cdot\mathrm{e}^{0t}$，此处 $M=1$，$c=0$。

由于 $\lim\limits_{t\to+\infty}\dfrac{t^n}{\mathrm{e}^t}=0$，所以 t 充分大以后，有 $t^n\leqslant\mathrm{e}^t$（故 t^n 是 $M=1$，$c=1$ 的指数级增长函数），即 $|t^n|\leqslant1\cdot\mathrm{e}^t$。这里，$M=1$，$c=0$。由此可见，对于某些问题，拉普拉斯变换的应用更为广泛。

例 8.1.7　已知函数 $f(t)=\begin{cases}2 & 0\leqslant t<2\\3 & t\geqslant2\end{cases}$，求 $f(t)$ 的拉普拉斯变换。

解　利用拉普拉斯变换定义来求。

$$\begin{aligned}\mathscr{L}[f(t)]&=F(s)=\int_0^{\infty}f(t)\mathrm{e}^{-st}\mathrm{d}t=\int_0^2 2\mathrm{e}^{-st}\mathrm{d}t+\int_2^{+\infty}3\mathrm{e}^{-st}\mathrm{d}t\\&=-\frac{2}{s}\mathrm{e}^{-st}\Big|_0^2-\frac{3}{s}\mathrm{e}^{-st}\Big|_2^{+\infty}=\frac{1}{s}(2+\mathrm{e}^{-2s})\end{aligned}$$

人物小传

拉普拉斯（P. S. Laplace，1749—1827）

法国著名数学家、物理学家、天文学家，法国科学院院士。1812 年，拉普拉斯发表了著名的《概率分析理论》一书。总结了当时概率论的研究，论述了概率的一些应用，导入了“拉普拉斯变换”等。在理论上，他把牛顿的万有引力定律应用到整个太阳系，用数学方法证明了行星轨道的大小只有周期性变化，并开始太阳系稳定性研究。1796 年他提出了关于行星起源的“星云假说”理论。

8.2　拉普拉斯变换的性质

下面我们介绍拉普拉斯变换的几个常用性质，它们在今后的拉普拉斯变换的实际应用中都是非常有用的。

性质 8.2.1（线性性质）　设 α，β 是复常数，并且有

$$\mathscr{L}[f_1(t)]=F_1(s),\ \mathscr{L}[f_2(t)]=F_2(s)$$

则有

$$\mathscr{L}[\alpha f_1(t)+\beta f_2(t)]=\alpha\mathscr{L}[f_1(t)]+\beta\mathscr{L}[f_2(t)] \tag{8.2.1}$$

$$\mathscr{L}^{-1}[\alpha F_1(s)+\beta F_2(s)]=\alpha\mathscr{L}^{-1}[F_1(s)]+\beta\mathscr{L}^{-1}[F_2(s)] \tag{8.2.2}$$

证明只需根据拉普拉斯变换定义来证。

例 8.2.1 求 $\mathscr{L}[\cos^2 t]$。

解 $\mathscr{L}[\cos^2 t]=\mathscr{L}\left[\dfrac{1+\cos 2t}{2}\right]=\dfrac{1}{2}\left(\dfrac{1}{s}+\dfrac{s}{s^2+4}\right)$

例 8.2.2 求函数 $F(s)=\dfrac{1}{(s-a)(s-b)}(a\neq b)$ 的拉氏道变换。

解 因为 $F(s)=\dfrac{1}{a-b}\left(\dfrac{1}{s-a}-\dfrac{1}{s-b}\right)$

所以，由式 8.2.2 知：

$$\begin{aligned}\mathscr{L}^{-1}[F(s)]&=\frac{1}{a-b}\mathscr{L}^{-1}\left(\frac{1}{s-a}\right)-\frac{1}{a-b}\mathscr{L}^{-1}\left(\frac{1}{s-b}\right)\\&=\frac{1}{a-b}(\mathrm{e}^{at}-\mathrm{e}^{bt})(\mathrm{Re}(s))>\max(\mathrm{Re}(a),\mathrm{Re}(b))\end{aligned}$$

性质 8.2.2（相似性质）设 $F(s)=\mathscr{L}[f(t)](a>0)$，则

$$\mathscr{L}[f(at)]=\frac{1}{a}F\left(\frac{s}{a}\right) \tag{8.2.3}$$

证 根据拉普拉斯变换的定义，有

$$\begin{aligned}\mathscr{L}[f(at)]&=\int_0^{+\infty}f(at)\mathrm{e}^{-st}\mathrm{d}t\xlongequal{\text{令 } at=\tau}\int_0^{+\infty}f(\tau)\mathrm{e}^{-\frac{s}{a}\tau}\frac{1}{a}\mathrm{d}\tau\\&=\frac{1}{a}F\left(\frac{s}{a}\right)\end{aligned}$$

注：a 为任意数时性质 2 为 $\mathscr{L}[f(at)]=\dfrac{1}{|a|}F\left(\dfrac{s}{a}\right)$

例 8.2.3 求 $\mathscr{L}(\cos kt),(k>0)$

解 因为 $\mathscr{L}(\cos t)=\dfrac{s}{s^2+1}$，由相似性质

$$\mathscr{L}(\cos kt)=\frac{1}{k}\frac{\frac{s}{k}}{\left(\frac{s}{k}\right)^2+1}=\frac{s}{s^2+k^2}。$$

性质 8.2.3（导函数的拉氏变换——微分性质 1）设 $\mathscr{L}[f(t)]=F(s)$，则有

$$\mathscr{L}[f'(t)]=sF(s)-f(0^+) \tag{8.2.4}$$

证 根据拉普拉斯变换的定义，有

$$\mathscr{L}[f'(t)] = \int_0^{+\infty} f'(t)\mathrm{e}^{-st}\mathrm{d}t$$

利用分部积分法，可得

$$\int_0^{+\infty} f'(t)\mathrm{e}^{-st}\mathrm{d}t = f(t)\mathrm{e}^{-st}\Big|_0^{+\infty} + s\int_0^{+\infty} f(t)\mathrm{e}^{-st}\mathrm{d}t$$

$$= s\mathscr{L}[f(t)] - f(0^+) \quad (\mathrm{Re}(s) > c)$$

所以 $$\mathscr{L}[f'(t)] = sF(s) - f(0^+)$$

同理可推得：若 $\mathscr{L}[f(t)] = F(s)$，则有

$$\mathscr{L}[f''(t)] = s^2F(s) - sf(0) - f'(0)$$

一般地

$$\mathscr{L}[f^{(n)}(t)] = s^nF(s) - s^{n-1}f(0) - s^{n-2}f'(0) - \cdots - f^{(n-1)}(0) \quad (\mathrm{Re}(s) > c) \tag{8.2.5}$$

其中，$f^{(k)}(0)$ 应理解为 $\lim\limits_{t\to 0^+} f^{(k)}(t)$。

特别地，当初值 $f(0) = f'(0) = \cdots = f^{(n-1)}(0) = 0$ 时，有

$$\mathscr{L}[f'(t)] = sF(s),\ \mathscr{L}[f''(t)] = s^2F(s),\ \cdots,\ \mathscr{L}[f^{(n)}(t)] = s^nF(s) \tag{8.2.6}$$

此性质常常用来帮助我们将 $f(t)$ 的微分方程转化为用 $F(s)$ 的代数式来解。

例 8.2.4 求微分方程 $y'' + 2y' - 3y = \mathrm{e}^{-t}$ 满足初始条件 $y|_{t=0} = 0$，$y'|_{t=0} = 1$ 的解。

解 设微分方程的解 $y = y(t)$ $(t \geqslant 0)$ 且设 $\mathscr{L}[y(t)] = Y(s)$。对微分方程的两边取拉普拉斯变换，并考虑到初始条件，则得

$$s^2Y(s) - 1 + 2sY(s) - 3Y(s) = \frac{1}{s+1}$$

这是含未知量 $Y(s)$ 的代数方程，整理后解出 $Y(s)$，得

$$Y(s) = \frac{s+2}{(s+1)(s-1)(s+3)}$$

这便是所求函数的拉普拉斯变换，取它的拉普拉斯逆变换便可以得出所求函数 $y(t)$。

为了求 $Y(s)$ 的逆变换，将它化为部分分式的形式

$$Y(s) = \frac{s+2}{(s+1)(s-1)(s+3)} = \frac{-\frac{1}{4}}{(s+1)} + \frac{\frac{3}{8}}{(s-1)} + \frac{-\frac{1}{8}}{(s+3)}$$

取逆变换，最后得

$$y(t) = -\frac{1}{4}e^{-t} + \frac{3}{8}e^{t} - \frac{1}{8}e^{-3t}$$
$$= \frac{1}{8}(3e^{t} - 2e^{-t} - e^{-3t})$$

例 8.2.5 利用微分性质，也可求函数 $f(t) = t^m$ 的拉普拉斯变换，其中 m 是正整数。

解 由于 $f(0) = f'(0) = \cdots = f^{(m-1)}(0) = 0$，而 $f^{(m)}(t) = m!$，所以

$$\mathscr{L}[m!] = \mathscr{L}[f^{(m)}(t)] = s^m\mathscr{L}[f(t)] - s^{m-1}f(0) - s^{m-2}f'(0) - \cdots - f^{(m-1)}(0)$$

由条件得

$$\mathscr{L}[m!] = s^m\mathscr{L}[t^m]$$

从而

$$\mathscr{L}[m!] = m!\mathscr{L}[1] = \frac{m!}{s}$$

所以可得公式

$$\mathscr{L}[t^m] = \frac{m!}{s^{m+1}} \quad (\mathrm{Re}(s) > 0)$$

性质 8.2.4（象函数的导数——微分性质 2）若 $\mathscr{L}[f(t)] = F(s)$，则

$$F'(s) = -\mathscr{L}[tf(t)] \quad (\mathrm{Re}(s) > c) \tag{8.2.7}$$

证 根据拉普拉斯变换的定义，有

$$F'(s) = \left(\int_0^{+\infty} f(t)e^{-st}dt\right)' = \int_0^{+\infty} -tf(t)e^{-st}dt = \mathscr{L}[-tf(t)]$$

一般地，有

$$F^{(n)}(s) = (-1)^n\mathscr{L}[t^nf(t)] \quad (\mathrm{Re}(s) > c) \tag{8.2.8}$$

我们常常用象函数的导数来求拉普拉斯逆变换

$$\mathscr{L}^{-1}[F'(s)] = -tf(t)$$

即

$$f(t) = -\frac{1}{t}\mathscr{L}^{-1}[F'(s)]$$

例 8.2.6 求 $F(s) = \ln\dfrac{s^2+1}{s^2}$ 的拉普拉斯逆变换。

解 由性质 4 知道，$F'(s) = \dfrac{2s}{s^2+1} - \dfrac{2}{s}$，则有

$$\mathscr{L}^{-1}[F'(s)] = 2\cos t - 2u(t),$$

所以

$$f(t) = -\frac{1}{t}\mathscr{L}^{-1}[F'(s)] = -\frac{1}{t}(2\cos t - 2) = \frac{2}{t}(1 - \cos t) \quad (t > 0)$$

例 8.2.7　求函数 $f(t) = t\sin 4t$ 的拉普拉斯变换。

解　因为 $\mathscr{L}[\sin kt] = \dfrac{k}{s^2+k^2}$，根据上述象函数的微分性质可知

$$\mathscr{L}[t\sin 4t] = -\frac{\mathrm{d}}{\mathrm{d}s}\left(\frac{4}{s^2+16}\right) = \frac{8s}{(s^2+16)^2} \quad (\mathrm{Re}(s)>0)$$

性质 8.2.5（积分的象函数——积分性质 1）　设 $\mathscr{L}[f(t)] = F(s)$，则

$$\mathscr{L}\left[\int_0^t f(t)\,\mathrm{d}t\right] = \frac{1}{s}F(s) \tag{8.2.9}$$

证　设 $h(t) = \int_0^t f(t)\,\mathrm{d}t$，则有 $h'(t) = f(t)$，且 $h(0) = 0$。

由上述微分性质，可得

$$\mathscr{L}[h'(t)] = s\mathscr{L}[h(t)] - h(0) = s\mathscr{L}[h(t)]$$

即

$$\mathscr{L}\left[\int_0^t f(t)\,\mathrm{d}t\right] = \frac{1}{s}\mathscr{L}[f(t)] = \frac{1}{s}F(s)$$

根据推理可得到其一般式为

$$\mathscr{L}\left\{\int_0^t \mathrm{d}t\int_0^t \mathrm{d}t\cdots\int_0^t f(t)\,\mathrm{d}t\right\} = \frac{1}{s^n}F(s) \tag{8.2.10}$$

例 8.2.8　求 $\mathscr{L}\left[t\int_0^t \tau\mathrm{e}^{-3\tau}\sin 2\tau\mathrm{d}\tau\right]$。

解

$$\begin{aligned}
&\mathscr{L}\left[t\int_0^t \tau\mathrm{e}^{-3\tau}\sin 2\tau\mathrm{d}\tau\right]\text{(由微分性质)}\\
&= -\frac{\mathrm{d}}{\mathrm{d}s}\mathscr{L}\left[\int_0^t \tau\mathrm{e}^{-3\tau}\sin 2\tau\mathrm{d}\tau\right]\text{(由积分性质)}\\
&= -\frac{\mathrm{d}}{\mathrm{d}s}\left\{\frac{1}{s}\mathscr{L}[t\mathrm{e}^{-3t}\sin 2t]\right\}\text{(由微分性质)}\\
&= -\frac{\mathrm{d}}{\mathrm{d}s}\left\{\frac{1}{s}\left(-\frac{\mathrm{d}}{\mathrm{d}s}\mathscr{L}[\mathrm{e}^{-3t}\sin 2t]\right)\right\} = \frac{\mathrm{d}}{\mathrm{d}s}\left\{\frac{1}{s}\left(\frac{\mathrm{d}}{\mathrm{d}s}\mathscr{L}[\mathrm{e}^{-3t}\sin 2t]\right)\right\}\\
&= \frac{\mathrm{d}}{\mathrm{d}s}\left\{\frac{1}{s}\left(\frac{\mathrm{d}}{\mathrm{d}s}\left[\frac{2}{(s+3)^2+4}\right]\right)\right\} = \frac{4(4s^3+27s^2+54s+39)}{s^2(s^2+6s+13)^3}
\end{aligned}$$

性质 8.2.6（象函数的积分——积分性质 2）设 $\mathscr{L}[f(t)] = F(s)$，则

$$\mathscr{L}\left[\frac{f(t)}{t}\right] = \int_s^\infty F(s)\,\mathrm{d}s \tag{8.2.11}$$

或

$$f(t) = t\mathscr{L}^{-1}\left[\int_s^\infty F(s)\,\mathrm{d}s\right]$$

证　根据拉普拉斯变换的定义，有

$$\int_s^{+\infty} F(s)\mathrm{d}s = \int_s^{+\infty}\left(\int_0^{+\infty} f(t)\mathrm{e}^{-st}\mathrm{d}t\right)\mathrm{d}s = \int_0^{+\infty}\left(\int_s^{+\infty} f(t)\mathrm{e}^{-st}\mathrm{d}s\right)\mathrm{d}t$$

$$= \int_0^{+\infty}\left[-\frac{f(t)}{t}\mathrm{e}^{-st}\right]\Bigg|_s^{+\infty}\mathrm{d}t = \int_0^{+\infty}\frac{f(t)}{t}\mathrm{e}^{-st}\mathrm{d}t = \mathscr{L}\left[\frac{f(t)}{t}\right]$$

根据推理可得到其一般式为

$$\mathscr{L}\left[\frac{f(t)}{t^n}\right] = \underbrace{\int_s^{\infty}\mathrm{d}s\int_s^{\infty}\mathrm{d}s\cdots\int_s^{\infty}}_{n次} F(s)\mathrm{d}s \tag{8.2.12}$$

证明留给读者。

例 8.2.9 求函数$f(t)=\dfrac{1-\mathrm{e}^{kt}}{t}$的拉普拉斯变换。

解 根据上述象函数的积分性质可知

$$\mathscr{L}\left[\frac{1-\mathrm{e}^{kt}}{t}\right] = \int_s^{\infty}\mathscr{L}[1-\mathrm{e}^{kt}]\mathrm{d}s = \int_s^{\infty}\left[\frac{1}{s}-\frac{1}{s-k}\right]\mathrm{d}s = \ln\frac{s}{s-k}\Bigg|_s^{\infty} = \ln\frac{s-k}{s}$$

如果积分$\displaystyle\int_0^{+\infty}\frac{f(t)}{t}\mathrm{d}t$存在，由性质知道当$s=0$，则有公式

$$\int_0^{+\infty}\frac{f(t)}{t}\mathrm{d}t = \int_0^{+\infty}F(s)\mathrm{d}s \tag{8.2.13}$$

其中，$F(s)=\mathscr{L}[f(t)]$。这一公式，常用来计算某些积分。

例 8.2.10 求广义积分$\displaystyle\int_0^{+\infty}\frac{\sin t}{t}\mathrm{d}t$。

解 因为 $\mathscr{L}[\sin t]=\dfrac{1}{s^2+1}$，则由公式得

$$\int_0^{+\infty}\frac{\sin t}{t}\mathrm{d}t = \int_0^{+\infty}\frac{1}{s^2+1}\mathrm{d}s = \arctan s\Big|_0^{+\infty} = \frac{\pi}{2}$$

这与狄氏（Dirichlet）积分的结果完全一致。

例 8.2.11 应用拉氏变换求下列积分。

(1) $\displaystyle\int_0^{+\infty} t^3\mathrm{e}^{-t}\sin t\mathrm{d}t$； (2) $\displaystyle\int_0^{+\infty}\frac{\sin^2 t}{t^2}\mathrm{d}t$； (3) $\displaystyle\int_0^{+\infty}\mathrm{e}^{-t}\sin t\mathrm{d}t$。

解 (1) $\displaystyle\int_0^{+\infty} t^3\mathrm{e}^{-t}\sin t\mathrm{d}t = -\left(\frac{1}{s^2+1}\right)^{(3)}\Bigg|_{s=1}$

$$= \frac{-12s^3+36s^2-24s}{(s^2+1)^4}\Bigg|_{s=1} = 0$$

(2) $\displaystyle\int_0^{+\infty}\frac{\sin^2 t}{t^2}\mathrm{d}t = -\int_0^{+\infty}\sin^2 t\mathrm{d}\frac{1}{t} = -\frac{\sin^2 t}{t}\Bigg|_0^{+\infty} + \int_0^{+\infty}\frac{\sin 2t}{t}\mathrm{d}t$

$$= \int_0^{+\infty}\frac{\sin 2t}{t}\mathrm{d}t = \int_0^{+\infty}\mathscr{L}[\sin 2t]\mathrm{d}s$$

$$= \int_0^{+\infty} \frac{2}{s^2+4} ds = \arctan \frac{s}{2} \Big|_0^{+\infty} = \frac{\pi}{2}$$

(3) $\int_0^{+\infty} e^{-t}\sin t dt = \int_0^{+\infty} \frac{te^{-t}\sin t}{t} dt = \int_0^{+\infty} \mathscr{L}[te^{-t}\sin t] ds$

$$= -\int_0^{+\infty} \left[\frac{1}{(s+1)^2+1}\right] ds = -\frac{1}{(s+1)^2+1}\Big|_0^{+\infty} = \frac{1}{2}$$

性质 8.2.7（象函数的位移性质——位移性质 1） 设 $\mathscr{L}[f(t)] = F(s)$，则有

$$\mathscr{L}[e^{at}f(t)] = F(s-a) \quad (\mathrm{Re}\,(s-a) > c) \tag{8.2.14}$$

证 根据拉普拉斯定义，有

$$\mathscr{L}[e^{at}f(t)] = \int_0^{+\infty} e^{at}f(t)e^{-st}dt = \int_0^{+\infty} f(t)e^{-(s-a)t}dt = F(s-a)$$

由此看出，上式右方只是在 $F(s)$ 中把 s 换成 $s-a$，所以得公式

$$\mathscr{L}[e^{at}f(t)] = F(s-a) \quad (\mathrm{Re}\,(s-a) > c)$$

例如，运用公式可有如下结论

$$\mathscr{L}[e^{at}t^5] = \frac{5!}{(s-a)^6}$$

$$\mathscr{L}[e^{-at}\sin kt] = \frac{k}{(s+a)^2+k^2}$$

$$\mathscr{L}[e^{at}u(t)] = \frac{1}{s-a}$$

性质 8.2.8（时间的延迟性质——位移性质 2） 设 $\mathscr{L}[f(t)] = F(s)$，当 $t<0$ 时，$f(t)=0$，则对于任一非负实数 τ，有

$$\mathscr{L}[u(t-\tau)f(t-\tau)] = e^{-\tau s}F(s) \tag{8.2.15}$$

其逆变换为 $\mathscr{L}^{-1}[e^{-\tau s}F(s)] = u(t-\tau)f(t-\tau)$

证 根据拉普拉斯变换定义，有

$$\mathscr{L}[u(t-\tau)f(t-\tau)] = \int_0^{+\infty} u(t-\tau)f(t-\tau)e^{-st}dt$$

$$= \int_\tau^{+\infty} u(t-\tau)f(t-\tau)e^{-st}dt$$

（由条件可知，当 $t<\tau$ 时，$f(t-\tau)=0$）

所以对积分，令 $t-\tau=u$，则

$$\mathscr{L}[u(t-\tau)f(t-\tau)] = \int_0^{+\infty} f(u)e^{-s(u+\tau)}du$$

$$= e^{-s\tau}\int_0^{+\infty} f(u)e^{-su}du = e^{-s\tau}F(s)$$

函数$f(t-\tau)$与$f(t)$相比，$f(t)$是从$t=0$开始有非零数值，而$f(t-\tau)$是从$t=\tau$开始才有非零数值，即延迟了一个时间τ。从它们的图像来看，$f(t-\tau)$的图像是由$f(t)$的图像沿t轴向右平移距离τ而得，如图8.2.1所示。显然可得

$$\mathscr{L}[u(t-\tau)]=\mathrm{e}^{-s\tau}\frac{1}{s}$$

$$\mathscr{L}[\mathrm{e}^{t-\tau}u(t-\tau)]=\mathrm{e}^{-s\tau}\frac{1}{s-1}$$

$$\mathscr{L}[\mathrm{e}^{t-\tau}]=\mathrm{e}^{-\tau}\frac{1}{s-1}$$

$$\mathscr{L}[f(t-\tau)u(t-\tau)]=\mathrm{e}^{-s\tau}F(s)$$

$$\mathscr{L}[\mathrm{e}^{t}u(t-\tau)]=\mathrm{e}^{\tau}\mathscr{L}[\mathrm{e}^{t-\tau}u(t-\tau)]=\mathrm{e}^{\tau}\frac{\mathrm{e}^{-s\tau}}{s-1}$$

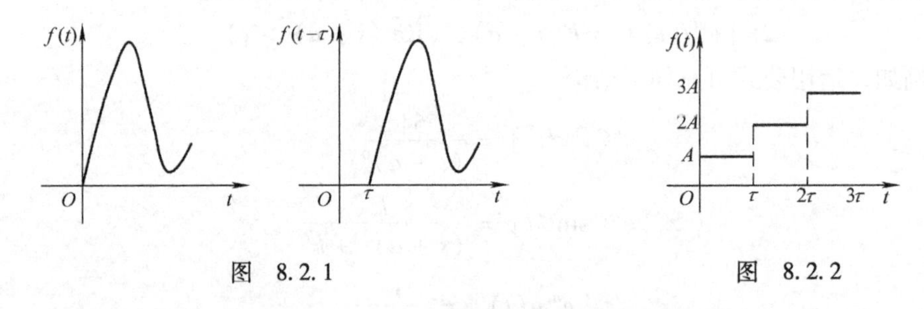

图 8.2.1　　　　图 8.2.2

例 8.2.12 求如图8.2.2所示的阶梯函数$f(t)$的拉普拉斯变换。

解 利用单位阶跃函数，可将这个阶梯函数表示为

$$f(t)=A[u(t)+u(t-\tau)+u(t-2\tau)+\cdots]=\sum_{k=0}^{\infty}Au(t-k\tau)$$

上式两边取拉普拉斯变换，再由拉普拉斯变换的线性性质及延迟性质，可得

$$\mathscr{L}[f(t)]=A\left(\frac{1}{s}+\frac{1}{s}\mathrm{e}^{-s\tau}+\frac{1}{s}\mathrm{e}^{-2s\tau}+\frac{1}{s}\mathrm{e}^{-3s\tau}+\cdots\right)$$

当$\mathrm{Re}(s)>0$时，有$|\mathrm{e}^{-s\tau}|<1$，所以上式右端圆括号中为一公比的模小于1的等比级数，从而

$$\mathscr{L}[f(t)]=\frac{A}{s}\frac{1}{1-\mathrm{e}^{-s\tau}}=\frac{A}{s}\frac{1}{(1-\mathrm{e}^{-\frac{s\tau}{2}})(1+\mathrm{e}^{-\frac{s\tau}{2}})}$$

$$=\frac{A}{2s}\left(1+\coth\frac{s\tau}{2}\right)\quad(\mathrm{Re}(s)>0)$$

一般地，若$\mathscr{L}[f(t)]=F(s)$，则对任意$\tau>0$，有

$$\mathscr{L}\left[\sum_{k=0}^{\infty}f(t-k\tau)\right]=\sum_{k=0}^{\infty}\mathscr{L}[f(t-k\tau)]$$

$$=F(s)\frac{1}{1-\mathrm{e}^{-s\tau}}\quad(\mathrm{Re}(s)>c)$$

性质 8.2.9（周期函数的拉普拉斯变换公式）设$f(t)$是以T为周期的周期函数，即$f(t+T)=f(t)(T>0)$，则

$$\mathscr{L}[f(t)]=\frac{1}{1-\mathrm{e}^{-sT}}\int_0^T f(t)\mathrm{e}^{-st}\mathrm{d}t \tag{8.2.16}$$

证 由定义

$$\mathscr{L}[f(t)]=\int_0^{+\infty}f(t)\mathrm{e}^{-st}\mathrm{d}t=\int_0^T f(t)\mathrm{e}^{-st}\mathrm{d}t+\int_T^{+\infty}f(t)\mathrm{e}^{-st}\mathrm{d}t$$

对积分$\int_T^{+\infty}f(t)\mathrm{e}^{-st}\mathrm{d}t$作变量代换，令$u=t-T$，则

$$\mathscr{L}[f(t)]=\int_0^T f(t)\mathrm{e}^{-st}\mathrm{d}t+\int_0^{+\infty}\mathrm{e}^{-sT}f(u)\mathrm{e}^{-su}\mathrm{d}u=\int_0^T f(t)\mathrm{e}^{-st}\mathrm{d}t+\mathrm{e}^{-sT}\mathscr{L}[f(t)]$$

故有

$$\mathscr{L}[f(t)]=\frac{1}{1-\mathrm{e}^{-sT}}\int_0^T f(t)\mathrm{e}^{-st}\mathrm{d}t$$

例 8.2.13 求周期性三角波$f(t)=\begin{cases}t & 0\leqslant t<b\\ 2b-t & b\leqslant t<2b\end{cases}$，且$f(t+2b)=f(t)$的拉普拉斯变换。

解 利用公式

$$\mathscr{L}[f(t)]=\frac{1}{1-\mathrm{e}^{-2bs}}\int_0^{2b}f(t)\mathrm{e}^{-st}\mathrm{d}t=\frac{1}{1-\mathrm{e}^{-2bs}}\left[\int_0^b t\mathrm{e}^{-st}\mathrm{d}t+\int_b^{2b}(2b-t)\mathrm{e}^{-st}\mathrm{d}t\right]$$

$$=\frac{1}{1-\mathrm{e}^{-2bs}}(1-\mathrm{e}^{-bs})^2\frac{1}{s^2}=\frac{1}{s^2}\frac{(1-\mathrm{e}^{-bs})^2}{(1-\mathrm{e}^{-bs})(1+\mathrm{e}^{-bs})}$$

$$=\frac{1}{s^2}\frac{1-\mathrm{e}^{-bs}}{1+\mathrm{e}^{-bs}}=\frac{1}{s^2}\tanh\frac{bs}{2}$$

在傅里叶变换中我们已经讨论过卷积的概念，两个函数的卷积是指

$$f_1(t)*f_2(t)=\int_{-\infty}^{+\infty}f_1(\tau)f_2(t-\tau)\mathrm{d}\tau$$

当$t<0$时$f_1(t)$与$f_2(t)$无定义，则上式可写成

$$f_1(t)*f_2(t)=\int_{-\infty}^0 f_1(\tau)f_2(t-\tau)\mathrm{d}\tau+\int_0^t f_1(\tau)f_2(t-\tau)\mathrm{d}\tau+\int_t^{+\infty}f_1(\tau)f_2(t-\tau)\mathrm{d}\tau$$

$$=\int_0^t f_1(\tau)f_2(t-\tau)\mathrm{d}\tau \tag{8.2.17}$$

例 8.2.14 求函数$\delta(t-a)$与$f(t)$的卷积。

解 根据卷积定义得

$$
\begin{aligned}
\delta(t-a)*f(t) &= \int_0^t \delta(\tau-a)f(t-\tau)\,\mathrm{d}\tau \\
&= \int_{-\infty}^0 \delta(\tau-a)f(t-\tau)\,\mathrm{d}\tau + \int_0^t \delta(\tau-a)f(t-\tau)\,\mathrm{d}\tau + \int_t^{+\infty} \delta(\tau-a)f(t-\tau)\,\mathrm{d}\tau \\
&= \int_{-\infty}^{+\infty} \delta(\tau-a)f(t-\tau)\,\mathrm{d}\tau
\end{aligned}
$$

利用 $\delta(t)$ 函数的性质可得

$$
\delta(t-a)*f(t) = \begin{cases} f(t-a) & 0 \leqslant a \leqslant t \\ 0 & t > a \end{cases}
$$

性质 8.2.10（卷积性质）

（1）$|f_1(t)*f_2(t)| \leqslant |f_1(t)| * |f_2(t)|$

（2）满足交换律 $f_1(t)*f_2(t) = f_2(t)*f_1(t)$

（3）满足结合律 $f_1(t)*[f_2(t)*f_3(t)] = [f_1(t)*f_2(t)]*f_3(t)$

（4）满足分配律 $f_1(t)*[f_2(t)+f_3(t)] = f_1(t)*f_2(t) + f_1(t)*f_3(t)$

定理 8.2.1（卷积定理）假定 $f_1(t)$，$f_2(t)$ 满足拉普拉斯变换存在定理中的条件，且

$$
\mathscr{L}[f_1(t)] = F_1(s),\ \mathscr{L}[f_2(t)] = F_2(s)
$$

则有

$$
\mathscr{L}[f_1(t)*f_2(t)] = F_1(s)\cdot F_2(s) \tag{8.2.18}
$$

或

$$
\mathscr{L}^{-1}[F_1(s)\cdot F_2(s)] = f_1(t)*f_2(t)
$$

证 显然 $f_1(t)*f_2(t)$ 满足拉普拉斯变换存在定理的条件，它的变换式为

$$
\mathscr{L}[f_1(t)*f_2(t)] = \int_0^{+\infty} [f_1(t)*f_2(t)]\mathrm{e}^{-st}\mathrm{d}t = \int_0^{+\infty}\left[\int_0^t f_1(\tau)f_2(t-\tau)\,\mathrm{d}\tau\right]\mathrm{e}^{-st}\mathrm{d}t
$$

从上面这个积分式子可以看出，积分区域如图 8.2.3 所示（阴影部分）。由于二重积分绝对可积，可以交换积分次序，即

$$
\mathscr{L}[f_1(t)*f_2(t)] = \int_0^{+\infty} f_1(\tau)\left[\int_\tau^{+\infty} f_2(t-\tau)\mathrm{e}^{-st}\mathrm{d}t\right]\mathrm{d}\tau
$$

图 8.2.3

令 $t-\tau=u$，则

$$
\int_\tau^{+\infty} f_2(t-\tau)\mathrm{e}^{-st}\mathrm{d}t = \int_0^{+\infty} f_2(u)\mathrm{e}^{-s(u+\tau)}\mathrm{d}u = \mathrm{e}^{-s\tau}F_2(s)
$$

所以

$$
\begin{aligned}
\mathscr{L}[f_1(t)*f_2(t)] &= \int_0^{+\infty} f_1(\tau)\mathrm{e}^{-s\tau}F_2(s)\,\mathrm{d}\tau \\
&= F_2(s)\int_0^{+\infty} f_1(\tau)\mathrm{e}^{-s\tau}\mathrm{d}\tau = F_1(s)\cdot F_2(s)
\end{aligned}
$$

推论 若$f_k(t)$（$k=1, 2, \cdots, n$）满足拉普拉斯变换存在定理中的条件，且

$$\mathscr{L}[f_k(t)] = F_k(s)(k=1,2,\cdots,n)$$

则有 $$\mathscr{L}[f_1(t) * f_2(t) * \cdots * f_n(t)] = F_1(s) \cdot F_2(s) \cdot \cdots \cdot F_n(s)$$

例 8.2.15 求函数$f_1(t) = f_2(t) = e^{-2t}\sin 3t$ 的卷积，即求

$$e^{-2t}\sin 3t * e^{-2t}\sin 3t。$$

解 因为 $\mathscr{L}[e^{-2t}\sin 3t] = \dfrac{3}{(s+2)^2+9}$

所以 $$\begin{aligned}\mathscr{L}^{-1}\left[\frac{9}{[(s+2)^2+9]^2}\right] &= e^{-2t} \cdot \mathscr{L}^{-1}\left[\frac{9}{(s^2+9)^2}\right] \\ &= e^{-2t} \cdot \mathscr{L}^{-1}\left[\frac{1}{2}\frac{s^2+9-(s^2-9)}{(s^2+9)^2}\right] \\ &= \frac{1}{2}e^{-2t}\left\{\mathscr{L}^{-1}\left[\frac{1}{s^2+9}\right] - \mathscr{L}^{-1}\left[\frac{s^2-9}{(s^2+9)^2}\right]\right\} \\ &= \frac{1}{2}e^{-2t}\left(\frac{1}{3}\sin 3t - t\cos 3t\right)\end{aligned}$$

例 8.2.16 若 $F(s) = \dfrac{s^2}{(s^2+1)^2}$，求拉普拉斯逆变换$f(t)$。

解 因为 $F(s) = \dfrac{s^2}{(s^2+1)^2} = \dfrac{s}{s^2+1} \cdot \dfrac{s}{s^2+1}$，所以

$$\begin{aligned}f(t) &= \mathscr{L}^{-1}\left[\frac{s}{s^2+1} \cdot \frac{s}{s^2+1}\right] = \cos t * \cos t = \int_0^t \cos\tau\cos(t-\tau)\mathrm{d}\tau \\ &= \frac{1}{2}\int_0^t [\cos t + \cos(2\tau - t)]\mathrm{d}\tau = \frac{1}{2}(t\cos t + \sin t)\end{aligned}$$

性质 8.2.11*（初值定理）若 $\mathscr{L}[f(t)] = F(s)$，且 $\lim\limits_{s\to\infty} sF(s)$ 存在，则

$$f(0^+) = \lim_{s\to\infty} sF(s) \tag{8.2.19}$$

证 根据拉普拉斯变换的微分性质，有

$$\mathscr{L}[f'(t)] = s\mathscr{L}[f(t)] - f(0^+) = sF(s) - f(0^+)$$

由于条件已假定 $\lim\limits_{s\to\infty} sF(s)$ 存在，故 $\lim\limits_{\mathrm{Re}(s)\to+\infty} sF(s)$ 亦必存在，且两者相等，即

$$\lim_{s\to\infty} sF(s) = \lim_{\mathrm{Re}(s)\to+\infty} sF(s)$$

在前式两端取 $\mathrm{Re}(s) \to +\infty$ 时的极限，得

$$\lim_{\mathrm{Re}(s)\to+\infty} \mathscr{L}[f'(t)] = \lim_{\mathrm{Re}(s)\to+\infty} [sF(s) - f(0^+)] = \lim_{s\to\infty} sF(s) - f(0)$$

但

$$\lim_{\mathrm{Re}(s)\to+\infty} \mathscr{L}[f'(t)] = \lim_{\mathrm{Re}(s)\to+\infty} \int_0^{+\infty} f'(t)e^{-st}\mathrm{d}t = \int_0^{+\infty} \lim_{\mathrm{Re}(s)\to+\infty} f'(t)e^{-st}\mathrm{d}t = 0$$

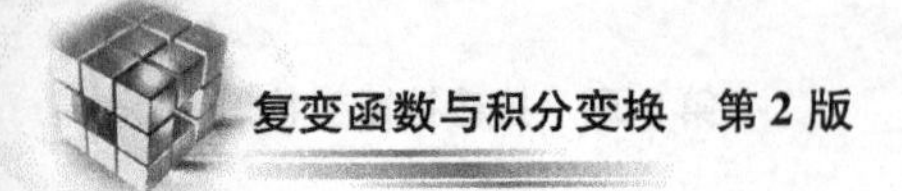

所以

$$\lim_{s\to\infty} sF(s) - f(0^+) = 0$$

即
$$\lim_{t\to 0^+} f(t) = f(0^+) = \lim_{s\to\infty} sF(s)$$

性质 8.2.12*（终值定理）若 $\mathscr{L}[f(t)] = F(s)$，且 $sF(s)$ 在包含虚轴的右半平面内解析，则

$$\lim_{t\to+\infty} f(t) = \lim_{s\to 0} sF(s) \tag{8.2.20}$$

或写为
$$f(+\infty) = \lim_{s\to 0} sF(s)$$

证 根据终值定理给出的条件和拉普拉斯微分性质

$$\mathscr{L}[f'(t)] = sF(s) - f(0)$$

两边取 $s\to 0$ 的极限，得

$$\lim_{s\to 0}\mathscr{L}[f'(t)] = \lim_{s\to 0}[sF(s) - f(0)] = \lim_{s\to 0} sF(s) - f(0)$$

但是

$$\lim_{s\to 0}\mathscr{L}[f'(t)] = \lim_{s\to 0}\int_0^{+\infty} f'(t)\mathrm{e}^{-st}\mathrm{d}t = \int_0^{+\infty} \lim_{s\to 0}\mathrm{e}^{-st}f'(t)\mathrm{d}t$$

$$= \int_0^{+\infty} f'(t)\mathrm{d}t = f(t)\Big|_0^{+\infty} = \lim_{t\to+\infty} f(t) - f(0)$$

所以
$$\lim_{t\to+\infty} f(t) = \lim_{s\to 0} sF(s)$$

在拉普拉斯变换的实际应用中，往往先得到 $F(s)$ 再去求出 $f(t)$。但有时并不关心函数 $f(t)$ 的表达式，而是需要知道 $f(t)$ 在 $t\to 0$ 或 $t\to+\infty$ 时的性态。上述两个性质为我们计算这两种性态提供了方便，能使我们直接由 $F(s)$ 来求出 $f(t)$ 的两个特殊值 $f(0)$，$f(+\infty)$。

例 8.2.17 若 $\mathscr{L}[f(t)] = \dfrac{1}{s+a}$，求 $f(0^+)$，$f(+\infty)$。

解 根据公式有

$$f(0^+) = \lim_{s\to\infty} sF(s) = \lim_{s\to\infty}\frac{s}{s+a} = 1$$

$$f(+\infty) = \lim_{s\to 0} sF(s) = \lim_{s\to 0}\frac{s}{s+a} = 0$$

我们已经知道 $\mathscr{L}[\mathrm{e}^{-at}] = \dfrac{1}{s+a}$，即 $f(t) = \mathrm{e}^{-at}$。显然，上面所求结果与直接由 $f(t)$ 所计算的结果是一致的。但应用终值定理时需要注意是否满足定理条件，例如，设函数 $f(t)$ 的 $F(s) = \dfrac{1}{s^2+1}$，则 $sF(s) = \dfrac{s}{s^2+1}$ 的奇点为 $s = \pm\mathrm{j}$ 位于虚轴上，就不满足定理的条件。虽然

$$\lim_{s\to0} sF(s)=\lim_{s\to0}\frac{s}{s^2+1}=0$$

而 $\qquad f(t)=\mathscr{L}^{-1}\left[\frac{1}{s^2+1}\right]=\sin t$，$\lim\limits_{t\to+\infty}f(t)=\lim\limits_{t\to+\infty}\sin t$

是不存在的。

例 8.2.18 求 $\mathscr{L}\left[\int_t^{+\infty}\frac{\cos x}{x}dx\right]$。

解 设 $\mathscr{L}[f(t)]=\mathscr{L}\left[\int_t^{+\infty}\frac{\cos x}{x}dx\right]=F(s)$，则有

$$f'(t)=-\frac{\cos t}{t}$$

推出 $$\mathscr{L}[tf'(t)]=-\mathscr{L}[\cos t]$$

由微分性质得

$$\mathscr{L}[\cos t]=\frac{d}{ds}[sF(s)-f(0)]=\frac{s}{1+s^2}$$

因为 $\frac{d}{ds}f(0)=0$，再对 s 积分，有

$$sF(s)=\int\frac{s}{1+s^2}ds=\frac{1}{2}\ln(1+s^2)+c$$

依终值定理得 $$\lim_{t\to+\infty}f(t)=\lim_{s\to0}sF(s)=c=0$$

从而知 $F(s)=\frac{1}{2}\ln(1+s^2)$，即

$$\mathscr{L}\left[\int_t^{+\infty}\frac{\cos x}{x}dx\right]=\frac{1}{2s}\ln(1+s^2)$$

例 8.2.19 求 $\mathscr{L}[te^{\alpha t}\cos\beta t]$,其中 α,β 为常数。

解 先用微分性质，再用平移性质。

因为 $\mathscr{L}[\cos\beta t]=\frac{s}{s^2+\beta^2}$

由微分性质得 $\mathscr{L}[t\cos\beta t]=-\frac{d}{ds}\left[\frac{s}{s^2+\beta^2}\right]=\frac{s^2-\beta^2}{(s^2+\beta^2)^2}$

又由平移性质得 $\mathscr{L}[te^{\alpha t}\cos\beta t]=\frac{(s-\alpha)^2-\beta^2}{[(s-\alpha)^2+\beta^2]^2}$

例 8.2.20 求以 2 为周期，函数为 $f(t)=t\,(0\leqslant t<2)$ 的拉氏变换 $\mathscr{L}[f(t)]$。

解 显然 $f(t)=t$ 为一个以 2 为周期的函数，有

$$F(s)=\mathscr{L}[f(t)]=\frac{1}{1-e^{-2s}}\int_0^2 te^{-st}dt$$

$$= \frac{1}{1-e^{-2s}}\left(\frac{t}{s}e^{-st} + \frac{e^{-st}}{s^2}\right)\Bigg|_0^2$$

$$= \frac{1+2s}{s^2} - \frac{2}{s(1-e^{-2s})}$$

例 8.2.21 求下列拉氏变换。

(1) $\mathscr{L}\left[t\int_0^t x e^{-3x}\sin 2x dx\right]$； (2) $\mathscr{L}\left[\int_0^t \frac{\sin x}{x}dx\right]$；

(3) $\mathscr{L}\left[\int_0^t \frac{e^{-x}\sin 2x}{x}dx\right]$。

解 (1) 先用微分性质，再用积分性质，再用微分、平移性质。

$$\mathscr{L}\left[t\int_0^t x e^{-3x}\sin 2x dx\right] = -\frac{d}{ds}\mathscr{L}\left[\int_0^t x e^{-3x}\sin 2x dx\right] = -\frac{d}{ds}\left\{\frac{1}{s}\mathscr{L}[te^{-3t}\sin 2t]\right\}$$

$$= -\frac{d}{ds}\left\{\frac{1}{s}\left(-\frac{d}{ds}\mathscr{L}[e^{-3t}\sin 2t]\right)\right\} = \frac{d}{ds}\left\{\frac{1}{s}\left(\frac{d}{ds}\mathscr{L}[e^{-3t}\sin 2t]\right)\right\}$$

$$= \frac{d}{ds}\left\{\frac{1}{s}\left(\frac{d}{ds}\frac{2}{(s+3)^2+4}\right)\right\} = \frac{4(4s^3+27s^2+54s+39)}{s^2(s^2+6s+13)^3}$$

(2) 用积分性质

$$\mathscr{L}\left[\int_0^t \frac{\sin x}{x}dx\right] = \frac{1}{s}F(s) = \frac{1}{s}\mathscr{L}\left[\frac{\sin x}{x}\right] = \frac{1}{s}\int_s^{+\infty}\mathscr{L}[\sin x]ds = \frac{1}{s}\int_s^{+\infty}\frac{1}{s^2+1}ds$$

$$= \frac{1}{s}\arctan s\Bigg|_s^{+\infty} = \frac{1}{s}\left(\frac{\pi}{2} - \arctan s\right)$$

(3) 与 (2) 类似

$$\mathscr{L}\left[\int_0^t \frac{e^{-x}\sin 2x}{x}dx\right] = \frac{1}{s}F(s) = \frac{1}{s}\mathscr{L}\left[\frac{e^{-t}\sin 2t}{t}\right] = \frac{1}{s}\int_s^{+\infty}\mathscr{L}[e^{-t}\sin 2t]ds$$

$$= \frac{1}{s}\int_s^{+\infty}\frac{2}{(s+1)^2+4}ds = \frac{1}{s}\arctan\frac{s+1}{2}\Bigg|_s^{+\infty} = \frac{1}{s}\left(\frac{\pi}{2} - \arctan\frac{s+1}{2}\right)$$

例 8.2.22 求下列函数的拉氏变换。

(1) $f(t) = te^{-3t}\sin 2t$； (2) $f(t) = (t-1)e^{-at}u(t-1)$。

解 (1) 用微分性质，平移性质有

$$F(s) = \mathscr{L}[f(t)] = -\frac{d}{ds}\mathscr{L}[e^{-3t}\sin 2t] = -\left[\frac{2}{(s+3)^2+4}\right]' = \frac{4(s+3)}{[(s+3)^2+4]^2}$$

(2) 用平移性质，延迟性质有

$$F(s) = \mathscr{L}[(t-1)e^{-at}u(t-1)]$$

因为 $\mathscr{L}[t] = \frac{1}{s^2}$, $\mathscr{L}[(t-1)u(t-1)] = \frac{e^{-s}}{s^2}$

所以 $F(s) = \mathscr{L}[(t-1)e^{-at}u(t-1)] = \frac{e^{-(s+a)}}{(s+a)^2}$

注：满足拉普拉斯变换存在定理条件的函数$f(t)$在$t=0$处为有界时，积分

$$\mathscr{L}[f(t)] = \int_0^{+\infty} f(t)\mathrm{e}^{-st}\mathrm{d}t$$

中的下限取0^+或0^-不会影响其结果。但当$f(t)$在$t=0$处包含了脉冲函数时，则拉普拉斯变换的积分下限必须明确指出是0^+还是0^-，因为

$$\mathscr{L}_+[f(t)] = \int_{0^+}^{+\infty} f(t)\mathrm{e}^{-st}\mathrm{d}t$$

$$\mathscr{L}_-[f(t)] = \int_{0^-}^{+\infty} f(t)\mathrm{e}^{-st}\mathrm{d}t = \int_{0^-}^{0^+} f(t)\mathrm{e}^{-st}\mathrm{d}t + \mathscr{L}_+[f(t)]$$

而当$f(t)$在$t=0$附近有界时

$$\int_{0^-}^{0^+} f(t)\mathrm{e}^{-st}\mathrm{d}t = 0\ ,\ \mathscr{L}_-[f(t)] = \mathscr{L}_+[f(t)]$$

当$f(t)$在$t=0$处包含了脉冲函数时，$\int_{0^-}^{0^+} f(t)\mathrm{e}^{-st}\mathrm{d}t \neq 0$，即

$$\mathscr{L}_-[f(t)] \neq \mathscr{L}_+[f(t)]$$

为了考虑这一情况，我们需将进行拉普拉斯变换的函数$f(t)$当$t \geqslant 0$时有定义扩大为当$t>0$及$t=0$时的任意一个邻域内有定义。这样，书中拉普拉斯变换的定义$\mathscr{L}[f(t)] = \int_0^{+\infty} f(t)\mathrm{e}^{-st}\mathrm{d}t$应该写为$\mathscr{L}_-[f(t)] = \int_{0^-}^{+\infty} f(t)\mathrm{e}^{-st}\mathrm{d}t$。但为了书写方便，我们仍写成拉普拉斯定义的形式。

在实际工作中，可通过查表求拉普拉斯变换，查表求函数的拉普拉斯变换要比按定义去做方便得多。

8.3 拉普拉斯逆变换

在实际应用中，用拉普拉斯作为工具求解，虽能将问题化为简单形式，但最后解决问题，必须有拉普拉斯逆变换的过程，即已知象函数$F(s)$求它的象原函数$f(t)$。本节就来解决如何求拉普拉斯逆变换这个问题。

8.3.1 拉普拉斯逆变换公式

因为函数$f(t)$的拉普拉斯变换，实际上就是$f(t)u(t)\mathrm{e}^{-\beta t}$的傅里叶变换，所以有

$$F(\beta + \mathrm{j}\omega) = \int_{-\infty}^{+\infty} f(t)u(t)\mathrm{e}^{-\beta t}\mathrm{e}^{-\mathrm{j}\omega t}\mathrm{d}t$$

$$f(t)u(t)\mathrm{e}^{-\beta t} = \frac{1}{2\pi}\int_{-\infty}^{+\infty} F(\beta + \mathrm{j}\omega)\mathrm{e}^{\mathrm{j}\omega t}\mathrm{d}\omega$$

当 $t>0$ 时，等式两边同乘以 $e^{\beta t}$，并考虑到它与积分变量 ω 无关，则

$$f(t) = \frac{1}{2\pi}\int_{-\infty}^{+\infty} F(\beta + j\omega)e^{(\beta+j\omega)t}d\omega$$

$$= \frac{1}{2\pi j}\int_{-\infty}^{+\infty} F(\beta + j\omega)e^{(\beta+j\omega)t}d(\beta + j\omega)$$

令 $\beta + j\omega = s$，有

$$f(t) = \frac{1}{2\pi j}\int_{\beta-j\infty}^{\beta+j\infty} F(s)e^{st}ds \tag{8.3.1}$$

这就是从象函数 $F(s)$ 求它的象原函数 $f(t)$ 的一般公式。这个复变函数的积分称为**拉普拉斯反演积分**。计算复变函数的积分通常比较困难，但当 $F(s)$ 满足一定条件时，可以用留数方法来计算。

8.3.2　利用留数方法来求拉普拉斯逆变换

设 s_1，s_2，…，s_n 是函数 $F(s)$ 的所有奇点，且 $\lim\limits_{s\to\infty}F(s)=0$，作闭曲线 $C=L+C_R$，C_R 在 $\mathrm{Re}(s)<\beta$ 的区域内是半径为 R 的圆弧，当 R 充分大时，可以使 $F(s)$ 的所有奇点包含在闭曲线 C 围成的区域内，如图 8.3.1 所示。因为同时 e^{st} 在全平面上是解析函数，所以 $F(s)e^{st}$ 的奇点就是 $F(s)$ 的奇点。根据留数定理可得

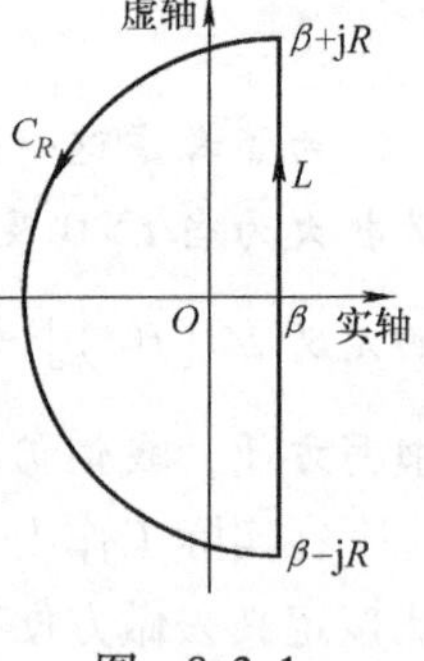

图　8.3.1

$$\oint_C F(s)e^{st}ds = 2\pi j\sum_{k=1}^{n}\mathrm{Res}[F(s)e^{st},s_k]$$

即

$$\frac{1}{2\pi j}\left[\int_{\beta-jR}^{\beta+jR}F(s)e^{st}ds + \int_{C_R}F(s)e^{st}ds\right] = \sum_{k=1}^{n}\mathrm{Res}[F(s)e^{st},s_k]$$

取 $R\to+\infty$ 时的极限，当 $t>0$ 时，且 $\lim\limits_{s\to\infty}F(s)=0$，可以证得

$$\lim_{R\to+\infty}\int_{C_R}F(s)e^{st}ds = 0$$

此结论又称为复变函数论中的约当引理。

从而

$$\frac{1}{2\pi j}\int_{\beta-jR}^{\beta+jR}F(s)e^{st}ds = \sum_{k=1}^{n}\mathrm{Res}[F(s)e^{st},s_k] \quad (t>0)$$

故

$$\mathscr{L}^{-1}[F(s)] = \sum_{k=1}^{n}\mathrm{Res}[F(s)e^{st},s_k]$$

这就得到以下定理：

定理8.3.1 若$\mathscr{L}[f(t)]=F(s)$，$\lim\limits_{s\to\infty}F(s)=0$，$s_1,s_2,\cdots,s_n$是函数$F(s)$的所有奇点，则有

$$\mathscr{L}^{-1}[F(s)]=\frac{1}{2\pi \mathrm{j}}\int_{\beta-\mathrm{j}\infty}^{\beta+\mathrm{j}\infty}F(s)\mathrm{e}^{st}\mathrm{d}s=\sum_{k=1}^{n}\mathrm{Res}[F(s)\mathrm{e}^{st},s_k]$$

即

$$f(t)=\sum_{k=1}^{n}\mathrm{Res}[F(s)\mathrm{e}^{st},s_k]\quad(t>0)\tag{8.3.2}$$

例8.3.1 利用留数方法求$F(s)=\dfrac{1}{s^2(s^2+1)}$的逆变换。

解 这里分母$B(s)=s^2(s^2+1)$，它有两个单零点$s_1=\mathrm{j},s_2=-\mathrm{j}$;一个二级零点$s_3=s_4=0$，且$\lim\limits_{s\to\infty}F(s)=0$，由公式得

$$\begin{aligned}f(t)&=\mathscr{L}^{-1}\left[\frac{1}{s^2(s^2+1)}\right]=\frac{1}{s^2(s+\mathrm{j})}\mathrm{e}^{st}\bigg|_{s=\mathrm{j}}+\\&\quad\frac{1}{s^2(s-\mathrm{j})}\mathrm{e}^{st}\bigg|_{s=-\mathrm{j}}+\left[\frac{1}{s^2+1}\mathrm{e}^{st}\right]'\bigg|_{s=0}\\&=\frac{\mathrm{j}}{2}(\mathrm{e}^{\mathrm{j}t}-\mathrm{e}^{-\mathrm{j}t})+t=-\sin t+t\qquad(t>0)\end{aligned}$$

例8.3.2 利用留数方法求$F(s)=\dfrac{2s+5}{s^2+4s+13}$的逆变换。

解 这里分母$B(s)$有两个单零点$-2\pm3\mathrm{i}$，且$\lim\limits_{s\to\infty}F(s)=0$，由公式可得

$$\begin{aligned}f(t)&=\frac{2s+5}{(s^2+4s+13)'}\mathrm{e}^{st}\bigg|_{s=-2-3\mathrm{i}}+\frac{2s+5}{(s^2+4s+13)'}\mathrm{e}^{st}\bigg|_{s=-2+3\mathrm{i}}\\&=\frac{2s+5}{2s+4}\mathrm{e}^{st}\bigg|_{s=-2-3\mathrm{i}}+\frac{2s+5}{2s+4}\mathrm{e}^{st}\bigg|_{s=-2+3\mathrm{i}}\\&=\left(1+\frac{\mathrm{i}}{6}\right)\mathrm{e}^{-2t-3t\mathrm{i}}+\left(1+\frac{\mathrm{i}}{6}\right)\mathrm{e}^{-2t+3t\mathrm{i}}=\mathrm{e}^{-2t}\left(2\cos3t+\frac{1}{3}\sin3t\right)\end{aligned}$$

利用留数计算拉氏逆变换虽然很有效，但有时计算很繁琐，下面介绍其他的方法。

8.3.3 求拉普拉斯逆变换的其他方法

1. 利用拉普拉斯逆变换公式

下面是一些常用的拉普拉斯逆变换公式

$$\mathscr{L}^{-1}\left[\frac{1}{s}\right]=1=u(t)(\mathrm{Re}\ s>0)$$

$$\mathscr{L}^{-1}\left[\frac{1}{s-k}\right]=\mathrm{e}^{kt}(\mathrm{Re}\,s>k)$$

$$\mathscr{L}^{-1}\left[\frac{k}{s^2+k^2}\right]=\sin kt(\mathrm{Re}\,s>0)$$

$$\mathscr{L}[\cos kt]=\frac{s}{s^2+k^2}(\mathrm{Re}\,s>0)$$

$$\mathscr{L}^{-1}\left[\frac{m!}{s^{m+1}}\right]=t^m(m\text{ 为正整数})$$

$$\mathscr{L}^{-1}[1]=\delta(t)$$

2. 利用拉普拉斯逆变换的基本性质

（1）线性性质 $\mathscr{L}^{-1}[\alpha F_1(s)\pm\beta F_2(s)]=\alpha f_1(t)\pm\beta f_2(t)$（其中 α，β 为复常数）

（2）象函数的导数 $\mathscr{L}^{-1}[F(s)]=-\frac{1}{t}L^{-1}[F'(s)]$

（3）积分的象函数 $\mathscr{L}^{-1}\left[\frac{1}{s}F(s)\right]=\int_0^t\mathscr{L}^{-1}[F(s)]\mathrm{d}t$

（4）象函数的积分：如果 $\mathscr{L}[f(t)]=F(s)$，且 $\lim\limits_{t\to0^+}\frac{f(t)}{t}$ 存在，则

$$\mathscr{L}^{-1}[F(s)]=t\mathscr{L}^{-1}\left[\int_s^\infty F(s)\mathrm{d}s\right]$$

（5）象函数的平移：如果 $\mathscr{L}[f(t)]=F(s)$，则

$$\mathscr{L}^{-1}[F(s\mp\alpha)]=\mathrm{e}^{\pm\alpha t}f(t)$$

（6）象原函数的平移——时间延迟：如果 $\mathscr{L}[f(t)]=F(s)$，则

$$\mathscr{L}^{-1}[\mathrm{e}^{-s\tau}F(s)]=u(t-\tau)f(t-\tau)(\tau>0)$$

（7）拉普拉斯变换的卷积定理

1）$f_1(t)*f_2(t)=\int_0^t f_1(\tau)f_2(t-\tau)\mathrm{d}\tau$

2）如果 $\mathscr{L}[f_1(t)]=F_1(s)$，$\mathscr{L}[f_2(t)]=F_2(s)$，则

$$\mathscr{L}^{-1}[F_1(s)\cdot F_2(s)]=f_1(t)*f_2(t)$$

3. 有理函数化为部分分式

可以像在高等数学中把一个有理函数化为部分分式的和一样进行化简。

4. 查积分变换表

例 8.3.3 利用部分分式方法求 $F(s)=\dfrac{1}{s(s+1)}$ 的逆变换。

解 因为 $F(s)$ 为一有理分式，可以利用部分分式的方法将 $F(s)$ 化成

$$F(s)=\frac{1}{s(s+1)}=\frac{1}{s}-\frac{1}{s+1}$$

所以

$$f(t) = \mathscr{L}^{-1}\left[\frac{1}{s(s+1)}\right] = 1 - e^{-t}$$

例 8.3.4　求 $F(s) = \ln\frac{s+1}{s-1}$ 的拉氏逆变换。

解　用微分性质公式得

$$f(t) = -\frac{1}{t}\mathscr{L}^{-1}[F'(s)] = -\frac{1}{t}\mathscr{L}^{-1}\left[\frac{1}{s+1} - \frac{1}{s-1}\right] = -\frac{1}{t}(e^{-t} - e^{t}) = \frac{2}{t}\sinh t$$

例 8.3.5　求 $F(s) = \frac{s}{(s^2-1)^2}$ 的拉氏逆变换。

解　用积分性质公式

$$f(t) = t\mathscr{L}^{-1}\left[\int_s^\infty F(s)\mathrm{d}s\right] = t\mathscr{L}^{-1}\left[\int_s^\infty \frac{s}{(s^2-1)^2}\mathrm{d}s\right]$$

$$= t\mathscr{L}^{-1}\left[\frac{1}{4}\frac{1}{s-1} - \frac{1}{4}\frac{1}{s+1}\right] = \frac{t}{4}(e^{t} - e^{-t}) = \frac{t}{2}\sinh t$$

例 8.3.6　求 $F(s) = \frac{s+1}{s^2+s-6}$ 的拉氏逆变换。

解　利用部分分式的方法得

$$f(t) = \mathscr{L}^{-1}[F(s)] = \mathscr{L}^{-1}\left[\frac{s+1}{(s-2)(s+3)}\right]$$

$$= \frac{3}{5}\mathscr{L}^{-1}\left[\frac{1}{s-2}\right] + \frac{2}{5}\mathscr{L}^{-1}\left[\frac{1}{s+3}\right] = \frac{3}{5}e^{2t} + \frac{2}{5}e^{-3t}$$

例 8.3.7　利用多种方法求函数 $F(s) = \frac{1}{s(s-1)^2}$ 的拉氏逆变换。

解　解法 1　利用部分分式来求

$$f(t) = \mathscr{L}^{-1}\left[\frac{1}{s} - \frac{1}{s-1} + \frac{1}{(s-1)^2}\right] = 1 - e^{t} + te^{t}$$

解法 2　利用卷积定理来求

$$f(t) = \mathscr{L}^{-1}\left[\frac{1}{s(s-1)^2}\right] = \mathscr{L}^{-1}\left[\frac{1}{(s-1)^2}\right] * \mathscr{L}^{-1}\left[\frac{1}{s}\right] = te^{t} * 1$$

$$= \int_0^t \tau e^{\tau}\mathrm{d}\tau = 1 - e^{t} + te^{t}$$

解法 3　利用积分来求

$$f(t) = \mathscr{L}^{-1}\left[\frac{1}{s(s-1)^2}\right] = \int_0^t \mathscr{L}^{-1}\left[\frac{1}{(s-1)^2}\right]\mathrm{d}t = \int_0^t te^{t}\mathrm{d}t = 1 - e^{t} + te^{t}$$

解法 4　利用留数来求

由于 $F(s)$ 有一阶极点 $s_1=0$，有二阶极点 $s_2=1$，所以得

$$\mathrm{Res}[F(s)\mathrm{e}^{st},0]=\frac{\mathrm{e}^{st}}{(s-1)^2}\Big|_{s=0}=1$$

$$\mathrm{Res}[F(s)\mathrm{e}^{st},1]=\left(\frac{\mathrm{e}^{st}}{s}\right)'\Big|_{s=1}=t\mathrm{e}^t-\mathrm{e}^t$$

故得
$$f(t)=1-\mathrm{e}^t+t\mathrm{e}^t$$

例 8.3.8　求 $F(s)=\dfrac{1}{(s^2+4s+13)^2}$ 的拉氏逆变换。

解　利用卷积公式

$$\mathscr{L}[f(t)]=F(s)=\frac{1}{(s^2+4s+13)^2}=\frac{1}{[(s+2)^2+3^2]^2}$$

$$=\frac{1}{9}\frac{3}{(s+2)^2+3^2}\frac{3}{(s+2)^2+3^2}$$

根据位移性质得

$$\mathscr{L}^{-1}\left[\frac{3}{(s+2)^2+3^2}\right]=\mathrm{e}^{-2t}\sin 3t$$

所以

$$f(t)=\frac{1}{9}(\mathrm{e}^{-2t}\sin 3t)*(\mathrm{e}^{-2t}\sin 3t)=\frac{1}{9}\int_0^t\mathrm{e}^{-2\tau}\sin 3\tau\mathrm{e}^{-2(t-\tau)}\sin 3(t-\tau)\mathrm{d}\tau$$

$$=\frac{1}{9}\mathrm{e}^{-2t}\int_0^t\sin 3\tau\sin 3(t-\tau)\mathrm{d}\tau=\frac{1}{9}\mathrm{e}^{-2t}\int_0^t\frac{1}{2}[\cos(6\tau-3t)-\cos 3t]\mathrm{d}\tau$$

$$=\frac{1}{18}\mathrm{e}^{-2t}\left[\frac{\sin(6\tau-3t)}{6}-\tau\cos 3t\right]\Big|_0^t=\frac{1}{54}\mathrm{e}^{-2t}(\sin 3t-3t\cos 3t)$$

8.4　拉普拉斯变换的应用

拉普拉斯变换除了在定积分和广义积分上的应用，在力学、电学、自动控制、可靠性以及随机服务系统等学科中也都起着重要应用。人们在研究这些问题时，往往从实际问题出发，将研究的对象归结为一个数学模型，在许多场合下，这个数学模型是线性的。换句话说，它可以用线性的积分方程、微分方程、微分积分方程乃至于偏微分方程等来描述。这样，我们可以用拉普拉斯变换这一方法去分析和求解这类线性方程，下面我们将分别加以介绍。

8.4.1　利用拉普拉斯变换求广义积分

例 8.4.1　求广义积分 $\displaystyle\int_0^{+\infty}\frac{\mathrm{e}^{-3t}-\mathrm{e}^{-4t}}{t}\mathrm{d}t$。

解 利用性质可得广义积分计算公式

$$\int_0^{+\infty} \frac{f(t)}{t}\mathrm{d}t = \int_0^{+\infty} \mathscr{L}[f(t)]\mathrm{d}s = \int_0^{+\infty} F(s)\mathrm{d}s$$

则

$$\int_0^{+\infty} \frac{\mathrm{e}^{-3t} - \mathrm{e}^{-4t}}{t}\mathrm{d}t = \int_0^{+\infty} \mathscr{L}[\mathrm{e}^{-3t} - \mathrm{e}^{-4t}]\mathrm{d}s$$

$$= \int_0^{+\infty} \left[\frac{1}{s+3} - \frac{1}{s+4}\right]\mathrm{d}s = \ln \frac{s+3}{s+4}\bigg|_0^{+\infty} = \ln\frac{4}{3}$$

8.4.2 利用拉普拉斯变换解微分、积分方程

例 8.4.2 利用拉普拉斯变换求微分方程 $y'' + 2y' + y = u(t)$ 满足边界条件 $y(0) = 0$, $y'(0) = 1$ 的解。

解 利用微分性质，设方程的解为 $y = y(t)$，且设 $\mathscr{L}[y(t)] = Y(s)$，对方程的两边取拉普拉斯变换，并考虑到边界条件，则得

$$s^2 y(s) - 1 + 2sy(s) + y(s) = \frac{1}{s}$$

$$y(s) = \frac{1}{s} - \frac{1}{s+1}$$

所以
$$y(t) = u(t) - \mathrm{e}^{-t}$$

例 8.4.3 拉斯变换求微分方程 $y'' + 2y' + y = \mathrm{e}^{-t}$ 满足边界条件 $y(0) = 0$, $y'(0) = 1$ 的解。

解 利用微分性质，设方程的解为 $y = y(t)$，且设 $\mathscr{L}[y(t)] = Y(s)$ 对方程的两边取拉普拉斯变换，并考虑到边界条件，则得

$$s^2 y(s) - 1 + 2sy(s) + y(s) = \frac{1}{s+1}$$

$$y(s) = \frac{1}{(s+1)^3} + \frac{1}{(s+1)^2}$$

所以
$$y(t) = \left(\frac{1}{2}t^2 + t\right)e^{-t}$$

以上例子说明满足边界条件的常系数线性微分方程的解，可以通过拉普拉斯变换来求得。实际上对于某些特殊变系数的微分方程，也可以用拉普拉斯变换的方法求解。如利用象函数的微分性质可知

$$\mathscr{L}[t^n f(t)] = (-1)^n \frac{\mathrm{d}^n}{\mathrm{d}s^n}\mathscr{L}[f(t)]$$

从而

$$\mathscr{L}[t^n f^{(m)}(t)] = (-1)^n \frac{\mathrm{d}^n}{\mathrm{d}s^n}\mathscr{L}[f^{(m)}(t)]$$

下面我们给出一个求解变系数微分方程初值问题的例子。

例 8.4.4*　求方程 $y''-ty'+y=1$ 满足初始条件 $y|_{t=0}=1$，$y'|_{t=0}=2$ 的解。

解　对于变系数微分方程，通过拉氏变换使方程降阶，然后解出。

第一步对方程两边取拉普拉斯变换，设 $\mathscr{L}[y(t)]=Y(s)$，即

$$\mathscr{L}[y''] - \mathscr{L}[ty'] + \mathscr{L}[y] = \mathscr{L}[1]$$

亦即

$$[s^2Y(s) - sy(0) - y'(0)] + \frac{\mathrm{d}}{\mathrm{d}s}[sY(s) - y(0)] + Y(s) = \frac{1}{s}$$

第二步考虑到初始条件，代入整理化简后可得

$$Y'(s) + \left(s + \frac{2}{s}\right)Y(s) = \frac{1}{s^2} + \frac{2}{s} + 1$$

第三步求拉普拉斯逆变换，这是一阶线性非齐次微分方程，利用一阶线性非齐次微分方程求解公式 $Y(s) = \mathrm{e}^{-\int p\mathrm{d}s}\left[\int Q(s)\mathrm{e}^{\int p\mathrm{d}s}\mathrm{d}s + C\right]$

得　$$y(s) = \mathrm{e}^{-\int\left(s+\frac{2}{s}\right)\mathrm{d}s}\left[\int\left(\frac{1}{s^2}+\frac{2}{s}+1\right)\mathrm{e}^{\int\left(s+\frac{2}{s}\right)\mathrm{d}s}\mathrm{d}s + C\right]$$

解得　$$Y(s) = \frac{1}{s} + \frac{2}{s^2} + \frac{C}{s^2}\mathrm{e}^{-\frac{s^2}{2}} = \frac{1}{s} + \frac{2}{s^2} + \frac{C}{s^2}\left(1 - \frac{s^2}{2} + \frac{1}{8}s^4 - \cdots\right)$$

然后取逆变换可得 $y(t) = 1 + (C+2)t$（利用 $\mathscr{L}^{-1}[s^k] = 0(k=1,2,3,\cdots)$ 为确定常数 C，令 $t=0$，代入有 $y|_{t=0}=1$，$y'|_{t=0}=2$，得 $C=0$。故方程满足初始条件的解为　$y(t) = 1+2t$

例 8.4.5　利用拉氏变换求下列微分、积分方程的解。

(1) $y''+2y'+y=t\mathrm{e}^{-t}$，$y(0)=1$，$y'(0)=-2$；

(2) $\int_0^t \cos(t-\tau)y(\tau)\mathrm{d}\tau = t\cos t$；

(3) $y' + 2y = \sin t - \int_0^t y(\tau)\mathrm{d}\tau$，$y(0)=0$。

解　(1) 对微分方程两边拉氏变换得

$$\mathscr{L}[y''] + 2\mathscr{L}[y'] + \mathscr{L}[y] = \mathscr{L}[t\mathrm{e}^{-t}]$$

令 $\mathscr{L}[y(t)] = Y(s)$，则

$$s^2Y(s) - s + 2 + 2[sY(s) - 1] + Y(s) = \frac{1}{(s+1)^2}$$

对方程整理并且解出 $Y(s)$：

因为 $$(s^2+2s+1)Y(s)=\frac{1}{(s+1)^2}+s$$

所以 $$Y(s)=\frac{1}{(s+1)^4}+\frac{1}{s+1}+\frac{1}{(s+1)^2}$$

对方程求拉氏逆变换，从而

$$y(t)=\mathrm{e}^{-t}\left(\frac{1}{6}t^3-t+1\right)$$

(2) 两边对微分方程求拉氏变换得

$$\mathscr{L}\left[\int_0^t\cos(t-\tau)y(\tau)\mathrm{d}\tau\right]=\mathscr{L}[t\cos t]$$

利用卷积定理得 $\mathscr{L}[\cos t*y(t)]=\dfrac{s^2-1}{(s^2+1)^2}$

即 $$\frac{s}{s^2+1}Y(s)=\frac{s^2-1}{(s^2+1)^2}$$

对方程整理并且解出 $Y(s)$ 得 $Y(s)=\dfrac{s^2-1}{s(s^2+1)}=\dfrac{2s}{s^2+1}-\dfrac{1}{s}$

对方程求拉氏逆变换得 $\quad y(t)=2\cos t-1$

(3) 两边对方程求拉氏变换得

$$\mathscr{L}[y'+2y]=\mathscr{L}\left[\sin t-\int_0^t y(\tau)\mathrm{d}\tau\right],\ y(0)=0$$

则 $$sY(s)+2Y(s)=\frac{1}{s^2+1}-\frac{1}{s}Y(s)$$

对方程整理并且解出 $Y(s)$ 得 $Y(s)=\dfrac{s}{(s+1)^2(s^2+1)}=\dfrac{\frac{1}{2}}{s^2+1}-\dfrac{\frac{1}{2}}{(s+1)^2}$

对方程求拉氏逆变换得 $y(t)=\dfrac{1}{2}(\sin t-t\mathrm{e}^{-t})$

例 8.4.6 求解线性方程组 $\begin{cases}y'-2x'=f(t)\\y''-x''+x=0\end{cases}$，且满足初始条件 $\begin{cases}y(0)=y'(0)=0\\x(0)=x'(0)=0\end{cases}$。

解 这是一个常系数微分方程组的初值问题. 对方程组的两个方程两边取拉普拉斯变换，设 $\mathscr{L}[y(t)]=Y(s)$，$\mathscr{L}[x(t)]=X(s)$，并考虑到初始条件，则得

$$\begin{cases}sY(s)-2sX(s)=\mathscr{L}[f(t)]\\s^2Y(s)-s^2X(s)+X(s)=0\end{cases}$$

整理化简后解这个代数方程组，即得

$$\begin{cases} Y(s) = \dfrac{1}{s}\mathscr{L}[F(t)] - \dfrac{2s}{s^2+1}\mathscr{L}[f(t)] \\ X(s) = -\dfrac{s}{s^2+1}\mathscr{L}[f(t)] \end{cases}$$

求它们的逆变换得

$$\begin{cases} y(t) = 1 * F(t) - 2\cos t * f(t) \\ x(t) = -\cos t * f(t) \end{cases}$$

这便是所求方程组的解。

8.4.3 利用拉普拉斯变换解实际问题

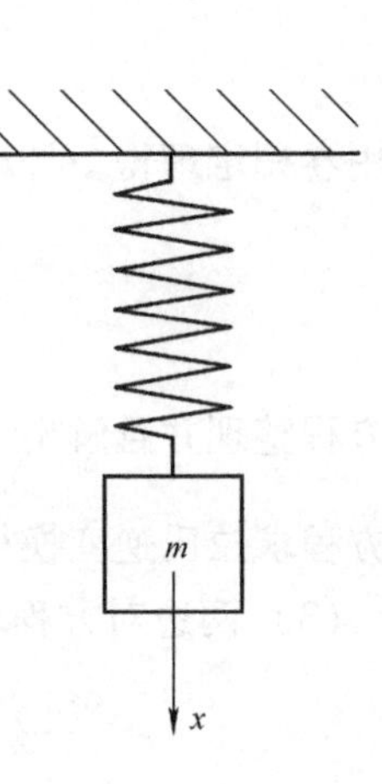

图 8.4.1

例 8.4.7 设弹簧系数为 k 的弹簧上端固定，质量为 m 的物体挂在弹簧的下端（见图 8.4.1）。若物体自静止 $t=0$ 时，位置 $x=x_0$ 处开始运动，初速度为零。当其为无阻尼自由振动时，求该物体的运动规律 $x(t)$。

解 我们仅分析无阻尼自由振动的情形。由力学知识可知，物体只受弹性恢复力 $f=kx(t)$ 的作用。根据牛顿第二定律，有

$$mx'' = -kx$$

其中，$-kx$ 由胡克定律所得，是使物体回到平衡位置的弹簧的恢复力，所以，无阻尼自由振动时，物体运动的微分方程为

$$mx'' + kx = 0 \quad (t \geqslant 0)$$

且
$$x(0) = x_0,\ x'(0) = 0$$

现对方程两边取拉普拉斯变换，设 $\mathscr{L}[x(t)] = X(s)$，$\mathscr{L}[f(t)] = F(s)$，并考虑到初始条件，得

$$ms^2X(s) - mx_0 s = -kX(s)$$

如记 $\omega_0^2 = \dfrac{k}{m}$，有 $X(s) = \dfrac{x_0 s}{s^2+\omega_0^2}$ 取它们的逆变换，从而 $x(t) = x_0\cos\omega_0 t$。

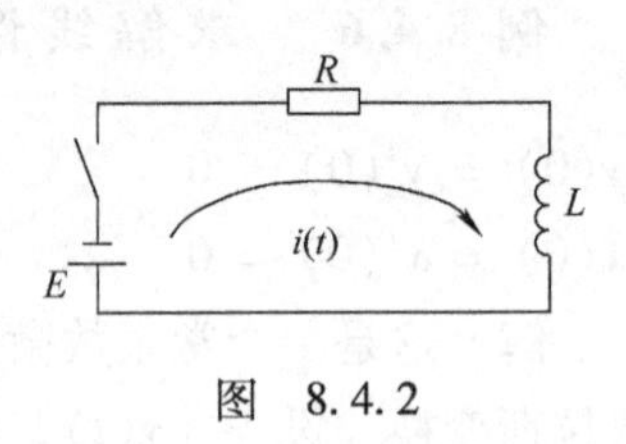

图 8.4.2

例 8.4.8 在如图 8.4.2 所示的 RL 串联电路中，在 $t=0$ 时将电路接上直流电动势 E，求回路中电流 $i(t)$。

解 根据回路电压定律（Kirchhoff 定律），有

$$u_R + u_L = E$$

其中

$$u_R = Ri(t),\ u_L = L\frac{\mathrm{d}}{\mathrm{d}t}i(t)$$

所以

$$L\frac{\mathrm{d}}{\mathrm{d}t}i(t) + Ri(t) = E,\ i(0) = 0$$

这就是该电路中两端电压所满足的关系式，它是一阶线性非齐次微分方程，现对方程式两边取拉普拉斯变换，设

$$I(s) = \mathscr{L}[i(t)]，得 RI(s) + LsI(s) = \frac{E}{s}$$

所以
$$I(s) = \frac{E}{R}\left[\frac{1}{s} - \frac{1}{s + \left(\frac{R}{L}\right)}\right],\ i(t) = \frac{E}{R}(1 - \mathrm{e}^{-\frac{R}{L}t})$$

例 8.4.9[*]　求差分微分方程 $y'(t) = by(t-1)$，当 $0 \leqslant t \leqslant 1$ 时 的解。

解　对于差分微分方程，通过拉氏变换使方程降阶，然后求解。两边对方程求拉氏变换，设 $\mathscr{L}[y(t)] = Y(s)$，则得 $\mathscr{L}[y'] = b\mathscr{L}[y(t-1)]$，化为

$$sY(s) - y(0) = b\mathrm{e}^{-s}Y(s)$$

将初始条件代入，对方程整理求解，得

$$Y(s) = \frac{1}{s}\cdot\frac{1}{1 - \frac{b}{s}\mathrm{e}^{-s}} = \sum_{k=0}^{\infty}\frac{b^k}{s^{k+1}}\mathrm{e}^{-ks}$$

求拉氏逆变换为

$$y = \mathscr{L}^{-1}[Y(s)] = \mathscr{L}^{-1}\left[\sum_{k=0}^{\infty}\frac{b^k}{s^{k+1}}\mathrm{e}^{-ks}\right]$$

$$= \sum_{k=0}^{\infty} b^k \frac{(t-k)^k}{k!}u(t-k)$$

从以上例题可以看出，用积分变换求线性微分、积分方程及其方程组的解时，有如下的优点：

（1）在求解的过程中，初始条件也同时用上了，求出的结果就是需要的特解，这样就避免了微分方程的一般解法中，先求通解再根据初始条件确定任意常数求出特解的复杂运算。

（2）零初始条件在工程技术中是十分常见的。由第一个优点可知，用积分变换求解就显得更加简单，而在微分方程的一般解法中不会因此而有任何简化。

（3）对于一个非齐次的线性微分方程来说，当非齐次项不是连续函数，而是包含 δ - 函数或有第一类间断点的函数时，用积分变换求解没有任何困难，而

用微分方程的一般解法就会困难得多。

(4) 用积分变换求解线性微分、积分方程组时，不仅比微分方程组的一般解法要简便得多，而且可以单独求出某一个未知函数，而不需要知道其余的未知函数，这在微分方程组的一般解法中通常是不可能的。

(5) 用积分变换方法求解的步骤明确、规范，便于在工程技术中应用，而且有现成的变换表，可直接获得象原函数（即方程的解）。正由于这些优点，积分变换在许多工程技术领域中有着广泛的应用。

第8章小结

一、导学

本章从傅氏变换引出拉氏变换的概念。拉氏变换在傅氏变换的基础上，引入了指数衰减函数 $e^{-\beta t}$ 和单位阶跃函数 $u(t)$，从而放宽了对函数的限制并使之更适合工程实际，同时它仍保留了傅氏变换中许多好的性质，特别是其中有些性质(如微分性质、卷积等) 比傅氏变换更实用、更方便。另外，拉氏变换仍具有明显的物理意义，它将频率变成复频率，从而不仅能刻画函数的振荡频率，而且还能描述振荡幅度的增长（或衰减）速率。

对于拉氏逆变换来说，原则上讲，反演积分公式是一种求拉氏逆变换的通用方法，但有时应根据象函数的具体情况而灵活地采用其他方法，应充分利用拉氏变换的各种性质。通常是将象函数分解为一些基本函数的相加或相乘，再利用线性性质、位移性质、延迟性质、卷积定理等，并结合这些基本函数的象原函数求出总的象原函数。

拉氏变换的应用领域相当广泛，如解微分方程。由于拉氏变换能将微分变成乘法，将微分方程变为代数方程，而且初始条件包含在变换式中，因而能有效、简便地求解微分方程。

学习本章的基本要求：

(1) 正确理解拉普拉斯变换的概念，了解拉氏变换存在定理，会求一些常用函数的拉氏变换。

(2) 理解拉氏变换的性质，会用它们求解拉氏变换以及一些拉氏逆变换。

(3) 掌握拉氏变换的卷积性质，会用它求一些函数的拉氏逆变换；会用拉氏变换求解一些微分、积分方程（组）。

二、疑难解析

1. 傅里叶变换与拉普拉斯变换有什么联系？

答　设函数 $f(t)$ 满足傅氏变换条件，因为傅里叶变换

$$\mathscr{F}[f(t)u(t)\mathrm{e}^{-\beta t}] = F(\omega) = \int_{-\infty}^{+\infty} f(t)u(t)\mathrm{e}^{-\beta t}\mathrm{e}^{-\mathrm{j}\omega t}\mathrm{d}t$$

$$= \int_0^{+\infty} f(t)\mathrm{e}^{-(\beta+\mathrm{j}\omega)t}\mathrm{d}t = \int_0^{+\infty} f(t)\mathrm{e}^{-st}\mathrm{d}t = \mathscr{L}[f(t)]$$

为拉普拉斯变换，即$f(t)u(t)\mathrm{e}^{-\beta t}$的傅氏变换为$f(t)$的拉氏变换。

2. 如下两题的解答正确吗？如不正确，指出错误并予以纠正。

(1) $\mathscr{L}[\sin(t-2)] = \mathrm{e}^{-2s}\mathscr{L}[\sin t] = \dfrac{\mathrm{e}^{-2s}}{s^2+1}$;

(2) $\mathscr{L}[\sin(t+2)] = \mathrm{e}^{2s}\mathscr{L}[\sin t] = \dfrac{\mathrm{e}^{2s}}{s^2+1}$。

答 都是错误的。错在应用延迟性质求解拉氏变换时，没有注意到函数$f(t)=\sin(t-2)$不满足延迟性质的条件$f(t)=0(t<0)$。正确的解法应是依据定义求解，即

(1) $\mathscr{L}[\sin(t-2)] = \displaystyle\int_0^{+\infty}\sin(t-2)\mathrm{e}^{-st}\mathrm{d}t = \dfrac{-s\sin 2+\cos 2}{s^2+1}$

(2) $\mathscr{L}[\sin(t+2)] = \displaystyle\int_0^{+\infty}\sin(t+2)\mathrm{e}^{-st}\mathrm{d}t = \dfrac{s\sin 2+\cos 2}{s^2+1}$

3. 下列用留数求$F(s)=\dfrac{s^2+1}{s^2-2s+1}$的拉普拉斯逆变换是否正确？如果不正确写出正确解法。

因为$F(s)=\dfrac{s^2+1}{s^2-2s+1}=\dfrac{s^2+1}{(s-1)^2}$，所以$s=1$为二级极点。由留数求拉普拉斯逆变换，得

$$f(t) = \mathscr{L}^{-1}\left[\frac{s^2+1}{(s-1)^2}\right] = \lim_{s\to 1}\frac{\mathrm{d}}{\mathrm{d}s}\left[(s-1)^2\frac{s^2+1}{(s-1)^2}\mathrm{e}^{st}\right]$$

$$= 2\mathrm{e}^t(1+t)$$

答 解法不正确。因为$F(s)$不满足留数求拉普拉斯逆变换的条件$(\lim\limits_{|s|\to\infty}F(s)=0)$。

本题$\lim\limits_{|s|\to\infty}F(s)=1\neq 0$，所以不能利用留数求拉普拉斯逆变换。

正确的解法是利用部分分式来求。

$$F(s) = \frac{s^2+1}{s^2-2s+1} = \frac{s^2+1}{(s-1)^2} = \frac{2}{(s-1)^2}+\frac{2}{(s-1)}+1$$

所以 $$f(t) = \mathscr{L}^{-1}\left[\frac{2}{(s-1)^2}+\frac{2}{s-1}+1\right] = 2\mathrm{e}^t(1+t)+\delta(t)$$

三、杂例

例8.1 计算$\mathscr{L}[t^2u(1-\mathrm{e}^{-t})]$。

解　因为　$u(1-\mathrm{e}^{-t})=\begin{cases}1 & 1-\mathrm{e}^{-t}\geqslant 0\\0 & 1-\mathrm{e}^{-t}<0\end{cases}=\begin{cases}1 & t\geqslant 0\\0 & t<0\end{cases}$

所以　$\mathscr{L}[t^2u(1-\mathrm{e}^{-t})]=\mathscr{L}[t^2u(t)]=\int_0^{+\infty}t^2u(t)\mathrm{e}^{-st}\mathrm{d}t=\int_0^{+\infty}t^2\mathrm{e}^{-st}\mathrm{d}t$

$$=\frac{2}{s^3}(\mathrm{Re}(s)>0)$$

例 8.2　利用拉氏变换求变系数微分方程

$$ty''-(1+t)y'+2y=t-1,\ y(0)=0,\ y'(0)=0$$

的解。

解　对微分方程两边求拉氏变换得

$$\mathscr{L}[ty'']-\mathscr{L}[(1+t)y']+\mathscr{L}[2y]=\mathscr{L}[t-1]$$

令 $\mathscr{L}[y(t)]=Y(s)$，并且利用微分性质得

$$-[s^2Y(s)-sy(0)-y'(0)]'-sY(s)+y(0)+[sY(s)-y(0)]'+2Y(s)$$

$$=\frac{1}{s^2}-\frac{1}{s}$$

将条件代入得

$$-[s^2Y(s)]'-sY(s)+[sY(s)]'+2Y(s)=\frac{1}{s^2}-\frac{1}{s}$$

方程整理得　$$Y'(s)(s-s^2)+3(1-s)Y(s)=\frac{1-s}{s^2}$$

并且解出 $Y'(s)+\frac{3}{s}Y(s)=\frac{1}{s^3}$，利用一阶线性非齐次微分方程公式，得

$$Y(s)=\mathrm{e}^{-\int\frac{3}{s}\mathrm{d}s}\left[\int\frac{1}{s^3}\mathrm{e}^{\int\frac{3}{s}\mathrm{d}s}\mathrm{d}s+c\right]$$

$$=\frac{1}{s^2}+\frac{c}{s^3}$$

对方程求拉氏逆变换，从而解为

$$y(t)=t+\frac{c}{2}t^2$$

例 8.3　设函数 $f(t)=\begin{cases}0 & t<0\\\sin t & 0\leqslant t<\pi\\\cos t & \pi\leqslant t<+\infty\end{cases}$，求拉普拉斯变换 $F(s)=\mathscr{L}[f(t)]$。

解　利用单位阶跃函数可以将所求函数化为

$$f(t)=u(t)\sin t+u(t-\pi)[\cos t-\sin t]$$

$$=u(t)\sin t+u(t-\pi)[\sin(t-\pi)-\cos(t-\pi)]$$

所以拉普拉斯变换为

$$F(s)=\mathscr{L}[f(t)]=\frac{1}{s^2+1}+\frac{1}{s^2+1}[\mathrm{e}^{-\pi s}-s\mathrm{e}^{-\pi s}](\mathrm{Re}s>0)$$

例 8.4 某系统的传递函数为 $H(s)=\dfrac{k}{1+Ts}$，求当输入函数 $f(t)=A\sin\omega t$ 时系统的输出函数 $y(t)$ 。

解 因为 $Y(s)=H(s)X(s)$，其中 $H(s)$ 为传递函数，$X(s)$ 为输入函数，所以

$$Y(s)=H(s)\mathscr{L}[f(t)]=\frac{k}{1+Ts}\mathscr{L}[A\sin\omega t]=\frac{k}{1+Ts}\ \frac{A\omega}{s^2+\omega^2}$$

$$=\frac{Ak\omega}{T\omega^2+\dfrac{1}{T}}\left(\frac{1}{\dfrac{1}{T}+s}-\frac{s}{s^2+\omega^2}+\frac{\dfrac{1}{T}}{s^2+\omega^2}\right)$$

所以

$$y(t)=\frac{Ak\omega}{T\omega^2+\dfrac{1}{T}}\left(\mathrm{e}^{-\frac{t}{T}}-\cos\omega t+\frac{1}{T\omega}\sin\omega t\right)$$

$$=\frac{Ak}{\sqrt{1+T^2\omega^2}}\sin[\omega t-\arctan(\omega T)]+\frac{AkT\omega}{1+T^2\omega^2}\mathrm{e}^{-\frac{t}{T}}$$

四、思考题

1. 拉普拉斯变换与傅里叶变换是什么关系？
2. 拉普拉斯变换的条件与傅里叶变换的条件的不同点在何处？
3. 在求拉普拉斯逆变换时需要注意什么？
4. 用留数求拉普拉斯逆变换需要注意什么？
5. 什么叫拉普拉斯变换卷积定理，它与傅里叶变换卷积定理有何区别？
6. 如何利用卷积定理来求拉普拉斯变换？
7. 如何选择适当的变换来求解方程？

习 题 八

A 类

1. 求下列各函数的拉普拉斯变换。

(1) $f(t)=\sin t\cos t$； (2) $f(t)=\delta(t-1)\mathrm{e}^t$；

(3) $f(t)=\begin{cases}t & 0\leqslant t<3\\ 0 & t\geqslant 3\end{cases}$； (4) $f(t)=\begin{cases}4 & 0\leqslant t<\dfrac{\pi}{2}\\ \sin t & t\geqslant\dfrac{\pi}{2}\end{cases}$。

2. 求下列各函数的拉普拉斯变换。

(1) $f(t) = e^{-3t} + 5\delta(3t)$；　(2) $f(t) = (t+2)^2$；

(3) $f(t) = \sin(at+b)$；　(4) $f(t) = t^2 e^{-3t} + t\sin^2 t$；

(5) $f(t) = \dfrac{e^{at} - e^{bt}}{t}$；　(6) $f(t) = \displaystyle\int_0^t \frac{e^{-3t}\sin 2t}{t}dt$；

(7) $f(t) = tu(2t-6)$；　(8) $f(t) = \displaystyle\int_0^t te^{-3t}\sin 2t dt$；

(9) $f(t) = e^{-3t}\sin 2t$；　(10) $f(t) = \cos 2t \cdot \delta(t) - \sin t \cdot u(t)$；

(11) $f(t) = \dfrac{e^t}{\sqrt{t}}$；　(12) $f(t) = u(t-1)[\delta(t-1) - e^{-(t-1)}]$；

(13) $f(t) = \dfrac{\sin t e^t}{t}$。

3. 求下列各周期函数的拉普拉斯变换。

(1) $f(t) = t \quad (0 \leqslant t < T)$；

(2) $f(t) = \begin{cases} 1 & 0 \leqslant t < \dfrac{T}{2} \\ -1 & \dfrac{T}{2} \leqslant t \leqslant T \end{cases}$。

4. 求下列卷积。

(1) $t * e^t$；　(2) $t * \cos t$；

(3) $u(t-a) * f(t)$；　(4) $\sin t * \cos t$。

5. 利用拉普拉斯变换求下列各广义积分。

(1) $\displaystyle\int_0^{+\infty} \frac{e^{-at} - e^{-bt}}{t}dt (a>0, b>0)$；　(2) $\displaystyle\int_0^{+\infty} \frac{e^{-3t}(1-\cos 2t)}{t}dt$；

(3) $\displaystyle\int_0^{+\infty} te^{-2t}\sin t dt$；　(4) $\displaystyle\int_0^{+\infty} \frac{\sin^2 t}{t^2}dt$。

6. 求下列各函数的拉普拉斯逆变换。

(1) $F(s) = \dfrac{1}{4s^2+1}$；　(2) $F(s) = \dfrac{se^{-3s}}{s^2+16}$；

(3) $F(s) = \dfrac{s^2}{4s^2+1}$；　(4) $F(s) = \mathrm{Ln}\dfrac{s^2-1}{s^2}$；

(5) $F(s) = \dfrac{1}{s(s-1)^2(s+1)}$；　(6) $F(s) = \dfrac{e^{-3s}}{(s^2+2s+2)^2}$；

(7) $F(s) = \dfrac{3s+1}{(s^2+1)(s-1)}$；　(8) $F(s) = \dfrac{1}{s^2(s^2-1)}$；

(9) $F(s) = \dfrac{e^{-2s}}{s^4}$；　(10) $F(s) = \dfrac{2s^3+10s^2+8s+40}{s^2(s^2+9)}$。

7. 利用卷积求下列各函数的拉普拉斯逆变换。

(1) $F(s) = \dfrac{s^2}{(s^2+1)^2}$；　(2) $F(s) = \dfrac{s}{(s^2+1)(s^2+4)}$。

8. 利用拉普拉斯变换求解积分、微分方程。

(1) $y' + y = \sin t, y(0) = -1$；

(2) $y''-y=t, y(0)=1, y'(0)=-1$;

(3) $y(t)=\cos t-2\int_0^t y(\tau)\sin(t-\tau)\mathrm{d}\tau$;

(4) $y'+3y+2\int_0^t y\mathrm{d}t=u(t-1), y(0)=1$;

(5) $\begin{cases} y''-2y'+y=2\mathrm{e}^t \\ y'(0)=y(0)=0 \end{cases}$;

(6) $\begin{cases} y''-2y'+2y=2\mathrm{e}^t\cos t \\ y'(0)=y(0)=0 \end{cases}$。

9. 求解微分方程组

$$\begin{cases} y''-x''+x'-y=\mathrm{e}^t-2 \\ 2y''-x''-2y'+x=-t \end{cases}$$

在初始条件 $y'(0)=y(0)=x'(0)=x(0)=0$ 下的解。

B 类

10. 求下列各函数的拉普拉斯变换。

(1) $f(t)=\mathrm{e}^{-2t}\cos^2 t$;

(2) $f(t)=u(t-2)\mathrm{e}^{-2(t-2)}$;

(3) $f(t)=t\mathrm{e}^{-2t}\sin 2t$;

(4) $f(t)=\dfrac{1-\mathrm{e}^{-t}}{t}$;

(5) $f(t)=t\int_0^t \mathrm{e}^{-2\tau}\sin 2\tau\mathrm{d}\tau$;

(6) $f(t)=\int_0^t \tau\mathrm{e}^{-2\tau}\sin 2\tau\mathrm{d}\tau$;

(7) $f(t)=|\sin t|$;

(8) $f(t)=\mathrm{e}^{-2t}\int_0^t \dfrac{\sin 2t}{t}\mathrm{d}t$。

11. 求下列各函数的拉普拉斯逆变换。

(1) $F(s)=\dfrac{\mathrm{e}^{-\frac{5}{3}s}}{s}$;

(2) $F(s)=\arctan\dfrac{1}{s}$;

(3) $F(s)=\dfrac{s+1}{(s+2)^4}$;

(4) $F(s)=\dfrac{\mathrm{e}^{-2s}}{s^2+1}$;

(5) $F(s)=\ln\dfrac{s^2+1}{s(s+1)}$;

(6) $F(s)=\dfrac{s+2}{s^3+6s^2+9s}$。

12. 利用拉普拉斯变换求下列微分方程。

(1) $y'''+3y''+2y'=1, y(0)=y'(0)=y''(0)=0$;

(2) $y''-y=4\sin t+5\cos 2t, y(0)=-1, y''(0)=-2$;

(3) $\begin{cases} y'+y-z=\mathrm{e}^t \\ z'+3y-2z=2\mathrm{e}^t, y(0)=z(0)=1 \end{cases}$。

13. 利用拉普拉斯变换求下列积分方程。

(1) $f(t)=2t+\int_0^t f(\tau)\sin(\tau-t)\mathrm{d}\tau$;

(2) $f(t)=3\sin 2t-\int_0^t f(\tau)\sin 2(\tau-t)\mathrm{d}\tau$。

第9章 解析函数在平面场的应用

由于复数产生的特殊性，所以复数理论的发展必然是与应用相联系的，例如达朗贝尔及欧拉由流体力学导出了著名的柯西－黎曼条件：茹可夫斯基应用复变函数证明了关于飞机翼升力的公式，并且这一重要结果反过来推动了复变函数的研究。另外，复变函数论的发展还和电磁学、热学、弹性力学等学科以及数学中其他分支联系着。本章中我们简要的介绍物理场的基本概念与解析函数在平面场中的应用。

9.1 物理场简介

场是描述物理世界的一种数学方法。一般地，如果在全部或部分空间里的每一点，都对应着某个物理量的一个确定的值，我们就说在这个空间里确定了该物理量的一个**场**。如果这个物理量是数量，就称这个场为一个**数量场**；如果是向量(矢量)，就称为**向量场**（**矢量场**）。如温度场、密度场、高度场都是数量场，而力场、速度场等为向量场。

某一个向量场 $\boldsymbol{E}$ 是一个平面场，其意思并不是说这个场中所有的向量都是定义在某一平面上，而是说所有的向量都平行某一固定的平面 S，并且在任何一条垂直于 S 的直线 l 上，每一个点上的向量其大小方向完全相同。这样，向量场 $\boldsymbol{E}$ 就可以用平面 S 上的向量场来表示，如图 9.1.1 所示。如果我们更进一步在平面 S 上采用向量的复数记法，那么场 E 就唯一地确定了一个复变函数

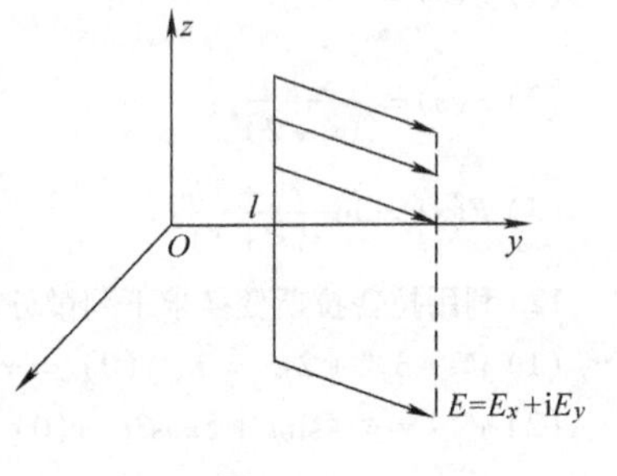

图 9.1.1

$$E = E_x(x, y) + \mathrm{i}E_y(x, y)$$

其中 E_x, E_y 分别表示向量 $\boldsymbol{E}$ 在 x 和 y 轴方向的两个分量。

9.1.1 数量场的方向导数与梯度

在数量场 $u = u(M)$ 中，由场中使函数 u 取相同数值的点所组成的曲面（或

曲线）称为该数量场的**等值面**或**等值线**。如温度场中的等温面或高度场中的等高线等。

设 $u = u(M)$ 是某一数量场（函数），为了考察该数量场中各个点处的某一邻域内沿每一方向的变化情况，我们引进数量场的方向导数的概念。

定义 9.1.1　设 M_0 为数量场 $u=u(M)$ 中的一点，射线 $\boldsymbol{l}$ 是从点 M_0 出发的场中的一条射线（或一个方向），动点 M 是 $\boldsymbol{l}$ 上点 M_0 的一邻近点，记 $\overline{M_0M}=\rho$（如图 9.1.2），若极限

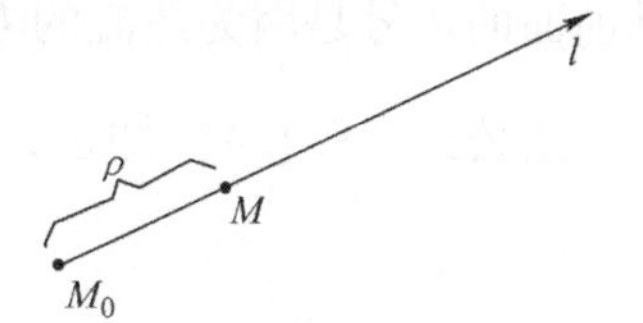

图　9.1.2

$$\lim_{\rho\to0}\frac{\Delta u}{\rho}=\lim_{M\to M_0}\frac{u(M)-u(M_0)}{\overline{M_0M}}$$

存在，则称此极限为数量场 $u(M)$ 在点 M_0 处沿 $\boldsymbol{l}$ 方向的**方向导数**，记作 $\left.\frac{\partial u}{\partial \boldsymbol{l}}\right|_{M_0}$，即

$$\left.\frac{\partial u}{\partial \boldsymbol{l}}\right|_{M_0}=\lim_{M\to M_0}\frac{u(M)-u(M_0)}{\overline{M_0M}} \tag{9.1.1}$$

由定义 9.1.1 可知，方向导数是数量场 $u(M)$ 在点 M_0 处沿方向 $\boldsymbol{l}$ 对距离 $\overline{M_0M}$ 的变化率。在直角坐标系中，我们有

定理 9.1.1　若数量场 $u=u(x,\ y,\ z)$ 在点 $M_0(x_0,\ y_0,\ z_0)$ 处可微，$\cos\alpha$，$\cos\beta$，$\cos\gamma$ 为 $\boldsymbol{l}$ 方向的方向余弦，则数量场 $u(M)$ 在点 M_0 处沿方向 $\boldsymbol{l}$ 的方向导数必存在，且有

$$\frac{\partial u}{\partial \boldsymbol{l}}=\frac{\partial u}{\partial x}\cos\alpha+\frac{\partial u}{\partial y}\cos\beta+\frac{\partial u}{\partial z}\cos\gamma \tag{9.1.2}$$

方向导数解决了数量场 $u(M)$ 在给定点 M_0 处沿某个方向 $\boldsymbol{l}$ 的变化率问题，但由于从场中一给定点出发有无穷多个方向，这样场中一给定点处就有无穷多个方向导数。于是，自然我们就会考虑场在给定点处沿那个方向的方向导数最大的问题，这就是数量场的梯度问题。

定义 9.1.2　若在数量场 $u(M)$ 中的一点 M 处，存在这样一个向量（方向）G，其方向为数量场 $u(M)$ 在点 M 处变化率最大的方向，其模也正好等于这个最大变化率的数值，则称向量 G 为数量场 $u(M)$ 在点 M 处的**梯度**，记作 $\mathbf{grad}u$。利用公式（9.1.2），我们可以知道

$$\mathbf{grad}u=\frac{\partial u}{\partial x}\boldsymbol{i}+\frac{\partial u}{\partial y}\boldsymbol{j}+\frac{\partial u}{\partial z}\boldsymbol{k} \tag{9.1.3}$$

由梯度的意义可知，方向导数等于梯度在该方向的投影，即

$$\frac{\partial u}{\partial \boldsymbol{l}}=\mathbf{grad}_{l}u \tag{9.1.4}$$

例 9.1.1　设有一温度场 $u(M)$，由热传导理论中的傅里叶定律："在场中任

一点处，沿任一方向的热流强度（即在该点处于单位时间内流过与该方向垂直的单位面积的热量）与该方向上的温度变化率成正比”，可知在该场中任一点处，沿某方向 $\boldsymbol{l}$ 的**热流强度**为 $-k\frac{\partial u}{\partial \boldsymbol{l}}$。其中比例系数 $k>0$，称为**内热传导系数**；其前面的负号是因为热流的方向总是与温度增加的方向相反。

由公式（9.1.4）知道，$-k\frac{\partial u}{\partial \boldsymbol{l}}=-k\,\mathbf{grad}_l u$。若记：$\boldsymbol{q}=-k\,\mathbf{grad}u$，则有

$$-k\frac{\partial u}{\partial \boldsymbol{l}}=|\boldsymbol{q}|\cos(\boldsymbol{q},\ \boldsymbol{l})$$

由此可见，当 $\boldsymbol{l}$ 的方向与 $\boldsymbol{q}$ 的方向一致时，热流强度 $-k\frac{\partial u}{\partial \boldsymbol{l}}$ 取得最大值 $|\boldsymbol{q}|$。这说明在场中任一点处，向量 $\boldsymbol{q}$ 的方向即为热流强度最大的方向，其模也正好等于最大热流强度的数值，因此称向量 $\boldsymbol{q}$ 为**热流向量**。

9.1.2 向量场的通量与散度

在流体力学中，通常把流体密度不变的流体称为是不可压缩的流体。设有流速场 $v(M)$，其流体是不可压缩的，为了简便，不妨设其密度为1。设 S 为场中一有向曲面，我们可以求在单位时间内流体向正侧穿过 S 的流量。类似的物理问题就是通量的概念。

定义 9.1.3 设有向量场 $A(M)$，沿其中某有向曲面 S 某一侧的曲面积分

$$\Phi=\int_s \boldsymbol{A}\cdot \mathrm{d}\boldsymbol{s} \tag{9.1.5}$$

称为向量场 $\boldsymbol{A}(M)$ 向积分所沿一侧穿过曲面 S 的**流量**（或**通量**）。

在直角坐标系中，设矢量 $\boldsymbol{A}=P(x,\ y,\ z)\boldsymbol{i}+Q(x,\ y,\ z)\boldsymbol{j}+R(x,\ y,\ z)\boldsymbol{k}$，又

$$\begin{aligned}\mathrm{d}\boldsymbol{s}&=\boldsymbol{n}^0\mathrm{d}s=\mathrm{d}s\cos(\boldsymbol{n},x)\boldsymbol{i}+\mathrm{d}s\cos(\boldsymbol{n},y)\boldsymbol{j}+\mathrm{d}s\cos(\boldsymbol{n},z)\boldsymbol{k}\\&=\mathrm{d}y\mathrm{d}z\boldsymbol{i}+\mathrm{d}z\mathrm{d}x\boldsymbol{j}+\mathrm{d}x\mathrm{d}y\boldsymbol{k},\end{aligned}$$

则流量（通量）的计算公式为：

$$\Phi=\int_s A\cdot \mathrm{d}s=\iint_s P\mathrm{d}y\mathrm{d}z+Q\mathrm{d}z\mathrm{d}x+R\mathrm{d}x\mathrm{d}y \tag{9.1.6}$$

注意，一般来说，总流量 Φ 的意义是其在单位时间内流体向正侧穿过曲面 S 的正流量与负流量的代数和。当流量 $\Phi>0$ 时，就表示向正侧穿过曲面 S 的流量多于沿相反方向穿过 S 的流量，其他情形可类似分析。如果 S 为一封闭曲面，我们一般都以 S 的外侧为正侧。此时流量 Φ 就表示从内流出 S 的正流量与从外流入 S 的负流量的代数和。所以当 $\Phi>0$ 时，表示流出多于流入，必然表示在 S 内有产生流体的**源**。当然，也许还有排泄流体的漏洞。一般地，当 $\Phi>0$ 时，我们总说 S 内有**正源**；而当 $\Phi<0$ 时，我们总说 S 内有**负源**（或汇）；并合称这两种

情况为 S 内有**源**。

定义 9.1.4　设有向量场 $\boldsymbol{A}(M)$，在场中一点 M 的某个邻域内作一包含 M 点在内的任一封闭曲面 ΔS，设其包围的空间区域为 $\Delta\Omega$，并以 ΔV 表示其体积，以 $\Delta\Phi$ 表示从其内穿出 S 的流量。若当 $\Delta\Omega$ 以任意方式缩向 M 点时，极限

$$\lim_{\Delta V\to 0}\frac{\Delta\Phi}{\Delta V}=\lim_{\Delta V\to 0}\frac{\oiint_{\Delta S}\boldsymbol{A}\cdot\mathrm{d}\boldsymbol{S}}{\Delta V}$$

存在，称此极限为向量场 $\boldsymbol{A}(M)$ 在点 M 处的**散度**，记作 $\mathrm{div}\boldsymbol{A}$。

由定义 9.1.4 可知，散度表示场 $\boldsymbol{A}(M)$ 中一点处流量对体积的变化率，称为该点处源的强度。因此，$|\mathrm{div}\boldsymbol{A}|$ 就表示场在该点处吸收流量或散发流量的强度；而当 $\mathrm{div}\boldsymbol{A}=0$ 时，就表示场 $\boldsymbol{A}(M)$ 为一个**无源场**。由高等数学的知识很容易证明

定理 9.1.2　在直角坐标系中，向量场 $\boldsymbol{A}=P(x,y,z)\boldsymbol{i}+Q(x,y,z)\boldsymbol{j}+R(x,y,z)\boldsymbol{k}$ 在场中任一点 $M(x,y,z)$ 处的散度为

$$\mathrm{div}\boldsymbol{A}=\frac{\partial P}{\partial x}+\frac{\partial Q}{\partial y}+\frac{\partial R}{\partial z}\tag{9.1.7}$$

对于平面向量场 $\boldsymbol{A}=P(x,y)\boldsymbol{i}+Q(x,y)\boldsymbol{j}$ 来说，式 (9.1.6) 与式 (9.1.7) 分别为

$$\Phi=\int_c\boldsymbol{A}\cdot\mathrm{d}s=\int_c P(x,y)\mathrm{d}y-Q(x,y)\mathrm{d}x\tag{9.1.8}$$

$$\mathrm{div}A=\frac{\partial P}{\partial x}+\frac{\partial Q}{\partial y}\tag{9.1.9}$$

这里，$\mathrm{d}s$ 是曲线 C 的弧元素。对于逆时针方向绕行的闭路 C 来说，向量 $\mathrm{d}\boldsymbol{n}$ 指向闭路 C 的外法线方向（如图 9.1.3）。

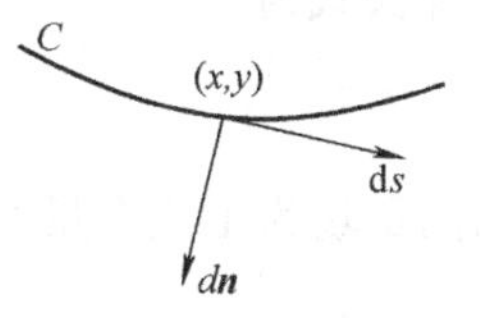

图　9.1.3

假定闭曲线 C 在区域 D 内，且在 D 内的流体既无源又无汇（负源），即在 D 内的任何部分都无流体流出或吸入，这时通过曲线 C 的流量为 0，即

$$\Phi=\int_c\boldsymbol{A}\cdot\mathrm{d}s=\int_c P(x,y)\mathrm{d}y-Q(x,y)\mathrm{d}x=0$$

对于在 D 内的任一简单闭曲线 C 成立。

假定 D 是单连通区域，且假定 $P(x,y)$ 及 $Q(x,y)$ 在 D 内有连续的偏导数。由高等数学所学知识知

$$\mathrm{div}\boldsymbol{A}=\frac{\partial P}{\partial x}+\frac{\partial Q}{\partial y}=0,$$

即

$$\frac{\partial P}{\partial x}=-\frac{\partial Q}{\partial y} \tag{9.1.10}$$

从而可知 $-Q(x, y)\mathrm{d}x+P(x, y)\mathrm{d}y$ 是某一个二元函数 $v(x, y)$ 的全微分，即

$$\mathrm{d}v(x, y)=-Q\mathrm{d}y+P\mathrm{d}x。$$

由此得

$$\frac{\partial v}{\partial x}=-Q, \frac{\partial v}{\partial y}=P$$

因为沿等值线 $v(x, y)=c_1$ 上每一点处的向量 $\boldsymbol{A}$ 都与等值线相切，因而在流速场中等值线 $v(x, y)=c_1$ 就是流线，所以 $v(x, y)$ 称为向量场 $\boldsymbol{A}$ 的**流函数**。

9.1.3 向量场的环量与旋度

定义 9.1.5 设有向量场 $\boldsymbol{A}(M)$，沿场中某一封闭的有向曲线 $\boldsymbol{l}$ 的曲线积分

$$\Gamma=\oint_l \boldsymbol{A}\cdot \mathrm{d}\boldsymbol{l} \tag{9.1.11}$$

称为此向量场按积分所取方向沿曲线 $\boldsymbol{l}$ 的**环量**。

例如，若向量场为一力场 $\boldsymbol{F}(M)$，$\boldsymbol{l}$ 为场中一条封闭的有向曲线，则环量 Γ 就是一个质点 M 在力 $\boldsymbol{F}$ 的作用下，沿 $\boldsymbol{l}$ 正向运转一周时所做的功。

在直角坐标系中，设

$$\boldsymbol{A}=P(x, y, z)\boldsymbol{i}+Q(x, y, z)\boldsymbol{j}+R(x, y, z)\boldsymbol{k}$$

$$\mathrm{d}\boldsymbol{l}=\mathrm{d}l\cos(\boldsymbol{t}, x)\boldsymbol{i}+\mathrm{d}l\cos(\boldsymbol{t}, y)\boldsymbol{j}+\mathrm{d}l\cos(\boldsymbol{t}, z)k=\mathrm{d}x\boldsymbol{i}+\mathrm{d}y\boldsymbol{j}+\mathrm{d}z\boldsymbol{k}$$

其中，$\cos(\boldsymbol{t}, x)$，$\cos(\boldsymbol{t}, y)$，$\cos(\boldsymbol{t}, z)$ 为 $\boldsymbol{l}$ 的切线向量 $\boldsymbol{t}$ 的方向余弦。则环量的计算公式为

$$\Gamma=\oint_l \boldsymbol{A}\cdot \mathrm{d}\boldsymbol{l}=\oint_l P\mathrm{d}x+Q\mathrm{d}y+R\mathrm{d}z \tag{9.1.12}$$

当向量场为平面向量场 $\boldsymbol{A}=P(x, y)\boldsymbol{i}+Q(x, y)\boldsymbol{j}$ 时，式（9.1.12）为

$$\Gamma=\oint_l \boldsymbol{A}\cdot \mathrm{d}\boldsymbol{l}=\oint_l P\mathrm{d}x+Q\mathrm{d}y \tag{9.1.13}$$

定义 9.1.6 设 M 为向量场 $\boldsymbol{A}(M)$ 中的一点，在 M 点处取定一个方向为 $\boldsymbol{n}$，再过 M 点任做一小有向曲面 ΔS，以 $\boldsymbol{n}$ 为其在 M 点处的法向量，ΔS 与 $\boldsymbol{n}$ 成右手系（如图 9.1.4）。当曲面 ΔS 在保持点 M 在其上并沿自身缩向 M 点时，若 $\dfrac{\Delta\Gamma}{\Delta S}$ 的极限存在，则称其为向量场 $\boldsymbol{A}(M)$ 在 M 点处沿方向 $\boldsymbol{n}$ 的**环量面密度**，记作 $\mu_{\boldsymbol{n}}$，即

$$\mu_{\boldsymbol{n}}=\lim_{\Delta S\to M}\frac{\Delta\Gamma}{\Delta S}=\lim_{\Delta S\to M}\frac{\oint_{\Delta l}\boldsymbol{A}\cdot \mathrm{d}\boldsymbol{l}}{\Delta S} \tag{9.1.14}$$

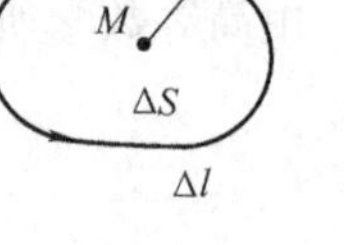

图 9.1.4

例如，在磁场 $\boldsymbol{H}$ 中的一点 M 处，沿方向 $\boldsymbol{n}$ 的环量面密

度为

$$\mu_n = \lim_{\Delta S \to M} \frac{\oint_{\Delta l} \boldsymbol{H} \cdot \mathrm{d}\boldsymbol{l}}{\Delta S} = \lim_{\Delta S \to M} \frac{\Delta \boldsymbol{I}}{\Delta S} = \frac{\mathrm{d}\boldsymbol{I}}{\mathrm{d}S}$$

就是在点 M 处沿方向 $\boldsymbol{n}$ 的电流密度。

又如，在流速场$\boldsymbol{v}$中的一点 M 处，沿方向 $\boldsymbol{n}$ 的环量面密度为

$$\mu_n = \lim_{\Delta S \to M} \frac{\oint_{\Delta l} \boldsymbol{v} \cdot \mathrm{d}\boldsymbol{l}}{\Delta S} = \lim_{\Delta S \to M} \frac{\Delta Q_t}{\Delta S} = \frac{\mathrm{d}Q_t}{\mathrm{d}S}$$

为在点 M 处与 $\boldsymbol{n}$ 成右手系的环流对面积的变化率，称为**环流密度**（或**环流强度**）。

在直角坐标系中，设 $\boldsymbol{A} = P(x, y, z)\boldsymbol{i} + Q(x, y, z)\boldsymbol{j} + R(x, y, z)\boldsymbol{k}$，由斯托克斯公式可以证明

$$\mu_n = \lim_{\Delta S \to M} \frac{\Delta \Gamma}{\Delta S} = \left(\frac{\partial R}{\partial y} - \frac{\partial Q}{\partial z}\right)\cos\alpha + \left(\frac{\partial P}{\partial z} - \frac{\partial R}{\partial x}\right)\cos\beta + \left(\frac{\partial Q}{\partial x} - \frac{\partial P}{\partial y}\right)\cos\gamma$$

$$= \begin{vmatrix} \cos\alpha & \cos\beta & \cos\gamma \\ \dfrac{\partial}{\partial x} & \dfrac{\partial}{\partial y} & \dfrac{\partial}{\partial z} \\ P & Q & R \end{vmatrix}$$

定义 9.1.7　若在向量场 $\boldsymbol{A}(M)$ 中的一点 M 处存在这样的一个向量 $\boldsymbol{T}$，使向量场 $\boldsymbol{A}(M)$ 在点 M 处沿其方向的环量面密度为最大，且最大数值为 $|\boldsymbol{T}|$，则称向量 $\boldsymbol{T}$ 为向量场 $\boldsymbol{A}(M)$ 在点 M 处的**旋度**，记作 $\mathbf{rot}\,\boldsymbol{A}$。

由高等数学的知识知

$$\mathbf{rot}\,\boldsymbol{A} = \begin{vmatrix} \boldsymbol{i} & \boldsymbol{j} & \boldsymbol{k} \\ \dfrac{\partial}{\partial x} & \dfrac{\partial}{\partial y} & \dfrac{\partial}{\partial z} \\ P & Q & R \end{vmatrix} \tag{9.1.15}$$

9.2　解析函数在平面向量场中的应用

下面我们考虑应用解析函数来分析不可压缩平面稳定流动问题。所谓**不可压缩**是指密度不因压力而改变的流体。一般来说，流体可以看做是不可压缩的。所谓流体的**平面流动**就是指在这种流动中，垂直于某一平面的每一垂线上所有各质点的速度相同，且与已知平面平行。要研究这种流动，只要研究流体在这个平面上的速度就可以了。所谓流体的**稳定流动**问题，就是指在这种流动中，各质点的速度只与各质点的位置有关，不随时间改变。

9.2.1 复势的概念

对于平面向量场，由式（9.1.13），$\Gamma=\oint_l \boldsymbol{A}\cdot \mathrm{d}\boldsymbol{l}=\oint_l P\mathrm{d}x+Q\mathrm{d}y$。如果沿 $\boldsymbol{l}$ 的环量 $\Gamma_l\neq 0$，假如 $\Gamma_l>0$，取正值的 $\boldsymbol{A}_s$ 的一部分积分，其数值大于另一部分，即流体好像沿着 $\boldsymbol{l}$“旋转”。

若在单连通域 D 内任一简单曲线 C 的环量为零，即 $\Gamma_C=0$，这个流体的流动是无旋的，即 $\mathrm{rot}_n\boldsymbol{A}=\boldsymbol{0}$，因而

$$\frac{\partial P}{\partial x}=\frac{\partial Q}{\partial y} \tag{9.2.1}$$

说明 $P\mathrm{d}x+Q\mathrm{d}y$ 是某一个二元函数 $u(x,y)$ 的全微分，即

$$\mathrm{d}u(x,y)=P\mathrm{d}x+Q\mathrm{d}y$$

由此得

$$\frac{\partial u}{\partial x}=P,\ \frac{\partial u}{\partial y}=Q$$

所以

$$\mathrm{grad}\boldsymbol{u}=\boldsymbol{A}。$$

$u(x,\ y)$ 称为向量场 $\boldsymbol{A}$ 的**势函数**（或**位函数**），等值线 $u(x,\ y)=c_2$ 称为**等势线**（或**等位线**）。

根据以上讨论可知：如果在单连域 D 内，向量场 $\boldsymbol{A}$ 是无源场，则式（9.1.10）和式（9.2.1）同时成立，将它们比较一下，即得

$$\frac{\partial u}{\partial x}=P(x,\ y)=\frac{\partial v}{\partial y},\quad \frac{\partial u}{\partial y}=Q(x,\ y)=\frac{\partial v}{\partial x}$$

这就是 C－R 条件。所以，在无源无旋场中，流函数 $v(x,\ y)$ 是势函数 $u(x,\ y)$ 的调和共轭函数，因此可作一解析函数：

$$w=f(z)=u(x,\ y)+\mathrm{i}(x,\ y)$$

称此解析函数 $w=f(z)$ 为向量场 $\boldsymbol{A}$ 的**复势函数**，简称**复势**。

若已知复势函数 $f(z)=u(x,\ y)+\mathrm{i}v(x,\ y)$，那么它所对应的向量场

$$A=P(x,\ y)+\mathrm{i}Q(x,\ y)$$

就很容易求出来，因为

$$P(x,\ y)=\frac{\partial u}{\partial x}\left(或\frac{\partial v}{\partial y}\right),\ Q(x,\ y)=\frac{\partial u}{\partial y}\left(或-\frac{\partial v}{\partial x}\right)$$

由于

$$f'(z)=\frac{\partial u}{\partial x}+\mathrm{i}\,\frac{\partial v}{\partial x}=P(x,\ y)-\mathrm{i}Q(x,\ y)$$

所以

$$A=P(x,y)+\mathrm{i}Q(x,y)=\overline{f'(z)}$$

于是 $|A(x,y)|=|f'(z)|$，而向量 $A(x,y)$ 的辐角与向量 $f'(z)$ 的辐角只差一符号，因为 $\arg\overline{f'(z)}=-\arg f'(z)$。函数 u 与 v 的等值线

$$u(x,y)=c_1,v(x,y)=c_2$$

易知这两曲线的斜率分别为 $\frac{-u_x}{u_y}$ 与 $\frac{-v_x}{v_y}$，且 u，v 满足 C－R 条件，则有

$$\left(\frac{-u_x}{u_y}\right)\left(\frac{-v_x}{v_y}\right)=\left(\frac{-v_y}{u_y}\right)\left(\frac{u_y}{v_y}\right)=-1$$

即 $u(x,y)=c_1$ 与 $v(x,y)=c_2$ 彼此正交。

对稳定平面流场情形，由于向量 $\boldsymbol{w}$ 与流线的切线方向一致，流线恰好是流体质点运动的路线。

这样，设在单连通区域 D 内给定一稳定平面场；对于 D 内任一条简单闭曲线 C，通过 C 的流量及沿 C 的环量都是零，那么这一平面场对应一个在 D 内的解析函数，即场的复势。反之，给定一个在单连通区域 D 内的解析函数，就决定了一个满足上述条件的稳定平面场，以已给函数作为复势。

如果 D 是多连通区域，并且在 D 内任一个单连通区域内，平面场满足上述条件，那么在每一个这样的单连通区域内可以从 $u-\mathrm{i}v$ 出发确定复势。在整个区域 D 内，对流场情形，流函数及势函数既可能是单值的，也可能是多值的；而对静电场情形，力函数可能是多值的，而势函数一定是单值的。这是因为保持静电场，不消耗能，所以单位正电荷沿着场内任一条简单闭曲线移动时，电场力所做的功是零。因此在 D 是多连通区域时，无论对流场或静电场情形，复势既可能是单值函数，即（单值）解析函数；也可能是多值函数，即多值解析函数。如果复势是多值解析函数，那么在整个区域 D 内，平面场或者不再是同时无源、无汇及无旋的，或者不再是无电荷的。

反之，设在多连通区域 D 内给定一多值解析函数，并设其各解析分支在 D 内一点有相同的导数，就确定一个平面场，以已知函数作为复势。

9.2.2　在流体力学中的复势

设在无源又无汇的流体域内，有不可压缩的流体作稳恒的平面平行的运动，我们来讨论它的速度场 $\boldsymbol{v}(x,y)=v_x(x,y)\boldsymbol{i}+v_y(x,y)\boldsymbol{j}$。在这种情形下，速度向量 $\boldsymbol{v}(x,y)$ 通过某曲线 C 的流量 $N_C=\int_C v_n\mathrm{d}s$ 的绝对值以适当的单位来计算就等于流体在单位时间内流过曲线 C 的量。若在闭曲线 C 所围的区域 D 内，没有源也没有汇，那么，由于该流体的不可压缩性，在 C 内部的量是不变的。从而可知，流体流入域 D 的量等于流出的量，即速度向量通过闭路 C 的流量为零。

如果速度场 $\boldsymbol{v}$ 又是无旋场，那么在此区域内可以构成一个解析函数 $w=f(z)=\varphi(x, y)+\mathrm{i}\phi(x, y)$，即复势，向量曲线 $\phi(x, y)=c$ 就是流体的流线，因为切于它的向量$\boldsymbol{v}$是流体流动的速度向量。

例 9.2.1 试求一平面流速场的复势为 $f(z)=az(a>0)$ 的速度、流函数和势函数。

解 因 $f(z)=az$ 在全平面内解析，所以可作为没有涡点、没有源、没有汇，也没有其他奇点的平面流速场的复势。

因为 $f'(z)=a$，所以场中任一点的速度 $v=\overline{f'(z)}=a>0$，方向指向 x 轴正向。

流函数 $\phi(x, y)=ay$，所以流线是直线 $y=c_1$；势函数 $\varphi(x, y)=ax$，所以等势线是直线 $x=c_2$。该场的流动图像如图 9.2.1，它刻画了流体以等速度从左向右流动的情况。

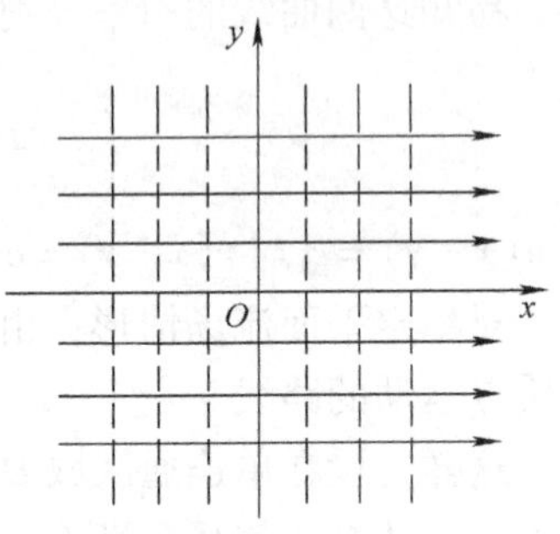

图 9.2.1

例 9.2.2 试研究以 $w=f(z)=z^2$ 为复势的平面定常流速场。

解 在任一点 $z\neq0$ 的速度为$\overline{f'(z)}=2\bar{z}$ 流函数是 $\phi(x, y)=2xy$，所以流线为 $2xy=c_1$；势函数是 $\varphi(x, y)=x^2-y^2$，所以等势线为 $x^2-y^2=c_2$。

两坐标属于流线，它们的交点（即原点）速度为零（图 9.2.2）。

若不考虑全平面，只考虑一个象限（比如第一象限）可得结论：这个函数表示包含在第一象限内的流体运动的复势。这时象限的边表示流体在其中运动的器皿的壁。

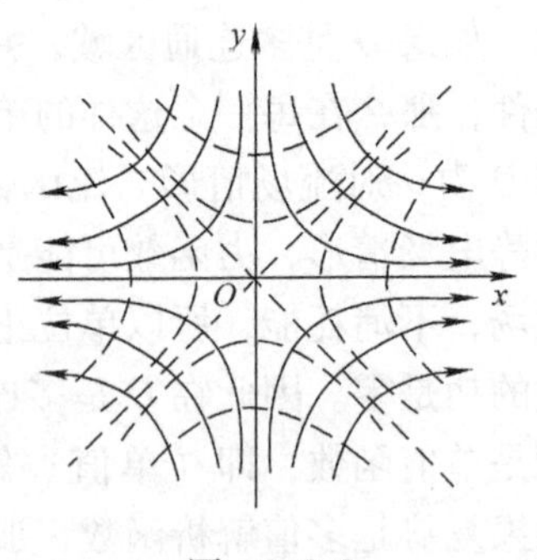

图 9.2.2

例 9.2.3 试研究以 $w=f(z)=\mathrm{i}\,\mathrm{Ln}z$ 为复势的平面定常速度场。

解 $z=0$ 为 $w=\mathrm{i}\,\mathrm{Ln}z$ 的唯一奇点。在任一点 $z(z\neq0)$ 的速度为 $v=\overline{f'(z)}=-\dfrac{\mathrm{i}}{\bar{z}}$，大小 $|\overline{f'(z)}|=\left|-\dfrac{\mathrm{i}}{\bar{z}}\right|=\dfrac{1}{|z|}$，$a=-\mathrm{Arg}\dfrac{\mathrm{i}}{\bar{z}}=-\dfrac{\pi}{2}+\mathrm{Arg}z$。流函数 $\phi(x,y)=\ln|z|$，所以流线为 $|z|=c$。

热函数 $\varphi(x, y)=-\mathrm{Arg}z$，所以等势线为 $\mathrm{Arg}z=c_1$（图 9.2.3），坐标原点 $z=0$ 是涡点，要想算出速度向量 $\boldsymbol{A}$ 沿着围绕涡点的闭路 C 的环量，最好是取中心在原点、任意半径 r 的圆周作为 C，则速度向量切于此图，且

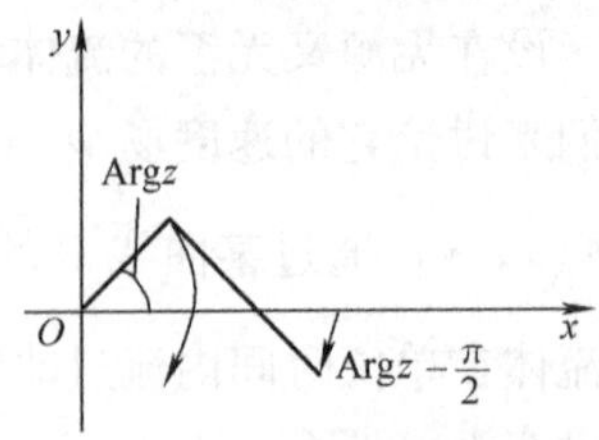

图 9.2.3

$$A_s = -|A| = -\frac{1}{r}\text{（因为运动是逆时针方向）},$$

$$\Gamma = \int_c A_s \mathrm{d}s = -\int_c \frac{1}{r}\mathrm{d}s = -2\pi$$

9.2.3　热流场的复势

在热传导理论中，已经证明：介质传导的热量与温度梯度成正比，即

$$\boldsymbol{Q} = -k\,\mathbf{grad}\varphi(x, y, z)$$

或平面情形

$$\boldsymbol{Q} = -k\,\mathbf{grad}\varphi(x, y)$$

其中，$\boldsymbol{Q}$ 是热流向量，其方向与等温面（线）正交，与等温面（线）的法线方向同向；k 为介质的热传导系数；取“ - ”号是因为热温流向低温时，与温度梯度 $\mathbf{grad}\varphi$ 的方向相反。

平面定常热流场在其单连通域 D 内通常是无源无旋的，即

$$\mathrm{div}\boldsymbol{Q} = 0,\ \mathrm{rot}_n\boldsymbol{Q} = 0$$

因此有

$$\frac{\partial Q_x}{\partial x} + \frac{\partial Q_y}{\partial y} = 0,\ \frac{\partial Q_y}{\partial x} - \frac{\partial Q_x}{\partial y} = 0$$

类似于复势的讨论，同样可构造一解析函数

$$w = f(z) = \varphi(x, y) + i\phi(x, y)$$

其中

$$\frac{\partial \varphi}{\partial x} = \frac{\partial \phi}{\partial y} = -\frac{1}{k}Q_x,\ \frac{\partial \varphi}{\partial y} = -\frac{\partial \phi}{\partial x} = -\frac{1}{k}Q_y$$

$w = f(z)$ 称为热流场的复势。$\varphi(x, y)$ 称为温度函数（或势函数），$\varphi(x, y) = c_1$（常数）称为**等温线**。$\phi(x, y)$ 称为**热流函数**，$\phi(x, y) = c_2$（常数）是 $\boldsymbol{Q}$ 的向量线（即热量流动所沿曲线）。热流向量

$$\boldsymbol{Q} = -k\,\mathbf{grad}\varphi = Q_x + \mathrm{i}Q_y = -k\frac{\partial \varphi}{\partial x} - \mathrm{i}k\frac{\partial \phi}{\partial y} = -k\left(\frac{\partial \varphi}{\partial x} + \mathrm{i}\frac{\partial \phi}{\partial y}\right) = -k\overline{f'(z)}$$

上式说明热流场可用复变函数 $Q(z) = -k\overline{f'(z)}$ 表示。

由上可见在流体的流速场与热流场之间，有着完全的类似性。其区别仅在于：在流速场的情形，复势的两个部分可能是多值函数，而在热流场的情形，复势的实部即温度总是单值（不考虑公式中无关紧要的差异）。

9.2.4　静电场的复势

在空间静电场中，由于许多电场具有对称性质，或关于轴对称，或关于平面对称，故只要掌握静电场中某一平面上的性质，即可得到整个电场的情况。所以

这种电场又叫平面电场或二维电场。

平面静电场即强度向量场 $\boldsymbol{E}=E_x(x,y)\boldsymbol{i}+E_y(x,y)\boldsymbol{j}$ 是梯度场：

$$\boldsymbol{E}=-\mathbf{grad}\phi(x,\ y)$$

其中 ϕ 是静电场的势函数，也可称为场的电势或电位。我们知道，只要场内没有带电物体，即没有电荷（电荷相当于流体力学中源和汇的作用），静电场既是无源场，也是无旋场。故我们可构造复势

$$w=f(z)=\varphi(x,\ y)+\mathrm{i}\phi(x,\ y)$$

其中

$$\mathrm{d}\phi=-[E_x(x,y)\mathrm{d}x+E_y(x,y)\mathrm{d}y],\ \mathrm{d}\varphi=-E_y(x,\ y)\mathrm{d}x+E_x(x,\ y)\mathrm{d}y$$

函数 $\varphi(x,y)$ 称为**力函数**。而 $w=f(z)=\varphi(x,\ y)+\mathrm{i}\phi(x,y)$ 称为静电场的**复势**，是一个解析函数。因此场 $\boldsymbol{E}$ 可用复势表示为

$$\boldsymbol{E}=E(z)=-\frac{\partial\phi}{\partial x}-\mathrm{i}\frac{\partial\varphi}{\partial x}=-\mathrm{i}\left(\frac{\partial\varphi}{\partial x}-\frac{\partial\phi}{\partial x}\right)=-\mathrm{i}\overline{f'(z)}$$

而

$$f(z)=\frac{\partial\varphi}{\partial x}+\mathrm{i}\frac{\partial\phi}{\partial x}=-E,\ -\mathrm{i}E_x=-\mathrm{i}[E_x+\mathrm{i}E_y]$$

因此可见静电场的复势和流速场的复势相差一个因子 $-\mathrm{i}$，这是电工学的习惯用法。并有

$$|E|=|f'(z)|,\ \mathrm{Arg}E(z)=-\left[\frac{\pi}{2}+\arg f'(z)\right]$$

势函数 $\phi(x,y)$ 的等值线叫做**等位线**，力函数 $\varphi(x,\ y)$ 的等值线叫做**力线**。

强度向量 $\boldsymbol{E}$ 沿闭路 C 的环量

$$\Gamma_c=\int_c E_c\mathrm{d}s$$

等于单位电荷沿闭路移动时所做的功，并且永远等于0。

强度向量通过闭路 C 的流量

$$N_c=\int_c E_n\mathrm{d}s$$

根据高斯定理，等于分布在 C 内部的电荷的代数和乘以 2π。

例 9.2.4　求 $w=f(z)=z^2$ 所表示的电场。

解　电力线方程为 $\varphi(x,\ y)=x^2-y^2=$ 常数，是双曲线族（如图 9.2.2）。等势线的方程为 $\phi(x,\ y)=2xy$，它也是双曲线族。

这是由两个相互正交的带电平面所产生的电场，这两个带电平面都和 z 平面垂直，与 z 平面的交线是 x 轴和 y 轴。

例 9.2.5　说明复势函数 $f(z)=\mathrm{i}\ \mathrm{Ln}z$ 所对应的静电场的性质。

解　$\varphi(x,\ y)=\mathrm{Arg}z,\ \phi(x,\ y)=\ln|z|$，

等势线是圆周 $|z| = c_1$，力线是射线 $\mathrm{Arg}z = c_2$

$$|\boldsymbol{E}| = |f'(z)| = \left|\frac{1}{z}\right| = \frac{1}{|z|},$$

$$\mathrm{Arg}\boldsymbol{E} = -\left(\frac{\pi}{2} + \mathrm{Arg}\,\frac{\mathrm{i}}{2}\right) = \mathrm{Arg}z - \pi$$

这就是说，强度向量的方向沿着射线 $\mathrm{Arg}z = C$（沿着力线）指向原点。唯一的奇点是 $z=0$，在这个点处有电荷。要求出这个电荷的值，只需算出向量 $\boldsymbol{E}$ 通过绕点 $z=0$ 一周的闭曲线 C 的流量就可得到。选取圆周 $|z| = r$ 作为这个闭路，就可得到

$$E_n = -|E| = -\frac{1}{|z|} = -\frac{1}{r}$$

由此得

$$N_c = -\int_c \frac{1}{r}\mathrm{d}s = -2\pi$$

根据高斯定理，可知电荷的值等于 $-\dfrac{2\pi}{2\pi} = -1$。由此可知，在点 $z=0$ 处对应电荷为 $+1$ 的复势函数是

$$f(z) = -\mathrm{i}\ \mathrm{Ln}z \text{ 或 } f(z) = \mathrm{i}\ \mathrm{Ln}\frac{1}{z}$$

第9章小结

一、导学

复变函数的理论和方法，对于物理和许多其他科学、技术领域的研究都起着重要的作用，并且是解决有关问题的有效工具。本章简要介绍了场的概念与解析函数在平面场中的一些应用，希望读者能从其中学到相关的方法。

二、思考题

1. 什么是场？各举出一个数量场与向量场的例子。
2. 怎样从流体流动的客观现象抽象出解析函数的概念？
3. 平面运动、稳定流动、不可压缩的流体的意义是怎样的？
4. 流函数和复速度是不是流体流动区域内的解析函数？
5. 复势和复速度是不是流体流动区域内的解析函数？

习 题 九

1. 设有位于坐标原点的点电荷 q，其在周围空间的任一点 $M(x, y, z)$ 处产生的电位为

$$v = \frac{q}{4\pi\varepsilon r}$$

其中 ε 为介电常数，$\boldsymbol{r}=x\boldsymbol{i}+y\boldsymbol{j}+z\boldsymbol{k}$，$r=|\boldsymbol{r}|$。试求电位 v 的梯度并说明其物理意义。

2. 根据下列已知的复势，确定流速场的速度，并求出流函数、势函数、流线与等势线：

（1）$\overline{w}=(z+\mathrm{i})^2$；　　（2）$\overline{w}=\dfrac{1}{z^2+1}$；

（3）$\overline{w}=z+\dfrac{1}{z}$；　　（4）$\overline{w}=(1+\mathrm{i})\mathrm{Ln}z$。

3. 某流动的复势为 $\overline{w}=f(z)=\dfrac{1}{z^2-1}$，试分别求出沿下列圆周的流量与环量。

（1）$|z-1|=\dfrac{1}{2}$；　　（2）$|z+1|=\dfrac{1}{2}$；　　（3）$|z|=3$。

4. 已知扇形域 $0<\arg z<\dfrac{\pi}{2}$，$|z|>1$ 的射线边界2上电位为0，圆周段上的电位为1（连接处绝缘）。求此静电场的复势。

5. 平面静电场的等势线为圆 $x^2+y^2=2ax$（a 为实数），求在点（$2a$，0）与点（a，a）的电场强度的大小之比.

6. 有一条很深的河流，河底有一高度为 h 的河堤，在远离河堤的流源处的流速 $V_\infty>0$ 是已知的，问此河流中，流速的分布情况如何？

第10章

复变函数与积分变换实验

10.1 MATLAB基础实验

实验一 MATLAB的基本操作

一、实验目的

掌握MATLAB软件的基本操作方法，包括启动与退出、菜单操作、命令窗口的使用、常用快捷键的使用等。

二、相关知识

1. MATLAB的功能简介

MATLAB是Math Works公司推出的一套用于数值计算的可视化软件，它集数值分析、矩阵运算、信号处理和图形显示于一体，构成一个使用方便、界面友好的用户环境。在这个环境下，用户只需简单地列出数学表达式，结果便可以数值或图形的方式显示在计算机屏幕上。

MATLAB的含义是矩阵实验室，最初主要用于矩阵的存取，其基本元素是无需定义维数的矩阵。MATLAB软件经过不断完善和扩充，形成了不同版本，如今已成为线性代数课程的标准工具，也成为许多其他领域的使用工具。

2. MATLAB的启动与退出

（1）MATLAB的启动有两种方法：

1）在桌面选择“开始”/“程序”/“MATLAB”目录/“MATLAB”程序。

2）直接双击桌面上MATLAB图标。

（2）MATLAB的退出也有两种方法：

1）在MATLAB的菜单栏选择“File”/“Exit MATLAB”。

2）在命令窗口输入Quit（或Exit命令）。

3. MATLAB中的窗口

在Windows环境下，运行MATLAB之后，将出现以下几种窗口：

(1) 命令窗口（Command Windows）

命令窗口也称工作间窗口，用户通过此窗口使用 MATLAB 的命令，以实现各种操作。其中，“≫”为命令提示符，当在提示符后输入一个 MATLAB 的命令，并按［Enter］键后，MATLAB 将执行该命令。

(2) 命令历史窗口（Command History）

命令历史窗口记录用户在 MATLAB 的命令窗口中使用过的所有命令和运行过的程序。

(3) 工作间管理窗口（Workspace）

工作间管理窗口显示目前内存中所有变量的变量名、数学结构、字节数以及类型。

(4) 当前目录窗口（Current Directory）

显示当前用户工作所在的目录（路径）。

以上窗口都可以通过 View(或 Desktop) 菜单下相应的命令选择显示或隐藏。

4. 命令窗口的使用

若干通用操作指令：

quit（或 exit）——关闭 MATLAB；　clear——清除内存中的变量；

cla——清除坐标；　clf——清除图形；

clc——清除命令窗口中的所有内容；　dir——列出指定目录下的文件和子目录；

disp——运行时显示变量和文字内容；　type——显示指定文件的内容；

path——显示搜索目录。

5. 快捷键的使用

Page Up——向上翻页；　Page Down——向下翻页；

Ctrl + Home——光标返回页首；　Ctrl + End——光标返回页尾；

←——光标左移；　→——光标右移；

↑——显示上次输入的命令；　↓——显示下次输入的内容；

Ctrl + C——复制；　Ctrl + V——粘贴；

Ctrl + Q——退出 MATLAB。

6. 应用举例

我们可以通过下面的例子来体验 MATLAB 语言简洁、高效的特点及用法。

例 10. 1. 1　计算 $x=4\times5$，$y=\sqrt{2}$的值。

输入（在“≫”号之后输入）：

```
≫clear        % 清除内存中保存的变量
≫x=4*5,  y=sqrt(2)    %sqrt(2)为求 2 的算术平方根
```

运行结果（只需按 Enter 即可）：

```
x =
    20
y =
    1.4142
```

注：% 号之后的内容为注释部分，计算机并不执行任何操作。

例 10.1.2　求方程 $x^4+5x^3+11x^2-20=0$ 的所有解。

输入：

```
>> clear
>> p = [1,5,11,0,-20];   % 建立多项式系数向量
>> x = roots(p);   % 求多项式的零点
```

运行结果：

```
x =
   -2.0347 + 2.2829i
   -2.0347 - 2.2829i
   -2.0000
   1.0693
```

三、实验内容

（1）启动与退出 MATLAB。

（2）分别选择显示或关闭 MATLAB 中的 Command Windows 窗口、Command History 窗口、Current Directory 窗口和 Workspace 窗口。

（3）在 Command Windows 窗口输入几个命令，如 quit（或 exit）、clear、cd、path 等。

（4）设 $a=2$，$b=3$，计算 $x=(b-a)\div 3$；$y=\sin \pi x$。

10.2　复变函数实验㊀

实验一　留数的概念与计算

一、实验目的

掌握 MATLAB 软件在留数计算中的应用。

㊀ 本部分参考了：薛定宇，陈阳泉．高等应用数学问题的 Matlab 求解［M］．北京：清华大学出版社，2004。

二、实验内容

若 $z=a$ 为 $f(z)$ 函数的单极点，则

$$\mathrm{Res}[f(z),z]=\lim_{z\to a}(z-a)f(z) \tag{10.2.1}$$

若 $z=a$ 为函数 $f(z)$ 的 m 重极点，则

$$\mathrm{Res}[f(z),z]=\lim_{z\to a}\frac{1}{(m-1)!}\frac{\mathrm{d}^{m-1}}{\mathrm{d}z^{m-1}}[f(z)(z-a)^m] \tag{10.2.2}$$

求取这样的留数很简单，假设已知极点 a 和重数 m，则用下面的 MATLAB 语句自然可以求出相应的留数。

```
c = limit(F * (z - a), z, a)                 单极点
c = limit(diff(F * (z - a)^m, z, m - 1)…
  /prod(1:m - 1),z,a)                         m 重极点
```

例 10.2.1　试求 $f(z)=\dfrac{1}{z^3(z-1)}\sin\left(z+\dfrac{\pi}{3}\right)\mathrm{e}^{-2z}$ 的留数。

解　对原函数的分析可见，$z=0$ 是三重极点，$z=1$ 是单极点点，故可以直接使用下面的 MATLAB 语句将这两个孤立奇点处的留数分别求出。

$z=0$：

```
>> syms z
   f = sin(z + pi/3) * exp( - 2 * z)/(z^3 * (z - 1))
   limit(diff(f * z^3,z,2)/prod(1:2),z,0)
ans =
   - 1/4 * 3^(1/2) + 1/2
```

$z=1$：

```
>> limit(f * (z - 1),z,1)
ans =
   1/2 * exp( - 2) * sin(1) + 1/2 * exp( - 2) * cos(1) * 3^(1/2)
```

例 10.2.2　求 $f(z)=\dfrac{\sin z-z}{z^6}$ 的留数。

解　乍看该函数很容易认定 $z=0$ 为 6 重极点，所以用下面的语句很容易就求出该点处的留数值。

$z=0$：

```
>> syms z;
   f = (sin(z) - z)/z^6;
   limit(diff(f * z^6,z,5)/prod(1:5),z,0)
ans =
   1/120
```

其实，这里说 $z=0$ 为 6 重极点有些保守，不严格地说，从 $k=1$ 开始尝试，能够使得

$$\lim_{z\to 0}\frac{\mathrm{d}^{k-1}}{\mathrm{d}z^{k-1}}z^k f(z)<\infty$$

的 k 都可以用来计算，结果都是一样的。

测试不同的 k 值：

$k=2$：

```
>> syms z;f = (sin(z) - z)/z^6;
   limit(diff(f*z^2,z,1)/prod(1:1),z,0)
ans =
   Inf
```

$k=3$：

```
>> limit(diff(f*z^3,z,2)/prod(1:2),z,0)
ans =
   1/120
```

$k=20$：

```
>> limit(diff(f*z^20,z,19)/prod(1:19),z,0)
ans =
   1/120
```

可见，若选择的 n 值大于或等于奇点的实际重数，则可以正确得到该函数的留数。在一般应用时可选择一个较大的 n 值来求取留数。

例 10.2.3　求 $f(z)=\dfrac{1}{z\sin z}$的留数。

解　分析该函数，因为在 $z=0$ 点处的收敛速度和 z 是一样的，显然 $z=0$ 点为 $f(z)$ 的 2 级极点，这时，相应的留数可以用下面语句求出。

$z=0$：

```
>> syms z;
   f = 1/(z*sin(z));
   c0 = limit(f*z^2,z,0)
C0 =
    1
```

进一步分析给定函数 $f(z)$，可以发现该函数在 $z=\pm k\pi$ 处均不解析，其中 k 为正整数，且这些点是原函数的单极点，由于 MATLAB 的符号运算工具箱并未给出整数的定义，所以这里只能对一些 k 值进行试探，求出它们的留数，最后将结果归纳成所需的公式。

试探 k 值:

```
>> k=[-4  4  -3  3  -2  2  -1  1];c=[];
   for kk=k;
   c=[c,limit(f*(z-kk*pi),z,kk*pi)];
   end;c
```

归纳为 $\mathrm{Res}[f(z), z=\pm k\pi]=\pm(-1)^k\dfrac{1}{k\pi}$

实验二 有理函数的部分分式展开

一、实验目的

掌握有理函数分解为部分分式及求其留数的 MATLAB 方法。

二、实验内容

考虑有理函数

$$G(x)=\frac{B(x)}{A(x)}=\frac{b_1x^m+b_2x^{m-1}+\cdots+b_mx+b_{m+1}}{x^n+a_1x^{n-1}+a_2x^{n-2}+\cdots+a_{n-1}x+a_n} \tag{10.2.3}$$

其中，a_i和 b_i均为常数。有理函数的互质概念是一个非常重要的概念。所谓互质，就是指多项式 $A(x)$ 和 $B(x)$ 没有公因式。对一般给定的多项式来说，用手工方式判定多项式互质还是比较困难的，但可以利用 MATLAB 的符号运算工具箱中的 gcd( ) 函数直接求出两个多项式的最大公因式。该函数的调用方法为

$$C=\mathrm{gcd}(A,\ B)$$

其中，A 和 B 分别表示两个多项式，则该函数将得出这两个多项式的最大公因式 C，若得出的 C 为多项式，则两个多项式为非互质的多项式，这时两个多项式可约简为 A/C 和 B/C。

例 10.2.4 给出两个多项式

$$A(x)=x^4+7x^3+13x^2+19x+20$$
$$B(x)=x^7+16x^6+103x^5+346x^4+655x^3+700x^2+393x+90$$

试判定它们是否互质。

解 求解这样的问题可用 MATLAB 语言提供的 gcd( ) 函数来完成。

```
>> syms x;
   A=x^4+7*x^3+13*x^2+19*x+20;
   B=x^7+16*x^6+103*x^5+346*x^4+...
     655*x^3+700*x^2+393*x+90;
   d=gcd(A,B)
d=
   x+5
```

可见，两个多项式具有最大公因式 $x+5$，故两个多项式不是互质的，这两个多项式可用进一步简化为

```
step1：≫simple(A/d)
ans =
    x^3 +2*x^2 +3*4 +4
step2：≫simple(B/d)
ans =
    (x +3)*(x +3)^2*(x +1)^3
```

若多项式 $A(x)=0$ 的根均为相异的值 $-p_i$，$i=1$，2，…，n，则可以将 $G(X)$ 函数写成下面的部分分式展开形式

$$G(x)=\frac{r_1}{x+p_1}+\frac{r_2}{x+p_2}+\cdots+\frac{r_n}{x+p_n} \tag{10.2.4}$$

其中，r_i称为留数，简记作 $\mathrm{Res}[G(-p_i)]$，其值可以由下面的极限值求出

$$r_i = \mathrm{Res}[G(-p_i)] = \lim_{x\to -p_i}(x+p_i)G(x) \tag{10.2.5}$$

如果分母多项式中含有 $(x+p_i)^k$项，亦即 $-p_i$为 m 重根，则相对这部分根的部分分式展开项可以写成

$$\frac{r_i}{x-p_i}+\frac{r_{i+1}}{(x-p_i)^2}+\cdots+\frac{r_{i+m-1}}{(x-p_i)^m} \tag{10.2.6}$$

这时 r_{i+j-1}可以用下面的公式直接求出

$$r_{i+j-1} = \frac{1}{(k-1)!}\lim_{x\to -p_i}\frac{\mathrm{d}^{j-1}}{\mathrm{d}x^{j-1}}[G(x)(x+p_i)^k] \quad (j=1,2,\cdots,k) \tag{10.2.7}$$

MATLAB 语言中给出了现成的数值函数 residue( ) 求取有理函数 $G(x)$ 的部分分式展开表示，该函数的调用格式为

$$[\boldsymbol{r},\boldsymbol{p},\boldsymbol{k}]=\mathrm{residue}(\boldsymbol{b},\boldsymbol{a})$$

其中，$\boldsymbol{a}=[1, a_1, a_2, \cdots, a_n]$，$\boldsymbol{b}=[b_1, b_2, \cdots, b_m]$，返回的 $\boldsymbol{r}$ 和 $\boldsymbol{p}$ 向量为式（10.2.4）中 r_i的系数，若有重根则应该相应地由式中给出的系数取代。k 为余项，对 $m<n$ 的函数来说该项为空矩阵。该函数并未给出 $-p_i$是否为重根的自动判定功能，所以部分分式展开的结果需要手动写出。

例 10.2.5　试求下面有理函数的部分分式展开

$$G(s)=\frac{s^3+2s^2+3s+4}{s^6+11s^5+48s^4+106s^3+125s^2+75s+18}$$

解　用下面的语句可以求出该函数的部分分式展开为

```
≫ n =[1,2,3,4];
d =[1,11,48,106,125,75,18];format long
```

```
    [r,p,k] = residue(n,d);
    [n,d1] = rat(r);[n,d1,p]
ans =
-17.00000000000000  8.00000000000000  -2.99999999999995
-7.00000000000000   4.00000000000000  -2.99999999999995
2.00000000000000    1.00000000000000  -2.00000000000016
1.00000000000000    8.00000000000000  -0.99999999999998
-1.00000000000000   2.00000000000000  -0.99999999999998
1.00000000000000    2.00000000000000  -0.99999999999998
```

其中，$\boldsymbol{p}$ 为奇点向量，n，d_1为每个 $\boldsymbol{p}$ 值对应系数的分子和分母数值。由数值方法直接求出的分母多项式的根为小数，有一些误差。事实上，该分母多项式的根：-3 为二级极点，-2 为单极点，-1 为三级极点。分析奇点的情况，可以写出部分分式展开为

$$G(s)=-\frac{17}{8(s+3)}-\frac{7}{4(s+3)^2}+\frac{2}{s+2}+\frac{1}{8(s+1)}-\frac{1}{2(s+1)^2}+\frac{1}{2(s+1)^3}$$

例 10.2.6　写出下面式子的部分分式展开。

$$G(s)=\frac{2s^7+2s^3+8}{s^8+30s^7+386s^6+2772s^5+12093s^4+32598s^3+52520s^2+45600s+16000}$$

解　采用 MATLAB 自带的 residue( ) 函数，则只能求解得出数值解，对本例给出的问题，可以用下面的语句直接求出有理函数的部分分式展开式子为

```
>> n = [2,0,0,0,2,0,0,8];
   d = [1,30,386,2772,12093,
      32598,52520,45600,16000];
   [r,p] = residue(n,d)
ans =
1.0e+004 *
4.99959030930686    -0.00050000000003
2.84885832580441    -0.00050000000003
1.30409999762507    -0.00050000000003
-5.04731527861460   -0.00059999999997
2.14495555022347    -0.00059999999997
-0.54813333201362   -0.00059999999997
0.00012222222224    -0.00010000000000
```

从得出结果较难判定重根情况，故难以准确写出部分分式展开式子。由得出的数据，假定 $p_1=-5$ 为三重实根，$p_2=-4$ 为三重实根，$p_3=-2$，$p_4=-1$ 为

单个实根，故可以写出部分分式展开表达式为

$$\frac{49995.9030930686}{(s+5)}+\frac{28488.5832580441}{(s+5)^2}+\frac{13040.9999762507}{(s+5)^3}-$$

$$\frac{50473.01527861460}{(s+4)}+\frac{21449.5555022347}{(s+4)^2}-\frac{5481.333201362}{(s+4)^3}+$$

$$\frac{1.222222224}{(s+2)}+\frac{0.0023148148}{(s+1)}$$

应该指出，这样的展开方式在分母上作了近似，另外这些特征根假定为重根也是一种令人不大放心的假设，所以对这样的问题，可以考虑编写更好的解析算法。利用 MATLAB 符号运算工具箱中定义的精确求根功能和式（10.2.5）与式（10.2.7）的留数计算公式，可以立即编写出如下的扩展函数 residuel（）。该函数仍应该置于目录下，其语句为

```
function f = residuel(F,s)
f = sym(0);if nargin = =1,syms s;end
[num,den] = numden(F);
x = solve(den);[x0,ii] = sort(double(x));
x = [x(ii);rand(1)];
k_vec = find(diff(double(x)) ~ =0);ee = x(k_vec);
k_vec = [k_vec(1);diff(k_vec(:,1))];
for i = 1:length(k_vec),
   for j = 1:k_vec(i),m = k_vec(i),s0 = ee(i);
      k = limit(diff(F * (s - s0)^m,s,j - 1),s,s0);
      f = f + k/(s - s0)^(m - j + 1)/factorial(j - 1);
end,end
```

该函数的调用格式为

$$f = \mathrm{residuel}(F,\ s)$$

其中，F 为有理函数是解析表达式，s 为自变量，返回的结果 f 是部分分式展开的表达式。

例 10.2.7　考虑例 10.2.5 中给出的函数 $f(s)$，用解析分式求出其部分分式展开。

解　用下面的语句可立即得出该函数的部分分式展开式，如下所示，该结果与原例中数值结果完全一致。

```
>> syms s;
   G = (s^3 +2 * s^2 +3 * s +4)/(s^6 +11 * s^5 +48 * s^4…
       +106 * s^3 +125 * s^2 +75 * s +18);
```

```
    G1 = residuel(G,s)
G1 =
    -7/4(s+3)^2-17/8(s+3)+2/(s+2)+1/2(s+1)^3-1/2(s+1)^2+1/8(s+1)
```

例 10.2.8 仍考虑例 10.2.5 中的有理函数 $G(s)$，试用解析方法写出其部分分式展开。

解 由于例子中使用的方法是数值方法，所以未必很准确。利用新编写的 residue() 函数，则可以用下面的语句对之进行部分分式展开。

```
>> syms s
   G=(2*s^7+2*s^3+8)/(s^8+30*s^7+…
      386*s^6+2772*s^5+12093*s^4+…
      32598*s^3+52520*s^2+45600*s+16000);
   f=residuel(G); latex(f)
```

这样，可以得出原分式的部分分式展开为

$$\frac{13041}{(s+5)^3}+\frac{341863}{12(s+5)^2}+\frac{7198933}{144(s+5)}-\frac{16444}{3(s+4)^3}+\frac{193046}{9(s+4)^2}-$$
$$\frac{1349779}{27(s+4)}+\frac{11}{9(s+2)}+\frac{1}{432(s+1)}$$

若将得出的部分分式展开减去原函数并化简，则结果为 0，表示得出的结果是正确的。

```
>> simple(f-G)
ans =
    0
```

对比例中给出的结果，这时得出的结果更令人信服。

例 10.2.9 考虑例 10.2.4 中的非互质多项式构成的有理函数 $G(x)=A(x)/B(x)$，试用数值方法和解析方法写出其部分分式展开。

解 用数值方法进行部分分式展开将得出如下的结果

```
>> syms x;
   A=x^4+7*x^3+13*x^2+19*x+20;
   B=x^7+16*x^6+103*x^5+346*x^4+...
     655*x^3+700*x^2+393*x+90;
   n=sym2poly(A); d=sym2poly(B);
   [r, p, k]=residue(n, d);
   [n1, d1]=rat(r); [n1, d1, p]
ans =
                        0   1.00000000000000   -4.99999999999977
```

```
-17.00000000000000   8.00000000000000   -3.0000000000015
 -7.00000000000000   4.00000000000000   -3.0000000000015
  2.00000000000000   1.00000000000000   -1.999999999999976
  1.00000000000000   8.00000000000000   -1.00000000000005
 -1.00000000000000   2.00000000000000   -1.00000000000005
  1.00000000000000   2.00000000000000   -1.00000000000005
```

然而，r_1为一个很小的数值，由数值方法不能完全得出 0，所以数值方法将产生误差。

```
>> r(1)
ans =
    -2.605785957382269e-014
```

用前面介绍解析方法可得出和 $x=-5$ 奇点完全无关的解析解，亦即 residuel( ) 函数同样适合于非互质有理函数的部分分式展开。

```
>> residuel(A/B,x)
ans =
    -7/4/(x+3)^2-17/8/(x+3)+2/(x+2)+1/2/(x+1)^3-
    1/2/(x+1)^2+1/8/(x+1)
```

例 10.2.10　求有理函数

$$G(x)=\frac{-17x^5-7x^4+2x^3+x^2-x+1}{x^6+11x^5+48x^4+106x^3+125x^2+75x+17}$$

的部分分式展开。

解　可以先试用 residue( ) 函数。

```
>> syms x;
   G=(-17*x^5-7*x^4+2*x^3+x^2-x+1)…
      /(x^6+11*x^5+48*x^4+106*x^3+…
      125*x^2+75*x+17);
   G1=latex(residuel(G,x)),
```

$G_1=$

0

显然，得出的部分分式展开式错误的。

上例中出现错误的原因在于前面编写的 residue( ) 函数要求有理函数分母多项式方程 $D(x)=0$ 的解必须能精确求出，否则不能进行正确转换。这是因为采用式（10.2.2）求取留数方法的原因。如果原有理函数分母 $D(x)$ 的某无理数根为 x_0，通过任何的求根算法根本不能在有限位内得出 x_0 的精确值，只能得到其近似值，所以代入式（10.2.2）则有

$$\mathrm{Res}[f(\hat{x}_0)] = \lim_{x \to x_0} \frac{1}{(m-1)!} \frac{\mathrm{d}^{m-1}}{\mathrm{d}x^{m-1}}[f(\hat{x}_0)(x - x_0)^m] \qquad (10.2.8)$$

这时，因为 $\hat{x}_0$ 不是原方程的根，所以 $f(\hat{x}_0)$ 为有限数值，故整个极限等于 0，从而得出错误的结论。基于此问题，可以考虑对原算法加以改进。假设用 vap() 函数能求出多项式方程所有的根 x_i $(i=1, 2, \cdots, n)$ 可以由这些根重组多项式的分母而取代原来的分母，则能得出新的函数 $f_1(x)$ 来取代式 (10.2.8) 中的 $f(x)$，这样就能确保 $f_1(x)$ 和 $(x-\hat{x}_0)^m$ 在 $\hat{x}_0$ 处能真正相消，得出原函数的留数。修改后的函数内容为

```
function f = residue(F,s)
f = sym(0);
if nargin = =1,syms s;end
[unm,den] = numden(F);x0 = solve(den);
[x,ii] = sort(double(x0));
x0 = x0(ii);x = [x0;rand(1)];
kvec = find(diff(double(x)) ~ =0);ee = x(kvec);
kvec = [kvec(1);diff(kvec(:,1))];
a0 = limit(den/s^length(x0),s,inf);
F1 = num/(a0 * prod(s - x0));
for i = 1:length(kvec),
  for j = 1:kvec(i),m = kvec(i);s0 = ee(i);
     k = limit(diff(F1 * (s - s0)^m,s,j - 1),s,s0);
     f = f + k/(s - s0)^(m - j + 1)/factorial(j - 1);
  end
end
```

例 10.2.11　试用新编写的 residue() 函数求出例 10.2.10 中有理函数的部分分式展开。

解　采用新 residue() 函数将得出如下结果：

```
≫ G1 = latex(residue(G,x)),
```

其展开结果如下

$$\frac{0.212556796926322944185000868601 34}{x+0520859605293200521173180894657 57} - \frac{556.2553068961041694760596634 45}{x+3.2617310107385187021102903315402} +$$

$$\frac{0.87946492619462065986610768905313 + \mathrm{j}5.49707625785732772459122493 10211}{x+1.0777588719352924223187832542 30 + \mathrm{j}0.602106591106076148559345309506389} +$$

$$\frac{0.87946492619462065986610768905313 - \mathrm{j}5.49707625785732772459122493 40211}{x+10077758871935292422331878325 4230 - \mathrm{j}0.602106591060761485593453095 06389} +$$

$$\frac{268.6425220188045840403049401938 7-\mathrm{j}349.1231094995268181442271489307 9}{x+2.5300945820048847966026386061478 1+\mathrm{j}0.3997631054498554181405472645192 6}+$$
$$\frac{268.6425220188045840403049401938 7+\mathrm{j}349.1231094995268181442271489307 9}{x+2.5300945820048847966026386061478 1-\mathrm{j}0.3997631054498554181405472645192 6}$$

该算法的精度大大高于 MATLAB 自身的数值 residue( ) 函数。

实验三　封闭曲线积分问题计算

一、实验目的

学习利用 MATLAB 语言计算曲线积分问题。

二、实验内容

考虑如下定义的曲线积分

$$\oint_{\Gamma} f(z)\,\mathrm{d}z$$

其中，Γ 为二维平面内正向为逆时针的封闭曲线。假设该封闭曲线内包围 m 个奇点，$p_i(i=1, 2, \cdots, m)$，则可以分别用前面的算法求出这些奇点上的留数为 $\mathrm{Res}\ [f(p_i)]$，这时封闭曲线积分的值等于乘以这些留数的和，即

$$\oint_{\Gamma} f(z)\,\mathrm{d}z = 2\pi\mathrm{j}\sum_{i=1}^{m}\mathrm{Res}[f(p_i)]$$

如果曲线的走向是顺时针的，则可以将得出的结果反号。

例 10.2.12　试求函数 $f(z)$ 在曲线 $|z|=6$ 的曲线积分，其中

$$f(z)=\frac{2z^7+2z^3+8}{z^8+30z^7+386z^6+2772z^5+12093z^4+32598z^3+52520z^2+45600z+16000}$$

解　可以用前面例题中给出的方法求出其部分分式展开为

$$\frac{13041}{(s+5)^3}+\frac{341863}{12(s+5)^2}+\frac{7198933}{144(s+5)}-\frac{16444}{3(s+4)^3}+\frac{193046}{9(s+4)^2}-\frac{1349779}{27(s+4)}+$$
$$\frac{11}{9(s+2)}+\frac{1}{432(s+1)}$$

可见，该函数的奇点为：-1 为单极点，-2 亦为单极奇点，-4 与 -5 均为 3 级极点。由上面的部分分式展开式子可知，各个奇点的留数为部分分式展开的一次项的分子值，这样可以得出所需的曲线积分值为

$$\oint_{|z|=6} f(z)\,\mathrm{d}z = 2\pi\mathrm{j}\left(\frac{1798933}{144}-\frac{1349779}{27}+\frac{11}{9}+\frac{1}{432}\right)=4\pi\mathrm{j}$$

例 10.2.13　试求出下面的曲线积分

$$\oint_{\Gamma}\frac{1}{(z+\mathrm{j})^{10}(z-1)(z-3)}\mathrm{d}z$$

其中 Γ 为 $|z|=2$ 的逆时针圆周。

解 $z=1$，$z=3$ 为单极点，$z=-\mathrm{j}$ 为10级极点，又因为给定的 Γ 为 $|z|=2$ 圆周，所以 $z=1$，$z=-\mathrm{j}$ 在该圆周的范围内，$z=3$ 在该圆周外，所以不必计算该留数。所以原曲线积分的值可以用下面的语句直接求出。

```
≫ i = sym(sqrt(-1));syms z
   f = 1/((z+i)^10*(z-1)*(z-3));
   r1 = limit(diff(f*(z+i)^10,z,9)...
          /prod(1:9),z,-i);
   r2 = limit(f*(z-1),z,1);
   a = 2*pi*i*(r1+r2)
```

10.3 积分变换实验

实验一 用 Mathematica 作积分变换

一、实验目的

学习用 Mathematica 作积分变换。

二、实验内容

Mathematica 是美国 Wolfram Research 公司开发的数学软件。该软件的设计者 Stephen Wolfram（1959年生于伦敦）于1979年着手构造第一个现代计算机代数体系，1986年开始研发 Mathematica。Mathematica 第一版于1988年6月发布，详情可查阅 Mathematica 的网站：www. wolfram. com。

Mathematica 的出现，对科技界以及其他领域计算机的使用方式产生了深刻的影响。Mathematica 的研究对象从初等数学到高等数学，从基础数学到工程数学，几乎涉及所有的数学学科。它的主要功能包括：数值计算、符号计算、图形绘制、程序设计。它含有功能强大、种类丰富的内部函数，用户还可以自由地定义自己的函数并将其扩充到系统的函数库中。Mathematica 已成为重要的数学应用工具，它的用户大部分是科技人员，近年来，也被广泛地用于教育领域。在全世界，大量的学校都用它作为基础课程。

下面介绍在 Mathematica 中，用于积分变换的几个重要命令。限于篇幅，关于 Mathematica 的基本知识和基本操作请参阅相关文献。

三、特殊函数

1. DiracDelta 函数

Dirac Delta 函数或称单位脉冲函数在许多工程科学与数学上的应用中，扮演了相当重要的角色。在 Mathematica 中用 DiracDelta 表示。

基本命令与功能：

DiracDelta $[t]$：DiracDelta 函数 $\delta(t)$，其奇点位于 $t=0$；

DiracDelta $[t_1, t_2, \cdots]$：多元 DiracDelta 函数 $\delta(t_1, t_2, \cdots)$，

其中，$\delta(t)=\begin{cases}1 & t=0\\0 & 其他\end{cases}$，$\delta(t_1, t_2, \cdots)=\begin{cases}1 & t_1=t_2=\cdots=0\\0 & 其他\end{cases}$

$\delta(t)$ 函数的重要性质：

(1) $\int_{-\infty}^{+\infty}\text{DiracDelta}[t]\mathrm{d}t = 1$

(2) $\int_{-\infty}^{+\infty}\text{DiracDelta}[t-x]f[t]\mathrm{d}t = f[x]$

例 10.3.1 计算 $\int_{-3\pi}^{3\pi}\delta\left(t-\frac{\pi}{2}\right)\sin t\mathrm{d}t$。

In[1]: = $\int_{-3\pi}^{3\pi}\text{DiracDelta}\left[t-\frac{\pi}{2}\right]\sin t\mathrm{d}t$

Out[1] = 1

在 Mathematica 的命令窗口中，用户的输入系统会自动赋予系统变量 In[1]，因此用户在输入时只需要输入用户的表达式 $\int_{-3\pi}^{3\pi}\text{DiracDelta}\left[t-\frac{\pi}{2}\right]\sin[t]\mathrm{d}t$，而不能将“In[1]: =”也一起输入，否则会提示错误。下同，不再说明。

例 10.3.2 求 $\int_{-\infty}^{\infty}\int_{-\infty}^{\infty}\int_{-\infty}^{\infty}\delta[x-1, y-1\ z-1]\mathrm{e}^{x^2+y^2+z^2}\mathrm{d}y\mathrm{d}x\mathrm{d}z$。

In[2]: = $\int_{-\infty}^{\infty}\int_{-\infty}^{\infty}\int_{-\infty}^{\infty}\text{DiracDelta}[x-1, y-1, z-1]\text{Exp}[x^2+y^2+z^2]\mathrm{d}y\mathrm{d}x\mathrm{d}z$

Out[2] = e^3

在 Mathematica 中若要计算表达式 $\mathrm{e}^{x^2+y^2+z^2}$ 在 $x=1$，$y=1$，$z=1$ 的值，可直接如下输入：

In[3]: = Exp[$x^2+y^2+z^2$]/. {$x\to1$, $y\to1$, $z\to1$}

Out[3] = e^3

当 DiracDelta 函数的参数是一个有简单实根的多项式时，命令 FunctionExpand 可以将 DiracDelta 函数展开为单根的 DiracDelta 函数之和。

In[4]: = DiracDelta[t^2-1]//FunctionExpand

Out[4] = $\frac{1}{2}\text{DiracDelta}[-1+t]+\frac{1}{2}\text{DiracDelta}[1+t]$

从上面的输出结果可以看出，输出结果不是传统的数学表示，我们看起来很不习惯。如果要将输出结果以传统的数学形式输出，可使用如下命令：

基本命令与功能：

TraditionalForm[expr] 或 expr//TraditionalForm：将表达式 expr 转换为传统的数学表达形式；

In[5]: = DiracDelta[t^2-1]//FunctionExpand//TraditionalForm

Out[5] = $\frac{1}{2}\delta(t-1)+\frac{1}{2}\delta(t+1)$

2. UnitStep 函数

UnitStep 又称单位阶跃函数：$\theta(t)=\begin{cases}0 & t<0\\1 & t\geqslant 0\end{cases}$，在 Mathematica 中用函数 UnitStep[t] 表示。但是请读者注意，在传统数学表示中通常表示为：$u(t)$。

基本命令与功能：

UnitStep[t]：unit step 函数，其奇点位于 $t=0$；

UnitStep[t_1，t_2，…]：多元 unit step 函数。

其中，$\text{UnitStep}(t)=\begin{cases}0 & t<0\\1 & t\geqslant 0\end{cases}$，$\text{UnitStep}(t_1,\ t_2,\ \cdots)=\begin{cases}1 & t_1\geqslant 0,\ t_2\geqslant 0,\ \cdots\\0 & \text{otherwise}\end{cases}$

In[1]: = Plot[UnitStep[t],{t, -2,2}]

　　　　Plot3D[UnitStep[t1,t2],{t1, -2,2},{t2, -2,2}]

Out[1] = -Graphics- （见图 10.3.1）

Out[2] = -SurfaceGraphics- （见图 10.3.2）

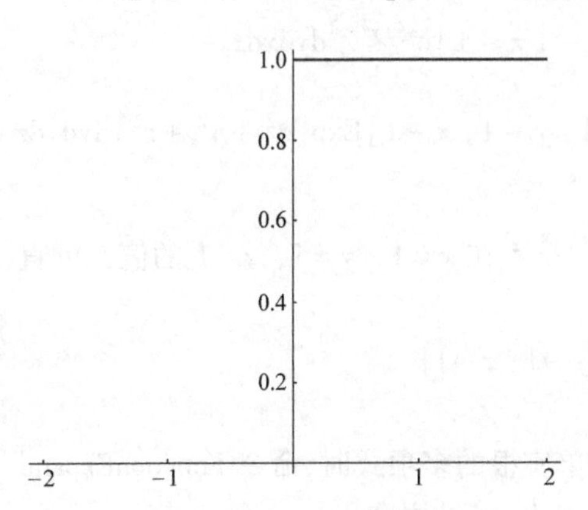

图 10.3.1　单位阶跃函数

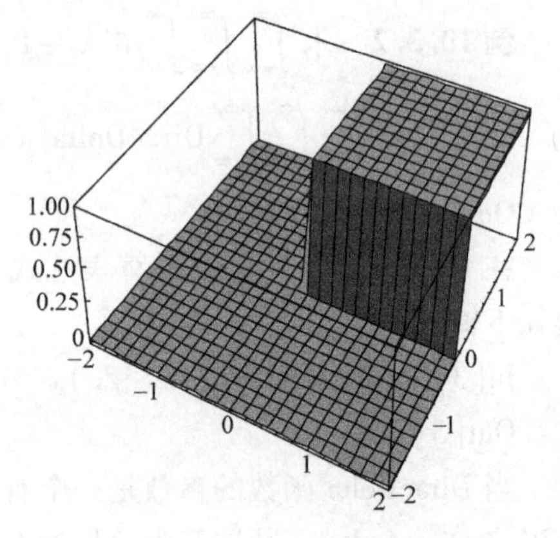

图 10.3.2　多元单位阶跃函数

DiracDelta[t]与 UnitStep[t]的关系：

(1) DiracDelta[t]可以看做 UnitStep[t]的微分。

In[3]: = D[UnitStep[t],t]

Out[3] = DiracDelta[t]

(2) 积分 DiracDelta[t]的结果为 UnitStep[t]。

In[4]:=Integrate[DiracDelta[t],t]

Out[4]=UnitStep[t]

例10.3.3 作出函数$f(t)=u[(t-1)(t-2)(t-3)]$的图形。

In[5]:=f[t_]=UnitStep[(t-1)(t-2)(t-3)];

In[6]:=Plot[f[t],{t,0,5},PlotRange->{-1,2},AxesOrigin->{0,-1}];

Out[6]=-Graphics-(见图10.3.3)

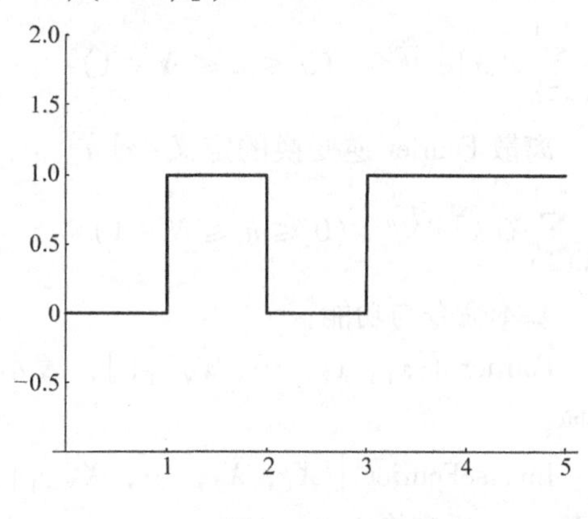

图 10.3.3

当UnitStep函数的参数是一个有简单实根的多项式时，命令FunctionExpand可以将UnitStep函数展开为单根的UnitStep函数之和。

In[7]:=f[t]//FunctionExpand//TraditionalForm

Out[7]//TraditionalForm=$\theta(t-3)-\theta(t-2)+\theta(t-1)$

例10.3.4 求$\int\sin(t)\theta(t-a)\mathrm{d}t$。

In[8]:=$\int\sin(t)\mathrm{UnitStep}(t-a)\mathrm{d}t$

Out[8]=(Cos[a]-Cos[t])UnitStep[-a+t]

若要用传统的数学形式表示结果，参看上面例10.3.3，可在命令行最后加上"//TraditionalForm"，也可如下使用函数形式

In[9]:=TraditionalForm[$\int\sin(t)\mathrm{UnitStep}(t-a)\mathrm{d}t$]

Out[9]//TraditionalForm=$(\cos(a)-\cos(t))\theta(t-a)$

可以利用UnitStep函数来定义分段连续函数。

例10.3.5 定义$f(t)=\begin{cases}t^2 & t<1\\ 1 & 1\leqslant t<2\\ 3-t & 2\leqslant t<3\end{cases}$，并作图。

In[10]:=f[t_]=t^2(1-UnitStep[t-1])+1*(UnitStep[t-1]
-UnitStep[t-2])+(3-t)*(UnitStep[t-2]-UnitStep[t-3]);

In[11]:=Plot[f[t],{t,-1,3}]

Out[11]=-Graphics-(见图10.3.4)

四、Fourier变换

由于傅里叶变换有明确的物理意义，即变换域反映了信号的频率内容，因此

傅里叶变换是信号处理中最基本也是最常用的变换。

1. 离散 Fourier 变换

离散 Fourier 变换的定义：$X[k]=\frac{1}{\sqrt{N}}\sum_{n=0}^{N-1}x[n]\mathrm{e}^{-\mathrm{j}\frac{2\pi}{N}kn}\quad(0\leqslant k\leqslant N-1)$

离散 Fourier 逆变换的定义：$x[n]=\frac{1}{\sqrt{N}}\sum_{k=0}^{N-1}X[k]\mathrm{e}^{\mathrm{j}\frac{2\pi}{N}kn}\quad(0\leqslant n\leqslant N-1)$

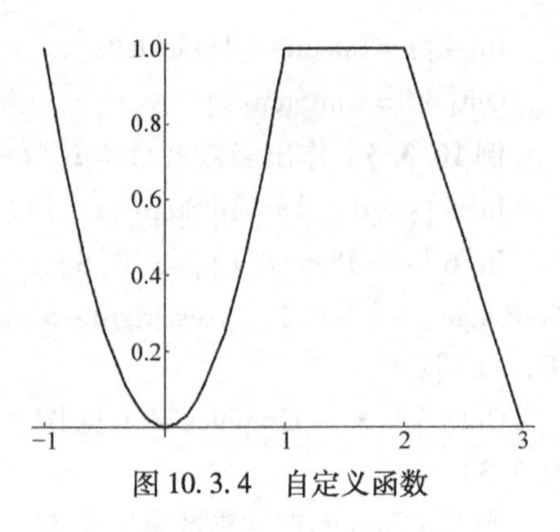

图 10.3.4 自定义函数

基本命令与功能：

Fourier [$\{x_1, x_2, \cdots, x_{N-1}\}$]：表示 $\{x_1, x_2, \cdots, x_{N-1}\}$ 的离散 Fourier 变换；

InverseFourier [$\{X_1, X_2, \cdots, X_{N-1}\}$]：表示 $\{X_1, X_2, \cdots, X_{N-1}\}$ 的离散 Fourier 逆变换。

例 10.3.6 求 {-1, -1, -1, -1, 1, 1, 1, 1} 的离散 Fourier 变换。

In[1]: = data = {-1, -1, -1, -1,1,1,1,1};

In[2]: = Fourier[data]

Out[2] = {0. +0. i, -0.707107 -1.70711i,0. +0. i, -0.707107 -0.292893i, 0. +0. i, -0.707107 +0.292893i,0. +0. i, -0.707107 +1.70711i}

In[3]: = InverseFourier[%]

Out[3] = {-1., -1., -1., -1.,1.,1.,1.,1.}

2. 连续 Fourier 变换

连续 Fourier 变换的定义：$\frac{1}{\sqrt{2\pi}}\int_{-\infty}^{\infty}\mathrm{e}^{-\mathrm{i}\omega t}f(t)\,\mathrm{d}t=F(\omega)$，记为：$\mathscr{F}(f(t))=F(\omega)$。

连续 Fourier 逆变换的定义：$\frac{1}{\sqrt{2\pi}}\int_{-\infty}^{\infty}F(\omega)\mathrm{e}^{-\mathrm{i}\omega t}\mathrm{d}\omega=f(t)$，记为：$\mathscr{F}^{-1}(f(\omega))=f(t)$。

基本命令与功能：

FourierTransform [$f[t]$, t, ω]：$f(t)$ 的 Fourier 变换；

FourierTransform [$f[t1, t2, \cdots]$, $\{t1, t2, \cdots\}$, $\{\omega1, \omega2, \cdots\}$]：$f[t1, t2, \cdots]$ 的 Fourier 变换。

InverseFourierTransform [$F[\omega]$, ω, t]：$F[\omega]$ 的 Fourier 逆变换；

InverseFourierTransform [$F[\omega1, \omega2, \cdots]$, $\{\omega1, \omega2, \cdots\}$, $\{t1, t2,$

…}]：$F[\omega1, \omega2, \cdots]$ 的 Fourier 逆变换。

如果将$f(t)$ 变换为 $\sqrt{\frac{|b|}{(2\pi)^{1-a}}}\frac{1}{\sqrt{2\pi}}\int_{-\infty}^{\infty}e^{ib\omega t}f(t)\mathrm{d}t$，则只需在 FourierTransform 命令中加入选项 FourierParameters ->{a, b} 即可，特殊地：

(1) {a, b} = {0, 1}：系统默认取值，主要用于现代物理。

(2) {a, b} = {1, −1}：主要用于数学及系统工程。

(3) {a, b} = {−1, 1}：主要用于经典物理。

(4) {a, b} = {0, −2π}：主要用于信号处理。

如果要将 $F[\omega]$ 变换为 $\sqrt{\frac{|b|}{(2\pi)^{1+a}}}\int_{-\infty}^{\infty}F(\omega)e^{-ib\omega t}\mathrm{d}\omega$，则只需在命令中可加入选项 FourierParameters ->{a, b} 即可。

例 10.3.7　求$\mathscr{F}(1)$。

In[1]: = FourierTransform[1,t,ω]//TraditionalForm

Out[1]//TraditionalForm = $\sqrt{2\pi}\delta(\omega)$

例 10.3.8　求$\mathscr{F}(\delta(t))$。

In[2]: = FourierTransform[DiracDelta[t],t,ω]

Out[2] = $\frac{1}{\sqrt{2\pi}}$

例 10.3.9　求$\mathscr{F}(\theta(t))$。

In[3]: = FourierTransform[UnitStep[t],t,ω]//TraditionalForm

Out[3]//TraditionalForm = $\frac{1}{2}\left(\sqrt{2\pi}\delta(\omega)+\frac{i\sqrt{\frac{2}{\pi}}}{\omega}\right)$

例 10.3.10　求$\mathscr{F}(\cos[t])$。

In[4]: = FourierTransform[cos[t],t,ω]//TraditionalForm

Out[4]//TraditionalForm = $\sqrt{\frac{\pi}{2}}\delta(\omega-1)+\sqrt{\frac{2}{\pi}}\delta(\omega+1)$

例 10.3.11　已知$f(t)=\begin{cases}0 & t<0\\ e^{-2t} & t\geqslant 0\end{cases}$，求$\mathscr{F}(f(t))$。

```
In[5]: = f[t_]: = If[t<0,0,Exp[-2*t]]
        FourierTransform[f[t],t,ω]
```

Out[6] = $\frac{i}{\sqrt{2\pi}(2i+\omega)}$

3. FourierSin 变换

FourierSin 变换的定义：$\sqrt{\dfrac{2}{\pi}}\int_0^{\infty} f(t)\sin(\omega t)\,\mathrm{d}t = F_s(\omega)$，记为：$\mathscr{F}_s(f(t)) = F_s(\omega)$。

FourierSin 逆变换的定义：$\sqrt{\dfrac{2}{\pi}}\int_0^{\infty} F_s(\omega)\sin(\omega t)\,\mathrm{d}\omega = f(t)$，记为：$\mathscr{F}_s^{-1}(F_s(\omega)) = f(t)$。

基本命令与功能：

FourierSinTransform[$f[t]$,t,ω]：$f(t)$ 的 Fourier Sine 变换。

FourierSinTransform［f［$t1$，$t2$，…］，｛$t1$，$t2$，…｝，｛$\omega1$，$\omega2$，…｝］：f[$t1$,$t2$，…］ 的 Fourier Sine 变换。

InverseFourierSinTransform ［$F_s(\omega)$，ω，t］：$F_s(\omega)$ 的 Fourier Sine 逆变换。

InverseFourierSinTransform ［ F_s ［ $\omega1$，$\omega2$，… ］，｛ $\omega1$，$\omega2$，… ｝，｛ $t1$，$t2$，…｝］：F_s[$\omega1$，$\omega2$，…］ 的 Fourier Sine 逆变换。

如果将 $f(t)$ 变换为 $2\sqrt{\dfrac{|b|}{(2\pi)^{1-a}}}\int_0^{\infty} f(t)\sin(b\omega t)\,\mathrm{d}t$，则只需在命令中加入选项 FourierParameters ->｛a，b｝ 即可。

如果将 $F_s(\omega)$ 变换为 $2\sqrt{\dfrac{|b|}{(2\pi)^{1-a}}}\int_0^{\infty} F_s(\omega)\sin(b\omega t)\,\mathrm{d}t$，则只需在命令中加入选项 FourierParameters ->｛a，b｝ 即可。

例 10.3.12 求 $\mathscr{F}_s\left(\dfrac{t}{1+t^2}\right)$。

In[1]：= FourierSinTransform$\left[\dfrac{t}{1+t^2},t,\omega\right]$

Out[1] = $\mathrm{e}^{-\omega}\sqrt{\dfrac{\pi}{2}}$

例 10.3.13 求 $\mathscr{F}_s$（e^{bt}）。

In[2]：= FourierSinTransform[Exp[b * t],t,ω]//Simplify

Out[2] = $\dfrac{\sqrt{\dfrac{2}{\pi}}\omega}{b^2+\omega^2}$

例 10.3.14 求 $\mathscr{F}_s^{-1}$（ω^2）。

In[3]：= InverseFourierSinTransform[ω^2,ω,t]

$\text{Out}[3] = -\dfrac{2\sqrt{\dfrac{2}{\pi}}}{t^3}$

4. FourierCos 变换

FourierCos 变换的定义：$\sqrt{\dfrac{2}{\pi}}\int_0^{\infty} f(t)\cos(\omega t)\mathrm{d}t = F_c(\omega)$，记为：$\mathscr{F}_c(f(t)) = F_c(\omega)$。

FourierCos 逆变换的定义：$\sqrt{\dfrac{2}{\pi}}\int_0^{\infty} F_c(\omega)\cos(\omega t)\mathrm{d}\omega = f(t)$，记为：$\mathscr{F}_c^{-1}(F_c(\omega)) = f(t)$。

基本命令与功能：

FourierCosTransform $[f[t],\ t,\ \omega]$：$f(t)$ 的 Fourier Cosine 变换。

FourierCosTransform $[f[t1,\ t2,\ \cdots],\ \{t1,\ t2,\ \cdots\},\ \{\omega 1,\ \omega 2,\ \cdots\}]$：$f[t1, t2, \cdots]$ 的 Fourier Cosine 变换。

InverseFourierCosTransform $[F_c(\omega),\ \omega,\ t]$：$F_c(\omega)$ 的 Fourier Cosine 逆变换。

InverseFourierCosTransform $[F_c[\omega 1,\ \omega 2,\ \cdots],\ \{\omega 1,\ \omega 2,\ \cdots\},\ \{t1,\ t2,\ \cdots\}]$：$F_c[\omega 1,\ \omega 2,\ \cdots]$ 的 Fourier Cosine 逆变换。

如果将 $f(t)$ 变换为 $2\sqrt{\dfrac{|b|}{(2\pi)^{1-a}}}\int_0^{\infty} f(t)\cos(b\omega t)\mathrm{d}t$，则只需在命令中加入选项 FourierParameters -> $\{a,\ b\}$ 即可。

如果将 $f(t)$ 变换为 $2\sqrt{\dfrac{|b|}{(2\pi)^{1+a}}}\int_0^{\infty} F_c(\omega)\cos(b\omega t)\mathrm{d}t$，则只需在命令中加入选项 FourierParameters -> $\{a,\ b\}$ 即可。

例 10.3.15　求 $\mathscr{F}_c\left(\dfrac{t^2}{1+t^4}\right)$。

$\text{In}[1]:=\text{FourierCosTransform}\left[\dfrac{t^2}{1+t^4},\ t,\ \omega\right]$

$\text{Out}[1]=\dfrac{1}{2}\mathrm{e}^{-\frac{\omega}{\sqrt{2}}}\sqrt{\pi}\left(\cos\left[\dfrac{\omega}{\sqrt{2}}\right]-\sin\left[\dfrac{\omega}{\sqrt{2}}\right]\right)$

例 10.3.16　求 $\mathscr{F}_c^{-1}\left(\dfrac{1}{1+\omega^2}\right)$。

$\text{In}[1]:=\text{InverseFourierCosTransform}\left[\dfrac{1}{1+\omega^2},\ \omega,\ t\right]$

$\text{Out}[1]=\mathrm{e}^{-t}\sqrt{\dfrac{\pi}{2}}$

五、Laplace 变换

Laplace 变换的定义：$F(s)=\int_0^{\infty}\mathrm{e}^{-st}f(t)\mathrm{d}t$，记为：$\mathscr{L}(f(t))=F(s)$。

Laplace 逆变换的定义：$f(t)=\dfrac{1}{2\pi\mathrm{i}}\int_{\gamma-\mathrm{i}\infty}^{\gamma+\mathrm{i}\infty}F(s)\mathrm{e}^{st}\mathrm{d}s$，记为：$\mathscr{L}^{-1}(F(s))=f(t)$。

基本命令与功能：

LaplaceTransform [f[t], t, s]：$f(t)$ 的 Laplace 变换。

LaplaceTransform [f[t1, t2, …], {t1, t2, …}, {s1, s2, …}]：f[t1, t2, …] 的 Laplace 变换。

InverseLaplaceTransform [F[s], s, t]：$F(s)$ 的 Laplace 逆变换。

InverseLaplaceTransform [F[s1, s2, …], {s1, s2, …}, {t1, t2, …}]：F[s1,s2, …] 的 Laplace 逆变换。

例 10.3.17 求 $\mathscr{L}(1)$。

In[1]: = LaplaceTransform[1,t,s]

Out[1] = $\dfrac{1}{s}$

例 10.3.18 求 $\mathscr{L}(\delta(t))$。

In[2]: = LaplaceTransform[DiracDelta[t],t,s]

Out[2] = 1

例 10.3.19 求 $\mathscr{L}(\cos(at))$。

In[3]: = LaplaceTransform[Cos[a*t],t,s]

Out[3] = $\dfrac{s}{a^2+s^2}$

例 10.3.20 求 $\mathscr{L}(\mathrm{e}^t\sin(t))$。

In[4]: = LaplaceTransform[Exp[t]Sin[t],t,s]

Out[4] = $\dfrac{1}{1+(-1+s)^2}$

例 10.3.21 求 $\mathscr{L}(y'(t))$。

In[5]: = LaplaceTransform[y'[t],t,s]

Out[5] = sLaplaceTransform[y[t],t,s] - y[0]

例 10.3.22 求 $\mathscr{L}(\cos(2x+y))$。

In[6]: = LaplaceTransform[Cos[2*x+y],{x,y},{u,v}]//Simplify

Out[6] = $\dfrac{-2+uv}{(4+u^2)(1+v^2)}$

例 10.3.23 求 $\mathscr{L}^{-1}\left(\dfrac{s}{s^2-1}\right)$。

In[7]: = InverseLaplaceTransform$\left[\dfrac{s}{s^2-1}, s, t\right]$

Out[7] = $\dfrac{1}{2}\mathrm{e}^{-t}(1+\mathrm{e}^{2t})$

六、Laplace 变换应用

拉普拉斯变换在解许多微分方程或初值问题时，是很好的工具。

例 10.3.24　解初值问题 $x''+18x'+9000x=5\delta(t)+5\delta(t-1)+\delta(t-2)$，$x'(0)=x(0)=0$。

解　(1) 为了方便，将微分方程赋给一个变量 eq。

In[1]: = eq = x''[t] + 18x'[t] + 9000x[t] = = 5 * DiracDelta[t] + 5 * DiracDelta[t - 1] + DiracDelta[t - 2];

(2) 将微分方程两端同时施行普拉斯变换。

In[2]: = e1 = Map[LaplaceTransform[#, t, s]&, eq]

Out[2] = 9000LaplaceTransform[x[t], t, s] + s^2LaplaceTransform[x[t], t, s] + 18(sLaplaceTransform[x[t], t, s] - x[0]) - sx[0] - 5x'[0] + $\mathrm{e}^{-2s}+5\mathrm{e}^{-s}$

(3) 将初值代入上式。

In[3]: = e2 = e1/. {x'[0] ->0, x[0] ->0, LaplaceTransform[x[t], t, s] ->X[s]}

Out[3] = 9000X[s] + 18sX[s] + $5s^2$X[s] + $\mathrm{e}^{-2s}+5\mathrm{e}^{-s}$

(4) 从上式中求出 X[s]。

In[4]: = ans = Solve[e2, X[s]]

Out[4] = $\left\{\left\{X[s]\to\dfrac{\mathrm{e}^{-2s}(1+5\mathrm{e}^{s}+5\mathrm{e}^{2s})}{9000+18s+s^2}\right\}\right\}$

(5) 将 X[s] 进行反 Laplace 变换即得到所要求的解答。

In[5]: = sol = InverseLaplaceTransform[ans[[1, 1, 2]], s, t]

Out[5] = $\dfrac{1}{3\sqrt{991}}$(e^{-9t}(e^{18}Sin[3 $\sqrt{991}$(-2+t)]UnitStep[-2+t] + 5(Sin[3 $\sqrt{991}t$] + e^{9}Sin[3 $\sqrt{991}$(-1+t)]UnitStep[-1+t])))

(6) 画出解的图形。

In[6]: = Plot[sol, {t, 0, 3}, PlotRange→All]

Out[6] = -Graphics- （见图 10.3.5）

例 10.3.25　求方程组$\begin{cases}y''-x''+x'-y=\mathrm{e}^t-2\\2y''-x''-2y'+x=-t\end{cases}$满足初始条件$\begin{cases}y(0)=y'(0)=0\\x(0)=x'(0)=0\end{cases}$的解。

解 (1) 为了方便，将微分方程组赋给一个变量 eq。

In[1]: = eq = {y''[t] - x''[t] + x'[t] - y[t] = = Exp[t] - 2,2y''[t] - x''[t] - 2y'[t] + x[t] = = - t};

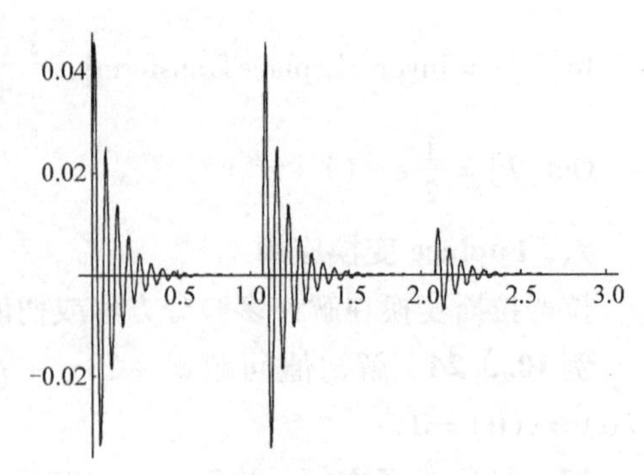

图　10.3.5

(2) 将微分方程组两端同时施行普拉斯变换。

In[2]: = e1 = Map[LaplaceTransform[#,t,s]&,eq]

Out[2] = {s LaplaceTransform[x[t],t,s] - s^2 LaplaceTransform[x[t],t,s] - LaplaceTransform[y[t],t,s] + s^2 LaplaceTransform[y[t],t,s] - x[0] + sx[0] - sy[0] + x'[0] - y'[0] = = $\frac{1}{-1+s}-\frac{2}{s}$, LaplaceTransform[x[t],t,s] - s^2 LaplaceTransform[x[t],t,s] + sx[0] - 2(s LaplaceTransform[y[t],t,s] - y[0]) + x'[0] + 2(s^2 LaplaceTransform[y[t],t,s] - sy[0] - y'[0]) = = $-\frac{1}{s^2}$}

(3)将初值代入上式。

In[3]: = e2 = e1/. {x'[0]→0,x[0]→0,y'[0]→0,y[0]→0,LaplaceTransform[x[t],t,s]→X[s],LaplaceTransform[y[t],t,s]→Y[s]}

Out[3] = $\left\{sX[s]-s^2X[s]-Y[s]+s^2Y[s]==\frac{1}{-1+s}-\frac{2}{s},X[s]-s^2X[s]-2sY[s]+2s^2Y[s]==-\frac{1}{s^2}\right\}$

(4)从上面方程组中求出 X[s]、Y[s]。

In[4]: = ans = Solve[e2,{X[s],Y[s]}]

Out[4] = $\left\{\left\{X[s]\to-\frac{1-2s}{(-1+s)^2s^2},Y[s]\to\frac{1}{(-1+s)^2s}\right\}\right\}$

(5) 将 X[s]、Y[s] 进行反 Laplace 变换即得到所要求的解答。

In[5]: = sol = InverseLaplaceTransform[ans, s, t]/. {InverseLaplaceTransform[X[s],s,t]→x[t],InverseLaplaceTransform[Y[s],s,t]→y[t]}

Out[5] = {{x[t]→ - t + e^tt,y[t]→1 + e^t(- 1 + t)}}

(6) 画出解的图形。

In[6]: = Plot[{sol[[1,1,2]],sol[[1,2,2]]},{t, - 1,1},PlotStyle→{Thickness[0.001],Thickness[0.005]}]

Out[6] = - Graphics - (见图 10.3.6)(细线为 x[t],粗线为 y[t])

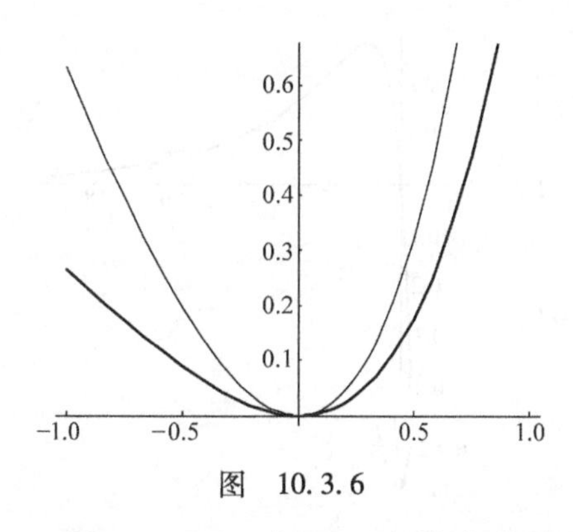

图　10.3.6

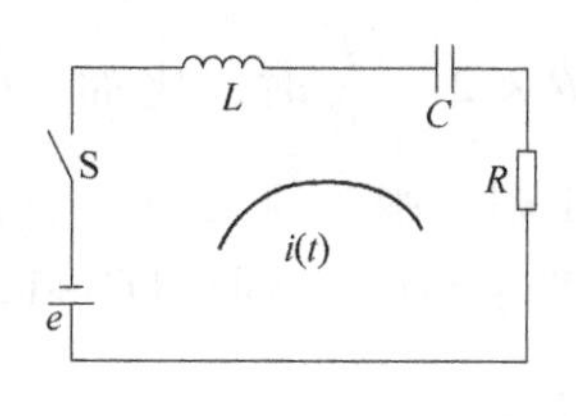

图　10.3.7

例 10.3.26　在 *RLC* 电路中串接直流电源 *e*（见图 10.3.7），求回路中电流 $i(t)$。

解　根据基尔霍夫定律，有

$$u_C + u_R + u_L = A$$

其中，$u_R = Ri(t)$，$i(t) = C\frac{\mathrm{d}u_C}{\mathrm{d}t}$，即 $u_C = \frac{1}{C}\int_0^t i(x)\mathrm{d}x$。而 $u_L = L\frac{\mathrm{d}i(t)}{\mathrm{d}t}$。代入上式，可得

$$\frac{1}{C}\int_0^t i(x)\mathrm{d}x + Ri(t) + L\frac{\mathrm{d}i(t)}{\mathrm{d}t} = A, i'(0) = i(0) = 0$$

下面是在 Mathematica 中对上面方程的求解

In[1]: = eq = $\frac{1}{C}\int_0^t i[x]\mathrm{d}x + R^* i[t] + L^* i'[t] == A$;

In[2]: = e1 = Map[LaplaceTransform[#,t,s]&,eq];

In[3]: = e2 = e1/. {i'[0]→0,i[0]→0,LaplaceTransform[i[t],t,s]→II[s]};

In[4]: = ans = Solve[e2,II[s]]

Out[4] = $\left\{\left\{\mathrm{II}[s] \to \frac{AC}{1 + CRs + CLs^2}\right\}\right\}$

In[5]: = sol = InverseLaplaceTransform[ans[[1,1,2]],s,t]

Out[5] = $\frac{A\sqrt{C}\mathrm{e}^{-\frac{\left(R+\frac{\sqrt{-4L+CR^2}}{\sqrt{C}}\right)t}{2L}}\left(-1 + \mathrm{e}^{\frac{\sqrt{-4L+CR^2}t}{\sqrt{CL}}}\right)}{\sqrt{-4L + CR^2}}$　（即 $i(t)$）

当 $R > 2\sqrt{\frac{L}{C}}$ 时，比如：$C = 1, L = 1, R = 3, A = 1$，则

In[6]: = sol1 = sol/. {C→1,L→1,R→3,A→1}

Out[6] = $\frac{\mathrm{e}^{-\frac{1}{2}(3+\sqrt{5})t}(-1 + \mathrm{e}^{\sqrt{5}t})}{\sqrt{5}}$　（即 $i(t) = \frac{\mathrm{e}^{-\frac{1}{2}(3+\sqrt{5})t}(-1 + \mathrm{e}^{\sqrt{5}t})}{\sqrt{5}}$）

In[7]: = Plot[sol1,{t, −1,10}]

Out[7] = − Graphics − （见图 10.3.8）

当 $R<2\sqrt{\frac{L}{C}}$ 时，比如：$C=1$，$L=1$，$R=1$，$A=1$，则

In[8]: = sol2 = sol/. {$C\to1$, $L\to1$, $R\to1$, $A\to1$}

$$\text{Out[8]} = \frac{\mathrm{i}\mathrm{e}^{-\frac{1}{2}(1+\mathrm{i}\sqrt{3})t}(-1+\mathrm{e}^{\mathrm{i}\sqrt{3}t})}{\sqrt{3}}$$

$$\left(\text{即 } i(t)=\frac{\mathrm{i}\mathrm{e}^{-\frac{1}{2}(1+\mathrm{i}\sqrt{3})t}(-1+\mathrm{e}^{\mathrm{i}\sqrt{3}t})}{\sqrt{3}}\right)$$

$R>2\sqrt{\frac{L}{C}}$

图 10.3.8

In[9]: = Plot[sol2,{t, −4,10},PlotRange→All]

Out[9] = − Graphics − （见图 10.3.9）

当 $R=2\sqrt{\frac{L}{C}}$ 时，比如：$C=1$，$L=1$，$R=2$，$A=1$，则

In[10]: = sol3 = InverseLaplaceTransform[ans[[1,1,2]]/. {$C\to1$,$L\to1$,$R\to2$, $A\to1$},s,t]

Out[10] = $\mathrm{e}^{-t}t$ （即 $i(t)=\mathrm{e}^{-t}t$）

In[11]: = Plot[sol3,{t, −1,10}]

Out[11] = − Graphics − （见图 10.3.10）

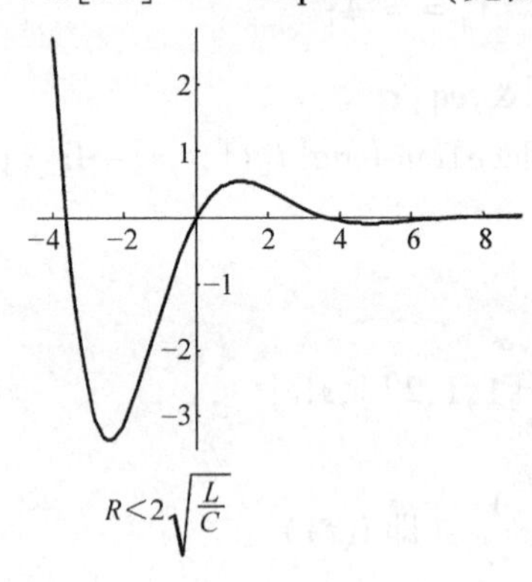

图 10.3.9

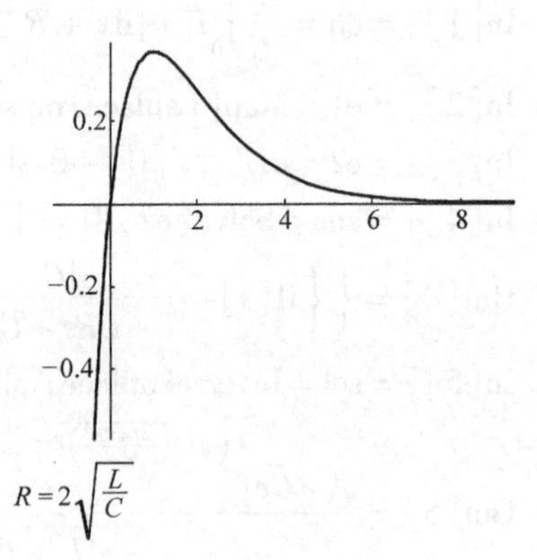

图 10.3.10

七、Z 变换

Z 变换的定义：$F(z)=\sum_{n=0}^{\infty}f(n)z^{-n}$。

Z 逆变换的定义：$f(n)=\frac{1}{2\pi i}\oint F(z)z^{n-1}dz$。

基本命令与功能：

ZTransform[f(n), n, z]：f(n)的 Z 变换。

InverseZTransform[F(z), z, n]：F(z)的 Z 逆变换。

例 10.3.27 求 sin(n) 的 Z 变换。

In[1]: = ZTransform[sin[n],n,z]

$$\text{Out}[1]=\frac{i(-1+e^{2i})z}{2(z+e^{2i}z-e^{i}(1+z^{2}))}$$

例 10.3.28 求$\frac{z}{z-1}$的 Z 逆变换。

$$\text{In}[2]:=\text{InverseZTransform}[\frac{z}{z-1},z,n]$$

Out[2] =1

实验二 用 MATLAB 作积分变换

一、实验目的

学习用 MATLAB 作积分变换。

二、实验内容

MATLAB 是美国 MathWorks 公司自 20 世纪 80 年代中期推出的数学软件，优秀的数值计算能力和卓越的数据可视化能力使其很快在数学软件中脱颖而出。随着版本的不断升级，它在数值计算及符号计算功能上得到了进一步完善。MATLAB 已经发展成为多学科、多种工作平台的功能强大的大型软件。

三、数值运算

1. 离散傅里叶变换

MATLAB 提供了 fft，ifft，fft2，ifft2，fftn，ifftn，fftshift，ifftshift 等一些函数来计算数据的离散傅里叶变换。在数据的长度是 2 的幂次时，采用基 -2 算法进行计算，计算速度会显著增加，因此，只要可能，就应当尽量使数据长度为 2 的幂次或者用零来填补数据。

基本命令与功能：

Y = fft(X)：如果 X 是向量，则采用快速傅里叶变换算法作 X 的离散傅里叶变换；如果是矩阵，则计算矩阵每一列的傅里叶变换；如果是多维数组，则对第一个非单元素的维进行计算。

Y = fft(X, n)：用参数 n 限制 X 的长度，如果 X 的长度小于 n，则用 0 补足；如果 X 的长度大于 n，则去掉长出的部分。

Y = fft(X, [ ], dim) 或 Y = fft(X, n, dim)：在参数 dim 指定的维上进行

操作。

函数 ifft 的用法和 fft 完全相同。

Y = fft2(X)：二维快速傅里叶变换，相当于 fft(fft(X)′)′，即先对 X 的列作一维傅里叶变换，然后对变换结果的行作一维傅里叶变换。

Y = fft2(X, m, n)：通过截断或用 0 补足，使得 $\boldsymbol{X}$ 成为 $m \times n$ 的矩阵。

fftn 和 ifftn 与 fft2 和 ifft2 类似，对数据作多维快速傅里叶变换。

fftshift(Y) 用于把傅里叶变换结果 Y（频域数据）中的直流分量（频率为 0 处的值）移到中间位置。

函数 ifftshift 相当于把 fftshift 函数的操作逆转，用法相同。

例 10.3.29 我们首先产生一组数据 y，它含有 50Hz 和 120Hz 的两个正弦信号和一些随机噪声，y 的图形如图 10.3.11 的上半部分所示，从图中已经很难看出正弦波的成分。

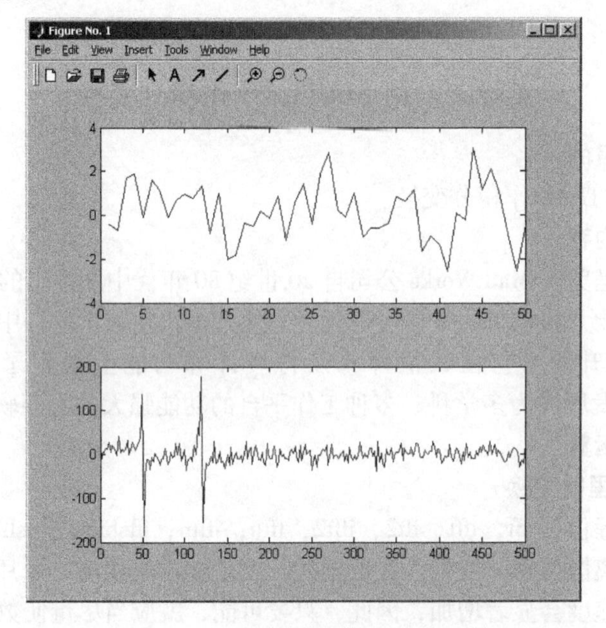

图 10.3.11 时域信号和频域信号比较

程序如下：

```
t = 0:0.001:0.6;
x = sin(2 * pi * 50 * t) + sin(2 * pi * 120 * t);
y = x + randn(size(t));
subplot(2,1,1)
plot(y(1:50))
```

为了识别信号 y 中的正弦成分，我们对 y 作傅里叶变换，把时域信号变换到

频域进行分析，结果如图 10.3.11 的下半部分所示，从中可以明显看出信号中 50Hz 和 120Hz 的两个频率分量。程序如下：

```
Y = fft(y,512);
f = 1000*(0:256)/512;
subplot(2,1,2)
plot(f,Y(1:257))
```

2. Chirp *z* 变换

z 变换是离散信号与系统分析与综合的重要工具，其地位和作用犹如拉普拉斯变换对于连续信号和连续系统。

z 变换定义：$X(z) = \sum_{n=0}^{\infty} x(n) z^{-n}$

基本命令与功能：

y = czt(x, m, w, a)：m 是变换数据的长度，w 和 a 按如下关系确定变换的螺旋轮廓线：

z = a*(w.^-(0:m-1))，其中，a 是 Z 平面轮廓线上复数的起点，w 是沿轮廓线上点与点之间的比率。缺省情况下，z 变换沿单位园进行，此时等同于离散傅里叶变换。

3. 离散余弦变换（DCT）

DCT 定义为

$$y(k) = w(k) \sum_{n=1}^{N} x(n) \cos \frac{\pi(2n-1)(k-1)}{2N}, \quad (k=1, 2, \cdots, N)$$

其中，

$$w(k) = \begin{cases} \dfrac{1}{\sqrt{N}} & k=1 \\ \sqrt{\dfrac{2}{N}} & 2 \leqslant k \leqslant N \end{cases}$$

基本命令与功能：

y = dct(x) 或 y = dct(x, n)：n 用于指定变换数据长度。

x = idct(y) 或 y = idct(x, n)：DCT 的逆变换。

DCT 具有很强的压缩能力，用少数的几个 DCT 系数就可以非常准确地重建一个序列。

四、符号运算

Matlab 符号运算是通过集成在 Matlab 中的符号数学工具箱（Symbolic Math Toolbox）来实现的。和别的工具箱有所不同，该工具箱不是基于矩阵的数值分析，而是使用字符串来进行符号分析与运算的。实际上，Matlab 中的符号数学工具箱是建立在 Maple 基础上的，当进行 Matlab 符号运算时，它就请求 Maple 软件去计算并将结果返回给 Matlab。

Matlab 的符号数学工具箱可以完成几乎所有的符号运算功能。

符号对象是一种数据结构，存储表示符号的字符串。符号数学工具箱用符号对象表示符号变量、表达式和矩阵。建立符号对象的函数是 sym 和 syms，syms 是 sym 的简捷方式。这两个函数是符号数学工具箱中其他函数的基础。

基本命令与功能：

S = sym(A)：建立 sym 对象 S。如果 A 是一个字符串，则 S 是符号变量或符号数；如果 A 是数值标量或矩阵，则 S 是这些数值的符号形式。

x = sym('x')：建立符号变量 x，变量的值为单引号内的字符或字符串。

x = sym('x', 'real')：设定符号变量 x 为实型变量。

pi = sym('pi')、a = sym('1/3') 等：建立符号数，符号数是数值的精确表示。

当符号变量和变量的值相同时，可使用 sym 的简捷方式：syms arg1 arg2…。

例 10.3.30 建立二次函数 $f=ax^2+bx+c$ 的符号表达式。

f = sym('a*x^2+b*x+c')：将符号表达式 ax^2+bx+c 赋给变量 f，由于没有建立对应于表达式中，a、b、c、x 的变量，f 中的内容只是一个简单的字符串。

为了使 f 成为一个真正的符号表达式，从而能够执行符号数学运算（如微积分、解方程等），必须显示地建立这些变量：syms a b c x。

1. Fourier 积分变换

基本命令与功能：

F = fourier(f)：对符号单值函数 f 中的缺省变量 x（由命令 findsym 确定）计算 Fourier 变换。缺省的输出结果 F 是变量 w 的函数：$f=f(x)\Rightarrow F=F(w)=\int_{-\infty}^{\infty}f(x)\mathrm{e}^{-\mathrm{i}wx}\mathrm{d}x$

f = ifourier(F)：输出参量 $f=f(x)$ 为缺省变量 w 的标量符号对象 F 的逆 Fourier 积分变换。即 $F=F(w)\rightarrow f=f(x)$。若 $F=F(x)$，ifourier(F) 返回变量 t 的函数：即 $F=F(x)\rightarrow f=f(t)$。

f = ifourier(F, u)：使函数 f 为变量 u（u 为标量符号对象）的函数：$f(u)=\frac{1}{2\pi}\int_{-\infty}^{\infty}F(w)\mathrm{e}^{\mathrm{i}wu}\mathrm{d}w$

f = ifourier(F, v, u) 使 F 为变量 v 的函数，f 为变量 u 的函数：$f(u)=\frac{1}{2\pi}\int_{-\infty}^{\infty}F(v)\mathrm{e}^{\mathrm{i}wu}\mathrm{d}v$

例 10.3.31 求 $f(t)=\begin{cases}1 & t\geqslant 0\\ 0 & t<0\end{cases}$ 的 Fourier 变换。

```
≫syms t w;ut = sym('Heaviside(t)');
≫UT = fourier(ut)
≫UTS = simple(UT)
```

计算结果为：

```
UT =
pi * Dirac(w) - i/w
UTS =
-i/w
```

例 10.3.32　求例 10.3.31 中 UT，UTS 的逆 Fourier 积分变换。

```
≫Ut = ifourier(UT,w,t)
≫Uts = ifourier(UTS,w,t)
```

计算结果为

```
Ut =
1/2 + 1/2 * Heaviside(t) - 1/2 * Heaviside(-t)
Uts =
1/2 * Heaviside(t) - 1/2 * Heaviside(-t)
```

2. Laplace 变换

基本命令与功能：

L = laplace(F)：输出参量 $L=L(s)$ 为有缺省符号自变量 t 的标量符号对象 F 的 Laplace 变换。即：$F=F(t)\to L=L(s)$。若 $F=F(s)$，则 fourier(F) 返回变量为 t 的函数 L。

F = ilaplace(L)：输出参量 $F=F(t)$ 为缺省变量 s 的标量符号对象 L 的逆 Laplace 变换。

例 10.3.33　求$\begin{pmatrix} \delta(t-a) & u(t-b) \\ e^{-at}\sin bt & t^2\cos 3t \end{pmatrix}$的 Laplace 变换。

```
≫syms t s;syms a b positive
≫Dt = sym('Dirac(t-a)');
≫Ut = sym('Heaviside(t-b)');
≫Mt = [Dt,Ut;exp(-a*t)*sin(b*t),t^2*exp(-t)];MS = laplace(Mt,t,s)
```

计算结果为

```
MS =
[          exp(-a*s),        exp(-b*s)/s]
[ b/((s+a)^2+b^2),           2/(1+s)^3]
```

3. z 变换

基本命令与功能：

F = ztrans(f)：对缺省自变量为 n 的单值函数 f 计算 z 变换。输出参量 F 为变量 z 的函数：$f=f(n)\to F=F(z)$。函数 f 的 z 变换定义为 $F(z)=\sum\limits_{n=0}^{\infty}\dfrac{f(n)}{z^n}$。

若函数 $f=f(z)$，则 ztrans(f) 返回一变量为 w 的函数 $f=f(z)\to F=F(w)$。

F = ztrans(f, w)：用符号变量 w 代替缺省的 z 作为函数 F 的自变量 $F(w)=\sum\limits_{n=0}^{\infty}\dfrac{f(n)}{w^n}$。

F = ztrans(f, k, w)：对函数 f 中指定的符号变量 k 计算 z 变换 $F(w)=\sum\limits_{n=0}^{\infty}\dfrac{f(k)}{w^n}$

f = iztrans(F)：输出参量 $f=f(n)$ 为有缺省变量 z 的单值符号函数 F 的逆 z 变换，即 $F=F(z)\to f=f(n)$。若 $F=F(n)$，则 iztrans(F) 返回变量为 k 的函数 $f(k)$。

逆 z 变换定义为 $f(n)=\dfrac{1}{2\pi i}\oint\limits_{|z|=R}F(z)z^{n-1}dz\ (n=1, 2, 3, \cdots)$，其中 R 为一正实数，它使函数 $F(z)$ 在圆域之外 $|z|\geqslant R$ 是解析的。

f = iztrans (F, k)：使函数 f 为变量 k（k 为标量符号对象）的函数 $f(k)$：$f(k)=\dfrac{1}{2\pi i}\oint\limits_{|z|=R}F(z)z^{k-1}dz\ (k=1, 2, 3, \cdots)$

f = iztrans(F, w, k)：使函数 F 为变量 w 的函数，f 为变量 k 的函数：$f(k)=\dfrac{1}{2\pi i}\oint\limits_{|w|=R}F(w)w^{k-1}dw\ (k=1, 2, 3, \cdots)$

例 10.3.34

```
≫syms a k w x n z
≫f1 = n^4;
≫ZF1 = ztrans(f)
≫f2 = a^z;
≫ZF2 = ztrans(g)
```

计算结果为

```
ZF1 =
     z*(z^3 +11*z^2 +11*z +1)/(z -1)^5
ZF2 =
     w/a/(w/a -1)
```

例 10.3.35

```
≫syms a n k x z
```

```
>> f1 = 2 * z/(z^2 + 2)^2;
>> IZ1 = iztrans(f1)
>> f2 = n/(n + 1);
>> IZ2 = iztrans(f2)
```

计算结果为

```
IZ1 =
    -1/8 * sum(1/_alpha * (1/_alpha)^n,_alpha
IZ2 =
    (-1)^k
```

部分习题答案与提示

习题一

1. （1）Re（z）$=\frac{3}{13}$，Im（z）$=-\frac{2}{13}$，$\bar{z}=\frac{3}{13}+\mathrm{i}\frac{2}{13}$，$|z|=\frac{\sqrt{13}}{13}$，$\arg z=-\arctan\frac{2}{3}$；

（2）Re（z）$=\frac{3}{2}$，Im（z）$=-\frac{5}{2}$，$\bar{z}=\frac{3}{2}+\mathrm{i}\frac{5}{2}$，$|z|=\frac{\sqrt{34}}{2}$，$\arg z=-\arctan\frac{5}{3}$；

（3）Re（z）$=-\frac{7}{2}$，Im（z）$=-13$，$\bar{z}=-\frac{7}{2}+13\mathrm{i}$，$|z|=\frac{5\sqrt{29}}{2}$，$\arg z=\arctan\frac{26}{7}-\pi$；

（4）Re（z）$=1$，Im（z）$=-3$，$\bar{z}=1+3\mathrm{i}$，$|z|=\sqrt{10}$，$\arg z=-\arctan 3$。

2. $|z|=\frac{5}{\sqrt{2}}$。

5. （1）$\mathrm{i}=\cos\frac{\pi}{2}+\mathrm{i}\sin\frac{\pi}{2}=\mathrm{e}^{\frac{\pi}{2}\mathrm{i}}$；

（2）$-1=\cos\pi+\mathrm{i}\sin\pi=\mathrm{e}^{\pi\mathrm{i}}$；

（3）$1+\sqrt{3}\mathrm{i}=2\left(\cos\frac{\pi}{3}+\mathrm{i}\sin\frac{\pi}{3}\right)=2\mathrm{e}^{\frac{\pi}{3}\mathrm{i}}$；

（4）$\frac{2\mathrm{i}}{-1+\mathrm{i}}=1-\mathrm{i}=\sqrt{2}\left(\cos\frac{\pi}{4}-\mathrm{i}\sin\frac{\pi}{4}\right)=\sqrt{2}\mathrm{e}^{-\frac{\pi}{4}\mathrm{i}}$。

8. 模不变，辐角减少$\frac{\pi}{2}$。

10. （1）$x=-\frac{4}{11}$，$y=\frac{5}{11}$；

（2）$x_1=2$，$y_1=1$，$x_2=\frac{2}{3}$，$y_2=\frac{1}{2}$。

11. （1）$-16\sqrt{3}-16\mathrm{i}$；（2）$-8\mathrm{i}$；（3）-1；

(4) $\sqrt[6]{2}\left(\cos\frac{\pi}{12}-\mathrm{i}\sin\frac{\pi}{12}\right)$，$\sqrt[6]{2}\left(\cos\frac{7\pi}{12}+\mathrm{i}\sin\frac{7\pi}{12}\right)$，$\sqrt[6]{2}\left(\cos\frac{3\pi}{4}-\mathrm{i}\sin\frac{3\pi}{4}\right)$。

(5) $\sqrt{2}\mathrm{e}^{(\frac{\pi}{4}+k\pi)\mathrm{i}}$ ($k=0$，1)；　　(6) $\mathrm{e}^{\frac{2k+1}{3}\pi\mathrm{i}}$ ($k=0$，1，2)；

(7) $\sqrt{2}\mathrm{e}^{(-\frac{\pi}{6}+k\pi)\mathrm{i}}$ ($k=0$，1)；　　(8) $2\mathrm{e}^{(\frac{\pi}{4}+\frac{2}{3}k\pi)\mathrm{i}}$ ($k=0$，1，2)。

12. (1) 以 i 为中心，6 为半径的圆周；

(2) 以 $-2\mathrm{i}$ 为中心，1 为半径的圆周及其外部区域；

(3) 以 -3 与 -1 为焦点，长轴为 4 的椭圆；

(4) 直线 $x=\frac{5}{2}$ 及其左边的平面；

(5) 实轴；

(6) 以 i 为起点的射线 $y=x+1$ ($x>0$)。

13. (1) 不包括实轴的上半平面，是无界的、开的单连通区域；

(2) 圆 $(x-1)^2+y^2=16$ 的外部区域（不包含圆周），是无界的、开的单连通区域；

(3) 由直线 $x=0$ 与 $x=1$ 构成的带形区域，不包括两直线在内，是无界的、开的单连通区域；

(4) 以 3i 为中心，1 与 2 分别为内、外半径的圆环域，不包括边界，是有界的开的多连通区域；

(5) 直线 $x=-1$ 右边的平面区域，不包括直线在内，是无界的、开的单连通区域；

(6) 由射线 $\theta=1$ 与 $\theta=1+\pi$ 构成的角形区域，不包括两射线在内，即为一半平面，是无界的、开的单连通区域。

14. (1) $-\mathrm{i}$；(2) $\frac{3}{2}$。

18. $x=1$，$y=11$。

19. $\mathrm{Re}(\omega)=\frac{1-|z|^2}{|1-z|^2}$，$\mathrm{Im}(\omega)=\frac{2\mathrm{Im}z}{|1-z|^2}$，$|\omega|=\frac{\sqrt{1+|z|^2+2\mathrm{Re}z}}{|1-z|}$。

20. (1)
$$1-\cos\varphi+\mathrm{i}\sin\varphi=2\sin\frac{\varphi}{2}\left[\cos\left(\frac{\pi}{2}-\frac{\varphi}{2}\right)+\mathrm{i}\sin\left(\frac{\pi}{2}-\frac{\varphi}{2}\right)\right]$$
$$=2\sin\frac{\varphi}{2}\mathrm{e}^{(\frac{\pi}{2}-\frac{\varphi}{2})\mathrm{i}};$$

(2) $\frac{(\cos5\varphi+\mathrm{i}\sin5\varphi)^2}{(\cos3\varphi-\mathrm{i}\sin3\varphi)^3}=\cos19\varphi+\mathrm{i}\sin19\varphi$。

21. $1+|a|$。

22. (1) 位于 z_1，z_2 连线的中点；

（2）位于 z_1，z_2 连线上，其中 $\lambda=\dfrac{|z-z_2|}{|z_1-z_2|}$；

（3）位于三角形 $z_1z_2z_3$ 的重心。

23.（1）中心在 $z=-\dfrac{17}{15}$，半径为$\dfrac{8}{15}$的圆周的外部区域（不包括圆周在内），是无界的、开的多连通区域；

（2）以$\dfrac{1}{2}$为中心，$\dfrac{1}{2}$与$\dfrac{3}{2}$分别为内、外半径的圆环域，包括边界，是有界的闭的多连通区域；

（3）抛物线 $y^2=1-2x$ 为边界的左方内部区域（不包括边界），是无界的、开的单连通区域；

（4）圆 $(x+6)^2+y^2=40$ 及其内部区域，是有界的、闭的单连通区域。

25.（1）直线 $y=x$；（2）椭圆$\dfrac{x^2}{a^2}+\dfrac{y^2}{b^2}=1$；（3）双曲线 $y=\dfrac{1}{x}$；

（4）双曲线 $y=\dfrac{1}{x}$在第一象限的一支。

30. $1+\mathrm{i}\sqrt{3}$，-2，$1-\mathrm{i}\sqrt{3}$。

31.（1）$u^2+v^2=\dfrac{1}{6}$；（2）$v=-u$；（3）$u^2+\left(v+\dfrac{1}{2}\right)^2=\dfrac{1}{4}$；（4）$u=\dfrac{1}{2}$。

32.（1）以原点为中心，4 为半径在 u 轴上方的半圆周；（2）ω 平面上的射线 $\varphi=\dfrac{2\pi}{3}$；（3）直线 $u=4$。

33.（1）$\omega_1=-\mathrm{i}$，$\omega_2=-2+2\mathrm{i}$，$\omega_3=8\mathrm{i}$；　（2）$0<\arg\omega<\pi$。

38. 证　在平面解析几何中，已知任意一圆的方程可写作

$$A(x^2+y^2)+Bx+Dy+C=0$$

这里 A，B，C，D 为实数，且 $A\neq 0$，$B^2+D^2-4AC>0$ 我们知道

$$x^2+y^2=z\bar{z},\quad x=\frac{1}{2}(z+\bar{z}),\ y=\frac{1}{2\mathrm{i}}(z-\bar{z})$$

以此代入方程式（1.3.6），有

$$Az\bar{z}+\frac{B}{2}(z+\bar{z})+\frac{D}{2\mathrm{i}}(z-\bar{z})+C=0$$

也就是

$$Az\bar{z}+\frac{1}{2}(B-D\mathrm{i})z+\frac{1}{2}(B+D\mathrm{i})\bar{z}+C=0$$

记 $\beta=\dfrac{1}{2}(B+D\mathrm{i})$ 代入上式即得证。

习题二

1. （1）在直线 $x=-\frac{1}{2}$ 上可导，但在复平面上处处不解析；

（2）在原点 $z=0$ 处可导，但在复平面上处处不解析；

（3）复平面上处处解析；

（4）在复平面内除去 $z=0$ 点的区域内处处解析；

（5）复平面上处处不可导，处处不解析。

2. （1）复平面，$f'(z)=2(z-1)(2z^2-z+3)$；

（2）复平面，$f'(z)=3z^2+2\mathrm{i}$；

（3）除 $z=\pm 1$ 外在复平面上处处解析，$f'(z)=\frac{-2z}{(z^2-1)^2}$；$z=\pm 1$ 为奇点；

（4）复平面内除去点 -1，$\frac{1\pm \mathrm{i}\sqrt{3}}{2}$ 的多连通区域，$f'(z)=\frac{-4z^3-3z^2+2}{(z^3+1)^2}$，$z=-1$，$\frac{1\pm \mathrm{i}\sqrt{3}}{2}$ 为奇点。

5. （1）~（4）全假。

7. （1）$u=x^2-y^2-3y+c$；（2）$f(z)=z\mathrm{e}^z$；

（3）$f(z)=(1-\mathrm{i})z^3+c\mathrm{i}$；（4）$f(z)=-\mathrm{i}(1-z)^2$。

13. （1）$-\mathrm{sh}1$；（2）$\frac{\sqrt{2}}{2}$；（3）$\frac{13}{5}$。

14. （1）$\mathrm{Ln}(-\mathrm{i})=\left(2k-\frac{1}{2}\right)\pi\mathrm{i}$；主值为 $-\frac{\pi}{2}$；

（2）$\mathrm{Ln}(-3+4\mathrm{i})=\ln 5-\mathrm{i}\arctan\frac{4}{3}+(2k+1)\pi\mathrm{i}$；主值为 $\ln 5+(\pi-\arctan\frac{4}{3})\mathrm{i}$。

15. （1）$-\mathrm{i}\mathrm{e}^{\mathrm{i}}$；

（2）$\mathrm{e}^{-2k\pi}(\cos\ln 3+\mathrm{i}\sin\ln 3)$；

（3）$\mathrm{e}^{-\left(2k+\frac{1}{4}\right)\pi}\left(\cos\frac{\ln 2}{2}+\mathrm{i}\sin\frac{\ln 2}{2}\right)$。

16. $\mathrm{e}^2\frac{\sqrt{3}-\mathrm{i}}{2}$。

17. （1）$k=1$；（2）$k=1$。

19. $|f'(1-\mathrm{i})|=\frac{4\sqrt{34}}{17}$，$\arg f'(1-\mathrm{i})=\arctan\frac{3}{5}$。

21. 全部正确。

22. （1）$(2k+1)\pi i$；　（2）$k\pi-\frac{\pi}{4}$；　（3）$x=2k\pi+\frac{\pi}{2}$，$y=4$。

23. （1）$z=-\sqrt{2}i+6e^{i\theta}$ $(-\pi<\theta<\pi)$；（2）$z=\rho e^{i\frac{\pi}{4}}$ $(\rho>0)$。

25. （1）e^{-2x}；　（2）$e^{x^2-y^2}$；　（3）$e^{\frac{x}{x^2+y^2}}\cos\frac{y}{x^2+y^2}$。

习题三

1. （1）、（2）、（3）：$\frac{1}{3}(3+i)^3=6+\frac{26i}{3}$。

2. （1）$4\pi i$；　（2）$16\pi i$。

5. （1）0；　（2）0；　（3）$\frac{\pi}{\sqrt{2}}i$；　（4）$4\pi i$。

6. （1）$2\pi e^2 i$；　（2）$-\frac{\pi^5}{12}i$；　（3）$\frac{\pi i}{12}$；　（4）0；　（5）0；

（6）当C不包含$\pm 3i$时，值为0；当C包含$3i$，不包含$-3i$时，值为$\frac{\pi}{3}$；

当C包含$-3i$，不包含$3i$时，值为$-\frac{\pi}{3}$；当C包含$\pm 3i$时，值为0。

（7）0；（8）$2\pi i$。

7. 当a与$-a$都在C内时：0；当a与$-a$有一个在C内时：πi；当a与$-a$都不在C内时：$2\pi i$。

8. （1）$-6\pi(6+i)$；　（2）$-4\pi(13+7i)$。

14. $-\frac{1}{6}+\frac{5}{6}i$；$-\frac{1}{6}+\frac{5}{6}i$。

15. πi。

16. 不一定成立。例如，$f(z)=z$，C：$|z|=1$时，$\oint_C \mathrm{Re} f(z)dz=\pi i$，$\oint_C \mathrm{Im} f(z)dz=-\pi$，均不为0。

20. 不一定。例如，$\oint_C \frac{1}{z^2}dz=0$。

习题四

1. （1）无；　（2）0；　（3）无。

2. （1）发散；　（2）绝对收敛；　（3）发散。

4. （1）$R=2$；（2）$R=\infty$；（3）$R=e$。

6. （1）$1-z^3+z^6-z^9+\cdots$，$R=1$；

（2）$1-2z^2+3z^4-4z^6+\cdots$，$R=1$；

（3）$1-\frac{z^4}{2!}+\frac{z^8}{4!}-\cdots$，$R=\infty$；（4）$z+\frac{z^3}{3!}+\frac{z^5}{5!}+\cdots$，$R=\infty$；

（5）$z^2+z^4+\frac{1}{3}z^6+\cdots$，$R=\infty$；

（6）$\sin 1+\cos 1 z+\left(\cos 1-\frac{1}{2}\sin 1\right)z^2+\left(\frac{5}{6}\cos 1-\sin 1\right)z^3+\cdots$，$R=1$。

7. （1）$\frac{z-1}{2}-\frac{(z-1)^2}{2^2}+\frac{(z-1)^3}{2^3}-\frac{(z-1)^4}{2^4}+\cdots$，$|z-1|<2$；

（2）$\sum_{n=0}^{\infty}(-1)^n\left(\frac{1}{3^{n+1}}-\frac{1}{4^{n+1}}\right)(z-2)^n$，$|z-2|<3$；

（3）$1+2(z+1++3(z+1)^2+4(z+1)^{49}+\cdots, |z+1|<1$；

（4）$\sum_{n=0}^{\infty}\frac{3^n}{(1-3i)^{n+1}}[z-(1+i)]^n$，$|z-(1+i)|<\frac{\sqrt{10}}{3}$。

8. （1）$\cdots+\frac{2}{5}\cdot\frac{1}{z^4}+\frac{1}{5}\cdot\frac{1}{z^3}-\frac{2}{5}\cdot\frac{1}{z^2}-\frac{1}{5}\cdot\frac{1}{z}-\frac{1}{10}-\frac{z}{20}-\frac{z^2}{40}-\frac{z^3}{80}-\cdots$；

（2）$\sum_{n=-1}^{\infty}(n+2)z^n, \sum_{n=-2}^{\infty}(-1)^n(z-1)^n$；

（3）$-\sum_{n=-1}^{\infty}(z-1)^n, \sum_{n=-1}^{\infty}(-1)^{n+1}\frac{1}{(z-2)^{n+2}}$；

（4）$\cdots 1-\frac{1}{z}-\frac{1}{2!}\cdot\frac{1}{z^2}-\frac{1}{3!}\cdot\frac{1}{z^3}+\frac{1}{4!}\cdot\frac{1}{z^4}+\cdots$；

（5）$-\sum_{n=0}^{\infty}(-1)^n\frac{1}{(2n+1)!}\cdot\frac{1}{(z-1)^{2n+1}}$。

9. 级数 $\sum_{n=1}^{\infty}\left(\frac{1}{1+i}\right)^{n-1}$ 收敛，且 $\sum_{n=1}^{\infty}\left(\frac{1}{1+i}\right)^{n-1}=1-i$。

解　由于 $s_n=1+\frac{1}{1+i}+\left(\frac{1}{1+i}\right)^2+\cdots+\left(\frac{1}{1+i}\right)^{n-1}=\frac{1-\left(\frac{1}{1+i}\right)^n}{1-\left(\frac{1}{1+i}\right)}$

且

$$\left|\frac{1}{1+i}\right|=\frac{1}{\sqrt{2}}<1$$

知

$$\lim_{n\to\infty}S_n=\lim_{n\to\infty}\frac{1-\left(\frac{1}{1+i}\right)^n}{1-\left(\frac{1}{1+i}\right)}=\frac{1+i}{i}=1-i$$

故级数 $\sum_{n=1}^{\infty}\left(\frac{1}{1+\mathrm{i}}\right)^{n-1}$ 收敛，且 $\sum_{n=1}^{\infty}\left(\frac{1}{1+\mathrm{i}}\right)^{n-1}=1-\mathrm{i}$。

13. （1）$1+2\left(z-\frac{\pi}{4}\right)+2\left(z-\frac{\pi}{4}\right)^2+\frac{8}{3}\left(z-\frac{\pi}{4}\right)^3+\cdots$，$\left|z-\frac{\pi}{4}\right|<\frac{\pi}{4}$；

（2）$1+z+\frac{3z^2}{2}+\frac{13z^3}{6}+\frac{73z^4}{24}+\cdots$，$|z|<1$；

解　令 $F(\zeta)=\mathrm{e}^{\zeta}$，$g(z)=\frac{z}{1-z}$，则它们分别有展开式

$$F(\zeta)=1+\frac{\zeta}{1!}+\frac{\zeta}{2!}+\frac{\zeta}{3!}+\cdots+\frac{\zeta}{n!}+\cdots,\ |\zeta|<+\infty$$

$$g(z)=z(1+z+z^2+\cdots+z^n+\cdots),\ |z|<1$$

将 $g(z)$ 的展开式代入 $F(\zeta)$ 的展开式中，经计算得

$$\begin{aligned}\mathrm{e}^{\frac{z}{1-z}}&=1+\frac{z}{1!}(1+z+z^2+z^3+z^4+\cdots)+\frac{z^2}{2!}(1+z+z^2+z^3+z^4+\cdots)^2+\\&\quad\frac{z^3}{3!}(1+z+z^2+z^3+z^4+\cdots)^3+\frac{z^4}{4!}(1+z+z^2+z^3+z^4+\cdots)^4+\cdots\\&=1+z(1+z+z^2+z^3+z^4+\cdots)+\frac{z^2}{2!}(1+2z+3z^2+4z^3+5z^4+\cdots)+\\&\quad\frac{z^3}{3!}(1+3z+6z^2+10z^3+\cdots)+\frac{z^4}{4!}(1+4z+10z^2+\cdots)+\cdots\\&=1+z+\left(1+\frac{1}{2!}\right)z^2+\left(1+\frac{2}{2!}+\frac{1}{3!}\right)z^3+\left(1+\frac{3}{2!}+\frac{3}{3!}+\frac{1}{4!}\right)z^4+\cdots\\&=1+z+\frac{3z^2}{2}+\frac{13z^3}{6}+\frac{73z^4}{24}+\cdots,\ |z|<1\end{aligned}$$

（3）$\sum_{n=0}^{\infty}\frac{\sin\left(1+\frac{n\pi}{2}\right)}{n!}(z-1)^{2n}$，$R=\infty$；

（4）$1+z^2-\frac{z^3}{2}+\frac{5z^4}{6}-\frac{3z^5}{4}+\cdots$，$R=1$；

（5）$z^2-z^3+\frac{11z^4}{12}-\cdots$，$R=1$；

（6）$\ln\mathrm{i}+\frac{z-\mathrm{i}}{\mathrm{i}}-\frac{1}{2}\left(\frac{z-\mathrm{i}}{\mathrm{i}}\right)^2+\frac{1}{3}\left(\frac{z-\mathrm{i}}{\mathrm{i}}\right)^3-\frac{1}{4}\left(\frac{z-\mathrm{i}}{\mathrm{i}}\right)^4+\cdots$，$R=1$。

14. （1）$\sum_{n=0}^{\infty}\mathrm{i}^{n+1}(z-\mathrm{i})^{n-1}$，$0<|z-\mathrm{i}|<1$；

（2）$-\sum_{n=0}^{\infty}\frac{(z+2)^{n-3}}{2^{n+1}}$，$0<|z+2|<2$；

(3) $\cdots\frac{1}{z}+1-\frac{z}{2}-\frac{5z^2}{6}+\frac{13z^3}{24}-\cdots$，$0<|z|<1$。

习题五

1. (1) 是； (2) 不是； (3) 是。

2. (1) $z=\pm 3\mathrm{i}$，一阶； (2) $z=0$，二阶，$z=k\pi$（$k\neq 0$ 为整数），一阶。

(3) $z=0$，四阶，$z=\sqrt{2k\pi\mathrm{i}}$，一阶。

3. (1) $z=0$ 为 3 级极点，$z=\pm\mathrm{i}$ 为 2 级极点；

(2) $z=0$ 为 1 级极点；

(3) $z=0$ 为 3 级极点，$z=2k\pi\mathrm{i}$（$k=\pm1,\ \pm2,\ \cdots$）均为 1 级极点；

(4) $z=k\pi$（$k=0,\ \pm1,\ \pm2,\ \cdots$）均为 1 级极点；

(5) $z=\pm\mathrm{i}$ 为 1 级极点，$z=(2k+1)\pi\mathrm{i}(k=0,\pm1,\pm2,\cdots)$均为 1 级极点；

(6) $z=0$ 为本性奇点。

7. 证 必要性是显然的，因为从式（5.1.4）立即可得

$$\lim_{z\to z_0}f(z)=\lim_{z\to z_0}\frac{1}{(z-z_0)^m}g(z)=\infty$$

这里 $g(z)$ 在 z_0 点解析且 $g(z_0)\neq 0$。

充分性。若 $\lim\limits_{z\to z_0}f(z)=\infty$，则一定存在着某一正数 $\rho_0\leqslant\delta$，使得当 $0<|z-z_0|<\rho_0$ 时，$f(z)$ 不等于 0，于是 $F(z)=1/f(z)$ 在 $0<|z-z_0|<\rho_0$ 内解析且 $\lim\limits_{z\to z_0}F(z)=\lim\limits_{z\to z_0}\frac{1}{f(z)}=0$。由定理 5.1.2 知 $F(z)$ 在 z_0 点有可去奇点，因而 $F(z)$ 在 $0<|z-z_0|<\rho_0$ 内有展开式

$$F(z)=a_0+a_1(z-z_0)+a_2(z-z_0)^2+\cdots$$

而 $a_0=\lim\limits_{z\to z_0}F(z)=0$ 且 $F(z)\neq 0$，故上式关于 $(z-z_0)$ 幂的系数中至少有一个不为 0。不妨设 $a_0=a_1=\cdots=a_{m-1}=0$，$a_m\neq 0$，则

$$F(z)=a_m(z-z_0)^m+a_{m+1}(z-z_0)^{m+1}+\cdots$$
$$=(z-z_0)^m[a_m+a_{m-1}(z-z_0)+\cdots]=(z-z_0)^mG(z)$$

这里，$G(z)=a_m+a_{m-1}(z-z_0)+\cdots$ 在 $|z-z_0|<\rho_0$ 内解析且不等于 0，从而

$$f(z)=\frac{1}{(z-z_0)^m}\cdot\frac{1}{G(z)}=\frac{1}{(z-z_0)^m}g(z)$$

这里，$g(z)=1/G(z)$ 在 $|z-z_0|<\rho_0$ 内解析且 $g(z_0)=\frac{1}{G(z_0)}=\frac{1}{a_m}\neq 0$，由定理 5.1.1 知 z_0 是 $f(z)$ 的极点，充分性得证。

8. (1) $\mathrm{Res}[f(z),0]=0$；

（2）$\mathrm{Res}[f(z),1]=\frac{\mathrm{e}}{2}$，$\mathrm{Res}[f(z),-1]=\frac{1}{2\mathrm{e}}$；

（3）$\mathrm{Res}[f(z),2]=128/5$，$\mathrm{Res}[f(z),\pm\mathrm{i}]=(2\pm\mathrm{i})/10$；

（4）$\mathrm{Res}[f(z),0]=-4/3$；

（5）$\mathrm{Res}[f(z),\pm 1]=-1/2$，$\mathrm{Res}[f(z),0]=1$；

（6）$\mathrm{Res}[f(z),\mathrm{i}]=-\mathrm{i}/4$，$\mathrm{Res}[f(z),-\mathrm{i}]=\mathrm{i}/4$。

9.（1）$-2\pi\mathrm{i}$；　（2）$-2\pi\mathrm{i}$；　（3）0；　（4）$6\pi\mathrm{i}$；　（5）$4\pi\mathrm{e}^2\mathrm{i}$；

（6）若 $m=3, 5, 7, \cdots$，积分等于 $(-1)^{\frac{m-3}{2}}\frac{2\pi\mathrm{i}}{(m-1)!}$，$m$ 取其他整数时积分为0。

10.（1）0；（2）$-2\pi\mathrm{i}/3$。

11.（1）$\frac{2\pi}{\sqrt{a^2-1}}$；　（2）$\frac{\pi}{2}$；　（3）$\pi$；　（4）$\pi\mathrm{e}^{-1}\cos 2$；

（5）$\frac{\sqrt{2}}{4}\pi$；　（6）$\frac{\pi}{2\mathrm{e}}$。

13. 在 $|z|<1$ 内有1个根，在 $1<|z|<2$ 内有3个根。

15.（1）$z=-1$ 为本性奇点，$z=\infty$ 为可去奇点；

（2）$z=0$，∞ 为本性奇点；

（3）$z=0$，∞ 为本性奇点；

（4）$z=\left(k+\frac{1}{2}\right)\pi\mathrm{i}$ 为1级极点（$k=0, \pm 1, \pm 2, \cdots$）。

17. a_{k-1}。

18.（1）$\sin t$；　（2）$-4n\mathrm{i}$。

20.（1）$\pi/a\sqrt{a^2+1}$；　（2）$\pi/ab(a+b)$。

23.（1）$z=\infty$ 为可去奇点；　（2）$z=\infty$ 为可去奇点；

（3）$z=\infty$ 为极点的极限点；　（4）$z=\infty$ 为极点的极限点。

24.（1）$-\mathrm{sh}1$；　（2）0。

25. $\oint_C \frac{\mathrm{d}z}{(z+\mathrm{i})^{10}(z-1)^5(z-4)}=-2\pi\mathrm{i}\left\{\frac{1}{3^5(4+\mathrm{i})^{10}}+0\right\}=\frac{-2\pi\mathrm{i}}{243(4+\mathrm{i})^{10}}$

习题六

1. 伸缩率：1，$\frac{1}{2}$；转动角：0，$\frac{\pi}{2}$。

2.（1）$|z+1|<\frac{1}{2}$ 收缩，$|z+1|>\frac{1}{2}$ 伸长；（2）$\mathrm{Re}(z)<0$ 收缩，$\mathrm{Re}(z)>0$ 伸长。

3. 变成 $1<v<5$ 图形。

4. （1）映射成 $\omega_1=-1$，$\omega_2=-\mathrm{i}$，$\omega_3=\mathrm{i}$ 为顶点的三角形；

（2）映射成 $\mathrm{Re}(x)<0$ 的区域。

5. （1）象：$v=-ku$；（2）象：$u=\dfrac{1}{a}$；

（3）象：当 $y=0(x>0)$ 时 $v=0(u>0)$，当 $y=1(x>0)$ 时 $u^2+v^2+v=0$ $(u>0)$，当 $x=0(0<y<1)$ 时 $u=0(v>-1)$；

（4）象：当 $y=0(x\neq 0)$ 时 $v=0$，当 $y=1(x>0)$ 时 $u^2+v^2+v=0$，$x=1$ 时 $u^2+v^2-u=0$。

6. （1）点为 $-\dfrac{1}{2}$；（2）点为 0。

7. （1）$\rho=\mathrm{e}\cdot\mathrm{e}^{\frac{\varphi}{2}}$ 与 $\rho=\mathrm{e}^3\cdot\mathrm{e}^{\frac{\varphi}{2}}$ 所围；

（2）提示：取三点 -1，0，1 对应三点 $-1-\mathrm{i}$，0，$1+\mathrm{i}$；

（3）椭圆 $\dfrac{u^2}{\left[\frac{1}{2}\left(R+\frac{1}{R}\right)\right]^2}+\dfrac{v^2}{\left[\frac{1}{2}\left(R+\frac{1}{R}\right)\right]^2}=1$。

8. （1）变换函数 $w=-\left(\dfrac{2z+\sqrt{3}-\mathrm{i}}{2z-\sqrt{3}-\mathrm{i}}\right)^2$；（2）变换函数 $w=\mathrm{e}^{2\pi\mathrm{i}\frac{z}{z-2}}$。

9. 变换函数 $w=\dfrac{z-\mathrm{i}}{\mathrm{i}z-1}$。

10. 变换函数 $w=\dfrac{-z+1}{z+1}$。

11. 变换函数 $w=\mathrm{i}\,\dfrac{z-(a+b\mathrm{i})}{z-(a-b\mathrm{i})}$。

12. 变换函数 $w=\dfrac{2\mathrm{i}-z}{z+2\mathrm{i}}$。

13. 变换函数 $w=\dfrac{z^{\frac{3}{2}}-1}{z^{\frac{3}{2}}+1}$。

14. 变换函数 $w=\dfrac{(z^2+1)^2-\mathrm{i}\,(z^2-1)^2}{(z^2+1)^2+\mathrm{i}\,(z^2-1)^2}$。

15. 共形映射 $w=\dfrac{-z+1}{z+2}$。

16. 共形映射 $w=-\left(\dfrac{z+1}{z-1}\right)^2$。

17. 共形映射 $w=\dfrac{2}{5}\left(z+\dfrac{1}{z}\right)+\sqrt{\dfrac{4}{5}\left(z+\dfrac{1}{z}\right)^2-1}$。

18. 伸缩率$2\sqrt{2}$；转动角$\frac{\pi}{4}$。

19. 对称点$\frac{9}{2}+\mathrm{i}$。

20. $\mathrm{Im}w>0$。

21. 共形映射$w=\frac{2z-\mathrm{i}}{2+\mathrm{i}z}$。

22. 共形映射$w=\frac{z-1-\mathrm{i}}{z-1+\mathrm{i}}$。

23. $0<\arg w<\frac{3\pi}{4}$。

24. $0<\arg w<\pi$且$|w|<8$。

25. $0<\mathrm{Im}(w)<\pi$。

26. $\mathrm{Im}(w)>0$。

27. 共形映射$w=\dfrac{z-(2-\mathrm{i})}{\mathrm{i}\dfrac{z}{2}+(1-\mathrm{i})}$。

28. 共形映射$w=\dfrac{2(\sqrt[3]{4}+1)\mathrm{e}^{\frac{\pi}{3}\mathrm{i}}z^{\frac{4}{3}}}{(\sqrt[3]{4}-2)\mathrm{e}^{\frac{\pi}{3}\mathrm{i}}z^{\frac{4}{3}}+3\sqrt[3]{4}}$。

习题七

1. $f(x)=\frac{1}{2\pi}\sum\frac{1}{k-\mathrm{j}n}[\mathrm{e}^{(k-\mathrm{j}n)\pi}-\mathrm{e}^{-(k-\mathrm{j}n)\pi}]\mathrm{e}^{\mathrm{j}nx}$。

2. $\frac{A}{\mathrm{j}\omega}(1-\mathrm{e}^{-\mathrm{j}\omega\tau})$。

3. (1) $\frac{2\beta}{\beta^2+\omega^2}$；　(2) 提示：用定义。

4. (1) $\frac{4(\sin\omega-\omega\cos\omega)}{\omega^3}$；(2) $-\frac{3\pi}{16}$。

5. (1) $\frac{k}{k^2-\omega^2}+\frac{\pi}{2\mathrm{j}}[\delta(\omega-k)-\delta(\omega+k)]$；

(2) $\frac{1}{2}\left[\frac{1}{\mathrm{j}\omega}+\pi\delta(\omega)\right]+\frac{1}{2}\left\{\frac{\mathrm{j}\omega}{4-\omega^2}+\frac{\pi}{2}[\delta(\omega-2)+\delta(\omega+2)]\right\}$。

6. (1) $\frac{1}{|k|}F\left(\frac{\omega}{k}\right)$；

(2) $\mathrm{j}F'(\omega)-kF(\omega)$；(3) $\mathrm{e}^{-k\omega\mathrm{j}}F(\omega)$；(4) $F(\omega-k)$。

7. （1） $\dfrac{1}{j\omega(\omega^2+1)}$；（2） $-j\dfrac{2\left(\omega+\dfrac{\alpha}{j}\right)}{\left[\left(\omega+\dfrac{\alpha}{j}\right)^2+1\right]^2}$。

8. （1） $-\dfrac{1}{\omega^2}-\dfrac{\pi}{j}\delta'(\omega)$；

（2） $\dfrac{2}{4-\omega^2}+\dfrac{\pi}{2j}[\delta(\omega-2)-\delta(\omega+2)]$。

9. $\delta(t-3)+\delta(t+3)$。

10. $\begin{cases}0 & t>2,\ t\leqslant -2\\ t+2 & -2<t\leqslant 0\\ 2-t & 0<t<2\end{cases}$。

11. 提示：利用$f(t)=e^{-|t|}$求傅氏变换后，用能量积分。

12. （1）提示：利用能量积分求 π；（2）提示：利用能量积分求$\dfrac{\pi}{2}$。

13. （1） $\begin{cases}0 & t\leqslant 0\\ \dfrac{1}{2}(\cos t+\sin t-e^{-t}) & 0<t\leqslant\dfrac{\pi}{2}\\ \dfrac{1}{2}e^{-t}(e^{\frac{\pi}{2}}-1) & \dfrac{\pi}{2}<t\end{cases}$；

（2） $\dfrac{1}{(1+j\omega)(1-\omega^2)}\left[j\omega+e^{-\frac{j\pi\omega}{2}}\right]$。

14. $\dfrac{2}{x\pi}[1+\cos x-2\cos 2x]$。

15. $y(\tau)=\dfrac{a(b-a)}{b\pi[\tau^2+(b-a)^2]}$。

16. $y=\dfrac{1}{2}\displaystyle\int_{-\infty}^{+\infty}f(\tau)e^{-|t-\tau|}d\tau$。

17. $y=\dfrac{1}{2\pi}\displaystyle\int_{-\infty}^{+\infty}\dfrac{F(\omega)}{j\omega c+k-m\omega^2}e^{j\omega t}d\omega$。

18. $y=\dfrac{1}{2\pi}\displaystyle\int_{-\infty}^{+\infty}\dfrac{F(\omega)}{b+j\left(a\omega-\dfrac{c}{\omega}\right)}e^{j\omega t}d\omega$。

19. $\begin{cases}\dfrac{1}{3}(e^{2t}-e^{t}) & t<0\\ 0 & t=0\\ \dfrac{1}{3}(e^{-t}-e^{-2t}) & 0<t\end{cases}$

20. $\frac{1}{2}[F(\omega-\omega_0)+F(\omega+\omega_0)]$。

21. $e^{-j\omega}F(1-\omega)$。

22. $jF'(\omega)-2F(\omega)$。

23. $\frac{j}{2}F'\left(\frac{\omega}{2}\right)-\frac{1}{2}F\left(\frac{\omega}{2}\right)$。

24. $\frac{16-\omega^2}{(16+\omega^2)^2}$。

25. $\frac{2\omega_0(\beta+j\omega_0)}{[\omega_0^2+(\beta+j\omega)^2]^2}$。

26. 0。

27. (1) $-j\operatorname{sgn}\omega F(\omega)$;

(2) $\frac{1}{2}F\left(\frac{\omega+3}{2}\right)e^{-j\frac{\omega+3}{2}}$;

(3) $jF'(\omega)\left[\pi\delta(\omega)+\frac{1}{j\omega}\right]$。

28. $\begin{cases}0 & t\leqslant 0\\ 1-e^{-t} & t>0\end{cases}$。

29. (1) $u(t-1)$;

(2) $f(t)=\delta(t)-\beta\begin{cases}0 & t<0\\ \frac{1}{2} & t=0\\ e^{-\beta t} & t>0\end{cases}$。

习题八

1. (1) $\frac{1}{s^2+4}$;　　(2) e^{1-s};

(3) $-\frac{1}{s}\left[3e^{-3s}+\frac{1}{s}(e^{-3s}-1)\right]$;

(4) $\frac{1}{s^2+1}-\frac{4}{s}(e^{-\frac{\pi}{2}s}-1)$。

2. (1) $\frac{1}{s+3}+\frac{5}{3}$;　　(2) $\frac{1}{s^2}+\frac{4}{s}+\frac{3!}{s^3}$;

(3) $\frac{a\cos b+s\sin b}{s^2+a^2}$;　　(4) $\frac{1}{2s^2}+\frac{4-s^2}{(s^2+4)^2}+\frac{3!}{(s+3)^3}$;

(5) $\ln\frac{s-b}{s-a}$;　　(6) $\frac{1}{s}\operatorname{arccot}\frac{s+3}{2}$;

(7) $\frac{1}{s^2}e^{-3s}+\frac{3}{s}e^{-3s}$; (8) $\frac{4(s+3)}{s[(s+3)^2+4]^2}$;

(9) $\frac{2}{(s+3)^2+4}$; (10) $1-\frac{1}{s^2+1}$;

(11) $\sqrt{\frac{\pi}{s}}$; (12) $e^{-s}\left(1-\frac{1}{s+1}\right)$;

(13) $\frac{3\pi}{4}$。

3. (1) $\frac{1}{s^2}-\frac{Te^{-sT}}{s\ (1-e^{-sT})}$; (2) $\frac{1}{s}\text{th}\,\frac{T}{4}s$。

4. (1) e^t-t-1; (2) $\cos t-1$;

(3) $\begin{cases}\int_0^t f(t-\tau)\,d\tau & 0\leqslant a\leqslant t\\ 0 & t<a\end{cases}$; (4) $\frac{t}{2}\sin t$。

5. (1) $\ln\frac{b}{a}$; (2) $\ln\frac{\sqrt{13}}{3}$;

(3) $\frac{4}{25}$; (4) $\frac{\pi}{2}$。

6. (1) $\frac{1}{2}\sin\frac{t}{2}$; (2) $u(t-3)\cos 4(t-3)$;

(3) $\frac{1}{4}\delta(t)-\frac{1}{8}\sin\frac{t}{2}$; (4) $\frac{2(1-\text{ch}t)}{t}$;

(5) $\frac{4+2te^t-3e^t-e^{-t}}{4}$;

(6) $e^{-(t-3)}[\sin(t-3)-(t-3)\cos\ (t-3)]u(t-3)$;

(7) $2e^t-2\cos t+\sin t$;

(8) $\text{sh}t-t$;

(9) $\frac{1}{6}(t-2)^3u(t-2)$;

(10) $\frac{1}{27}(24+120t+30\cos 3t+50\sin 3t)$。

7. (1) $\frac{1}{2}(t\cos t+\sin t)$; (2) $\frac{1}{3}(\cos t-\cos 2t)$。

8. (1) $\frac{1}{2}(\sin t-\cos t-e^{-t})$; (2) $\text{ch}t-t$;

(3) $\frac{1}{2}(e^t+e^{-t})$;

(4) $2e^{-t}-e^{t}+[e^{-(t-1)}-e^{-2(t-1)}]u(t-1)$；

(5) t^2e^t；　　(6) $te^t\sin t$。

9. $y=1+te^t-e^t$，$x=te^t-t$。

10. (1) $\frac{1}{2}\left(\frac{1}{s+1}+\frac{s+2}{(s+2)^2+4}\right)$；　　(2) $\frac{e^{-2s}}{s+2}$；

(3) $\frac{4(s+2)}{[(s+2)^2+4]^2}$；　　(4) $\ln\left(1+\frac{1}{s}\right)$；

(5) $\frac{6s^2+16s+16}{(s^3+4s^2+8s)^2}$；　　(6) $\frac{4(s+2)}{s[(s+2)^2+4]^2}$；

(7) $\frac{1}{1+s^2}\operatorname{cth}\frac{\pi s}{2}$；　　(8) $\frac{1}{s+2}\operatorname{arccot}\frac{s+2}{2}$。

11. (1) $u(t-\frac{5}{3})$；　　(2) $\frac{\sin t}{t}$；

(3) $\frac{1}{2}t^2e^{-2t}-\frac{1}{6}t^3e^{-2t}$；　　(4) $u(t-2)\sin(t-2)$；

(5) $\frac{1}{t}(e^{-t}-2\cos t+1)$；　　(6) $\frac{1}{3}te^{-3t}-\frac{2}{9}e^{-3t}+\frac{2}{9}$。

12. (1) $\frac{1}{2}t-\frac{3}{2}u(t)-\frac{1}{4}e^{-2t}+e^{-t}$；

(2) $-2\sin t-\cos 2t$；　　(3) $y=e^t$，$z=e^t$。

13. (1) $2(t+\frac{1}{6}t^3)$；　　(2) $\sqrt{6}\sin\sqrt{6}t$。

习题九

1. $\mathbf{grad}v=-\frac{q}{4\pi\varepsilon r^3}r$，$\boldsymbol{E}=-\mathbf{grad}v$。物理意义为：电场中的电场强度等于电位的负梯度。

2. (1) $v(z)=2(\bar{z}-i)$，流线：$x(y+1)=c_1$，等势线：$x^2-(y+1)^2=c_2$；

(2) $v(z)=-\frac{2\bar{z}}{(z^2+1)^2}$，流线：$\frac{xy}{(x^2-y^2+1)^2+4x^2y^2}=c_1$，等势线：$\frac{x^2-y^2+1}{(x^2-y^2+1)^2+4x^2y^2}=c_2$；

(3) $v(z)=\overline{\omega'}=1-\frac{1}{z^2}$，流线：$y-\frac{y}{x^2+y^2}=c_1$，等势线：$\frac{x}{x^2+y^2}+x=c_2$；

(4) $v(z)=\frac{1-i}{z}$，流线：$\rho=c_1e^{-\varphi}$，等势线：$\rho=c_2e^{-\varphi}$。

3. （1）0，0；（2）0，0；（3）0，0。

4. $\omega = \frac{2}{\pi}\ln\frac{z^2-1}{z^2+1}$。

5. $E_1 : E_2 = 1:2$。

6. $\omega = v_\infty\sqrt{z^2+h^2}$，$v(z) = f'(\bar{z}) = \frac{v_\infty\bar{z}}{\sqrt{z^2+h^2}}$。

参 考 文 献

[1] 华中科技大学数学系. 复变函数与积分变换 [M]. 2 版. 北京：高等教育出版社，2003.

[2] 高宗升，腾岩梅. 复变函数与积分变换 [M]. 北京：北京航空航天大学出版社，2006.

[3] 盖云英，包革军. 复变函数与积分变换 [M]. 2 版. 北京：科学出版社，2006.

[4] 余家荣. 复变函数 [M]. 3 版. 北京：高等教育出版社，2000.

[5] 苏变萍，陈东立. 复变函数与积分变换 [M]. 北京：高等教育出版社，2003.

[6] E B Saff，A D Snider. 复分析基础及工程应用 [M]. 高宗升，等译. 3 版. 北京：机械工业出版社，2007.

[7] 钟玉泉. 复变函数论 [M]. 北京：人民教育出版社，1981.

[8] 南京工学院数学教研组. 积分变换 [M]. 北京：高等教育出版社，1981.

[9] 闻国春，殷尉平. 复变函数的应用 [M]. 北京：首都师范大学出版社，1996.

[10] A N 马库雪维奇. 解析函数论简明教程 [M]. 阎昌龄，吴望一，译. 3 版. 北京：高等教育出版社，1992.

[11] 罗纳得 N 布拉斯维尔. 傅里叶变换及其应用 [M]. 杨燕昌，等译. 北京：人民邮电出版社，1986.

[12] 王沫然. Matlab6. 0 与科学计算 [M]. 北京，电子工业出版社，2001.

[13] 薛定宇，陈阳泉. 高等应用数学问题的 MATLAB 求解 [M]. 北京：清华大学出版社，2004.